북한의 섬
02

강 원 도

평안남도

평안북도

이 책의 기획의도

포털 사이트 네이버(NAVER)의 재정후원으로 2016년부터 3년 동안 「한국의 섬」 시리즈 13권을 세상에 내놓은 바 있다. 이때부터 「북한의 섬」에 대해서도 집필해 보라는 주변의 권유를 많이 받았다. 하지만 북한지역 섬은 방문이나 탐사 자체가 물리적으로 불가능하여 포기하고 있었다.

그러던 중 2021년 6월 「한국의 섬」 시리즈 13권이 2쇄가 나온 것을 계기로, 우리나라 고구려사 연구의 대가(大家) 서길수 교수의 권유에 힘입어 다시 펜을 들고 자료를 뒤져가며 집필을 시작했다. 그렇게 꼬박 2년 가까이 매달린 산물이다.

1. 답사와 체험이 원천적으로 불가능한 북한지역의 섬을 글로 쓴다는 것 자체가 엄청난 모험이요, 부담이었다. 역사 앞에 두려움도 느낀다. 그렇지만 누군가는 해야 한다는 소명과 의지에 기대어 여기까지 왔다. 부족한 정보는 선각자들의 기록을 빌려왔고, 현장 답사의 한계는 구글 위성사진의 도움을 받았다.

2. 이 책은 북한에서 나온 '북한의 지리'와 평화문제연구소의 '북한 향토대백과사전' 20권과 국방부에서 출간한 '한국전쟁의 유격 전사'라는 책의 도움을 많이 받았다.

3 이 책은 1,045개에 달하는 북한의 섬 가운데 128개 유인 도서에 대한 기록이다. 다만, 학문적 저술로서가 아니라 서사적이고 지리와 역사 문화적인 눈길로 봐주길 당부드린다..

4. 이 책의 출간으로 북한의 섬에 관한 관심과 연구가 확대되고 남북 화해와 통일 교육에 작은 힘이 되기를 기대하면서, 기회가 된다면 섬을 좋아하는 사람들과 함께 이 책을 길잡이 삼아 북한의 황해, 동해, 휴전선 근처의 섬들을 하나씩 선정해서 방문해보고 싶은 마음이다.

이 재 언(필명 이 섬)

발간사

나는 어릴 때부터 얽매여 사는 것을 싫어했다. 여행을 유난히 좋아해서 역마살이 끼었다는 소리를 종종 들으며 자랐다. 한마디로 자유로운 영혼이었다.

성인이 된 이후, 트럭 운전 기사라는 직업은 새로운 세상의 발견이었다. 전국을 누비며 다양한 체험과 경제활동이라는 두 마리 토끼를 잡을 수 있었기 때문이다.

30대 후반까지 길게 이어졌던 자유와 방랑의 종착지는 섬이었다. 유년기부터 존재의 심연에 자리 잡았던 미지의 세계에 대한 동경이 나를 바다로 인도했다고 생각한다. 덕분에 '섬 탐험가'라는 닉네임도 얻었다. 네이버의 재정후원에 힘입어 우리나라 유인도 446개에 대한 답사 기록을 남길 수 있었다. 내겐 과분한 축복이었고, 그렇게 탄생한 것이 13권짜리 '한국의 섬' 시리즈였다.

「한국의 섬」 시리즈 탈고 후, 가슴 한편에서 '북한의 섬들도 탐구해 보자!'라는 새로운 욕심이 꿈틀거렸다. 초기에는 욕심뿐이었고, 시도할 엄두를 내지 못했다. 우선, '가서 볼 수 없는 곳'이니, 작업 자체가 쉽지 않은 일이었다.

"나는 체험하지 않은 것은 한 줄도 쓰지 않았다. 그러나 단 한 줄의 문장도 체험한 것 그대로 쓰지는 않았다." 시성(詩聖)이자 대문호인 괴테의 말이다.

이 책은 1,045개에 달하는 북한의 섬 가운데 128개 정도의 유인 도서에 대한 기록이다. 다만, 학문적 저술로서가 아니라 서사적이고 역사 문화적인 눈길로 봐주길 당부 드린다.

자료 수집에 자문과 도움을 주신 서길수 교수님, 구할 수 없는 북한의 귀한 사진 자료를 주신 안영백 뉴질랜드 네이처 코리아 대표와 양승진 기자, 통일부 출신 김호성 선생님, 교정을 위하여 수고해 주신 김정희, 백완종, 강광식 선생님, 그리고 통일부, 국방부, 국토부 국토정보지리원, 이북5도청, 평화문제연구소, 광운대학교 해양섬정보연구소, 구글어스에 감사의 인사를 전한다. 이 책이 나오기까지 수많은 사람의 격려와 관심이 있었기에 가능한 일이다. 이 자리를 빌려서 그분들에게도 고맙다는 인사를 올린다.

최초로 시도되는 북한의 섬 연구를 통해 남북한 공동체에 대한 학술과 문화의 지평이 확대되기를 기대하며, 오늘도 고향 땅을 그리워하고 있을 수많은 실향민에게 작은 위안이 되기를 소망한다..

2023년 7월 8일 목포에서 이 재 언(필명 이 섬)

추신 : 2023년 년 초에 평생 나의 친구요 비서 역할을 했던 66세인 아내가 갑자기 심근경색으로 천국에 갔다. 못난 나를 만나 41년 동안 죽도록 고생만 하였던 사랑하는 아내 임향숙에게 이 책 두 권을 바친다.

목 차

강원도의 섬

평안남도의 섬

평안북도의 섬

Island in North Korea

강원도의 섬

1. 북한 고성군 2. 원산시 3. 통천군

<표> 강원도 주요섬

번호	섬이름	섬의 크기			지리적 위치		행정구역
		둘레(㎞)	면적(㎢)	높이(m)	경도	위도	
1	**대가도**	1.11	0.051	25	127°25'	39°23'	천내군
2	**소가도**	0.79	0.025	19	127°24'	39°23'	천내군
3	**솔섬(큰섬)**	0.41	0.009	14	127°24'	39°22'	천내군
4	**쥐섬**	0.31	0.004	5	127°23'	39°22'	문천군
5	**썩은섬(사군바위)**	0.35	0.005	5	127°27'	39°20'	문천군
6	**장덕섬(유인도)**	0.25	0.003	13	127°26'	39°10'	원산시
7	**대도(유인도)**	3.92	0.407	68	127°31'	39°13'	원산시
8	**소도**	1.42	0.090	65	127°31'	39°13'	원산시
9	**신도(유인도)**	7.92	0.914	98	127°32'	39°13'	원산시
10		0.32	0.008	17	127°31'	39°13'	원산시
11	**황토도(유인도)**	1.72	0.130	50	127°32'	39°10'	원산시
12	**웅도(유인도)**	3.57	0.382	88	127°38'	39°16'	원산시
13	**여도(유인도)**	11.31	1.972	112	127°38'	39°14'	원산시
14	**후소도**	0.37	0.007	34	127°38'	39°14'	원산시
15		0.20	0.002		127°37'	39°14'	원산시
16	**대고도**	0.58	0.014	42	127°38'	39°13'	원산시
17	**석도**	0.39	0.010	15	127°35'	39°09'	안변군
18	**우미도**	0.97	0.037	27	127°36'	39°10'	안변군

[네이버 지식백과] 강원도의 바다 개관 (북한지리정보: 강원도, 1990., 북한지리정보: 강원도)강원도

19	**국섬**	1.00	0.054	41	127°43'	39°08'	통천군
20	**사도**	0.26	0.005		127°51'	39°01'	통천군
21	**마도**	0.33	0.006	16	127°51'	39°01'	통천군
22		0.21	0.003	5	127°51'	39°01'	통천군
23	**송도**	0.33	0.008	15	127°51'	39°01'	통천군
24	**초도**	0.20	0.002	4	127°50'	39°01'	통천군
25	**죽도**	0.28	0.006	5	127°51'	39°00'	통천군
26	**석도**	0.44	0.011	9	127°51'	39°00'	통천군
27	**승도**	0.34	0.003	6	127°51'	39°00'	통천군
28		0.24	0.004	4	127°51'	39°00'	통천군
29	**백도**	0.14	0.001		127°51'	39°00'	통천군
30	**사도(유인도)**	1.30	0.055	42	127°53'	39°59'	통천군
31	**동덕섬(유인도)**	1.26	0.058	50	127°53'	39°59'	통천군
32	**천도(유인도)**	1.12	0.041	36	127°53'	39°59'	통천군
33	**미역바위(산석)**	0.31	0.005	4	128°55'	39°58'	통천군
34	**알섬**	2.68	0.253	93	128°05'	39°00'	통천군
35	**백섬**	0.82	0.016	21	128°00'	38°53'	고성군
36	**솔섬**	3.73	0.164	64	128°04'	38°52'	고성군
37		0.30	0.005	24	128°05'	38°52'	고성군
38	**헌도**	0.35	0.008	19	128°05'	38°50'	고성군
39		0.23	0.003		128°11'	38°48'	고성군
40	**배섬**	0.18	0.002	3	128°10'	38°48'	고성군

41	**삼섬(솔섬)**	2.19	0.160	57	128°11	38°48'	고성군
42		0.18	0.002		128°10'	38°48'	고성군
43	**삼섬(사이섬)**	1.71	0.120	35	128°10''	38°48'	고성군
44		0.25	0.003		128°11'	38°48'	고성군
45	**삼섬(개이섬)**	1.49	0.112	52	128°11'	38°47'	고성군
46		0.20	0.003		128°11'	38°48'	고성군
47		0.33	0.005		128°11'	38°47'	고성군
48		0.29	0.004		128°11'	38°47'	고성군
49	**고래바위**	0.19	0.002	3	128°09'	38°48'	고성군
50	**형제섬**	0.96	0.034	42	128°12'	38°45'	고성군
51		0.78	0.020	41	128°12'	38°45'	고성군
52	**흰바위**	0.32	0.006	3	128°11'	38°44'	고성군
53	**개구리섬**	0.34	0.006	10	128°17'	38°44'	고성군
54		0.34	0.003	13	128°18'	38°44'	고성군
55		0.60	0.008	19	128°22'	38°41'	고성군
56		0.48	0.008	8	128°22'	38°41'	고성군
57	**솔섬**	0.66	0.015	36	128°22'	38°40'	고성군
58	**사공바위**	0.23	0.003		128°22'	38°40'	고성군
59		0.35	0.006		128°22'	38°39'	고성군
60		0.25	0.004		128°21'	38°39'	고성군
61	**배바위**	0.37	0.006	19	128°22'	38°38'	고성군
62	**작도**	0.30	0.006	25	128°22'	38°38'	고성군

01. 북한 고성군

1) 송도

"송도를 기점으로 남쪽은 남한 땅, 북쪽은 북한 땅"

▲ 남북한 경계의 섬 송도, 금강산이 손에 잡힐 듯, 고성 통일전망대에서

【DMZ는 남북한의 영토를 나누는 경계선으로 문명과 반문명, 자유와 예속, 부요와 가난으로 갈라지는 비극의 경계선이 되었다. 한국 전쟁이 끝난 다음 남북 분단은 양쪽 모든 국민에게 크나큰 고통을 주었다. 한국 전쟁 이후 남북한 경계선은 3.8선이 휴전선으로 변했고, 서해의 연평도와 백령도 해상은 NLL이 설치되었다. 강원도의 휴전선 끝에는 고성군의 통일전망대에서 바닷가 쪽으로 돌출된 송도라는 섬이 최북단이며 군사분계선 시작 지점이 되었다. 송도는 통일전망대에서 2km 전방에 있다.

섬은 200해리 시작점이면서 송도 같은 섬은 남과 북을 갈라놓은 지정학적으로 비극적인 섬이 되기도 한다. 한 편 어떤 섬은 별장으로, 혹은 포로수용소, 나환자, 군항, 관광지, 등대, 낚시터, 생태의 섬, 어업전진기지가 되기도 한다. 섬은 지정학적으로 어디에 있느냐에 따라서 자신의 운명이 좌우된다. 인간도 마찬가지다. 내가 어디에서 태어나서 어디서 사느냐에 따라서 경제와 문화, 문명, 직업과 삶의 질이 달라지기도 한다. 이게 곧 지리 경제학이며 지리의 힘이다.

▼ 송도-남북 경계선이 송도 바로 위로 보이는 북한의 섬들

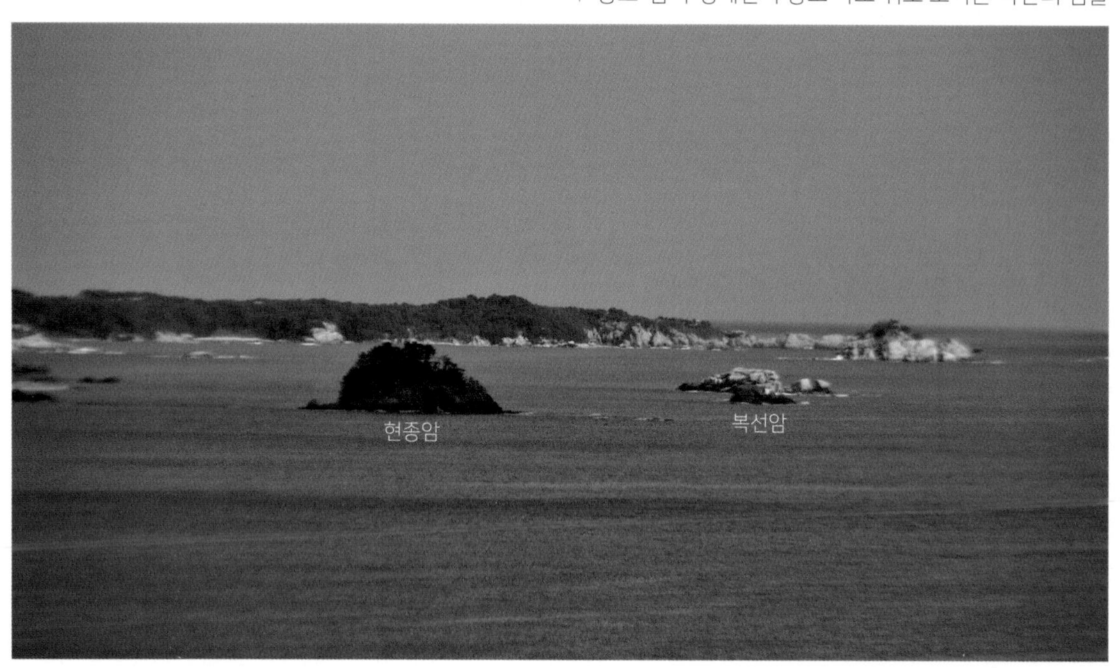

금강산 가는 길목 통일전망대

한국 전쟁이 끝나면서 민간인 출입이 금지 된 DMZ은 생태 환경이 완벽하게 보존되는 계기가 되었다. 이제 자연 환경 가치가 큰 DMZ의 비무장 지대를 일반인에게 개방되어 남북이 화해와 평화의 길로 들어선 느낌이다. 한국 전쟁이 끝난 지 만 70년이 되었는데 오랫동안 보행자 출입이 금지된 이 지역이 1983년 일반인에게 개방되어 수많은 사람들이 이곳을 찾고 있다. 고성 통일

전망대에서 육로를 2.7km 북한 땅에 금강산 통문이 있다. 여기를 통해서 관광객들이 버스를 타고 북한 금강산 관광에 나섰다. 금강산 관광은 1998년 11월 18일 동해항에서 금강호의 시범운항을 시작되었다. 금강산 관광은 바다에서 배를 타고 가는 관광이 중단되고 2003년 2월 14일 육로로만 금강산 관광이 가능하게 되었다. 이후 2008년 7월 11일 남한 관광객이 피격되어 사망하는 사건이 발생함에 따라 금강산 관광 사업이 중단되었다.

▼ 금강산 호텔

고성 DMZ 평화의 길

통일전망대에서 남북 경계선인 송도까지는 2km 북쪽이다. 이 송도를 지나가는 고성 DMZ평화의 길 A코스가 있다. 이 길은 남북 정상의 합의에 따라 2019년 4월 27일부터 일반인에 개방된 강원도 고성의 도보 여행길로, 강원도 고성군 동해안 비무장지대(DMZ) 일대 둘레길이다. 통일전망대에서 시작해 해안 철책을 따라 바닷길을 걸은 뒤 군사분계선에서 1.5km가량 떨어진 금강산전망대까지 방문하는 코스로 이뤄져 있다.

통일전망대 인근에서 해안 철책을 따라 금강산전망대(717OP)까지 방문하는 코스로 이뤄져 있다. 이 길은 1953년 정전 이후 민간인의 출입이 통제됐으나, 2018년 4·27 남북정상회담 1주년을 맞은 2019년 4월 27일 분단 66년 만에 일반에 처음 공개됐다. 고성 DMZ 평화의 길은 통일전망대에서 시작해 해안 철책을 도보로 이동해 금강산전망대까지 가는 A코스(7.9km), 통일전망대에서 금강산전망대까지 차량으로 왕복 이동하는 B코스(7.2km) 등 2개 코스로 운영된다.

'22년 개방 11개 테마노선

번호	지자체	주요 구간 (실제 운영과정에서 변동 가능)
1	**강화**	강화전쟁박물관 → 강화평화전망대 → 의두분초 → (도보구간, 15km) → 불장돈대 직전 → 대룡시장
2	**김포**	김포아트홀 → 시암리철책길 → (도보구간, 4.4km) → 애기봉평화생태공원 전시관 → (도보구간, 0.4km) → 애기봉평화생태공원 전망대
3	**고양**	고양관광정보센터 → 행주산성역사공원 → (도보구간, 1km) → 행주나루터 → 장항습지탐조대 → (도보구간, 2.5km) → 통일촌군막사
4	**파주**	임진각 → (도보구간, 1.4km) → 통일대교입구 → 도라전망대 → 철거GP
5	**연천**	고양포구역사공원 → 1.21침투로 → 000초소 → (도보구간, 1.8km) → 승청OP → 호로고루
6	**철원**	백마고지 전적지 → 백마고지전망대 → (도보 구간, 3.5km) → 공작새능선전망대 → 통문 → 민통 제2초소
7	**화천**	화천배수펌프장 → 오작교 → (도보 구간, 5.4km) → 감우삼거리 → 평화의댐
8	**양구**	금강산가는길 안내소 → 두타연 → 금강산가는길 길통문 → (도보 구간, 2.7km) → 삼대교통문
9	**인제**	평화생명마을 산촌휴양관 → 대곡리초소 → 을지삼거리 → (도보 구간, 1km) → 1052고지 → 대곡리초소
10	**고성**	(A코스) 고성통일전망대 → (도보 구간, 2.7km, 해양전망대 → 통전터널 → 남방한계선 → 송도전망대 → 금강통문) → 금강산전망대
		(B코스, 도보구간 없음) 고성통일전망대 → 삼거리 → 금강산전망대

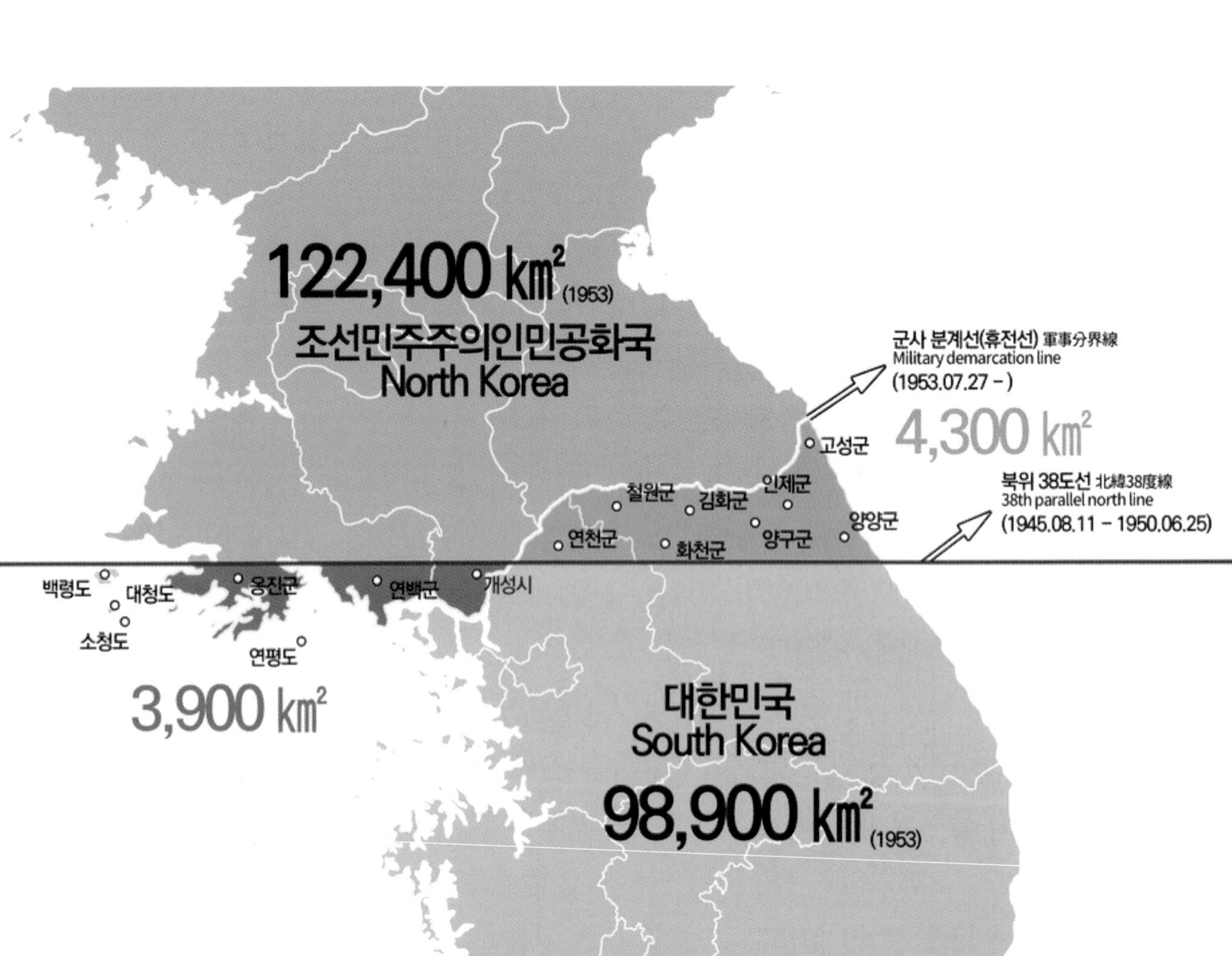
122,400 ㎢ (1953)
조선민주주의인민공화국
North Korea
군사 분계선(휴전선) 軍事分界線
Military demarcation line
(1953.07.27 –)
4,300 ㎢
고성군
철원군
김화군
인제군
양양군
연천군
화천군
양구군
북위 38도선 北緯38度線
38th parallel north line
(1945.08.11 – 1950.06.25)
백령도
대청도
소청도
옹진군
연백군
개성시
연평도
3,900 ㎢
대한민국
South Korea
98,900 ㎢ (1953)
This image is licensed under the Creative Commons: Attribution-Share Alike 3.0 Unported license.
stillsky@protc

2) 솔섬

"해금강의 천연기념물"

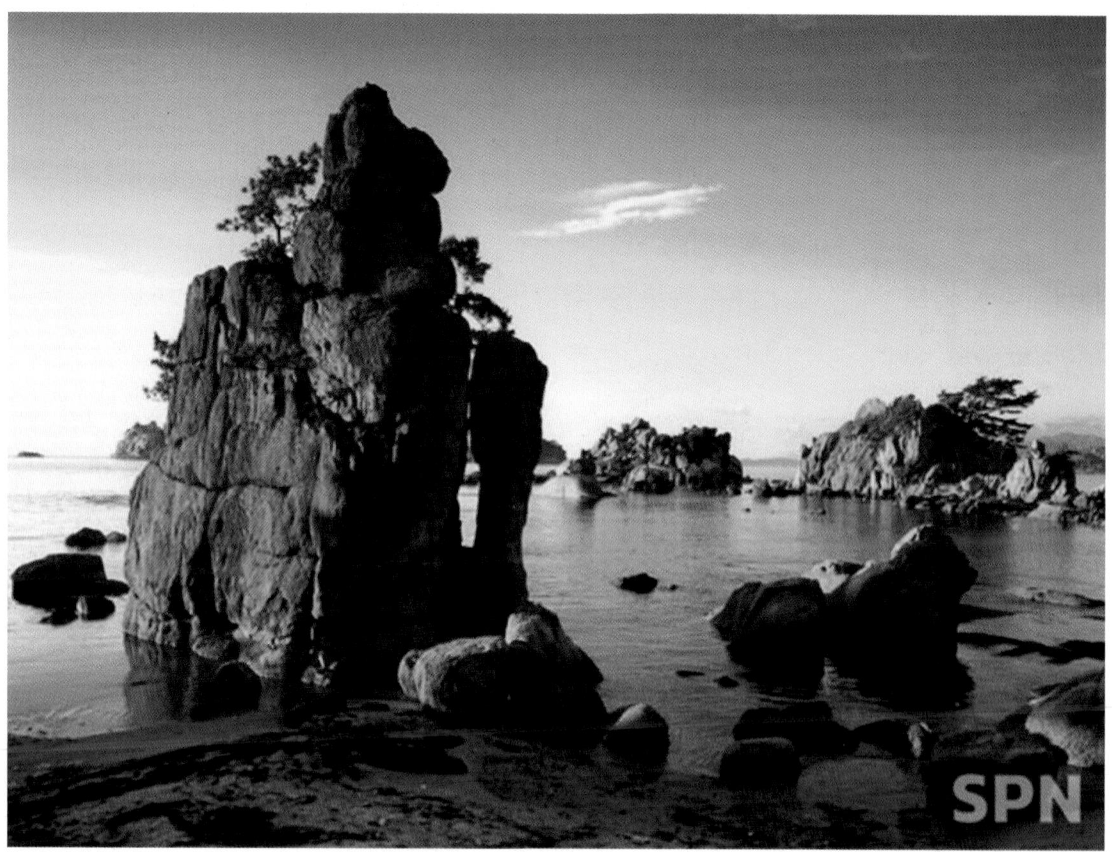

▲ 노을 비낀 해금강 (사진=내나라). 북한 대외용 매체인「내나라」에서 금강산의 다양한 절경을 소개했다. 매체는 "금강산은 산악미, 계곡미, 전망경치, 호수경치, 바다와 해안경치 등을 다 갖추고 있어 자연의 아름다움을 한 곳에 모아놓은 명승의 집합체를 이루고 있다"고 소개했다.

금강산 해금강(金剛山 海金剛)은 북한 고성군 금강산 삼일포 주변에 있는 바다이다. 해금강은 금강산의 동부 동해바닷가에 있는 명승지로, 금강산 가는 길목인 동해안 최북단 강원도 고성군 현내면 명호리 산 31번지의 해발 70m 고지 위에 위치하고 있다. 해금강은 불과 5km 정도 거리로 한눈에 든다.

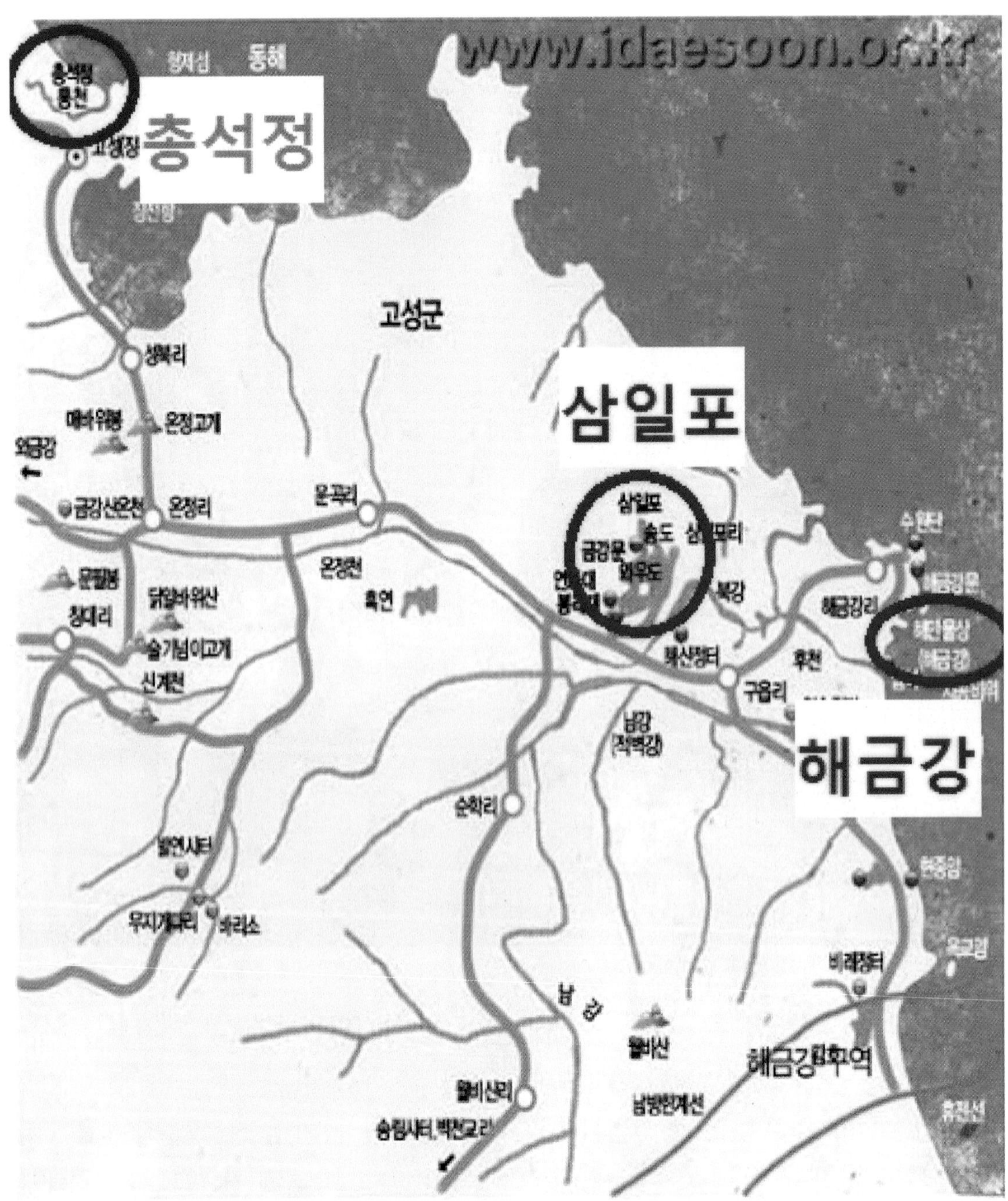
www.idaesoon.or.kr
동해
총석정
고성군
삼일포
해금강
온정고개
금강산온천
온정리
온정천
문필봉
닭알바위산
신계천
흑연
송도
북강
수원단
해금강리
해산정터
후천
구읍리
남강
(적벽강)
순학리
발연사터
무지개다리
남 강
월비산
월비산리
남방한계선
비래정터
휴전선

▲ 해금강 일대의 지도

고성군 수원단으로부터 영랑호와 감호, 화진포까지의 외금강 동쪽에 펼쳐진 아름다운 호수와 해안 및 바다 절경을 포괄한다. 넓은 의미에서 통천군의 총석정까지 포함하기도 한다. 해금강이라는 이름은 17세기 말에 와서 처음 쓰기 시작했다.

해금강은 말 그대로 바다의 금강, 금강의 바다 풍경이다. 푸른 바다 가까이에서 이채를 띠는 바닷가 호수경치, 흰 물결이 출렁이는 바다 경치, 바닷물에 씻기고 깎여서 마치 사람이 만들어 놓은 듯 한 기묘한 바위 절벽과 기암들 그리고 뭍의 자연미를 자랑하며 바다 위에 떠 있는 섬들과 그 위에 날아드는 뭇새들, 해금강의 이 모든 것은 바닷가의 특유한 자연 풍치를 이루어 명승지 금강산의 아름다움을 더욱 높여준다.

이곳에는 삼일포, 장군대, 충성각, 연화대, 봉래대, 몽천암터, 구선봉, 현종암, 금강문, 선돌, 사공바위, 촛대바위 등 명소들이 있다. 해금강에서는 웅장하고 기묘한 외금강의 절경과 동해로 흘러드는 남강의 강변 풍경도 볼 수 있다. 많은 전설을 자랑하며 넓은 지역을 차지하고 있는 해금강은 봉우리의 미, 푸른 바다와 바다 기슭의 미, 호수의 미, 절벽의 미를 다 지니고 있다.

원래는 수원단에서 남강하구의 대봉도를 거쳐 화전포에 이르는 구간(해금강 지역)의 명승만을 포괄하였으나 오늘은 해만물상 구역과 삼일포 구역, 총석정 구역(통천군), 동정호 구역까지를 다 해금강 지역이라 한다. 1)

해금강 솔섬은 강원도 고성군 해금강리에 있는 천연기념물이다. 해금강의 경치를 대표하는 섬으로서 아름다운 화폭을 이루고 있어, 1980년 1월 국가자연보호연맹에 의해 천연기념물 제228호로 지정되어 보호·관리되고 있다.

해금강의 자그마한 바위섬 위에 소나무가 풍치 좋게 우거져 있다고 하여 '해금강 솔섬'이라고 불렀다. 솔섬은 중생대 화강암이 오랜 세월에 걸쳐 비바람과 파도에 깎이고 씻겨 이루어졌다. 그 주변에는 사공바위, 칠성바위, 잉어바위, 얼굴바위 등이 있다. 섬은 바다 수

1) 「조선향토대백과」, 평화문제연구소 2008

면보다 50m 정도 높다. 흙은 거의 없으며 온통 바위로 된 곳에 억척같이 뿌리를 박은 소나무가 푸르게 자라고 있다. 바람에 움직이는 소나무는 파도치는 바다와 잘 어울려 이채를 띤다. 이곳으로는 바닷새들이 많이 모여든다. 2)

해금강의 경치 가운데 으뜸은 총석정이다. 통천읍 앞바다에 자리한 총석정은 관동 8경 가운데서도 최고로 꼽혀왔는데, 수많은 돌기둥을 바다에 세워 놓은 자태는 신비감마저 자아낸다. 금빛 난초가 있다는 금란굴은 총석정에 버금가는 절경으로 길이 15m, 높이 5.7m, 폭은 3.5m이다. 이밖에도 사공바위, 칠성바위, 해금강문, 죽바위, 고양이바위, 누룩바위, 수렴도, 얼굴바위, 부부바위, 사자바위, 현종바위, 부처바위 등 만물의 형상을 한 기암괴석들이 즐비한 해만물상은 감탄을 금치 못하게 한다.

▼ 해금강 솔섬에서 안영백(우) 뉴질랜드 네이쳐코리아 대표 제공

2) 「조선향토대백과」, 평화문제연구소 2008

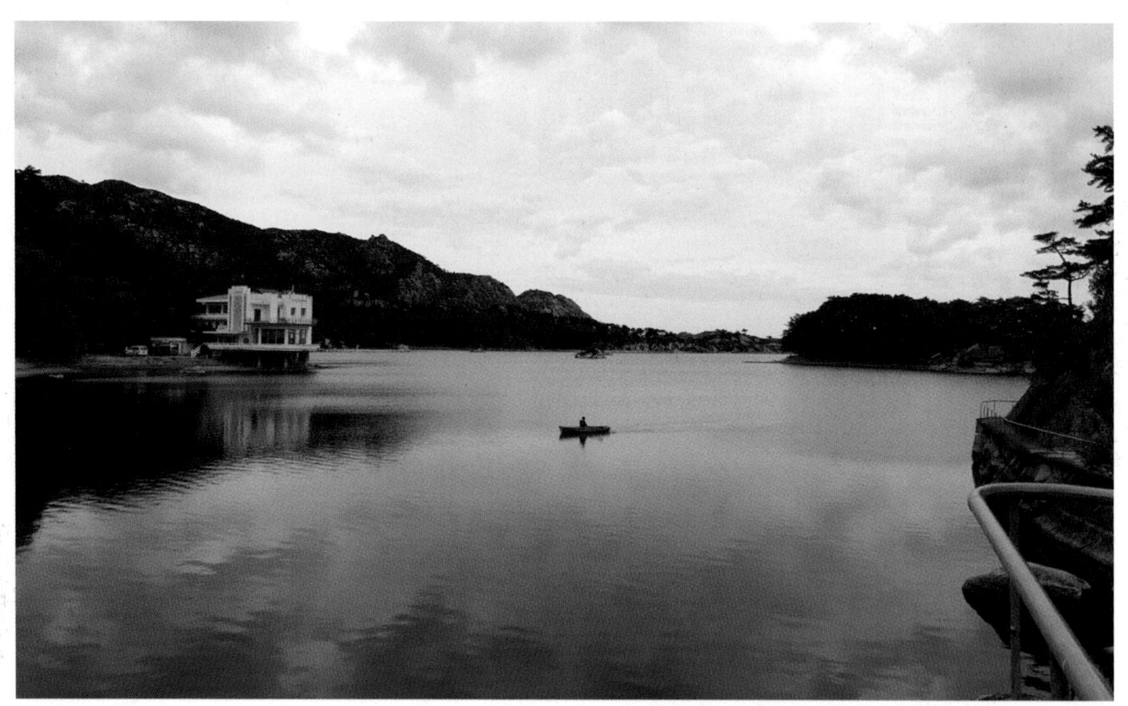

▲ 해금강 삼일포에서 안영백 뉴질랜드 네이쳐코리아 대표 제공

02. 북한 원산시

「Google Earth」

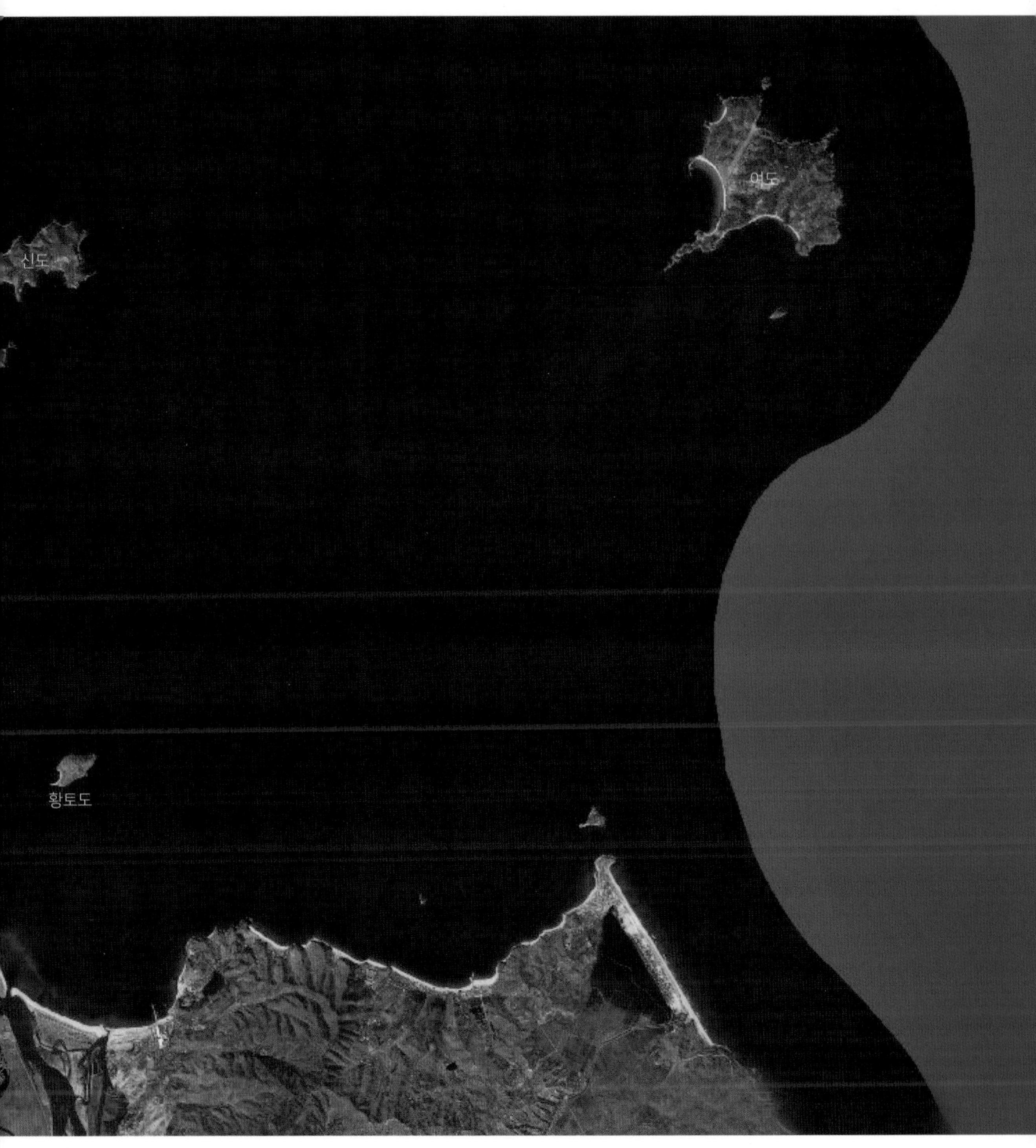
여도
신도
황토도

1) 대도 · 大島

"북한 한센인들의 마지막 거처"

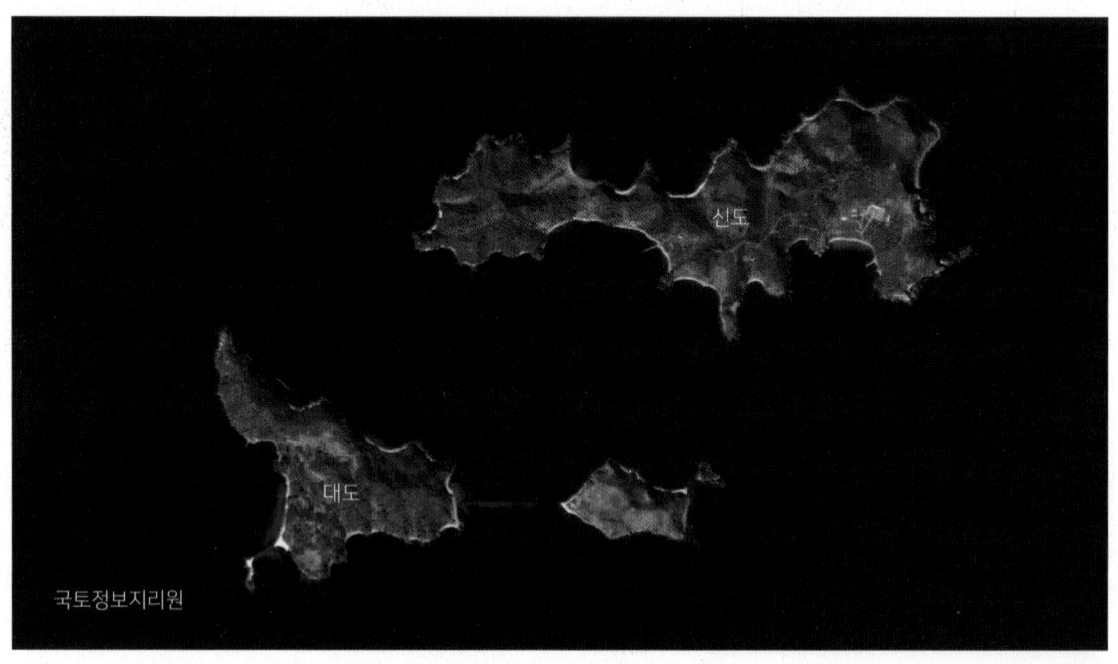

[개괄] 대도(大島)는 강원도 원산시 갈마반도 앞바다에 있는 섬으로, 갈마각에서 북동쪽으로 약 2.5km 거리에 자리하고 있다. 면적은 0.407km2, 둘레길이는 3.92km, 높이는 68m, 평균 높이는 40m이다. 지형은 동부에서 서쪽으로 가면서 점차 낮아졌으며 남서부에 약 2정보의 평지가 전개되어 있다.

대도섬의 북동부와 남동부 해안은 바다 절벽으로 되어있다. 기반암은 편마암이다. 소나무가 많이 자라고 있으며, 서부와 남부의 약 8정보에 기름 식물인 초피나무가 분포되어 있다. 남쪽 기슭으로는 원산에서 청진, 통천 방면으로 가는 해상수로가 통과하고 있다. 대도섬 동쪽에 소도, 북동쪽에 신도가 위치해 있어 대도는 이 섬들과 함께 아름다운 풍경을 이루고 있다. 백로, 왜가리의

번식지로서 천연기념물로 지정·보호받 고 있다.[3)]

[북한 한센인 수용소 출신 마지막 생존자 박정자 집사]

전남 고흥군 소록도 신성교회 박정자(80·여) 집사는 한동안 말을 잇지 못했다. 애써 참던 눈물이 번졌다. 6·25전쟁 중 연합군과 국군의 도움을 받아 배를 타고 소록도에 와서 보낸 근 70년이 기억의 저편에 주마등처럼 스쳐 지나갔던 모양이다.

박 집사 이야기는 해방 전후로 거슬러 올라간다. 그는 평양의 유복한 가정에서 자랐다. 7세 때 작은 상처가 났다. 곪는가 싶더니 몸이 이상해지기 시작했다. 동네 보건소에 갔지만 큰 병원에 가보라는 말만 들었다. 어린 마음에도 큰 병이 들었음을 직감했다. 의사는 이리저리 진찰하더니 침대 하나 달랑 놓인 방으로 격리시켰다. 밖에서 잠긴 문은 열리지 않았다. (중략)

9세. 강원도 원산 앞바다 대도로 강제 이송됐다. 대도는 당시 북한 한센인 350여 명이 거주하던 섬이다. 고아 아닌 고아가 됐다. 힘들고 배고픈 생활이 계속됐다. 얼마 후 평양에 사는 친오빠가 사과 한보따리를 들고 방문했다. 오빠는 그의 얼굴을 어루만졌다. "눈썹이 없어"라고 말하는 오빠의 얼굴에 걱정하는 기색이 역력했다. 이 말에 그는 닭똥 같은 눈물을 흘렸다.(중략)

1951년 1·4후퇴 때 한센인 100명이 남한 행배를 탔다. 걸음이 늦은 11세 소녀는 마지막으로 국군 아저씨 등에 업혀 함정에 태워졌다. 그렇게

---

3) 「조선향토대백과」, 평화문제연구소 2008

혈육과 끊어졌고 소록도 생활이 시작됐다. 23세에 소록도에서 만난 남편은 61세에 먼저 하늘나라로 떠났다. 함께 배를 탔던 한센인도 모두 죽었다. 혼자 남은 것이다. 특별한 역사의 산증인이 됐다. 과거 한센인 7,000여 명이 둥지를 틀고 살던 소록도에는 현재 3개 마을 550여 명만이 남아 있다. 이들은 대부분 노인이라 거동이 불편하다. 박 집사는 자신보다 더 불편한 한센인을 돌보고 있다. 기도해주고 각종 심부름을 하는 것이 그의 일과다. 자신을 위로하기 위해 찾아온 봉사자들에게 오히려 기도해주며 마음의 기쁨과 안심을 선물한다. (중략)

「국민일보」

2) 신도 · 薪島

"금강산의 구름이 명사십리에 비 되어 내리고"

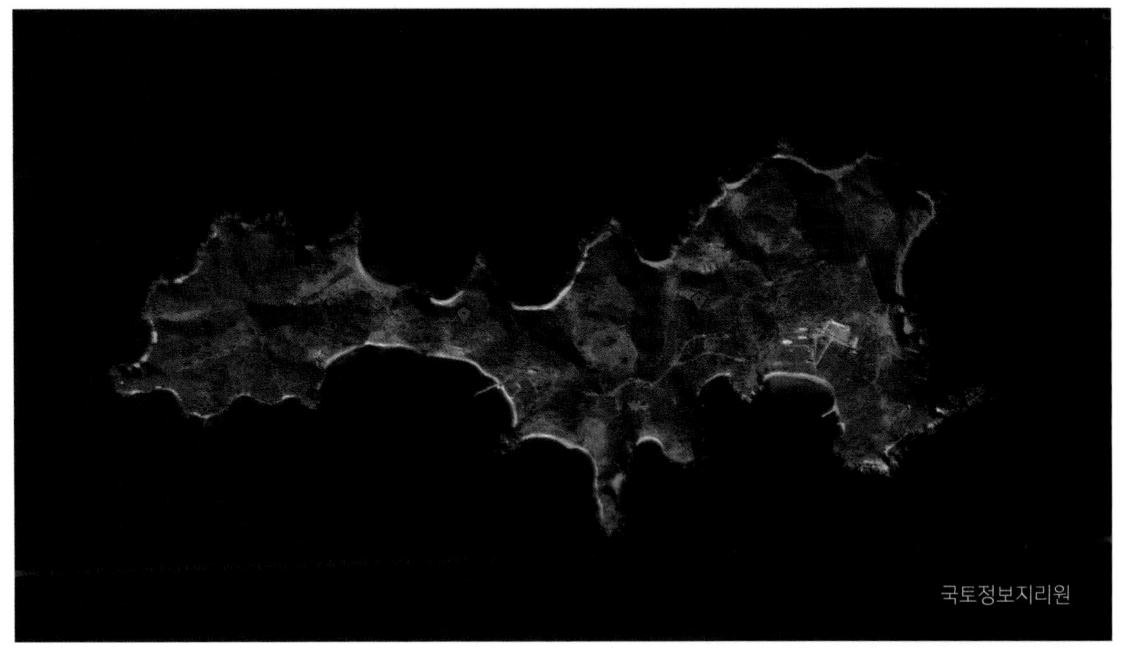
국토정보지리원

[개괄] 신도(薪島)는 강원도 원산시 명사십리동 갈마반도 북쪽, 대도 북동쪽에 자리하고 있다. 섬둘레 7.92km, 면적 0914km2, 산 높이(신도봉) 98m, 경도 127°32', 위도 39°13'에 위치해 있다. 원산항 입구에 있는 신도는 소도, 대도와 함께 삼형제 섬을 이루고 있다. 섬 바로 앞에는 원산비행장이 있다. 이외에도 어미섬 여도를 비롯하여 부근에 웅도, 모도, 황토도 등을 비롯한 50여 개의 섬과 함께 있다. 신도는 갈마반도의 갈마각에서 북동쪽으로 약 3.5km 떨어져 있다. 갈마반도의 지형은 남쪽에서 북쪽으로 뻗어 있고, 영흥만의 일부(남부)인 원산만을 감싼다. 길이는 6km, 평균 너비는 1km이다. 북쪽으로 함경남도 금야군에 있는 호도반도(虎島半島)와 마주하고, 두 반도 사이에

는 크고 작은 섬들이 자리하고 있다. 갈마반도에 위치한 명사십리는 해당화로 유명하다.

신도(薪島)의 신도봉은 신도에서 가장 높은 곳으로서 동쪽으로 치우쳐 있으며 서쪽으로 느리게 경사져 있다. 해안선은 굴곡이 심하지 않고 기복은 복잡한 편이다. 바닷가의 돌출부들은 벼랑으로 되어있고 만입부들에는 약간의 사취가 전개되어 있다. 북동부에는 소나무, 참나무, 물푸레나무, 동백나무 숲이 우거져 있고 남서쪽으로 가면서 싸리나무, 진달래나무를 비롯한 떨기나무들이 많이 자란다. 주변 바다에는 북한해류와 동한해류가 합류하므로 좋은 어장을 형성하여 고등어, 멸치, 까나리, 가자미, 청어와 같은 어류들과 미역, 다시마 등 바다나물이 많이 분포되어 있다. 남서쪽에는 대도, 남쪽에는 소도, 동쪽에는 여도, 북쪽에는 함경남도 금야군에 속하는 모도 · 모래섬 · 솔섬 등 작은 섬들이 있다. 4)

신도는 군사 전략상 중요한 섬으로 영흥만의 입구를 막고 있다. 신도는 6·25 때에는 유엔군이 이를 점령하여 원산항을 봉쇄하였다가 휴전 후에야 북한에 넘겨주고 철수하였다.

『한반도를 대각선으로 가로질러, 77번 국도가 지나는 해남반도 전남 완도에도 명사십리가 있다. 정식 명칭은 신지명사십리다. 은빛 모래에 부서지는 파도의 울림소리가 10리(4㎞)까지 들린다고 해서 명사십리(鳴沙十里)다. 밟을 때 우는 소리가 날 정도로 모래가 곱다고 해서 붙은 이름이라고도 한다.

갈마반도의 명사십리는 해남반도의 명사십리와 한자가 다르다. 원래 '명사(鳴砂)'를 사용하다가 ‘명사(明沙)’로 바뀌었다고 한다. ‘모래 사(沙·砂)’의 차이에 대해 권상호 동방문화대학원 대학교 교수는 “각각 해안 모래와 육지 모래라는 미묘한 구별이 있지만 같은 뜻으로 보면 된다”고 말했다. 남과 북의 명사십리는 본래 의미가 같았다는 것이다.

갈마·호도반도를 가려면 금강산을 거쳐야 한다. 서산대사(1520~1604)는 이

4) 「조선향토대백과」, 평화문제연구소 2008

길을 지나며 읊었다. '금강산의 구름 이/명사십리에 비 되어 내리고/해당화 마저 지고 나니/길 위에는 우리 서너 명뿐.'』

김홍준 기자, 「중앙선데이」, 2020.9.26

[서해5도를 우리 땅으로... 해병대의 '전략도서 확보작전']

1950년 12월, 그 혹독했던 겨울에 미 해군 제95기동부대(Task Force 95) 사령관 알랜 스미스(Allan E. Smith) 해군 소장은 야심 있는 작전을 구상했다. 그의 구상은 다름 아닌 북한 해안의 전략적 가치가 높은 섬을 점령·확보하는 것. 이른바 '전략도서 확보작전'이다. (중략)

작전의 출발점은 원산항 해상 봉쇄였다. 원산항 완전 봉쇄를 위해서는 항구 주변의 신도 등 작은 섬들을 확보하는 것이 필수였다. 1951년 2월 13일 한국 해병대 독립 42중대 선발대가 원산항 앞바다의 섬 중에 가장 동쪽 외곽에 있는 여도에 상륙했다. 다행히 적은 없었고, 한국 해군 상륙함 천안함(LST-801)에서 내린 42중대 본대는 2월 14일 여도를 장악했다. (중략)

1951년 3월 서해안 전략 도서 확보작전이 시작됐다. 교동도·백령도·석도 등이 목표였다. 1952년 1월 18일에는 서해 초도에도 해병대가 상륙했다. 이후 동서 해안의 전략도서를 장악한 한국 해병대 독립중대들은 수시로 감행되는 적의 중대 · 대대급 상륙작전에 맞서 격렬한 보병 전투 끝에 적을 격퇴하고 섬들을 굳건히 사수했다. (중략)

한·미 해군 함정과 해병대 3~4개 중대를 동원해 이뤄진 전략도서 확보작전의 성과는 컸다. 아군 함정은 아군이 확보한 전략도서를 기반으로 적 해안을 더욱 완벽하게 봉쇄했고 좀 더 안정적으로 적 해안을 공격했다. 또한 전략도서들은 북한 내륙 및 해안지역에 추락한 아군 조종사들을 구출하는 발판이 됐다. 서해안 초도에 설치된 레이더는 아군 항공 작전에 크게 기여했다. 무엇보다 큰 전과는 적 해안에 막대한 병력을 묶어 뒀다는 사실이다.

「국방일보」 2011.12.12

섬 집 아기

한인현(1921~1969)의 동시 「섬 집 아기」는 1946년 발간된 동시집 『민들레』에 수록되었고 1950년 『소학생』 4월호에 실려 알려졌다. 저저는 고향인 원산에 살면서 원산이 섬들을 여행하면서 시상 착안에 몰두 했을 것으로 추측된다. 섬에 사시는 엄마가 굴을 캐려고 바다에 나가면 이이는 혼자 남아 조개와 소라껍질, 돌을 가지고 놀다가 어느새 잠이 드는 모습을 보았을 것이다. 섬 집 아기」는 밝고 희망적인 내용의 동요가 아님에도 집에 혼자 남겨져 잠드는 아기의 모습과 굴 바구니를 다 채우지 못하고 달려오는 엄마의 모습을 통해 어려운 현실과 엄마의 애틋한 마음을 서정적으로 표현하였다.

섬 집 아기

엄마가 섬 그늘에 굴 따러 가면
아기가 혼자 남아 집을 보다가
바다가 불러주는 자장노래에
팔 베고 스르르르 잠이 듭니다

아기는 잠을 곤히 자고 있지만
갈매기 울음소리 맘이 설레어
다 못 찬 굴 바구니 머리에 이고
엄마는 모랫길을 달려옵니다

[네이버 지식백과] 섬집아기 (한국민족문화대백과, 한국학중앙연구원) 참조

3) 여도 · 麗島

"한국전쟁 당시 대북 첩보부대의 근거지"

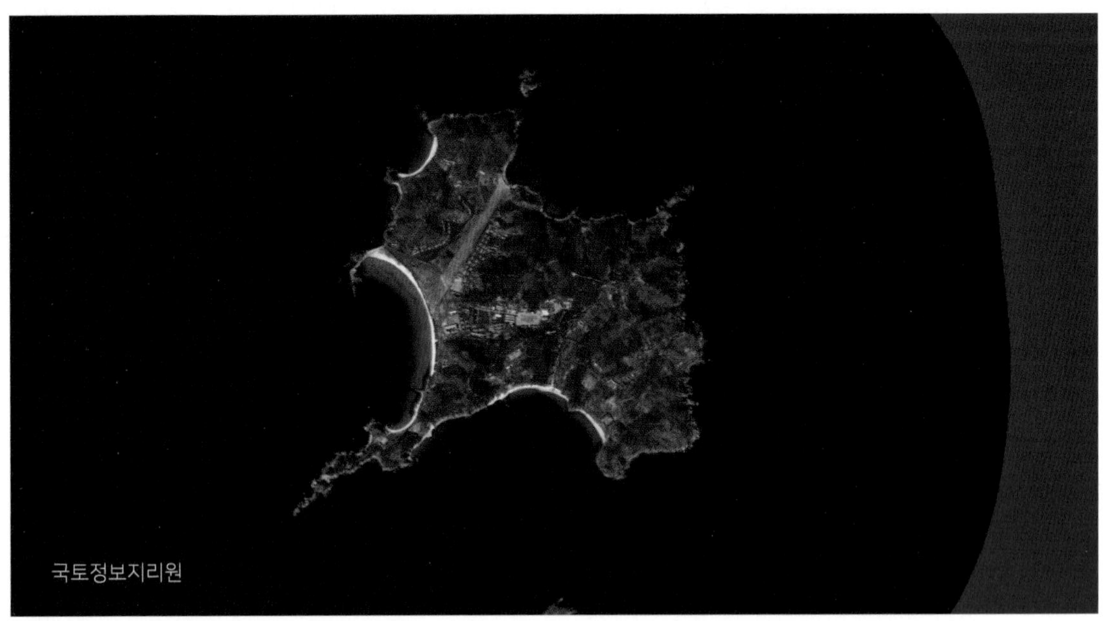

국토정보지리원

[개괄] 여도(麗島)는 강원도 원산시 여도동에 속하는 섬으로 영흥만(永興灣)의 입구에 해당하는 호도반도(虎島半島)와 갈마반도(葛麻半島)를 잇는 선보다 동쪽, 원산항에서 동쪽으로 약 20㎞ 떨어져 있다. 섬둘레 11.31km, 면적 1.972㎢, 최고점 여도선은 112m, 경도 127°38', 위도 39°14'에 위치하고 있다. 섬의 지형은 서쪽은 낮고 동쪽이 높은 편이다. 원산항과의 거리는 12km이다. 마을 또한 서쪽을 중심으로 발달하였으며, 섬 동쪽은 10m 정도 되는 높은 벼랑(해식애)이다. 1906년 건설된 여도 등대가 있다. 소나무 이외에 참나무·오리나무·밤나무 등이 분포한다. 서부의 여도단과 와야단 사이에 형성된 만입이 선박의 대피 장소로 이용된다. 섬의 동안에는 10m 가량의 해식애가 있고 서쪽의 좁은 평지에 취락이 들어섰다.

여도등대

여도등대 공유마당에서 퍼옴 저작자 미상 (저작물2267371건)

여도 등대는 원산항 외해에 위치하였으며 건립연도는 1906년 12월이다. 원산항 입구의 등대원(3명)이 상주하는 등대로서 콘크리트조 8각형의 등탑과 목조건물의 사무실 숙소를 건립하고 1/100의 축척으로 도면화함. 제 4등급 등명기를 설치하고 불빛은 군섬 백광으로 37km까지 미친다. 동해를 항해하는 배들은 여도의 등대를 보면서 목적지로 달려간다.

여도 근해에서 북한해류와 동한해류가 합류하므로 좋은 어장을 형성하여 명태·정어리·전갱이·오징어·청어·대구 등의 어획량이 많았다. 과거에는 「女島」로 표기했다. 제정 러시아의 탐험선이 여도 근해를 지나며 니콜스키(Nikolski) 섬이라 명명한 적도 있었다.

여도를 주(主) 섬으로 하여 부근의 웅도(熊島)·신도(薪島)·모도(茅島)·대도(大島) 등을 비롯한 50여 개의 섬과 함께 군사상 중요한 영흥만의 입구를 막고 있는 전략적인 요충지였다. 1968년 1월 여도 부근 해역에서 푸에블로호 납치 사건[5]이 발생하였다. 해방 전에는 소규모의 어망·어유공업과 선박 수리 시설이 갖추어졌으며, 원산의 보조어항 역할을 하였다. [6]

---

5) 1968년 1월 23일 미 해군 정보수집함 푸에블로호(Pueblo號)가 북한 원산항 여도 근해 공해상에서 북한으로 납치된 사건. 사건 발생 후 11개월 만인 1968년 12월 23일 28차례에 걸친 비밀협상 끝에 합의문서에 서명함으로써 82명의 생존 승무원과 시체 1구가 판문점을 통해 돌아오게 되었다. 선체와 장비는 북한에 몰수되었으며, 보상금 지불에 관한 내역은 알려지지 않은 채 떳떳하지 못한 타결을 보았다는 후문을 남겨 놓았다. - 한국학중앙연구원, 「한국민족문화대백과」 6) 「한국학중앙연구원」

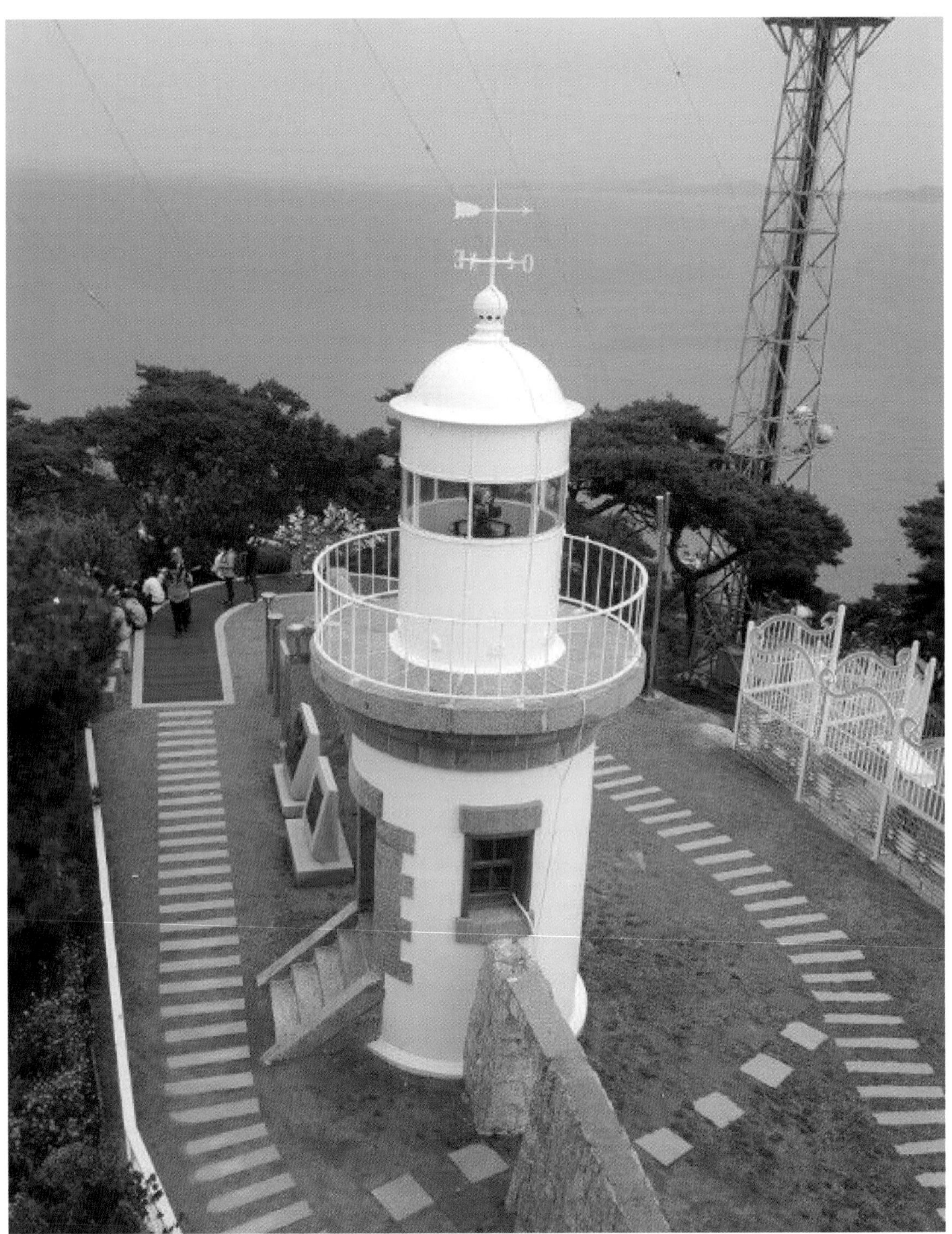

▲ 우리나라 최초의 등대 팔미도. 대한민국의 사적 제557호. 나무위키, 여도 등대도 이런 모습으로서 존재할 것이다.

美艦 푸에블로號 拉北

어제下午 東海上40킬로 公海서

北傀艇·미그機의 威脅받고

將兵등83명 元山으로

核航母 엔號 現場에

—越南出動길 回航… 機動艦隊 이끌고

東海被拉現場에 急行하는「엔」號

▲ 평양 대동강에 전시된 프에블로호

▲ 1967년 10월 푸에블로호

▲ 푸에블로호 선원

1930·1940년대 원산 연안의 풍경 "청어 잡이 대풍, 원산 연안 일대 활황"

원산 연안에 청어 무리 내습, 어기를 맞이하여 잡히지 않아 근심되던 청어가 드디어 원산 연안에 밀기 시작하여 30일에는 1300여 마리, 육만 여원, 31일에도 1,000여 마리가 잡혔다. 한산했던 원산 어항은 갑자기 활기를 띠고 있다. 청어가 대량으로 잡히는 곳은 여도와 호도 근해인데 앞으로 계속 풍어가 이루어 질 것이라고 전망하였다.

「조선일보」, 1940년 4월 3일

원산 여도 근해에서 조업 중인 사십 여척이 전복되어 삼십 여척은 행방불명이 되고, 십여 척은 해안에 표류하여 어부 180명 중에 40명만 겨우 깨여진 뱃조각을 잡고 구사일생으로 육지에 올라왔으며 나머지 140명은 전부 사망한 모양이라고 한다.

「조선일보」, 1930년 7월 25일

한국전쟁 당시, 여도(麗島)는 대북 첩보부대의 근거지

여도는 첩보부대 대원들의 대북(對北) 침투 및 공작 거점으로도 활용되다가 1953년 7월, 휴전과 함께 철수한 섬이다. 이 섬은 동해에서 가장 중요한 전략적인 섬이었다.

중국군의 인해전술로 UN군은 1951년 1월, 소위 '1·4 후퇴'를 한다. 하지만 UN군은 후퇴하면서도 다시 진격해야 한다는 생각을 품고 있었다. 특히 해군은 지상군의 후퇴와 상관없이 바다를 지배하고 있었기 때문에 지상군의 재반격과 북진에 대비하여 전략적 요충지를 확보해야 했다. 이 전략적 요충지로는 평안남도 대동강 입구인 진남포 입구의 초도, 장산곶을 감시할 수 있는 백령도 등 원산만 일대의 여러 섬이 지정되었다.

따라서 각 도서에 한국 해병을 1~2개 중대씩 투입하여 점령하고, UN군이 재반격할 때까지 지상군 작전을 지원하며 기다려야 했다. 특히 원산항은 동부전선에서 UN군이 다시 북진할 때 필수적인 보급항구였기 때문에 반드시 점령해야 했다.

이에 따라, 1951년 2월에 미군은 원산만 일대에 7개 도서를 우선 점령한다는 계획을 세워 작전을 개시했다. 2월 16일에 미 해군 구축함 2척이 원산항에 진입하여 주요 시설에 대한 함포 사격으로 방해물을 제거한 뒤 1주일이 지난 2월 24일 상륙전을 시작했다.

2월 24일 07:00부터 미 해군의 함포 사격이 신도를 향해 2시간 동안 쏟아졌고, 한국 해병대 200명이 상륙하여 점령했다. 신도를 시작으로 원산만 최대의 섬인 여도를 점령하고 뒤이어 태도, 모도, 소토도, 황토도를 점령했다. 이로 인하여 원산항은 봉쇄되었고 항만시설, 철도, 북한군 병영 등이 모두 파괴되었다.

이후, 전선은 서울 이북에서 고착되었고 UN군과 공산군은 서로 대치하며 고지 점령전만 반복하였다. 이로써 지상군이 북진할 때까지 주둔할 예정이었던 해병대 주둔은 장기화하였고 미 해병대도 일부 가세함에 따라 병력도 증강되었다.

1953년 7월 27일 휴전으로 인한 철수까지 총 861일 동안 UN군은 원산항을 완전히 봉쇄했으며, 이로써 북한군의 전력분산 효과를 거두었다는 평가를 받고 있다.

「한국전쟁 해전사」,
(Malcolm W Cagle, Frank A Manson,
21세기 군사연구소, 2003)

현재 여도에는 북한의 소위 제287 대연합부대(군단 급) 소속인 여도 방어대가 주둔하고 있다. 2012년과 2014년에 북한 김정은 국방위원장이 다녀가기도 했다.

[원산 북녘항구 기행, "명사십리 못지않은 송도원 해수욕장"]

'원산폭격'이라는 말이 생겨날 정도로 전쟁 당시 폐허가 됐던 강원도 원산. 지금은 북녘 주민들의 대표적인 여름 휴양지로 손꼽히는 도시다. 옛부터 '우리나라에서 가장 아름다운 해변'으로 손꼽히는 곳이 원산의 명사십리다. 얼마나 아름다우면 그렇게 소문이 났을까? 늘 궁금하던 터에 지난 2006년 4월, 마침내 그곳을 직접 확인할 수 있는 기회가 왔다. (중략)

원산항은 오랫동안 정비를 하지 않은 듯 다소 낡아 있었다. 북한은 원산을 '국제 문화·휴양도시'이자 '가장 아름다운 항구도시'라 부른다. 자동차를 타고 원산시 내원산동에 있는 숙소인 송도원려관으로 가는 도중 원산 시내를 지나쳤다. 북을 여러 번 다니면서도 평양이외에서는 시내버스를 보기 힘들었는데 원산시에서 마침 시내버스를 볼 수 있었다. 버스 안에는 무척이나 많은 사람들이 빼곡히 타고 있었다. (중략)

동쪽으로 멀리 갈마반도가 보였는데 안타깝게도 명사십리 해수욕장은 갈마반도 동부해안에 있다. 갈마반도는 군사지역이라 그 지역 주민들도 접근하지 못한다. 다만 먼 곳에서도 잘 보일 정도로 커다란 건물이 있었는데 북측에 따르면 '군인휴양소'라고 했다. 거기에 있는 사람들만이 명사십리 해수욕장을 갈 수 있다고 했다. 그러나 송도원 해수욕장 또한 명사십리 못지않게 깨끗하고 넓어 내외국인의 여름 휴양지로 손색이 없을 것 같았다.

「원산」 , 작성자 : 북한산

북한 중학교 제4학년용 「지리 교과서」에 수록된 원산만

제3절. 원산만 지역
항구문화휴양 도시

원산만 지역에는 원산시, 천내군, 문천시, 안변군 등이 속한다. 원산 갈마반도와 호도반도에 의하여 둘러싸여 있는 원산만은 수심이 깊어 1만t급 이상의 큰 배도 드나들 수 있는 곳으로서 예로부터 조선 동해안의 각 포구와 연결된 주요 항만으로, 여러 지방에서 나오는 생산물들이 집중되는 곳으로 알려져 있었다.

오늘 원산항은 대형 짐배들도 마음대로 닻을 내릴 수 있게 현대적인 항만시설들을 갖춘 항구로 훌륭히 꾸려졌다. 원산항은 국내의 여러 곳과 세계의 여러 나라와 뱃길로 연결되어 있다. 원산시 바닷가에는 바닷물의 쌓인 작용에 의해 생긴 높이 1.5~2m 의연 안 모래불이 바다 쪽으로 느리게 경사져 전개되어 있다. 여기에 송도원과 명사십리가 자리 잡고 있으며 동남쪽에는 육계도인 갈마반도가 형성되어있다.

그리고 앞바다에는 여도, 신도, 웅도, 대도 등 여러 개의 작은 섬들이 있다. 높고 낮은 산봉우리와 거기서 뻗어 내린 산발들을 배경으로 하여 펼쳐진 조선 동해의 맑고 푸른 물결과 바다 기슭을 따라 펼쳐진 백사장, 붉게 피는 해당화와 푸른 소나무 숲 등으로 한 폭의 그림처럼 아름다운 송도원은 해수욕장으로 널리 알려져 있다.

송도원에는 송도원 국제소년단야영소, 송도원 해수욕장, 휴양소가 있다. 여기로는 해마다 수많은 청소년 학생들과 근로자들, 외국의 벗들이 찾아와 휴식의 한때를 마음껏 즐기고 있다. 원산시 안에는 큰 공장들과 여러 개의 대학, 각 급 학교, 극장, 문화회관 등 교육문화 시설이 있으며 현대적인 고층 건물들이 들어서고 거리와 도로들이 시원하게 뻗어 있다. 그리고 원산시는 황홀한 야경을 펼쳐 보인다.

배움의 종소리는 이렇게 높이 울려 퍼져간다.

평양을 떠나 여도 방어대의 학교 교원으로 자원 진출한 리정화 선생과 그의 성장에 바쳐진 사랑과 정에 대한 이야기

노동신문 2019,2,12
본사기자 김순영, 김명훈

동해안 전방 초소인 여도, 자그마한 학교에 배움의 종소리를 더 높이 올려갈 마음을 안고 23살 꽃나이 처녀가 정든 평양의 교단을 떠난 지도 어느덧 3년이 지났다. 이 주인공 리정화 선생은 평양교원대학 출신이다. 그는 부러울 것이 없을 정도로 잘 살면서 대동강 구역 능라소학교에서 강원도 먼 섬 여도 방어대의 학교로 자원 진출하였다. 처음에 여도 분교로 전출을 결심을 했을 때 아버지는 리정화 선생에게 심중한 어조로 말씀하시었다.

〈막내딸로 곱게 자란 네가 정말 평양을 떠나 살 수 있겠느냐〉 하시면서 장한 결심이라고 칭찬을 해 주었다. 그날 아버지는 리정화 선생을 데리고 밤이 깊도록 평양의 거리를 걸으며 많은 이야기를 나누었다. 수업 중에는 학생들이 이해하지 못하면 두 번 세 번 설명해 주고 또 기다려 주라고 당부하였다.

여도 온 리정화 선생은 평양에서 온 선생이 첫 수업을 하는 모습을 보고 싶다고 모여온 학부형들의 기대어린 눈빛을 온 몸으로 느끼며 모여 들었다. 리정화 선생은 출석부를 펼친 다음 이름을 부르고 난 후에 학생들에게 물어보았다. 〈여러분 희망이 무엇입니까?〉 〈섬이라고 문명의 혜택이 부족하고, 문화가 뒤 떨어진 곳이지만 그래도 열심히 공부하면 도시로 진출하여 훌륭한 사람이 될 수 있습니다.〉 리정화 선생은 여도에서 첫 수업은 이렇게 시작되었다. 평양과 여도는 달랐다. 능라소학교의 큰 교실에서 새별처럼 반짝이는 수십 쌍의 눈동자들을 바라보며 수업하던 리정화 선생에게 있어서 불과 몇 명의 학생을 가르치는 섬마을의 작은 교실은 전혀 새로운 환경이었다. 학생 수는 적어도 수업에는 곱절로 품이 들었다. 학생들이 섬에서 나서 자라 바다밖에 본

것이 없다보니 수업 시간에 교감이 잘 되지 않았다. 다매채편집물을 보여주며 〈여기에 가 본적이 있습니까? 리정화 선생은 시청각 교육을 통해 아이들에게 더 가까이 다가갔다.

리정화 선생은 부모님께서 해가 흐를수록 사윗감 문제로 은근히 걱정하고 계신 것을 알았다. 딸자식을 둔 부모의 심정이 다 그러하듯이 말이다. 그런데 어느 날 한 초기복무사관이 리정화 선생과 나란히 부모님을 찾았다. 배우자를 만나본 부모는 막대 딸의 결심을 기뻐하였다. 결혼식 날이 다가올수록 리정화 선생에게 고민거리가 생겼다. 여도로 떠나던 날 구역당책임일군은 단단히 강조했었다. 앞으로 신랑감이 생기면 꼭 승인을 받으라고 결혼식은 구역에서 성대히 해 주겠다고 하였다. 이제 말을 하면 구역에서 떠들썩할 것이 뻔했다. 한 번도 아니고 한 해도 아니고 3년간의 무수한 날과 달에 변함없이 정을 나눈 많은 사람들에게 또 폐를 끼 칠수 없었다. 그래서 집에서 조용히 결혼식을 하기로 의논을 하였다. 그러나 친부모보다 더 믿고 의탁해온 구역당책임일군에게 어찌 인생의 중대사를 숨길수 있으랴, 결혼식 날을 눈앞에 두고

리정화 선생은 일생을 같이 할 김현우 남자 친구와 함께 구역당책임일군을 찾아갔다. 초기복무사관은 대뜸 합격되었지만 결혼식 준비와 관련한 결심은 예견했던 대로 반대에 부딪쳤다. 덕분에 여러 사람들의 축복을 받으며 성대한 결혼식을 마칠 수 있었다.

리정화 선생을 비롯한 여도 방어대 교사들은 이 시간에도 누가 보건 말건 스스로 선택한 어려운 교육 길을 묵묵히 잘 걸어가고 있다. 이 땅 그 어느 두메 살골, 외진 섬에도 아이들이 있는 곳이라면 학교가 있고 교사들이 있으니 우리 조국의 미래는 얼마나 창창할 것인가,

학생들을 제일로 아끼고 사랑하는 선생님들은 한 몸 바쳐 받들어 교육혁명가로 헌신적인 삶과 더불어, 온 나라에 세차게 일어 번지는 교육 중시 열풍 속에 교정마다에는 배움의 종소리 〈세상에 부럼이 없어라〉의 노래가 더 높이 울려 퍼질 것이다.

▼ 리정화 선생은 평양교원대학 출신이다. 모교의 수업 광경

▲ 한국 전쟁 당시 기록 사진

▲ 여도 비행장의 모습

4) 웅도 · 熊島

"웅도방어대가 주둔하는 군인의 섬"

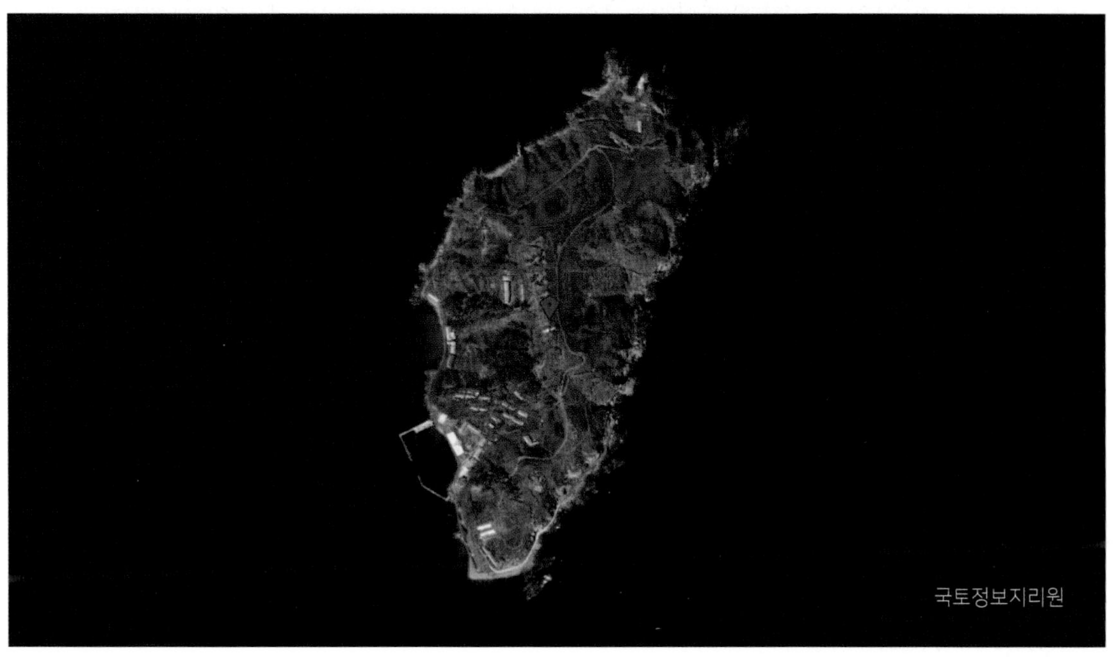
국토정보지리원

[개괄] 웅도(熊導)는 섬 모양이 곰처럼 생겼다 해서 붙여진 이름이다.

면적은 0.382㎢, 섬 둘레는 3.57km, 높이는 88m, 경도 127°38', 위도 39°16'에 위치한 섬이다. 원산항과의 거리는 15km이며 여도와 함께 영흥만의 맨 외해에 속한다. 웅도는 본래 철산반도와 연결된 하나의 산봉우리였으나 서해가 이루어지면서 섬으로 되었다. 구성 암석은 화강편마암이다. 섬 가운데 솟은 봉우리를 중심으로 점차 낮아져 지형은 원추형을 이룬다. 기슭은 밀물과 썰물의 작용을 받아 벼랑으로 되어 있고 바위들이 널려 있어 사람들이 다니기가 불편하다.

『김정은 국방위원장이 원산 앞바다 섬 초소 웅도방어대를 시찰하고 방어대 군인들의 포사격 훈련을 참관한 적이 있다. 김 위원장은 섬 방어대의 군사시설물을 둘러본 뒤 이곳 군인들의 포사격 훈련을 직접 지도했다고 한다. 김 위원장의 명령으로 사격훈련이 시작됐고 "하늘·땅·바다를 진감하는 포성과 함께 강철 포신에서 세찬 화염이 쏟아졌다"고 중앙통신은 전했다. 김 제1위원장은 "포병들이 포를 정말 잘 쐈다"고 칭찬하며 1중대 1소대 1포에 명포수 상장을, 군인들에게 명포수 메달·휘장 등을 수여한 뒤 함께 기념사진을 찍었다.

그는 이어 방어대 특성에 맞는 훈련을 해 포의 기동시간을 단축하고 화력진지와 기동로를 더욱 견고히 다져야 한다고 강조했다. 또 "일단 싸움이 벌어지면 우리 해상에 기어드는 원수들을 해상에서 모조리 수장해버림으로써 조국 땅에 침략의 더러운 발을 한 치도 들여놓지 못하게 웅도방어대를 명포수 방어대로 만들라"고 지시했다. 김 제1위원장은 군인들의 후생사업과 군인가족 자녀의 교육문제도 점검하고 1중대에 쌍안경과 자동보총을 선물했으며 이들과 기념사진을 찍었다. 김 제1위원장의 시찰에는 인민군 황병서 총정치국장, 박정천 총참모부 부총참모국장 겸 화력지휘국장이 동행했다.』

「조선중앙통신」

▲ 북한 김정은, 동해안 웅도방위대 시찰…"원수들 모조리 수장" 「뉴시스」 2014.7.7

▲ 1950년대 중반쯤 작전을 마치고 귀환한 뒤 찍은 사진. 둘째 줄 왼쪽에서 세 번째가 김진수 씨다. 작전 도중 지뢰를 밟아 다리가 절단된 부상자와 그 파편으로 팔을 다친 대원도 보인다.

원산 앞바다 웅도, HID 대북 (월간조선 2006년 4월호)

휴전 이후 북한에 침투했던 육군첩보부대(HID) 북파공작원의 실체가 월간조선에 의해 처음으로 확인됐다. 지금까지 단순 정보수집을 위해 북파한 증언은 있었어도 무장대원을 이끌고 침투, 인민군과 북한 주민들을 남한으로 귀환시킨 사례는 알려지지 않았다. 기자는 5개월간의 취재와 설득 끝에 육군본부 공작처장 출신인 김진수(76세)씨의 증언을 들을 수 있었다. 그는 1951년 3월부터 HID에 복무하면서 모두 250여 차례 북한에 침투해 공작활동을 벌여 20여 개의 무공훈장을 받았다. 여기에는 1953년 7월27일 휴전협정 이후의 북파 공작활동도 포함돼 있다. 그는 1950년 5월 육군 보병학교 갑종간부 제2기로 입교, 한국전쟁에 참전했다. 1951년 3월 대구 달성초등학교에서 육군첩보부대가 창설되자 육군 보병 1사단 문산파견대장으로 부임했다.

1952년 8월 육군 4862부대 제36지구대로 발령받아 북한 원산 앞바다에 위치한 작은 섬, 웅도네 파견됐다. 웅도는 현재 북한 땅이지만 한국전쟁 당시 HID의 전진기지였다. 휴전 이후 웅도에서 철수해 강원도 고성군 현내면에서 제62지대 동해안 공작대장으로 1961년 1월 중순까지 근무했다.

베일에 가려진 HID의 역할

▼ HID 동해안지역 對北 공작 실무자였던 김진수씨.

휴전 이후 HID의 역할은 지금까지 베일에 가려져 왔다. 이들이 어떤 경로로 북한에 침투해, 어떤 공작활동을 벌였

는지는 확인할 길이 없었다. 「북파 임무의 비밀을 관 뚜껑을 닫는 순간까지 지고 간다」는 HID 부대의 불문율은 깨어지지 않았다. 간혹 명예회복과 정부 보상을 요구하는 목소리가 나왔지만 구체적인 활동상과 과거사 규명이 이뤄지지 못했다. 군 당국이 스스로 정전법 위반을 인정할 수 없는 까닭에서다. 사망·실종자에 대해서도 확인된 것이 없다. 간혹 사망·실종자 수(1951~ 1959년까지 5576명, 1960~1972년까지 2150명이 사망·실종 추정)가 공개됐지만, 이름과 군번·계급 등이 공개되진 못했다. 이마저도 군사정전委에서 북측이 체포했다고 주장한 북파공작원 명단을 통해서만 간접 확인했을 뿐이다.

지난 2월4일 「대한민국 HID 북파공작원·유족동지회」가 공개한 북파공작원 체포자 41명의 명단도 1969년부터 1972년 7·4 남북공동성명 직전까지 판문점에서 개최된 군사정전委 회의록에 게재됐던 것이다.

한 달에 세 번 침투, 인민군 포함해 300여 명 귀환

김진수 씨는 1952년 8월부터 동해 제36지구대 웅도 파견대장으로 근무하며 각종 북파작전에 참여했다고 밝혔다. 북한 원산항을 끼고 있는 영흥만 일대가 주 활동무대였다. 웅도에는 HID 파견 부대와 함께 해병대 1개 소대가 주둔하고 있었고, 주변 여도·모도·황토도에도 해병대와 해군첩보부대 진지가 있었다.

그의 휘하에는 K선과 S선 부대가 있었다. K선은 함경북도 고원 출신 북파공작원이 주축으로 김영철이라는 걸출한 인물이 있었다. 함경남도 영흥 출신들이 중심인 S선에는 윤일제·신유덕이 중심이었다고 한다.

김진수 씨는 1961년 1월 중순까지 K선과 S선 무장 공작대원들을 데리고 250여 차례 북한에 침투했다. 한국전쟁 직후 북한은 해상·공해상의 방어력을 상실한 상태여서 HID 요원들이 동해안을 「제 집 드나들 듯」 침투할 수 있었다고 한다. 적지 휴전선 인근은 물론 강원도 통천, 함경남도 원산·함흥·단천·이원·차호, 함경북도 청진은 물론 최북단 나진까지 무차별 침투해 공작활동을 벌였다는 것이다. 『기상조건에 따라 한 달 평균 서너 차례 침투했습니다. 많이 가면 여섯 차례도 갔어요. 해상권을 장악하고 있었으니 두려울 게 없었어요. 주된 임무는 아군 측 북파공작원을 파견하거나 접수하는 일을 했습니다. 북한 해안에 몰래 상륙해 인민군과 「적성 인물」을 생포·귀환하는 공작을 주로 했어요. 적의 선박을 나포하기도 했습니다』 전과도 상당했다. 북한 인민군에서조차 「물쥐」처럼 해안에 자주 출몰한다고 해서 HID 36지구대를 「물쥐 부대」라고 불렀을 정도다. 김진수 란 이름은 인민군 사이에서 그야말로 공포의 대상이었다고 한다.

김씨가 데려온 인민군과 북한 주민들은 어떻게 됐을까. 이들은 대부분 강원도 동해안 일대에 정착했다고 한다. 특히 속초「아바이 마을」에 많이 거주하며 가족을 이뤘던 것으로 알려졌다. 그의 말이다.

『속초에 살 때 제가 데려온 북한 주민들이 많이 살았어요. 남쪽에 와서 자수성가한 이는 명절날 정종이나 어물을 들고 찾아왔지요. 하지만 정착을 못한 이는 술에 취해 찾아와 원성을 높이기도 했습니다. 마음이 아프지만 어쩝니까. 분단이 가져온 비극이 아니겠습니까. 저는 국가를 위해 일했을 뿐입니다』

원산시민들의 방향탑

원산시민회 향원과 망향 탑은 고성군 토성면 운봉리에서 학야리 중간 지점 야산에 있다.

원산시는 해방 전에는 함경남도 이었으나 1946년 이북 치하에서 강원도 도청 소재지가 되었다. 속초나 양양, 고성과는 원산은 아주 가까운 곳이다. 해방 전에는 이곳에서 원산으로 가서 기차를 타고 서울로 갔다. 속초와 서울까지 도로가 개통되지 전이죠. 일제말기에는 원산에서 양양까지 철도도 개통되었다. 지금이야 모두 사라지고 없지만. 망향 탑 앞에는 '고향생각'이라는 고향을 그리워하는 시가 새겨져 있다.

5) 유분도, 등대섬의 불빛이 전하는 사연

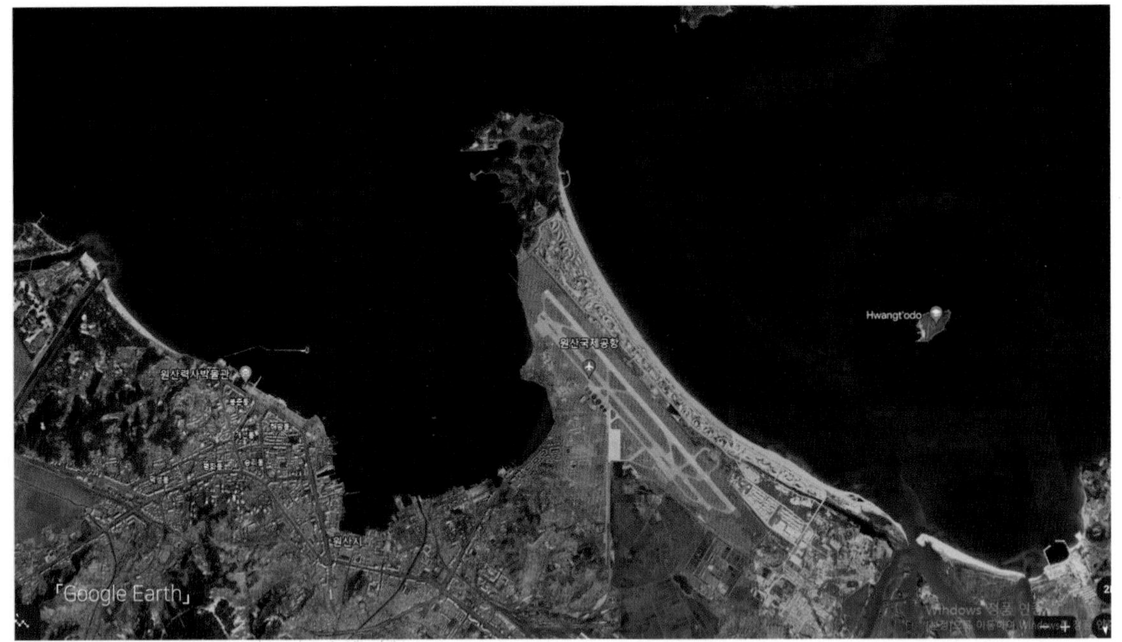

▲ 북한 원산 비행장 건너편 바다 어딘가에 유분도 있다. 여기저기 아무리 알아보아도 유분도의 위치는 알 수 없다.

유분도 등대섬의 불빛이 전하는 사연 강원도인민보안국 교통지휘대 대장 한윤복 동무

노동신문 2016년 10월 24일
신현규 기자

뱃고동 소리가 원산항에 울려 퍼졌다. 뭍을 떠나 유분도 등대로 향하는 자그마한 기관선에는 강원도 인민보안국 교통지휘대 대장 한윤복 동무가 올라 있었다. 이제는 퍽 눈에 익은 뱃길이었다. 〈대장 동무가 온다는 것을 알면 등대원들이 무척 반가와 할 겁니다〉 강원도 뱃길표식사업소 지배인 서병학 동무의 말에 한윤복 동무는 얼굴에 엷은 웃

편집자 주 - 이 글은 북한 노동신문에 기록된 기사이다. 유분도를 찾기 위하여 강원도청, 국정원, 해양수산부 등에 문의를 했으나 알지 못한다는 답이 돌아왔다. 그래서 전문을 그대로 실었다.

음을 피어 보였다. 유분도가 가까워질수록 서병학 동무의 뇌리에는 인민보안원 한윤복 동무가 등대원들과 정을 맺어온 나날이 파도처럼 밀려들었다. 지난해 2월 초 출장길에서 돌아오던 서병학 동무는 낮모를 한인민보안원을 만난 적이 있었다. 초면이었지만 스스럼없이 손을 맞잡고 인사말을 하며 우리 강원도에 유분도 등대가 있다는 것을 미처 몰랐다고 하면서 등대원들의 가족 수와 생활 형편에 대하여 하나하나 물어보던 인민보안원이 바로 한윤복 동무였다. 한윤복 동무가 등대원들을 위해 마련한 생활용품이며 식료품들을 안고 뱃길표식사업소를 찾은 것은 그로부터 이틀 후였다.

섬 생활에 필요한 많은 물자를 안고 파도를 헤치며 찾아온 낮모를 인민보안원을 마주하였을 때 유분도 등대원들의 감동은 얼마나 컸던가.

한윤복 동무는 그날 등대원들과 가족들이 사는 자그마한 등대섬을 돌아보며 많은 것을 느끼게 되었다. 육지와 떨어진 외진 섬에서 생활하면서도 마음은 언제나 당중앙위원회 뜨락과 잇고 사는 등대원들을 보며 바로 이런 충직하고 순결한 인민을 위하여 어깨우세 별을 단 인민보안원이 있다는 자각을 더욱 굳힌 한윤복 동무였다. 뜻과 마음이 하나로 이어진 인간들 사이에 오가는 사랑과 정은 뜨겁고 열렬한 법이다. 이렇게 등대원들과 인연을 맺은 한윤복 동무는 등대섬에 더욱 뚜렷한 자국을 새기였다. 지난해 한윤복 동무가 유분에도 등대원들의 살림집을 새로 꾸려주기에 앞서 등대원들의 가슴속에 더욱 깊이 새겨준 것은 당을 위한 신념의 구호였다. 절해 교도에서도 나라 사랑의 결사 옹호 보위하는 전사로 변함없이 살자고 당부하며 등대섬에 해풍에도 변색이 없게 모자이크로 수병 옹위의 구호부터 새겨준 한윤복 동무. 그 나날이 그가 교통지휘대의 인민보안원들과 함께 알게 모르게 가까워졌다.

▲ 서해상의 연평도 등대가 45년 만에 다시 밝혀졌다.

연평어장에 "평화의 불빛"을 밝히다.

해양수산부 장관 문성혁 2019,5,20

칠흑 같은 바다에서 빛이 없다면 그 여정은 두려움과 공포가 가득할 것이다. 2천여 년 전 인간은 어두운 바다에서 두려움을 극복하고 목적지에 안전하게 도달하기 위해 '등대'를 고안해 냈다. 그리고 2019년 5월 17일, 우리는 긴장이 가득했던 연평 바다에 남북 평화의 간절한 염원을 담아 다시 등대의 불빛을 밝힌다.

서해 연평 바다는 한강과 임진강, 예성강에서 흘러온 민물이 해수와 섞이면서 조기, 청어 등의 산란장을 이루는 곳이다. 특히, 조기는 매년 11월부터 2월까지 동중국해에서 월동한 후 알을 낳기 위해 우리나라 서해안으로 북상함에 따라 5~6월경 연평도 주변 해역에 거대한 어장이 형성됐다. 반세기 전만 하더라도 연평 바다 위에서 생선을 사고 파는 해상파시가 열릴 때면 조기의 울음소리가 가득했다고 하니 그 규모가 어쨌는지는 짐작하고 남음이 있다.

이곳에서 고기잡이를 하는 어업인들은 연평도 주위에 산재한 암초를 피해 안전하게 지나갈 수 있도록 1939년부터 줄기차게 등대 설치를 진정했다고 한다. 1959년 4월에 당시 교통부 해무청은 연평도 어선들의 안전한 항해를 돕기 위하여 등대 설치계획을 발표하였고, 이듬해인 1960년 3월, 등대원이 거주하며 관리하는 유인등대가 연평도에 설치되면서 비로소 등대가 불을 밝혔다.

당시 4명의 등대원들은 순번을 정해 주·야간 교대로 근무했다. 등대가 격오지에 위치해 있기 때문에 과거에는 관사를 설치하여 가족과 함께 살 수 있도록 했는데, 연평도 등대원들이 인근의 소청도, 선미도, 부도, 팔미도등대로 발령이 나면 가족과 함께 주기적으로 이사해야 하는 고생을 겪었다. 등대원들은 등대의 총책임자인 등대장의 지휘 아래 일몰에 등을 켜고 일출에는 불빛을 소등했다. 바다에 안개가 자욱할 때는 싸이렌을 울려 인근 항행 선박들에게 소리로 주의하라는 신호를 전달하였다. 매일 파도, 바람, 날씨 등의 바다 상태를 눈으로 관측하고 기록하여 기상청에 제공하는 일도 이들의 중요한 역할 중 하나였다.

그러나 남북의 군사적 대치가 심화된 1974년, 군부대의 요청으로 연평도등대의 불빛이 꺼졌고 1987년에는 시설물까지 폐쇄하기에 이르렀다. 그 후 1990년대 후반부터 남북교역이 늘면서 황해도 해주 항을 오가던 우리 선박들의 안전항해를 지원하기 위해 연평도등대 재점등을 추진하기도 했으나, 군사적 이유로 뜻을 이루지 못했다. 남북 간 긴장이 계속된 지난 45년 동안 연평도등대는 기약 없는 기다림의 세월을 보내야 했다.

다행히도, 지난해 4.27 판문점 선언과

9월 평양공동선언, 9.19 군사합의 등을 거치면서 서해가 긴장의 바다에서 평화의 바다로 빠르게 바뀌고 있다. 이에 맞춰 정부는 4월 1일부터 서해5도 어업인의 숙원이었던 어장 확대와 조업시간 연장을 결정한 바 있다. 이번에 확장된 어장의 면적은 여의도의 84배에 달하며, 1964년부터 금지되었던 야간조업도 55년 만에 일출 전, 일몰 후 각 30분씩 1시간 허용되었다.

그리고 오는 5월 17일, 서해 5도 주변 수역에서 야간 어업활동을 재개하는 어업인들에게 안전한 바닷길을 안내하기 위하여 연평도등대가 다시 불을 밝힌다. 지난 45년간 방치되다시피 하면서 낡고 훼손된 등대의 외관과 시설도 새 단장을 마쳤다. 다시 불을 밝힌 연평도등대는 선박의 무사항해를 기원하는 '안전의 빛'이면서, 동시에 서해바다의 항구적인 평화를 염원하는 '희망의 상징'이 될 것이다.

남북 교역이 재개되고 남포항로와 해주항로가 열리면 북쪽으로 향하는 배들은 연평도등대 앞 바다를 지나야 한다. 연평도등대는 밤낮을 가리지 않고 남과 북의 항구를 오가는 배들의 이정표가 될 것이다. 밤바다를 환하게 비추는 연평도등대의 밝은 불빛이 이제 다시는 꺼지지 않고 평화와 번영의 바다를 영원히 비춰주길 기대한다.

6) 장덕도· 長德島

"등대 아래 불어오는 바닷바람에 갯내음 가득하니!"

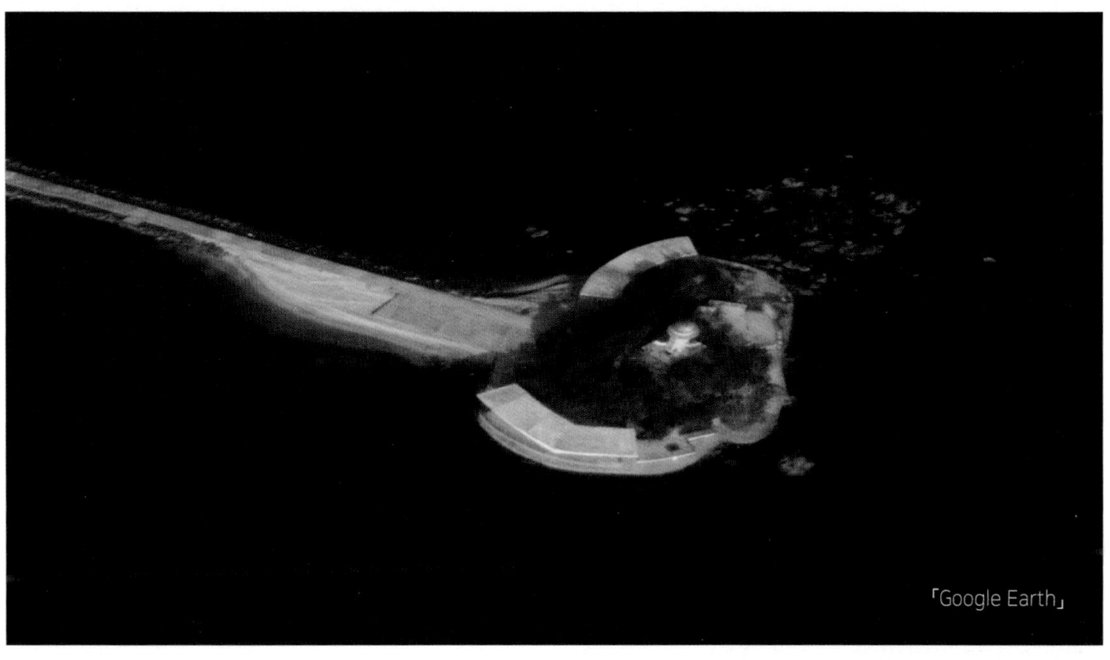

[개괄] 장덕도(長德島)는 면적 0.003km², 섬 둘레 0.25km, 산 높이 13m의 원산 영흥만에 있는 아주 작은 섬이다. 북한의 동해안 하면 가장 먼저 떠오르는 곳이 원산으로, 아름다운 바다와 섬, 해수욕장을 품은 최고의 관광지이다.7)

영흥만에 원산의 전경을 감상할 수 있는 아주 작은 장덕 섬이 있다. 콩알만큼 작다 해서 '두도(豆島)'라고도 부른다. 장덕 섬은 원산항과 1.5km 길이의 방파제 길로 연결되어 누구든지 가볍게 오갈 수 있는 곳이다. 여수의 오동도와 같은 섬으로 생각하면 된다. 겨울바람이 세차게 부는 날에는 이 방파제길 위로 파도가 넘치는데, 이곳을 건너가

7) 「조선향토대백과」, 평화문제연구소 2008

는 자체만으로도 아름다운 추억여행이 되는 곳이다.

관광코스 상품으로 판매되는 장덕도 등대

장덕섬에는 일제강점기 시절 무역회사의 편리한 해상교통을 위해 지어진 작은 등대가 있다. 장덕도 등대이다. 원산항으로 입항하려는 선박들의 주요 항로표지 시설이다. 이 등대는 음파표지인 혼(Horn)이 병설되어 있어 해무로 시정이 악화할 경우에는 주변에 소리로 경고음을 보낸다.

장덕도 등대는 외국인 관광객들이 방문할 수 있는 유일한 등대로 활용되고 있다. 그래서인지 미국의 북한 전문 여행사들은 이곳을 자전거나 도보로 오가는 관광 상품을 판매하기도 한다. 갯냄새가 가득한 시원한 바닷바람을 가로질러 달려가는 자전거 바퀴에 튀어 오르는 포말을 실감할 수 있는 곳이다.

▼ 장덕도의 일출. 안영백 제공.

북한 최고의 인기짱 여름 피서지, 원산 송도원 해수욕장

북한의 대표적인 여름 피서지로 꼽히는 첫 번째는 강원도 원산에 자리한 송도원 해수욕장이다. 송도원 해수욕장은 분단 이전에는 조선 최고의 해수욕장으로 외국에까지 알려졌으며, 현재는 명사십리 해수욕장과 함께 원산의 2대 관광명소라고 불리는 곳이기도 한다. 8)

송도원 해수욕장은 마식령 산줄기에서부터 내려오는 산줄기들과 함께 동해의 탁 트이는 바다 풍경, 바닷가 기슭을 따라 길게 펼쳐진 깨끗한 모래사장, 그리고 해수욕장 뒷면에 위치하는 수많은 소나무를 함께 감상할 수 있는 천혜의 피서지다. 더욱이 다른 해수욕장들에 비해 유속이 느리기 때문에 어린이들을 데리고 가족들과 피서가려는 북한 사람들에게 이곳은 최고 인기 짱인 여름 휴가지로 알려져 있다.

또한 해수욕장이 원산시내 중심부에 자리하고 있고 야영소, 공원, 유원지, 동·식물원 등 다양한 놀이시설과 문화시설, 관광숙박시설 등 기반도 잘 갖춰져 있어 북한 사람들에게 가장 인기 있는 해수욕장으로 꼽힌다고 한다. 9)

간접 체험하는 '북한 낚시기행'

뉴질랜드 교민으로 현지에서 북한 전문 여행사 에이블투어를 운영하고 있는 안영백 씨가 북한을 방문했다. 다음은 황해북도 사리원시 경암호에서 열린 제17차 전국 낚시질애호가대회를 참관한 후 함경남도 원산과 강원도 고성을 거쳐 평양으로 돌아오는 동안 명사십리, 해금강, 삼일포, 시중호 등을 돌며 낚시를 즐기고 낚시인을 만났던 기록의 일부이다. 10)

---

8)「한국민족문화대백과사전」
9)「통일 미래의 꿈」 https://unikoreablog.tistory.com/5297
10)「낚시春秋」

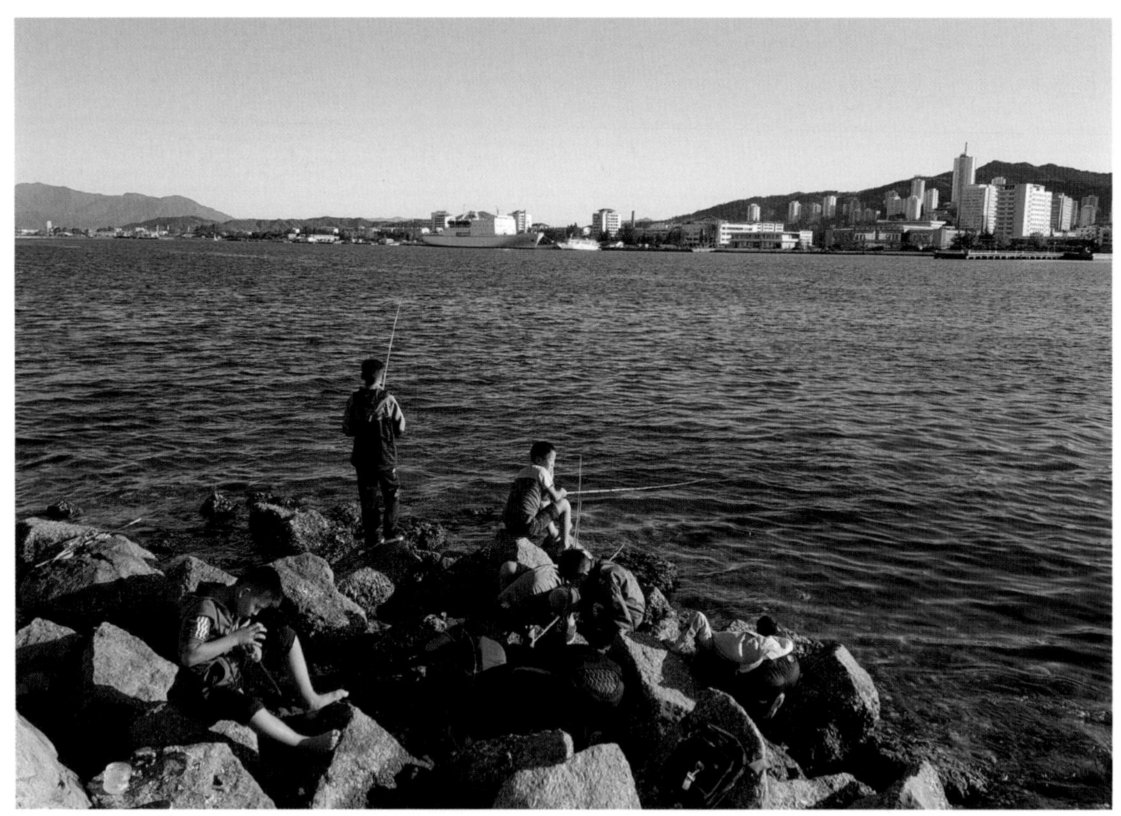

▲ 원산에서 청소년들의 낚시 장면, 앞에는 만경봉호가 보인다. 안영백 제공.

참대사업소와 참대나무 낚싯대

숙소로 돌아오는 길에 농촌 마을을 지났다. 누런 들판과 늙은 소나무들이 잘 어울렸다. 가느다란 대나무 울타리를 두른 농가의 주황색 지붕에는 옥수수가 널려 있었고, 짐수레가 다니는 골목에는 아이들이 뛰어다녔다.

숙소에서 가까운 곳에 금강산 온천이 있었다. 과연 금강산 자락에는 관광에 관련되는 한, 없는 것이 없었다. 삼일포와 해금강을 둘러본 후의 온천욕은 피로를 풀기에 충분했다. 숙소의 로비에서 한반도기를 중심으로 기념촬영을 했던 NGO단체 소속의 스위스인들을 만났다.

통천에서 맞은 해돋이

나는 하늘과 바다의 경계가 사라진 동쪽을 바라보며 해가 뜨기를 기다렸다. 먼 수평선 끝에서 손톱만 한 붉은 반점이 드러나더니, 곧이어 주황색 태양이 서서히 그리고 불끈 솟아올랐다. 한껏 몸집을 부풀린 동해의 태양은 커다란 불덩이가 되어 하늘과 바다, 그리고 앞바다의 섬들을 붉게 물들였다. 나는 가슴이 먹먹해졌다. 단순한 볼거리로 그치지 않았다. 가슴을 뜨겁게 하는 감격 그 자체였다.

산줄기 위로 솟아오르는 백두산의 해돋이가 찬란하다면, 바다를 온통 붉게 물들이는 동해의 해돋이는 장엄했다. 장엄한 태양 아래에서 섬들은 보석처럼 빛났고 총석정(叢石亭)의 바위들은 더욱 도드라졌다. 동해의 위대한 아침이었다.

시중호에 낚싯대를 드리우고

아침 안개가 걷히고 구름이 흩어지자 진정한 가을이 나타났다. 가을은 금강산이 가장 아름다운 계절이었다. 저것이 세월에 깎인 산인가, 아니면 조물주의 작품인가를 다시 한 번 생각했다. 남쪽으로 아스라이 보이는 금강산에서 신비로움을 느끼는 것은 나만의 감회는 아닐 것이다.

나는 호수의 맑은 물을 향해 낚싯대를 던졌다. 일렁이는 물결 아래에서 물고기들이 숨 쉬는 것조차 느껴지는 듯했다. 세상 부러울 것이 없다는 기분이 아마 이렇지 않을까. 햇살이 부딪치는 수면에 비친 내 모습은 이미 신선이었고, 그런 착각 속에서 나는 시간을 그만 잊어버리고 말았다. 과연 시중호는 물과 환경과 경치 등, 모든 것이 살아있는 천혜의 낚시터였다.

시중호에서 만난 평양의 낚시애호가들

소나무 숲속에 자리 잡은 시중호 호텔에 들렀다. 현대식 시설로 꾸며진 호텔은 깨끗하고 조촐했다. 2층 건물 주변에는 휴식공간들이 배치되어 있었고, 꽃밭은 색색의 꽃들로 장식되어 있었다. 마당에서 평양이나 원산에서 낚시를 하러 왔다는 사람들과 마주쳤다. 사람들은 여유로웠고, 친절했다.

"다양한 물고기들이, 그것도 큰 놈들도 많이 잡힙니다."처음 만난 사람에게도 시중호를 자랑하기에 바쁜 그들은 역시 낚시애호가들이었다.

원산의 낚시용품점과 평양어부

함경남도 원산의 동명호텔에 도착한 것은 늦은 오후였다. 원산 바닷가와 항만이 내려다보였다. 백사장 왼쪽으로 멀리 갈마지구의 현대식 건물들이 눈에 들어왔다. 가로수 그늘 아래에서 사람들이 자전거를 타고 다녔다.

커다란 배들이 닻을 내린 항구의 저편에는 현대식 건물들이 줄지어 서 있었다. 철이 지나서 놀러 나온 사람들은 별로 없었지만, 근처에 사는 듯한 아이들이 바닷가를 뛰어다녔다. 작살을 들고 바위에서 물속으로 뛰어드는 큰 아이들이 있는가 하면, 작은 아이들은 저희들끼리 모여서 바위틈에서 작은 게를 잡기도 했다.

장덕섬 방파제 알록달록 천막의 정체는?

음식을 나누어 먹는다는 것, 더욱이 소주를 곁들여 마신다는 것은 이미 마음을 터놓고 가까워질 준비가 되어 있는 것이라고 생각해온 나였다. 옹색한 나무의자에 올라 앉아 낯선 사람에게 소주를 권하는 그들은 소박한 생활이 몸에 베인 사람들이었다.

그들은 어디서 왔느냐고 묻지 않았고 뭐하는 사람이냐고 묻지 않았다. 다만 낯선 사람이라는 것이 소주를 나누어 마시는 이유의 전부였다. 특유의 붙임성이 더욱 친근하게 만들었다. 그들 앞에서 나는 이방인이 아니고 싶었다. 여행 중이라는 긴장감은 어느새 풀려버려서 오랜 세월동안 서먹하게 지냈다는 것이 전혀 느껴지지 않았다. 노을로 물든 방파제를 보자 기분이 무조건 좋았다. 바람마저 기분 좋게 불었다.

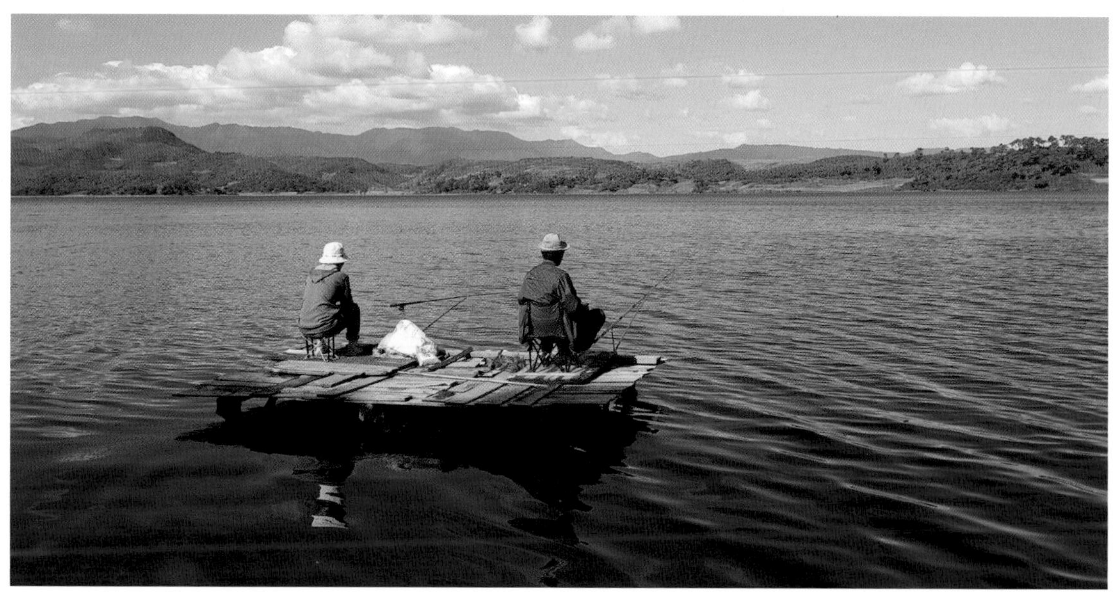

▲ 통천군 시중호에서 낚시객. 안영백 제공

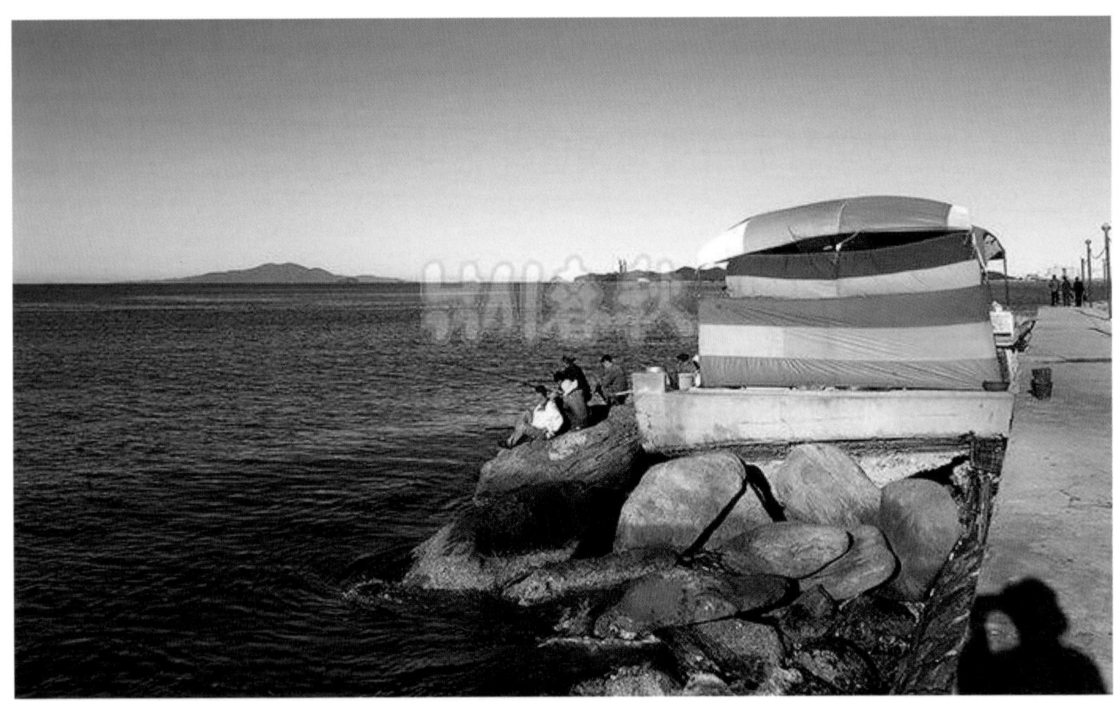

▲ 함경남도 원산 장덕섬 방파제. 석축에 포장마차가 자리를 잡았다.「낚시春秋」

▲ 포장마차 안에 마련된 해산물. 모두 술안주다.「낚시春秋」

[장덕도가 변모된다]

우리 인민들에게 보다 유족하고 문명한 생활을 안겨주려는 우리 당의 뜨거운 은정에 떠받들려 장덕도가 변모되고 있다. 원산시 앞바다에 위치하고 있는 장덕도에는 절세위인들의 불멸의 업적이 뜨겁게 깃들어있다. (중략)

장덕도 개건공사는 육지와 떨어진 곳에서 진행되는 것으로 하여 작업조건이 매우 불리하다. 원산시당위원회의 지도 밑에 시에서는 노력과 자재보장, 물동량운반 등 제기되는 문제들을 앞질러가며 풀어주었다. 그리고 능력 있는 일군들을 파견하여 공사가 힘 있게 추진되게 하고 있다. 시농촌건설대와 시소운송사업소, 송도원유원지관리소를 비롯한 여러 단위 일군들과 근로자들, 원산시 안의 여성 일군들이 공사에 한사람같이 앞장섰다. (중략)

그 결과 섬 둘레에 대한 방파제 공사와 3개의 전망대 건설이 본격적으로 벌어졌다. 송도원 유원지 관리소에서는 필요한 자재를 맡아 해결하는 한편 여러 종에 수백 그루의 나무를 심어 섬의 풍치를 돋구었다. 일군들과 근로자들은 청량음료점 건설을 내밀면서 섬의 면모를 일신시키는 사업에 애국의 마음을 바쳐가고 있다.

「로동신문」 2020.3.20.

장덕도가 변모된다.

노동신문 2020,3,20 홍성철 기자

강원도 원산 시민들과 원산을 찾는 여행객들을 위하여 당국은 관광의 섬으로 장덕도를 건설하여 장덕도가 변모되고 있다. 원산시 앞바다에 위치하고 있는 장덕도에 김일성 주석은 1947년 7월 원산 송도원을 돌아보시면서 장덕도를 육지와 연결해 놓아 휴식일이면 근로자들이 휴식할 수 있도록 하는 것이 좋겠다고 하였다. 그로부터 두 달 후인 1947년 9월 김일성과 함께 찾은 김정숙 동지께서는 이곳을 근로자들의 문화 휴식 터로 잘 만들어 달라고 하였다. 지난 기간 강원도 도당에서는 선진들의 숭고한 뜻을 받들고 장덕도를 시민을 위한 사업을 통해 크게 설계를 하였다. 이 과정에 장덕도와 육지를 연결하는 1000여m의 유람도로가 건설되고 섬에는 전망대와 함께 청량음료점도 꾸려져 이곳을 찾는 사람들이 휴식의 한때는 즐겁게 보낼 수 있게 되었다. 당은 이 사업이 우리 원산 시민들과 관광객들에게 세상에 부럼 없는 행복한 생활을 마련 해 주시기 위하여 그토록 마련해 준 것이다.

장덕도 재건 공사는 육지와 떨어진 곳에서 진행되는 것으로 하여 작업 조건이 매우 불리하였다. 원산시의 건설과 지도 밑에 노력과 자재 보장, 물동량 운반 등 제기되는 문제들을 앞질러 가며 잘 풀어 주었다. 그리고 능력 있는 일군들을 파견하여 공사가 힘 있게 추진되게 하고 있다. 시와 농촌 건설대와 시의 운송사업소, 송도원유원지 관리소를 비롯하여 여러 단위 일군들과 근로자들, 원산시의 여성 동맹원들이 공사에 한사람 같이 펼쳐 나섰다. 그 결과 섬둘레에 대한 방파제 공사와 3개 전망대 건설이 본격적으로 벌어졌다. 합리적인 공법이 도입되며 방파제 공사와 갈매기 형의 지분습식 공사가 진행되었으며 계단과 난간 설치, 바닥 인조석미장, 불장식 등을 높은 질적 수준에서 다그칠 수 있었다. 송도원유원지 관리소에서는 필요한 자재를 맡아 해결하는 한편 여러 종에 수백 구루의 나무를 심어 섬의 풍치를 돋구었다. 특히 원산시의 운송사업소의 종업들을 맡은 임무의 중요성을 자각하고 물동 운반에서 높은 헌신성을 발휘하였다. 일군들과 근로자들을 청량 음료점 건설을 내밀면서 섬의 면모를 일신시키는 사업에 애국의 마음을 바쳐가고 있다.

7) 황토도 · 黃土島

"남파 간첩의 단골 출발지"

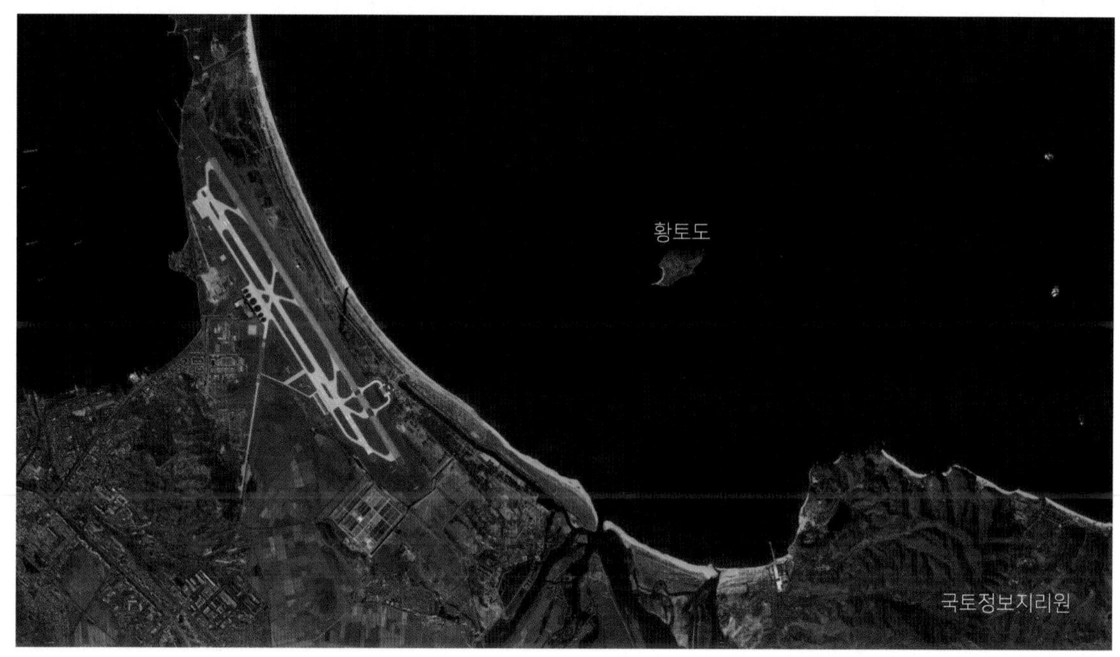

[개괄] 황토도(黃土島)는 강원도 원산시의 갈마 국제비행장을 마주보고 있는 섬이다. 섬둘레 1.72km, 면적 0.130㎢, 산 높이 50m, 경도 127°32', 위도 39°10'에 위치해 있다. 이처럼 아주 작은 황토 섬이 남북한 역사에 이름이 오르게 된 계기는 한국전쟁 덕분이다. 원산항과 접근성이 좋아서 육지와 불과 2km의 거리밖에 되지 않는 이 섬이 유엔군의 작전 속에 들어오게 된 것이다.

양도 확보작전(洋島確保作戰)으로 일흥만 일대 5개 도서 확보하다

『양도 확보작전(洋島確保作戰)이란, 1951년 2월부터 1953년 7월 휴전 시까지 한국해병대가 함경북도 화대군 상가면 해상의 양도를 거점으로 영흥만 5개 도서를 확보한 작전을 말한다. 한국해병대 독립 제42중대는 동해안 봉쇄 작전의 일환으로 영흥만 일대에 있는 여도, 신도, 대도, 소도, 황토도 등을 1951년 2월에서 3월에 걸쳐 차례로 차지하는 작전을 벌였으며, 독립 제43중대는 같은 해 8월 양도에 상륙하여 이 지역의 제해권을 장악하였다. 이로써 국군과 유엔군의 군사작전을 뒷받침할 수 있었다.』 11)

남한 간첩 침투의 단골 출발지 황토도

『지난 3일 부산 다대포 해안으로 침투하다가 생포된 간첩 전충남(26)과 이상규(22)는 14일 '이번 다대포 침투를 위해 원산 앞바다 황토 섬에 45일 동안 격리 수용돼 다대포 지형이 유사한 함남 영흥군 제도리를 가상 침투 지역으로 선정 25회 침투 훈련을 받았다'고 폭로했다. 생포 간첩 전충남과 이상규는 이날 상오 9시경 육군 회관에서 가진 기자 회견에서 이같이 폭로하고 '최근 북한은 레이더에 포착되지 않는 자선을 반잠수정으로 개발 지난해 5월 동해 원산 앞바다 알섬에서 속초 앞 5마일까지 남한 침투를 시험해 성공적인 해상정찰을 수행했다.' 고 밝혔다.』

「매일경제신문」 1983.12,14

『북한 잠수정 내부에서 잠수정의 항해일지가 발견돼 이들의 침투 시점과 침투 경위 등이 속속 드러나고 있다. 이 일지에 따르면 북한 잠수정은 지난 20일 원산항 앞바다에 있는 황토 섬을 출발했다. 강원도 양양군 수산리 앞바다 침투하는 시점은 21일 밤으로 잡았다. 이날은 음력 5월 27로 달빛이 전혀 없는 무광월기(無光月期)이다. 1996년 강릉 침투 잠수함도 무광월기를 택하여

11) 한국학중앙연구원, 「한국민족문화대백과」

침투했던 사실을 상기하면 이때가 북의 단골 침투 시기인 셈이다. 실제 생포 간첩 김광수는 무광월기에 침투한다고 증언하였다.』

「경향신문」 1996.6.29

『속초 앞바다에서 그물에 걸린 잠수정은 북한 노동당 작전부 313연락소(원산) 소속으로 20일 대남 침투기지인 원산 '황토 섬 훈련장'을 출발한 것으로 밝혀졌다. 22일 0시 38분경 강원 양양 수산리 등 동해안 일대에서 대남 공작원 호송과 무인함(통신용 드포크) 매설 등의 임무를 마치고 귀한 중이었던 것으로 확인됐다. 잠수정에서 그동안 활동을 기록한 작전일지가 발견됐으며, 이는 '이 잠수정의 침투 성격을 드러낸 결정적인 증거'라고 말했다. 잠수정 내에는 또 북한 공작 기관 책임자와 동료들이 이 잠수정의 공작원과 승조원들에게 보내는 격려 편지도 발견됐다. 격려 편지 안에는 이 잠수정이 동해안을 통해 국내에 침투시킨 것으로 추정되는 공작대원 2명의 이름이 적혀있어 당국이 긴장하고 있다.』

「동아일보」 1998.6.28

▲ 여수에 있는 북한 반잠수정

6·25 당시 출격하는 F-51D 전투기 편대

대한민국 공군은 6·25전쟁 66주년을 하루 앞둔 24일 공군참모총장 주관으로 서울 영등포구 공군회관에서 6·25전쟁 출격 조종사를 초청, 보훈행사를 개최했다. 〈사진〉은 6·25 전쟁 당시 출격하는 F-51D 전투기 편대. 12)

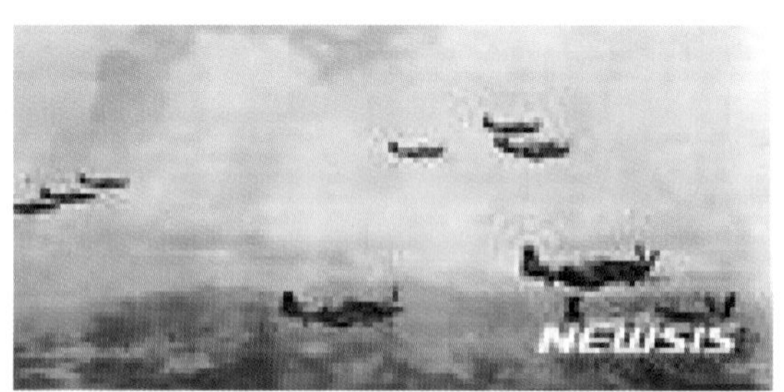

▲ 여수에 있는 북한 반잠수정사진(하) 1951년 9월 4일 작전을 마치고 귀환한 미 해군의 F4U 코르세어 기가 항공모함 박서호 주위를 선회하는 모습. 헬리콥터 한 대도 맴돌고 있다. (사진=공군 제공)

「사단법인 월드피스자유연합」이 공개한 6·25 관련 사진들 13)

▲ 1951년 12월 21일, 서해안 석도(席島)에서 초도(椒島)로 이동하는 대한민국 해병대원들이 상륙정 LST에서 해안으로 내리고 있다.

▲ 1951년 3월 4일 미 해군 순양함 맨체스터호의 미 해병 닐 한센 대위가 지휘하는 대한민국 해병대원들이 원산 앞바다 황토도에 접근하고 있는 모습. 섬 주민들이 대한민국 태극기를 흔들고 있다.

12) 「뉴시스」, 2016.6.24.
13) 「월드피스자유연합」, 「뉴시스」 2016.6.24.

▲ 1951년 5월 20일 상륙 작전의 선봉인 영국 해병 특공대원들이 수송선 콤스탁호에서 작은 상륙정으로 옮겨 타고 진남포 상륙지점을 향하여 진격하고 있는 모습. 유엔군 해군사령부 예하 미군 소해정(掃海艇)인 모킹버드호가 진남포 인근 해역에 깔렸던 기뢰를 제거한 후, 영국군 해병 특공대원들은 진남포 해안 상륙 작전을 진행했다.

▲ 1950년 4월 7일 주보급로인 철로를 파괴하기 위해 함경남도 단천시 해안 포구 소례동에서 철로에 폭약을 설치하는 영국 해병 41코만도 대원들의 모습

▲ 대한민국 해병대원들을 태운 미 해군 상륙정이 신도에 접근하는 모습. 1951년 2월 24일 아침, 대한민국과 북한 경계선에서 161km 떨어진 38선 북방의 원산만 앞에 있는 섬인 신도에 유엔 해군사령부 함대의 2시간의 함포 지원 포격이 끝나고, 대한민국 해병 110명의 대원이 공산군의 아무런 저항 없이 상륙했다.

▲ 영국군 해병 41코만도와 미 해군 수중폭파부대, 다른 지원팀이 8시간에 걸쳐 진행된 폭파 임무는 1951년 춘계공세를 준비하는 중공군이 중국 본토에서 최전선까지 보급품을 지원받는 주요 보급로인 철로를 파괴하는 것이었다. 1951년 4월 7일, 영국 해병 41코만도 대원 277명은 단 한 명의 사상자도 없이 철둑길 30m을 성공리에 폭파하였다. 이 임무는 2척의 항공모함에서 발진한 함재기와 순양함 세인트폴호의 엄호하에 마무리되었다.

03. 통천군

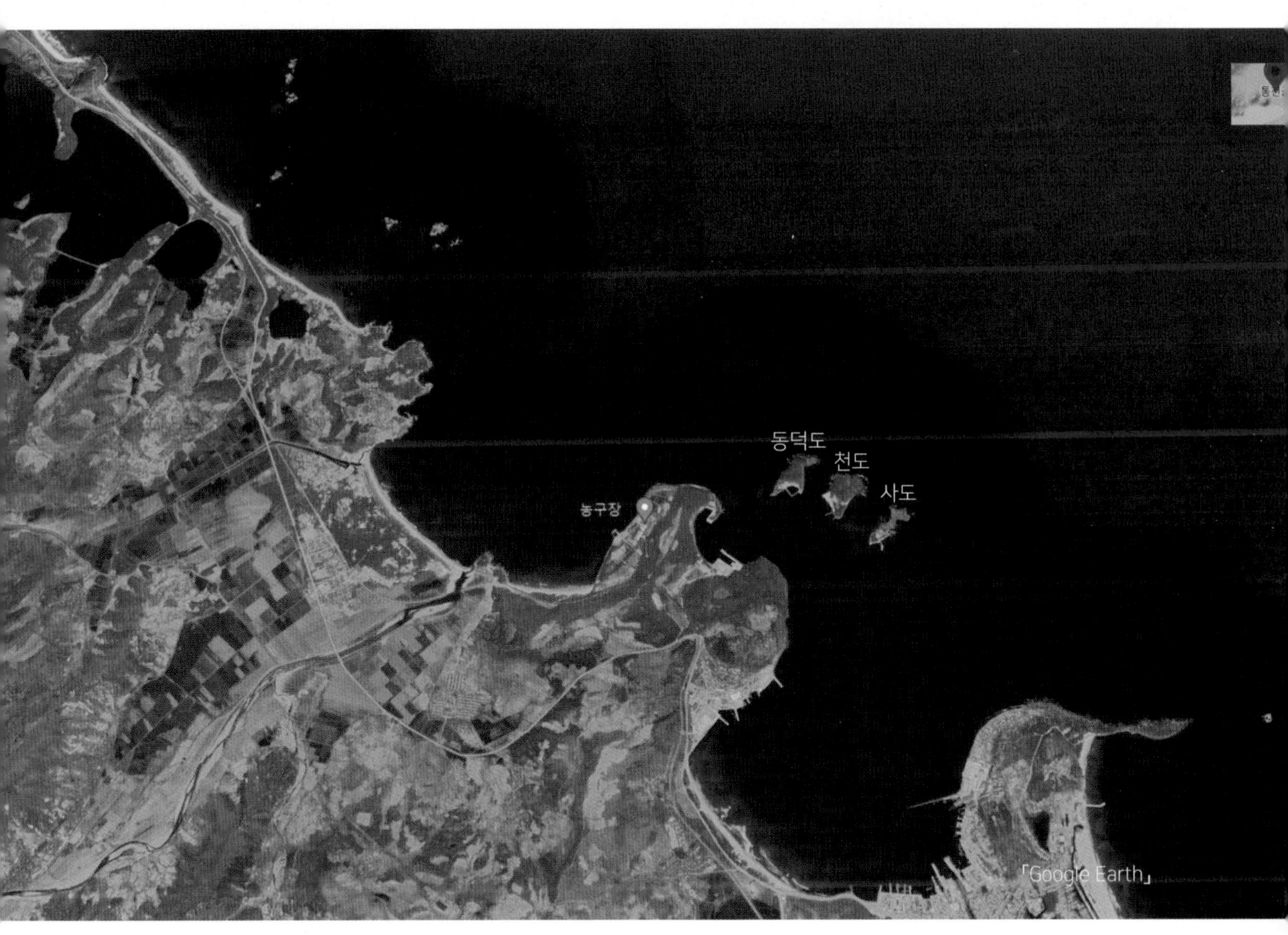

1) 국섬

"깎아지른 주상절리와 동굴이 있는 천연기념물"

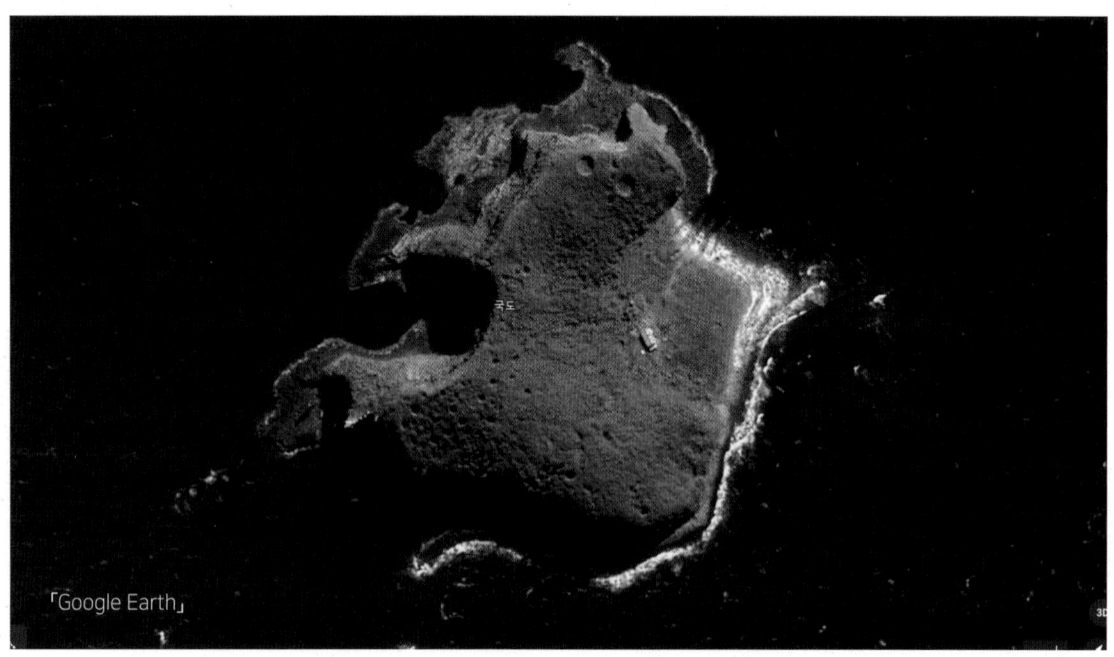

[개괄] 국섬은 강원도 통천군 자산리에 있는 천연기념물이다. 육지와 약 16km 떨어진 바다 가운데 있는데, 이 섬에는 참대가 많아 원래는 죽도(竹島)라고 하였다. 그러던 것이 섬의 참대로 화살을 만들어 나라 방위에 썼다고 하여 국섬으로 고쳐 부르게 되었다. 섬둘레 1km, 면적 0.054㎢, 최고점은 41m, 경도 127°43', 위도 39°08'에 위치한 섬이다.

섬의 북쪽과 동쪽 해안은 제3기말~제4기초에 분출한 현무암의 주상절리가 6각 돌기둥을 묶어 세운 듯 한 절벽을 이루고 있다. 동쪽 벽과 북쪽 벽이 합쳐진 곳은 뱃머리처럼 뾰족하다. 6각 돌기둥을 깎아 울바자를 둘러친 것 같은 절벽에는 두 개의 동굴이 있다. 서쪽으로는 느린 경사로 되어있어 사람들이 오를 수 있다.

섬에는 오래 자란 소나무와 참대, 풀, 식물들이 자라고 있으며 바닷새들이 번식하고 있다. 절벽은 맑고 푸르러 동해와 잘 어울려 마치 푸른 주단필우에 병풍을 세워놓은 듯 그 경치가 아름답다. 1980년 1월 천연기념물 제213호로 지정되었다. 14)

통천군, 의병투쟁의 진원지에서 천연기념물 지역으로

통천군 북서쪽은 함경남도, 동·북쪽은 동해에 면한다. 자연환경을 보면 태백산맥이 뻗어내려 서부는 산지를 이루며 동부는 저지대이다. 동부 저지는 동해안으로 유입되는 하천 연안에 형성된 비옥한 평야 지대로, 통천평야 등이 발달해 벼농사의 중심지를 이룬다. 해안선은 비교적 단조로우며 우미도(牛尾島)·국도(國島)·송도(松島)·혈도(穴島) 등의 섬을 비롯해 총석곶(叢石串)·고저만(庫底灣) 등이 이루어져 있다. 북부해안에는 소동정(小洞庭)·천아포(天鵝浦)·강동포(江洞浦) 등의 석호와 사빈이 발달해 있다.

1895년부터 일제의 침략에 맞서 의병투쟁을 할 때도 이 지방 사람들이 많이 참여했으며, 1908년 4월과 5월에는 이 부근에서 의병의 전투가 벌어지기도 하였다. 통천군 고저읍 총석리 총석정(叢石亭)은 관동팔경 가운데 하나이며, 환선정(喚仙亭)이 총석정과 마주 보고 있다. 통천면 금란리 금란굴(金蘭窟), 벽양면 운암리 백정봉(百鼎峰), 흡곡면 율도의 팔경대(八景臺), 학일면 칠보동(七寶洞), 임남면 옹천(甕遷) 등의 명승지가 있다.

연근해에는 한류와 난류가 교차해 조경수역을 형성하며 어족이 풍부하다. 고저읍 고저만, 송전면 치궁리, 통천면 금란리 일대는 어업기지이며, 명태·대구·청어·연어·오징어·고등어 등의 어획이 많다. 국도 근처에는 금란리에 있는 금란굴(북한 천연기념물 제215호)은 해안절벽에 형성된 천연동굴로 유명하다. 시중호(북한 천연기념물 제

---

14) 「조선향토대백과」, 평화문제연구소 2008

212호)는 시중호 감탕 치료로 유명하며, 그 남쪽에는 송전해수욕장·시중대가 있다. 특히 총석정(북한 천연기념물 제214호)은 관동팔경의 하나이며, 해안 일대의 알섬·삼섬·압룡단·문암 등은 바닷새보호구역(북한 천연기념물 제21호)으로 지정되어 있다. 15)

▲ 국도 근처의 금란굴

금란굴은 강원도 통천군 금란리에 자리하고 있다. 깎아지른 듯한 현무암의 주상절리가 발달된 연대봉 벼랑의 앞 금란과 잇닿아 있는 돌기둥 12개를 지나면 해식동굴인 금란굴이 있다. 금란단의 한쪽을 앞금란, 다른 한쪽은 뒤금란이라고 한다. 절벽과 돌기둥이 해식 작용을 강하게 받고 있다. 금란굴은 조선 동해의 푸른 바다 물결이 부딪치는 절벽에 길이 약 15m, 너비 3m, 높이 10m로 되어 있다.

굴 안으로 들어가면서 낮아지는데 막장에서는 사람이 겨우 설 정도이다. 입구에서 물의 깊이는 3m이고 막장에서는 50cm 안팎이다. 굴 안에서는 성게, 생복, 열갱이, 늘메기 등이 살고 있으며 굴바위들에서는 바닷새들이 오가고 있다. 금란굴이 있는 일대는 주상절리가 발달한 현무암의 6각 기둥들이 병풍을 두른 듯 절벽을 이루고 있으며 절벽 위에는 소나무들이 자라고 있다.

이곳은 아름다운 자연풍광의 멋뿐만 아니라, 해식 작용과 지각의 율동과정을 직관적으로 보여주고 있어 학술적으로도 의의가 크다. 1980년 1월 천연기념물 제215호로 지정되었다.

'20세기 최후의 전위예술' 정주영 회장의 역사적인 '소떼 방북' 현장

1998년 10월 정주영 현대그룹 명예

15) 「한국민족문화대백과사전」

회장이 소떼 1,001마리를 이끌고 판문점을 넘었다. 1998년 6월 16일, 83세의 정주영 회장은 트럭 50대에 500마리의 소떼를 싣고 판문점을 넘었다. 이날 오전 임진각에서 정주영 회장은 "이번 방문이 남북 간의 화해와 평화를 이루는 초석이 되기를 진심으로 기대한다"고 그 소회를 밝힌 바 있다. 정주영 회장의 소떼 방북은 남북 민간교류의 물꼬를 트는 기념비적 사건으로서 의미가 크다.

정주영 명예회장은 실향민으로 세계적인 기업을 이룬 최고 경영자가 되었다. 그는 17세 청년 시절, 강원도 통천군 아산리의 고향 집에서 부친이 소를 팔고 받았던 70원을 몰래 들고 가출했다. 그의 나이 83세가 되던 1998년 6월 16일 소떼 500마리를 몰고 판문점을 넘어 방북하던 날, 정주영 회장은 "한 마리의 소가 1,000마리의 소가 돼 그 빚을 갚으러 꿈에 그리던 고향산천을 찾아간다."고 감회를 밝히며 판문점을 넘어갔다.

정주영 명예회장은 자신의 고향 이름인 '아산'을 자신의 호로 삼았다. 정주영 회장이 소떼 방북을 기획한 것은 1992년부터였다고 한다. 그는 자신의 서산농장에 소 150마리를 사주면서 방목을 지시했다고 한다. 소떼 방북 당시 충남 서산 간척지에 조성된 현대 서산농장 70만 평의 초원에 3,000여 마리의 소들이 방목되고 있었다.

정주영 회장의 소떼 방북은 분단 이후 민간 차원의 합의를 거쳐 군사구역인 판문점을 통해 민간인이 북한에 들어간 첫 사례였다. 당시 이 장면은 미국 CNN에 생중계되었으며 외신들도 분단국가인 남북한의 휴전선이 개방되었다고 보도하였다. 세계적인 미래학자이자 문명 비평가인 기 소르망(Guy Sorman)은 이를 가리켜 '20세기 최후의 전위예술'이라고 표현한 바 있다.

▲ 정주영 현대그룹 명예회장이 1998년 6월 16일 오전 소떼를 몰고 방북, 임진각에서 열린 행사장에서 소를 잡고 손을 흔들어 보이고 있다. (사진=연합뉴스)

▲ 정주영 명예회장이 1998년 6월 북한에 있는 강원도 통천군 노상리에 방문해 친척들과 담소를 나눴다. (사진=연합뉴스)

2) 난도卵島 · 알섬

"바닷새들의 천국, 천연기념물 제211호"

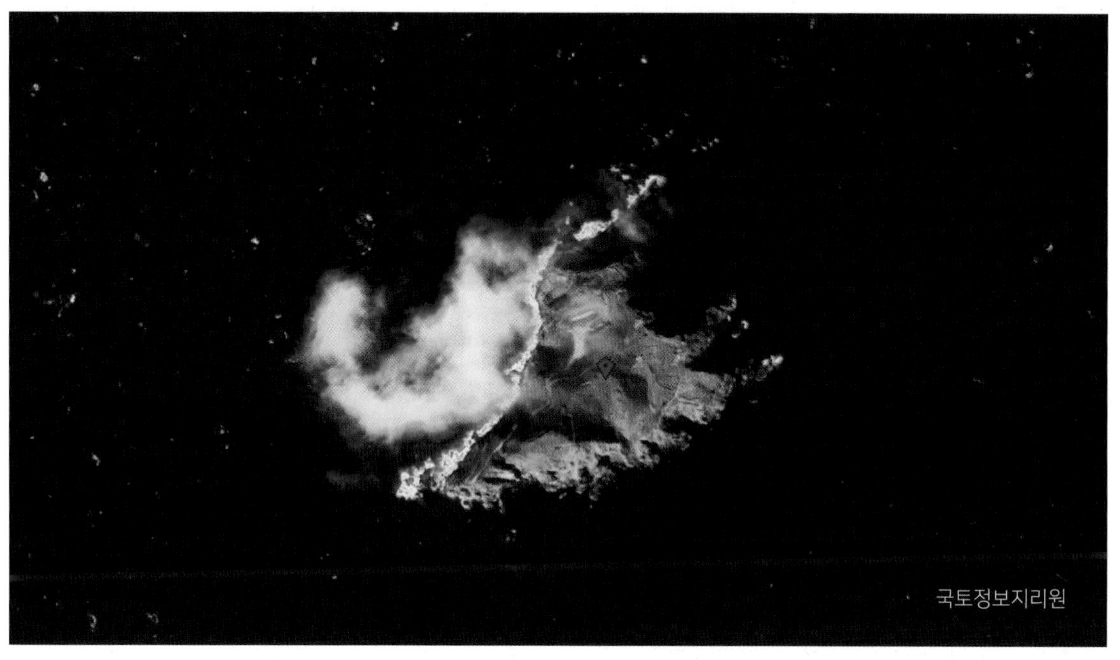
국토정보지리원

[개괄] 강원도 통천군 소속인 난도(卵島), 일명 '알섬'은 섬둘레 2.68km, 면적 0.253㎢, 최고점 93m, 경도 128°05', 위도 39°00'에 위치해 있다. 난도(卵島), 일명 '알섬'은 북한의 대표적인 바닷새보호지구. 북한에서 바닷새보호지구로 지정된 곳은 평안북도 정주시 운무도와 대감도, 선천군 납도, 철산군 참차도, 평안남도 온천군 덕섬, 나진시 알섬, 강원도 통천군 알섬, 원산시 대도 등 8개 지구이다. 16)

강원도 통천군 금란리에 있는 알섬은 총석단에서 약 15km 떨어져 있는 작은 섬으로, 남쪽과 동쪽은 현무암 낭떠러지이고 서쪽은 비교적 완만한 경사를 이루고 있다. 오랜 시간 동안의 풍화작

16) 「북한 자연생태계의 생물지리적 특성」, 공우석, 경희대학교 지리학과

용으로 인해 여러 가지 형태의 바위들이 드러나 있다.

난도(卵島), 일명 '알섬'은 30%가 산림으로 소나무, 아까시나무 그밖에 관목들이 분포되어 있다. 또한 갈매기를 비롯한 바닷새들이 수천 마리씩 무리를 지어 살면서 알을 낳고 새끼를 친다. 그리하여 오래전부터 새의 섬으로 알려졌다. 여러 바닷새가 많이 살고 있어 조류 연구에서 중요한 의의가 있다. 북한 천연기념물 제211호로 지정되어 보호·관리되고 있다.

이곳에는 갈매기·바다쇠오리를 비롯하여 붉은발바다오리·민물가마우지·가마우지·슴새·검은머리갈매기 등 수만 마리의 바다조류가 번식하고 있다. 붉은발바다오리의 몸은 진한 갈색이고 눈둘레에는 흰색의 점무늬가 있다. 부리는 검고 발은 붉은색이다. 그리하여 붉은발바다오리를 '발빨갱이'라고도 한다.

민물가마우지는 색이 검고 몸집이 크다. 털은 흰색이며 다리에는 흰색의 큰 무늬가 하나 있다. 이 새는 한 장소에 둥지를 틀고 해마다 같은 장소를 찾는다. 흰 눈썹 바다오리는 통천 알섬의 절벽 상단 바위틈새에 둥지를 트나 슴새와 흰 수염 바다오리는 서쪽 사면에 둥지를 튼다. 곽새(슴새)와 뿔주둥이(흰수염바다오리)는 비탈면의 바위 밑에 둥지를 튼 다음 20~30일 동안 바다에서 살다가 둥지에 돌아와 한 개의 알을 낳는다. 뿔주둥이의 등은 검고 배는 희며, 가슴은 잿빛이다. 17)

통천알섬 바다새번식지는 여러 종의 희귀한 바다 새들이 집중 번식하는 곳이고 자연 풍치적으로나 학술적으로 의의가 있으므로 철저히 보호하여야 한다.

희귀 관목과 바닷새의 집중번식지, 자연 생태계 연구의 메카

통일에 대한 열망은 크지만, 통일 이후 북한 연구에 필요한 북한의 자연생태계에 대해서는 우리 지식과 정보는 매우 부족하다. 통일 시대에 대비하고 효율적 국토 이용을 위해서는 북한의

17) 「한국민족문화대백과사전」, 평화문제연구소 2008

자연생태계에 대한 종합적인 조사 연구를 더 이상 미뤄서는 안 될 것이다.

[북강원도는 천연기념물 천국, 지리부문의 40%가 북강원도에 집중]

북강원도의 천연기념물로는 66개가 있는데 북한이 지정한 천연기념물 총수의 14.2%를 차지하고 있으며, 특히 지리부문 천연기념물 중 39.5%가 북강원도에 집중돼있다. 북강원도의 천연기념물은 식물 28개, 동물 10개, 28개의 지리 등이다. (중략)

북한에서는 학술적 연구와 관상적 가치가 높거나 이로운 동식물을 보호하는 보호구역을 지정해 보호하고 있는데, 북강원도에는 금강산 자연보호구, 두류산 식물보호구, 양암산 동물보호구, 통천 난도(알섬)은 바닷새 번식보호구 등 4개소가 지정돼 보호·관리 및 증식되고 있다. 통천 알섬 바닷새 번식보호구는 통천군 금란리 해안 약 14㎞ 해상의 알섬 일대를 지정하고 있다.

「강원도민일보」 2001.1.12

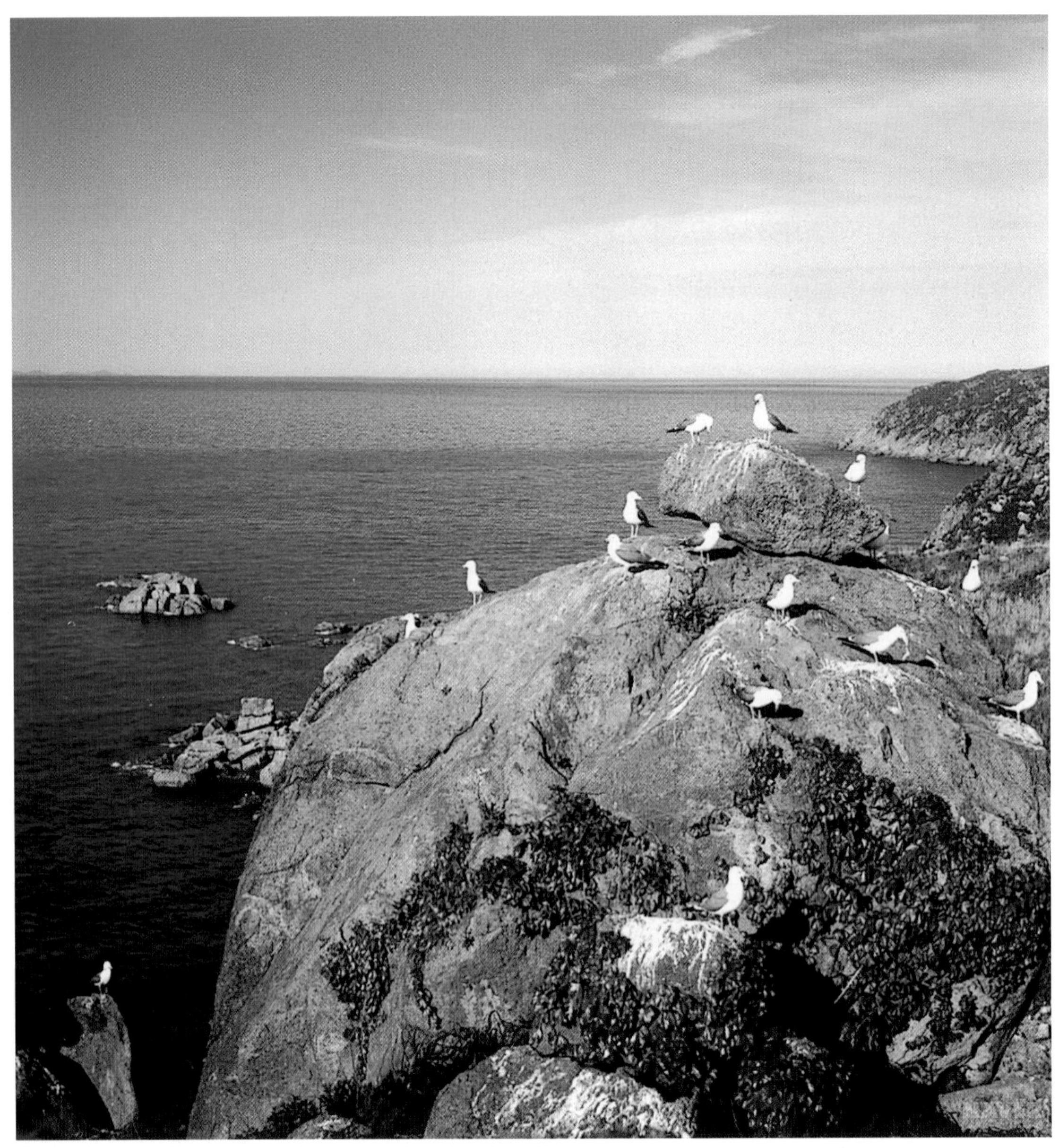

▲ 알섬은 갈매기를 비롯한 바닷새들이 수천 마리씩 무리를 지어 살면서 알을 낳고 새끼를 친다. 「조선향토대백과」

3) 동덕섬 · 東德섬

"최고 지도자용 1호특각과 근로자용 문화 휴식처가 한 곳에"

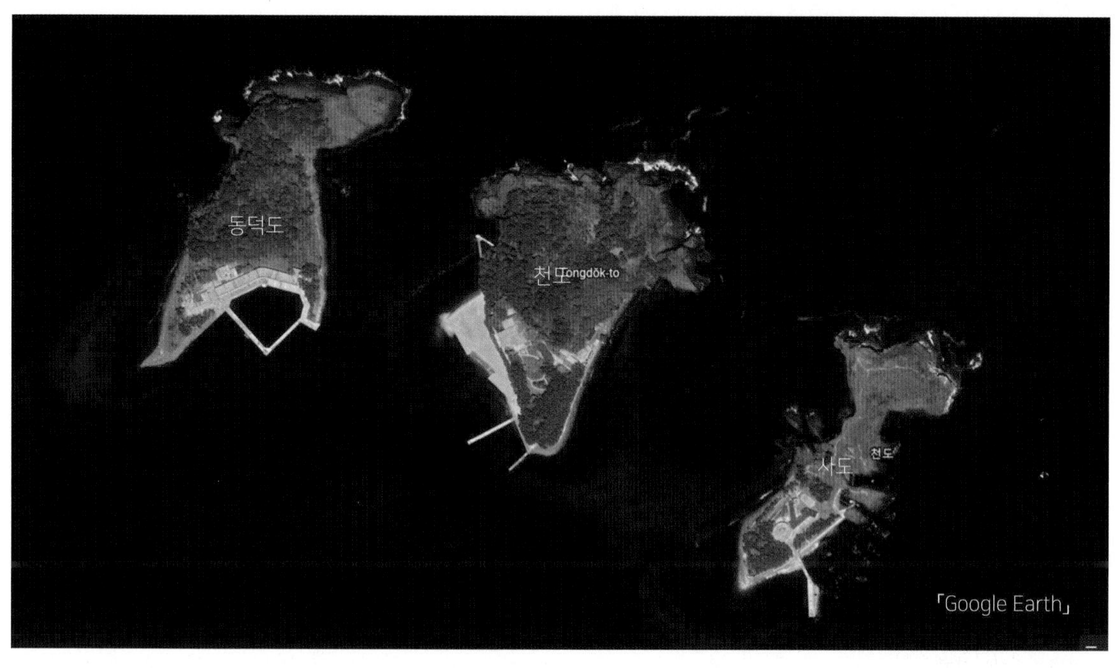

동덕·천도·사도 삼형제 섬 중 가장 북쪽에 자리 잡아

[개괄] 동덕 섬은 강원도 통천군 거성리 통천항 북쪽에 자리하고 있다. 섬둘레 1.26km, 면적 0.058㎢, 최고점 50m, 경도 127°53', 위도 38°59'에 위치한 섬이다. 동쪽이 덕으로 되어 있어 동덕도라고도 한다. 이 섬과 가까이 있는 남동쪽의 천도, 북서쪽의 사도와 함께 삼섬이라고 한다.

주요 기반암은 현무암인데, 부채 모양을 띠고 있으며 남서부해안의 600m 구간을 제외한 바닷가는 절벽으로 되어 있다. 소나무 숲이 섬 면적의 40% 이상을 차지하고 있으며 산초나무, 개암나무, 백양나무, 복숭아나무, 뽕나무, 해당화와 칡, 새초 등이 자라고 있다. 섬에는 토끼와 뱀이 많이 서식하고 있다.

현재 통천군의 주요 미역 생산기지로 되어 있다. 동덕 섬은 통천항 일대의 해안 풍치와 어울려 아름다운 경관을 이루고 있는데, 명승지인 총석정과 가깝고 통천까지 2.3km 정도밖에 안 되어 근로자들의 문화휴식처로 잘 이용되고 있다. 18)

통천-원산 사이의 뱃길 국섬

통천-원산 사이의 뱃길은 33마일로서 압룡단과 합진끝, 황토도를 지나 갈마각을 돌아서 원산항에 이른다. 이 뱃길에는 통천군에 속하는 흥운, 송전, 구읍, 시중, 칠보, 하수, 자산, 장진, 웅진, 안변군에 속하는 상음, 연동 등의 포구가 있다.

통천-원산 사이의 뱃길은 통천항 앞에 있는 동덕도, 천도, 사도 등 삼형제 옆을 지나게 된다. 섬으로부터 방위 351°, 거리 2.2마일 되는 곳에 저극초라고 부르는 암초가 있으며 그 물 깊이는 6.4m이다. 통천항 북쪽 해안기슭에 압룡단이 있고 그 서쪽으로 약 2마일 되는 곳에는 국섬이라고 부르는 섬이 있다. 국섬과 압룡단 사이의 물 깊이는 12.8~14.6m이다.

호도반도와 갈마각 사이에는 많은 섬이 있고 뱃길이 복잡하므로 곳곳에 등대가 있다. 호도반도의 남쪽 끝에서 약 0.6마일 떨어진 곳에 부도(11m)라고 부르는 두 개의 바위로 이루어진 섬이 있다. 부도에는 등대가 설치되어 있는데 그 구조는 원형 콘크리트 구조물이다. 등대의 높이는 25.4m이고 등불은 흰색 섬광, 주기는 6초, 불 비침 거리는 9마일이다. 여도에는 등대가 있다. 등대의 높이는 68m이고 등불은 흰색 섬광, 주기는 20초, 불 비침 거리는 20마일이다. 19)

동덕 섬에 최고 지도자용 '1호 특각' 새로 건설된 것으로 전해져

북한이 김정은 국무위원장 전용으로 사용되는 새 특각을 원산 인근에 건설

18) 「조선향토대백과」, 평화문제연구소 2008
19) 「북한지리정보」, 운수지리 1988

한 것으로 27일 전해졌다. 건강 이상설에 원산 피신설이 제기된 김 위원장의 원산 장기 체류 가능성을 뒷받침해 주는 정황이다.

복수의 소식통에 따르면 북한이 새로 만든 최고지도자용 특각은 원산에 위치한 기존 특각(송도원 특각)에서 남쪽으로 40km가량 떨어져 있다. 행정구역상으로는 강원도 통천군 일대 앞바다에 위치한 섬으로 파악된다. 이 섬의 이름은 '동덕도'이며 동덕도는 남측으로 천도, 북측으로는 이름이 파악되지 않는 또 다른 섬으로부터 보호받는 위치에 있다.

실제 구글어스 등 위성사진을 통해 본 동덕도에는 평양의 백화원초대소나 송도원 특각과 비슷한 방식의 별장 형태의 건물이 꾸며진 것을 확인할 수 있다. 김 위원장이 새로운 특각을 건설한 이유는 원산 갈마해안관광지구 개발 등으로 인해 기존 송도원 특각의 경호 문제가 제기됐을 가능성이 있는 것으로 추정된다. 아울러 자신이 유년 시절을 보낸 것으로 파악되는 원산을 평양에 이어 '제2의 거점'으로 삼는 차원도 있어 보인다. (중략)

「뉴스1」 2020.4.27.

강원도 통천이 고향인 故 정주영 회장

▲ 고향 강원도 통천군 송전면 아산리에서 가출, 결국 한국 경제의 초석을 다진 정주영

"고향 땅에서 행사 갖기를 학수고대"

미수복강원도도민회는 매년 도민회 임원, 군민회장단, 명예군수 및 읍·면장 등의 내빈과 군민회원 등이 참석한 가운데 정기총회와 도민 체육대회를 갖는다. 행사가 개최될 때마다, 너나 할 것 없이 하루빨리 통일이 되어 고향 땅에 찾아갈 수 있게 되기를 학수고대하며 통일의 염원과 의지를 다지곤 한다.

4) 사도 · 沙島

"섬의 가치가 충분히 인정되어 북한 군사 시설"

[개괄] 강원도 통천군 거성리 동쪽 치궁마을 앞바다에 나란히 있는 사도, 동덕도, 천도 등 세 개의 섬을 통틀어 삼섬이라 한다. 사도는 거성리 동북쪽 바닷가에 있는 섬으로 통천읍에서 0.3km 떨어진 아주 작은 섬이다. 섬 둘레는 1.3km, 면적은 0.055, 산높이 42m, 경도 127°53', 위도 39°59'에 위치해 있다. 사도는 모래가 많아서 사도라고 이름을 붙였으며 이곳은 모래섬인데도 불구하고 샘터가 있다.

삼섬 중에 가장 동북쪽은 사도, 가운데 섬은 동덕도, 맨 아래 남쪽은 천도이다. 이 세 개의 섬은 크기가 비슷하고 서로 의지하며 있으므로 세 개의 섬 사이에서 각종 물고기는 은신처로 생

[네이버 지식백과]강원도 통천군 거성리 사도[沙島] (조선향토대백과, 2008., 평화문제연구소)

각하고 살아간다. 바람이 불어도 섬과 섬 사이는 잔잔하여 낚시도 잘된다. 혼자 있는 섬은 외롭고 쓸모가 떨어지지만, 이 삼섬은 섬의 가치가 충분히 인정되어 북한에서는 3개 섬 모두 군사 시설로 활용하고 있다. (구글 위성사진 확인)

사도 앞바다에는 수산업이 성황을 이루고 있는데 주로 명태, 오징어, 은어 등이 어획된다. 육지인 거성리 주요 업체로는 거성리 수산협동조합, 거성 협동농장 등이 있다. 교통은 금강산 청년선과 원산~금강산 간 관광도로가 통과하고 있으며 치궁항을 통하여 수상통로가 개설되어 있다. 군 소재지인 통천읍까지는 3km이다.

5) 천도·穿島

"'바위굴'이 숨겨진 삼형제 섬(三島)의 하나"

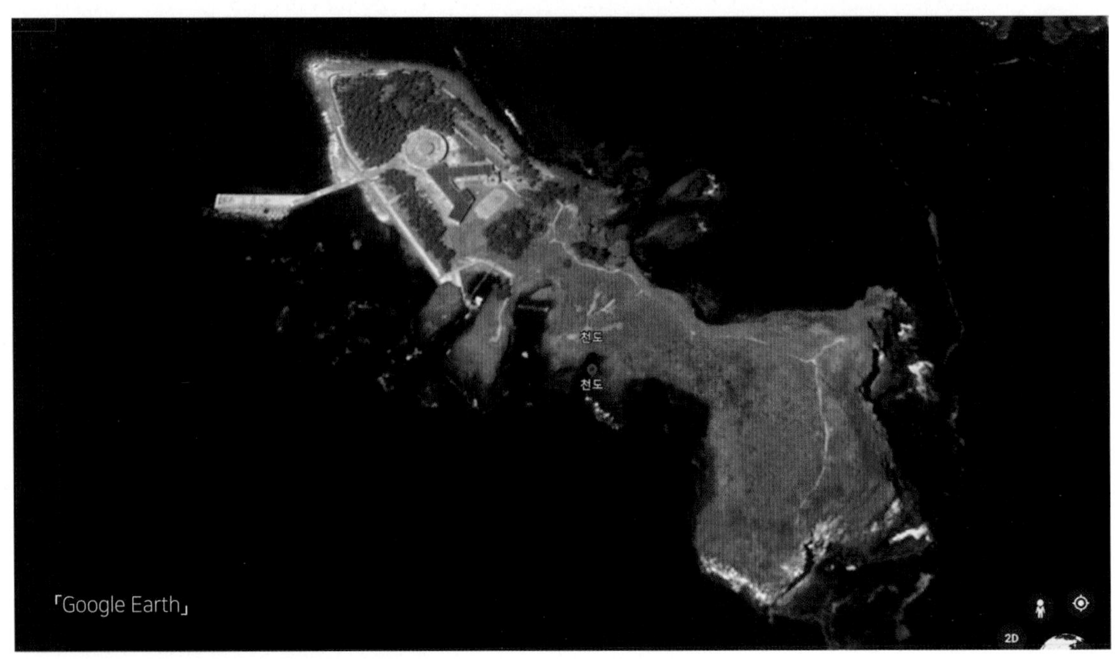

「Google Earth」

[개괄] 천도는 거성리와 1.3km 정도 떨어진 곳에 위치해 있는데 면적은 12.5정보이고, 둘레가 1.05km이며, 산높이는 47.8m이다. '바위굴'이 있다 해서 붙여진 천도(穿島)는 강원도 통천군 1읍 30리의 하나. 군의 중부 바닷가에 자리하고 마을로, 북서쪽은 노상리 · 송전리, 남쪽은 보탄리, 동남쪽은 통천읍과 접해 있고 동쪽은 동해에 면해 있다. 1952년 군·면·리 대 폐합에 따라 통천군 송전면의 치궁리 · 거록리 · 문치리 · 석성리를 통합하여 통천군에 신설한 리로서 거록리의 '거(巨)'자와 석성리의 '성(城)'자를 따서 거성리라고 하였다. 거성리 동쪽 치궁마을 앞바다에 나란히 있는 사도, 동덕도, 천도 등 세 개의 섬을 통틀어 삼섬(三島)이라 한다.

거성리는 남서부에 석성골, 문치골 등 작은 골짜기들과 야산들이 분포해 있고 북부는 비교적 넓은 벌로 이루어져 있다. 하천은 북서부에서 동쪽으로 송전리와의 경계를 따라 한천강이 유입되어 있고 그 연안에 충적평야가 전개되어 있다. 산림은 리 전체면적의 65%를 차지하는데, 소나무를 비롯하여 참나무 등 활엽수들이 분포되어 있다. 주로 벼, 옥수수, 콩, 밀, 보리, 고구마 등이 재배된다. 과수밭이 약 50여 정보 되는데, 사과를 기본으로 하면서 복숭아, 감 등이 산출된다.

축산업에서는 석성골 안을 비롯한 넓은 초지를 이용하여 소를 방목하고 있으며 이 밖에 돼지, 닭 등 가축을 사육하고 있다. 앞바다를 이용하여 수산업도 성황을 이루고 있는데 주로 명태, 오징어, 은어 등이 어획된다. 주요 업체로는 거성리수산협동조합, 거성협동농장 등이 있다. 교통은 금강산 청년선과 원산~금강산 간 관광도로가 통과하고 있으며 치궁항을 통하여 수상통로가 개설되어 있다. 군 소재지인 통천읍까지는 3km이다.[20)]

구글의 위성사진으로 자세히 들여다보면 섬은 비록 아주 적지만 군사 시설들이 들어서 있는 것을 볼 수 있다.

20)「북한지역정보넷」 www.cybernk.net

Island in North Korea

평안남도의 섬

1. 남포시 2. 온천군 3. 증산군

01. 남포시

석도

국토정보지리원

5km

하취라도
피도
서해관문

1) 덕도·德島

"환한 등댓불로 덕(德)을 크게 베풀다"

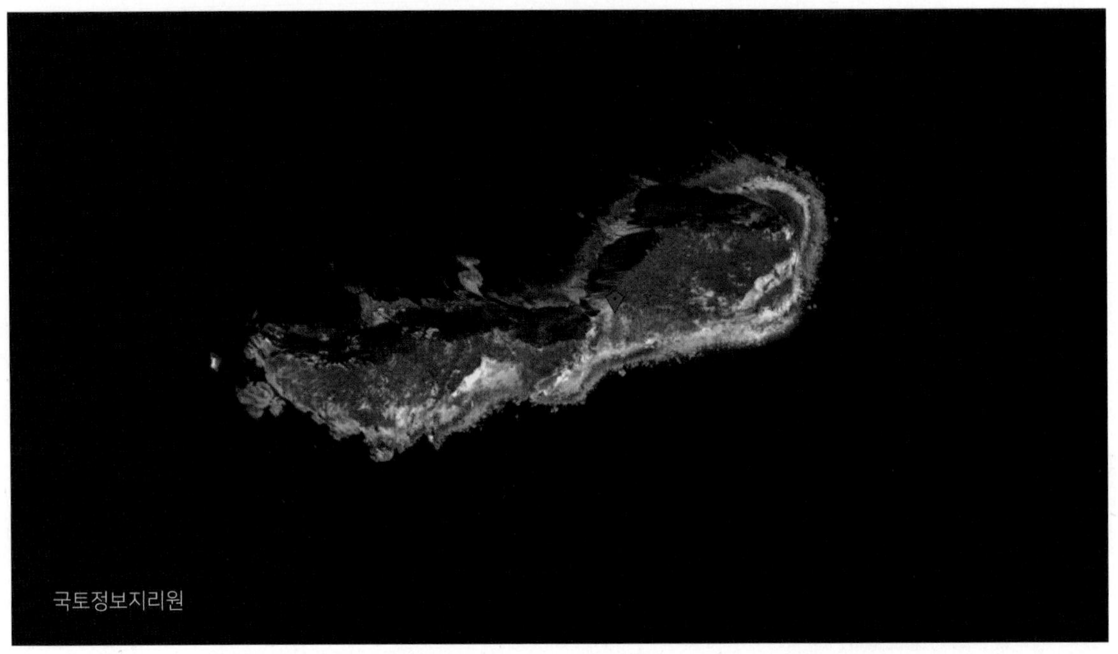

국토정보지리원

[개괄] 덕도(德島)는 대동강 입구 한가운데 자리하는 섬으로 육지에서 가장 멀리 떨어져 있다. 면적은 0.1㎢, 섬 둘레는 불과 1km 정도밖에 안 되는 아주 작은 섬이다. 이웃 섬인 하취라도까지 11km, 서해갑문까지는 19.5km 거리에 있다.

덕도는 지리적으로는 아주 불리한 위치에 있지만, 자기 이름을 제대로 알릴 수 있는 뜻밖의 행운을 가졌다. 덕도는 규모도 작고, 물도 없어 사람이 살 수 없는 무인도로 남을 수밖에 없지만, 대동강 입구의 남포로 들어오는 길목에서 어선들의 길 안내를 해주는 역할을 한다. 이것이 등대의 존재감이 발휘되는 대목이다. 수많은 선박이 신의주나 인천으로 항해할 때, 반드시 덕도 근해를 통과한다. 덕도는 이렇게 등대로서

덕(德)을 베푸는 고마운 섬이다.

또한 덕도는 육지와 멀리 떨어져 있다 보니, 생태계가 살아있는 새들의 천국이다. 그래서 북한의 조류 학자들이 즐겨 찾는 곳이기도 하다.

바닷새 번식지 북한 천연기념물 제 37호.

덕도는 온천군 금성리의 앞바다 약 20㎞ 떨어진 곳에 있는 작은 섬이다. 이 섬에는 관목림으로 되어 있고, 섬 기슭에는 바위로 되어 있다.

저어새·갈매기 및 흰수염바다오리가 번식하고 있다. 저어새는 몸 전체가 흰색이다. 뒷머리의 장식깃이나 목 아랫부분의 황색 띠가 없다. 눈 주위에는 검은색의 피부가 폭넓게 노출되어 있다. 경계심이 많고 산란기는 7월 하순이다. 알은 흰색 바탕에 흐린 자색의 갈색의 얼룩점이 흩어져 있으며, 4~6개 낳는다. 울음소리는 '큐우우 큐리리' 하며 낮은 소리를 낸다.

갈매기는 남한에서 월동하는 개체가 관찰될 뿐, 북한의 덕도 바닷새 번식지에서 번식한다. 어깨깃·등·허리는 푸른 잿빛이며, 그 이외의 깃털 빛깔은 흰색이다. 부리는 녹색을 띤 잿빛이며, 끝은 황색이다. 다리는 녹황색이다.

흰 수염 바다오리는 이마, 머리 꼭대기·뒷머리·목덜미가 검은색이며, 머리 옆·뺨·턱밑·목옆은 잿빛 갈색이다. 눈 뒤와 뺨에는 흰색의 가늘고 긴 털이 있다. 가슴과 옆구리는 잿빛 갈색이며, 배와 아래 꼬리덮깃은 흰색이다. 부리는 오렌지 황색이며, 윗부리의 기부에는 돌기가 있으나 겨울철에는 없어진다. 다리는 황백색이다. 주로 무리 생활을 하며 둥우리는 섬의 완만한 경사지의 초지에 구멍을 파서 만든다. 산란기는 4월 상순에서 6월 상순이다. 알은 광택이 없는 잿빛 흰색 바탕에 엷은 갈색의 선 무늬와 점무늬가 있는데, 1개의 알을 낳는다. 먹이는 주로 어류와 연체동물 등이다.[21]

---

21) 「한국민족문화대백과사전」 (박시룡, 2001년)

북한의 조류연구, 세계적 멸종위기종 연구에 상당한 성과

북한에서 멸종위기종이나 희귀보호종으로 지정된 조류에 관한 연구는 1990년대 초반부터 진행하였는데, 다른 분야 환경조사보다 상당히 일찍 시작한 것으로 보인다. 남한에서 저어새에 대한 연구조사가 시행된 시점과 비슷한 시기에 연구를 시작했다고 할 수 있다. 연구대상 조류는 세계적인 멸종위기종인 저어새와 노랑부리백로이다.

1992년부터 6년 동안 조사한 림추련 외(1998)의 연구는 저어새에 관한 초기 연구이다. 이 연구에 따르면 북한의 저어새 번식지는 덕도, 대감도, 소감도, 함성렬도, 참차도, 용매도 등에 분포하고 있다. 번식을 전후하여 서식하는 공간은 대계도 개펄 및 습지, 금성간석지, 금산포 9.18 저수지 주변 습지 및 개펄로 나타났다. 남한의 조류 서식 현황과 유사하게 취식과 안전한 번식을 위해 개펄, 갯벌 주변, 무인도를 서식지로 이용하고 있다.

저어새의 전 세계 출현 종수는 2000년대 초반까지 1,000여 마리로 집계되었으나 2006년 발표자료(Coulter, 2006)에 따르면 2,000여 마리로 나타났다. 이는 보호 정책의 효과에 기인한 측면도 있지만, 저어새에 관한 관심이 높아져 오랜 기간 넓은 지역을 대상으로 조사를 하여 번식지를 추가로 발견한 결과로 추정된다. 노랑부리백로의 서식지도 대부분 저어새 서식지와 중복된 것으로 나타났다. 주요 번식지는 평안남도 온천군 덕도, 평안북도 정주

▼ 군산시청 제공, 북한의 조류들도 이와 똑 같은 모습일 것이다.

시 및 곽산군 앞바다의 무인도서인 함성렬도, 선천 앞바다의 랍도·묵이도·참차도 일대의 반성 열도다. 저어새와 마찬가지로 노랑부리백로도 온천군의 덕도를 주요 서식지로 이용하고 있음을 알 수 있다.[22)]

<표> 북한 저어새 번식장소와 둥지 수 및 개체 수

지역 / 일시	덕도	대감도	거위도	점적도 묵이도	잔허리	출현개체
1992	6	6	3			71마리
1994	5		3	3	1	36마리
1995	5			1	1	39마리
1996	5			1	1	
1997	5					

▲ <자료> 림추련 외(1998)

<표> 북한의 노랑부리백로 분포 및 개체 수

지역 / 일시	선천 랍도	묵이도	참차도	대감도	대도	거위도	덕도	금성 간석지	계
'92,5				120	100	130	80		430
'93,6	150	50							200
'94,6				50	60		400		510
'95,5	150	50	150	120	80		600	40	840
'96,7	120	120			60		300		300

22) 림추련 외(1998), 김광남·박우일(2001)

'97,7				130			80		210
'98,5			200				120		320
'99,7							160		160
'01,7							180		180

▲ <자료> 림추련 외(2004)

[북한 서식 멸종위기 노랑부리백로]

멸종위기종으로 국제보호조류인 노랑부리백로가 매년 4~9월 사이에 북측 서해안 무인도들에서 집단 번식하며, 전체 마릿수는 1천200~1천500 마리로 추정된다고 북한의 격월간 과학 잡지 `과학원 통보'가 보도했다. 통보 최근호(2004년 5호)는 `노랑부리백로의 분포와 이행(이동)에 관한 연구'를 게재, 1992년부터 2001년까지 조사한 결과를 발표했다. (중략)

특히 온천군 덕도의 경우 마릿수가 가장 많이 분포돼 있는데 적게는 200여 마리에서 많게는 400~800마리가 번식하고 있다. 이밖에 초도와 서도, 기타 섬들에서 80~100여 마리가 번식한다. (중략)

국립환경연구원 박진영 박사는 "북한의 연구가 지속적인 방법으로 조사된 것 같지는 않다"라면서 "그러나 노랑부리백로를 관심 있게 감시하고 있으며 가락지까지 끼워 이동 경로를 조사하고 보호하려는 노력은 매우 의미 있는 작업으로 평가된다."라고 말했다.

「연합뉴스」 2005.1.25

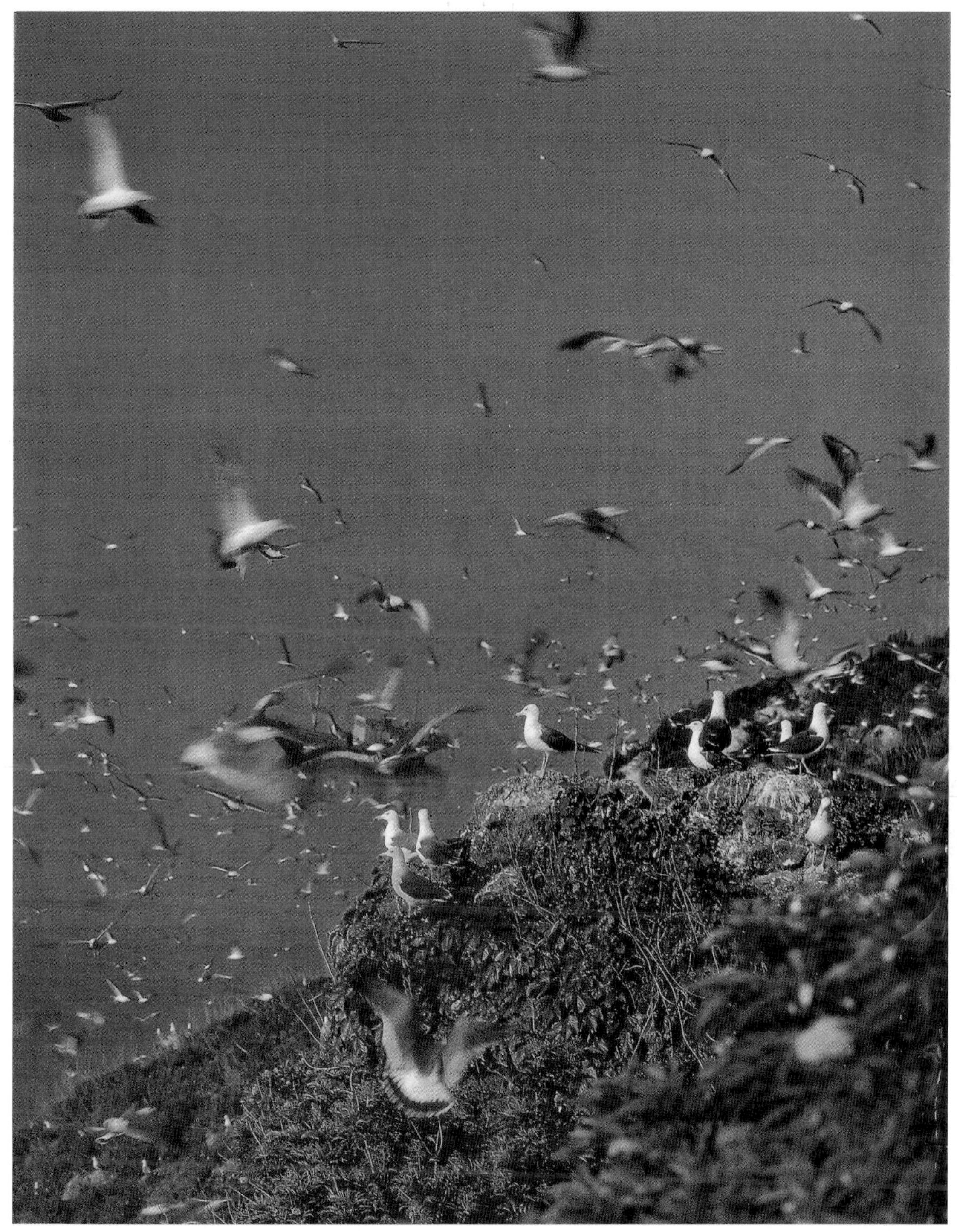

▲ 북한 화보집

2) 서도

"초도의 부속 섬, 등대가 있는 섬"

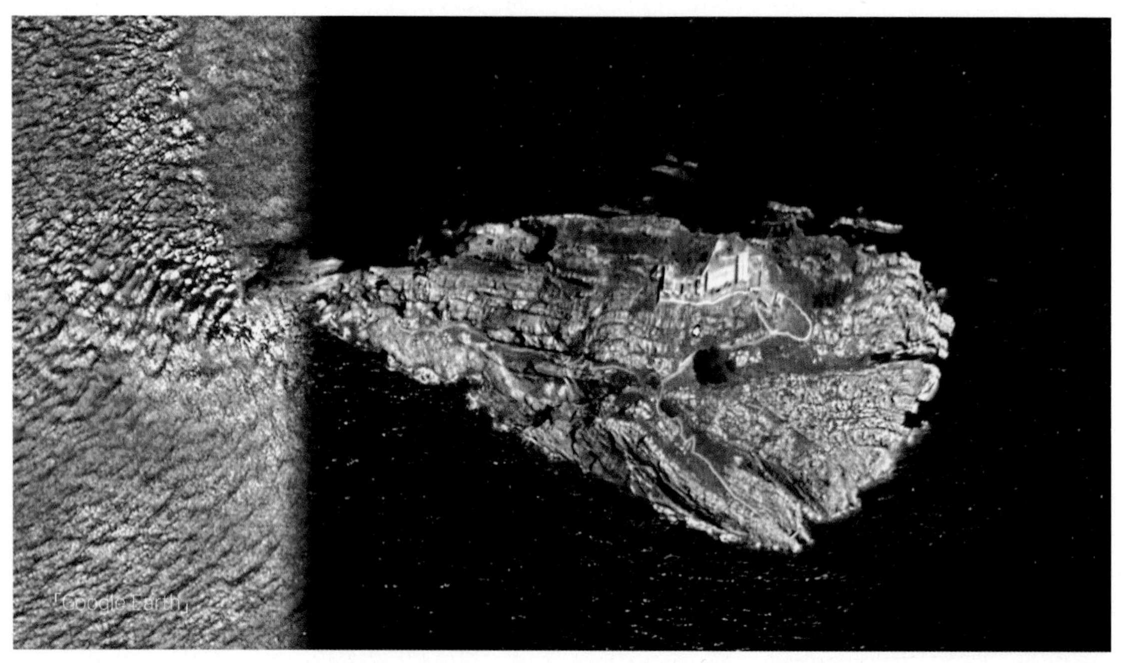
「Google Earth」

[개괄] 서도는 남포특별시 항구구역 초도리에 소속된 아주 조그만 섬이다. 서도와 초도의 직선거리는 1.5km이지만 서도에서 배를 타고 초도의 항구까지 거리는 14km이다. 섬둘레는 불과 1km 정도이며 면적은 0.06제곱킬로미터이다. 남포에서 약 50km 정도의 먼 거리에 있다. 이렇게 작은 섬이 존재감을 드러낸 이유는 섬의 위치가 중요하기 때문이다. 서해의 황금 어장터 중앙에 있는 서도의 등대는 어선들의 야간작업을 돕는다. 만선의 기쁨을 안고 돌아오려면 안전하게 등대불의 인도함을 받으며 고기를 잡아야 한다. 대부분 고기잡이는 야간에 이루어지기 때문이다. 그리고 서도는 남쪽인 해주와 중국에서 배들이 들어오는 길목에 위치하여 배들이 어두운 밤바다를 항해 할 때 안

전 항해를 위하여 서도 등대는 중요한 역할을 하고 있다.

서도가는 길은 멀지만 여러 개의 섬들을 경유하여 가기 때문에 교통은 좋은 편이다. 남포를 떠난 여객선은 석도와 자매도를 지나 한참을 남쪽으로 내려가다 보면 아주 작은 섬 서도가 나온다. 서도는 등대가 있는 곳으로 자매도 등대와 함께 전국적으로 꽤 알려진 섬이다. 분교와 등대 때문이다. 여객선은 서도에 잠시 사람과 짐을 내려놓고 최종 종착지인 초도 마을로 달려간다. 초도는 큰 섬으로 서해에서 가장 중요한 지역으로 전략적인 가치와 경제성이 뛰어난 섬이다.

▼ 118년 된 거문도 등대, 북한 서도 등대도 이런 모습일 것이다.

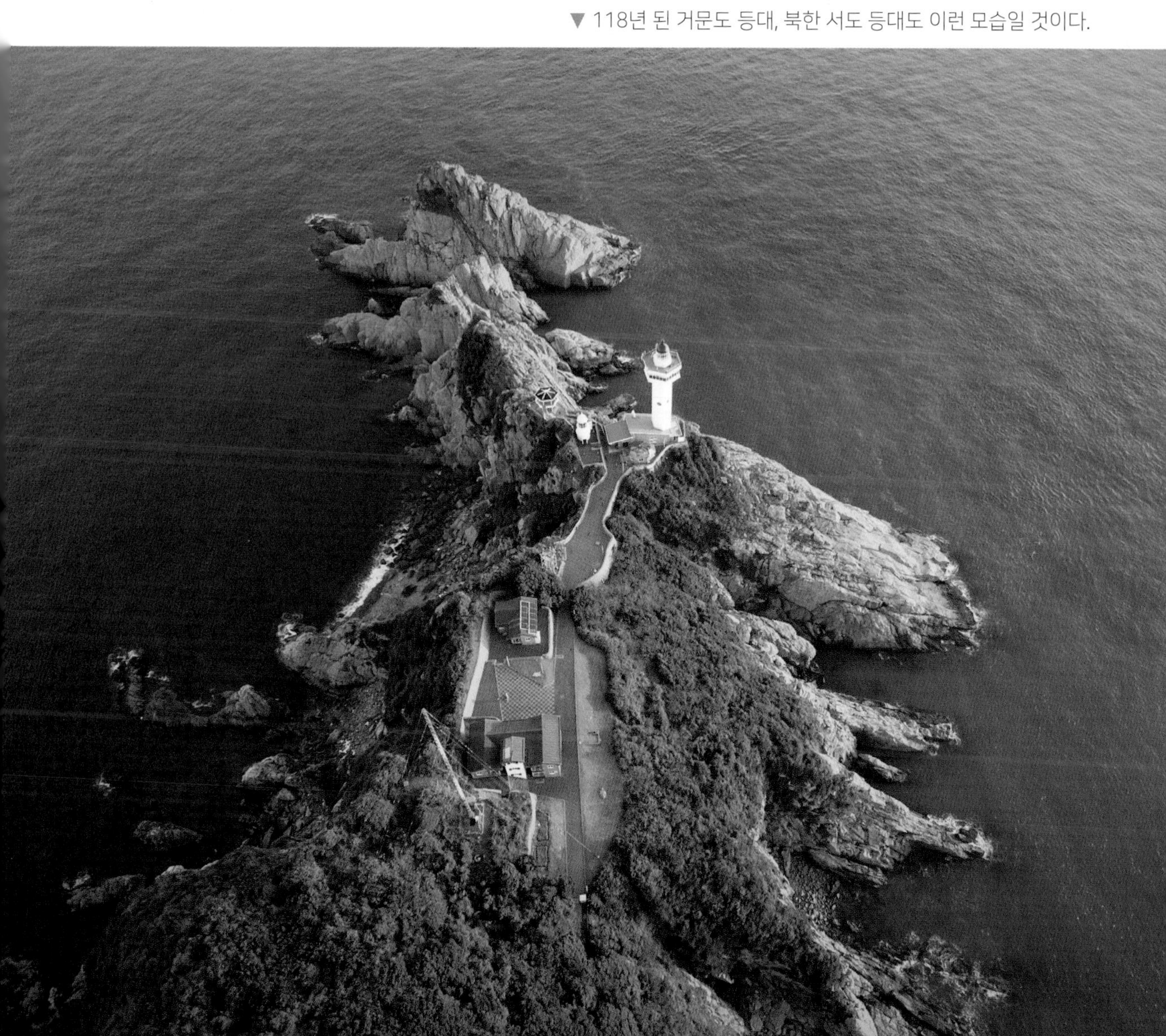

사랑의 손길은 바다멀리 섬마을에 서도등대를 찾아서

노동신문 1989, 6,11 김창해 기자

해안선이 길고 복잡한 모양을 이룬 우리나라 서해에는 뱃길을 밝혀주는 등대섬들이 많다. 우리가 찾은 서도는 남포에서 뱃길로 근 200리나 가야 하는 먼 길에 있었다. 서해갑문을 멀리 뒤에 남기고 끝없는 바다로 나가 왼쪽으로 바라보이는 석도, 초도와 같은 큰 섬들과 유명무명의 작은 섬들을 지나서 몇 시간, 초도 옆 검푸른 바다 한가운데 돌기둥처럼 우뚝 솟은 섬의 자태가 나타났다. 그것이 서도였다. 아담하게 바라보이는 흰 등대는 바로 이곳이 조국땅의 한 부분이고 서해를 오가는 배들에게 희망과 기쁨을 약속해주는 정다운 고장임을 말없이 확인해주고 있었다. 〈이제 섬에 올라가 보면 등대에 넘치는 당의 사랑의 손길이 얼마나 따사로운 지, 그리고 등대의 불빛을 지켜가는 사람들이 나라를 위해 한생을 어떻게 고스란히 바쳐가는지 새롭게 알 수 있으리라고 생각합니다.〉 우리를 안내하여온 남포뱃길표식사업소 부분 당비서 최만섭씨가 섬에 도착하면서 우리에게 한 이 말은 그대로 우리 기행의 서문을 대신해주는 뜻을 담고 있었다.

작고도 큰 마을

우리를 반갑게 맞아준 등대장 김지관 동무를 따라 320여개 돌계단을 올라 섬꼭대기에 오르니 특이한 경치가 우리의 마음을 끌었다. 눈부신 하얀 등대와 부속건물, 세 새대가 사는 살림집, 분교로 이루어져있는 등대마을은 한척의 유람선과 같았다. 등대에서 내려다보아도, 살림집방문을 열고 내려다보아도 아래는 깎아지른 듯한 벼랑이며 검푸른 파도 소리가 나는 바다이다.

우리가 우리나라에서도 그중 작은 마을일것 같다고 첫 인상을 말하니 해풍에 얼굴이 거뭇거뭇한 등대장은 수긍하듯 머리를 끄덕이었다. 그는 우리와 함께 마을을 돌아보며 등대섬의 어제와 오늘에 대하여 말하였다.

일제 놈들은 서도를 조선침략을 위한

기지의 하나로 삼고 여기서 해상수로와 기상기후, 해양조건을 탐지하면서 조선 사람들을 노예처럼 부려먹었다.

동대원들은 등대를 복구 정비한 다음 등대 불을 켜는 일을 하였다. 임무가 어려웠던 만큼 당에서는 단련된 제대군인들을 이 섬에 파견하였다. 그때 당의 부름을 받들고 어려운 섬초소로 나온 사람들이 등대장 김지관, 등대원 김양지 등이었다. 당은 외로운 섬 등대를 지키면서 배들의 항해를 보장하는데 한 평생을 바쳐가는 등대원들이 사업과 생활을 깊이 헤아리고 배려해 주었다.

당은 등대섬 사람들을 위하여 전적으로 봉사하는 기관선을 한 척이나 보내주시었다. 그리하여 등대원들에게 식량과 부식품, 일용품은 물론 연료와 물까지 뭍에서 정기적으로 날라다주게 되고 등대원들과 가족들이 언제나 뭍으로 오 갈수 있게 되었다. 또한 외진 섬에서 사는 사람들이 도시 부럽지 않게 문화 정서생활을 즐길 수 있도록 TV와 봉급, 손풍금 등 수많은 악기를 보내주었고 어린이들을 위하여 분교를 지어주고 교원을 보내주었고, 등대원들과 가족들이 정상적으로 평양을 비롯하여 우리나라 각지를 견학하도록 배려를 하였다. 이처럼 은혜로운 사랑과 배려 속에서 남포항 기중기 운전공으로 일하던 등대장의 아내 배농하가 이삿짐을 꾸리고 섬으로 오고 김양지의 아내 림화명은 이곳 분교 교원으로 배치되어 오게 되었다. 세 가족은 한 가정처럼 화목하게 살면서 모든 것을 등대 관리에 쏟아부음으로써 지난 20년간 등대를 훌륭히 지켜왔던 것이다. 〈그러니 등대섬이 작다고 해서 우리 마을을 작다고만 볼수 없지요.〉 김복건의 한 이 말에는 조국의 한 초소를 지키고 있는 등대 사람들의 남다른 긍지, 보람찬 삶에 대한 희열이 그대로 비껴있었다. 중략 -

3) 오리섬

"대동강 어구 방조제 건설의 지탱점"

[개괄] 대동강 어귀의 무인도인 오리섬은 섬 둘레 1.28km, 면적은 0.05km2, 산 높이는 34m이다. 서해갑문과 맞닿아 있는 우안지구 간석지는 온천군 금성리 코앞 상취라도와 하취라도에서 남포시 룡강군 지사리 사이의 대동강 우안 고수부지에 분포되어 있다. 행정구역상으로는 온천군의 금성리와 남포시의 와우도 구역, 항구구역에 속한다. 온천군 금성지구와 남포시 오리섬 지구에만 해안으로부터 4㎞ 이상 간석지가 발달해 있고 그 밖의 지대에서는 작은 규모의 간석지가 곳곳에 구축돼 있다. 대동강 어구 우안에는 작은 만들과 갑각이 발달해 있어 해안선의 굴곡이 비교적 심하다. 그리고 연해의 만 어구들에는 오리섬, 검덕섬 등이 놓여 있어서 만안과 연안의 운반물 퇴

적을 촉진하고 있다.

천문학적 가치로 몸값 급상승한 '쓸모 있는' 무인도들

예전에는 오리섬 등 사람이 살지 않는 무인도는 쓸모없는 땅이라고 생각하였다. 그러나 대규모 간척사업이나 섬과 섬, 섬과 육지로 다리를 놓을 때 무인도는 천문학인 가치로 평가된다.

대표적으로 새만금의 무인도인 가력도이다. 가력도 면적은 1.63km2 규모로 아주 작은 무인 도서에 불과했지만 군산, 김제, 부안 3개 지자체가 17년간 분쟁을 벌일 만큼 값어치가 컸다. 이 때문에 근처의 비안도 주민들만 애꿎은 피해를 많이 입었다.

생활에 절대적으로 필요한 전기는 또 어떠한가? 섬으로 연결되는 전기도 무인도에 설치된 전봇대를 통하여 들어간다. 육지와 멀리 떨어진 무인도는 바다를 항해하는 선박들의 목표물이 되는 경우도 많고, 사람들의 접근이 허용되지 않는 관계로 새들의 천국이자 살아있는 생태계의 보고(寶庫)가 되기도 한다. 그리고 해양영토의 수호자로 최전방 무인도에서 200해리가 나간다.

우안지구 연안의 섬 분포 이용현황

대동강 어구 우안지구 연안에는 16개의 작은 섬들이 있다. 간석지가 개간되면서 이미 금차도, 대소도, 소소도, 피도, 소장도는 육지와 연결되었다. 이 섬들 가운데서 결석도, 오리 섬은 방조제 건설의 지탱 점으로 이용되었고 하취라도와 상취라도, 언정도는 방조제 건설을 위한 석재의 원천지가 되었다.

▲ 새만금의 가력도, 오리 섬과 비슷한 환경의 가력도

<표> 방조제 예정선 가까이 있는 주요 섬들 23)

번호	섬이름	둘레길이(㎞)	면적(정보)	높이(m)
1	금차도	0.96	4.3	37
2	결석도	0.16	0.2	11
3	하취라도	1.66	136	29
4	상취라도	1.36	9.1	29
5	언정도	0.16	0.2	10
6	오리섬(압도)	1.28	4.6	34
7	지리도	0.21	0.2	13
8	구슬섬	0.47	1.1	33

23) 「북한지리정보」, 간석지 1988

4) 와우도

"남포시와 서해 풍경이 화폭처럼 펼쳐지는 곳"

[개괄] 와우도는 평안남도 남포시 서해안에 자리한 북한 명승지 중 하나이다. 그 모양이 마치 소가 누워있는 것 같다는 데서 와우도란 지명이 유래되었다고 한다. 서해갑문이 건설되기 전 와우도는 밀물 때에 섬으로 되고 썰물 때에는 육지와 잇닿은 하나의 반도를 이루었다. 바닷물과 민물이 섞이면서 각종 해산물이 풍성한 살기 좋은 섬마을이었다.

와우도는 원래 진흙과 갈대밭으로 이루어진 한적한 섬이었으나, 평양과 남포지역 주민의 여름 휴양을 위해 유원지로 개발되었다. 갖가지 나무숲으로 뒤덮인 와우봉을 비롯한 여러 개의 낮은 봉우리들과 기암절벽, 모래밭과 소나무 숲이 대동강과 서해에 어울려 풍치가 매우 아름답다. 특히 살구꽃, 복숭아꽃, 진달래꽃이 피는 4월부터 한여름을 지나 짙은 녹음이 우거지는 여름철, 단풍이 붉게 물드는 10월까지 오색 꽃들이 차례로 피어나 언제나 꽃동산을 이루고 있다.

남포시의 양어업

남포시에는 와우도, 강서, 룡강 등 3개의 양어사업소가 있으며 와우도 양어사업소에서는 잉어, 붕어, 화련어, 기념어 등 더운물을 좋아하는 물고기밖에 숭어, 뱀장어를 기르고 있다. 현재는 래성호와 그밖에 몇 개의 크지 않은 저수지들이 있으며 서해갑문이 완공됨으로써 1만 정보 이상의 넓은 양어대상수역이 새로 늘어났다.24)

남포시는 100년 전까지만 해도 오

24) 「북한지리정보」, 공업지리, 1989

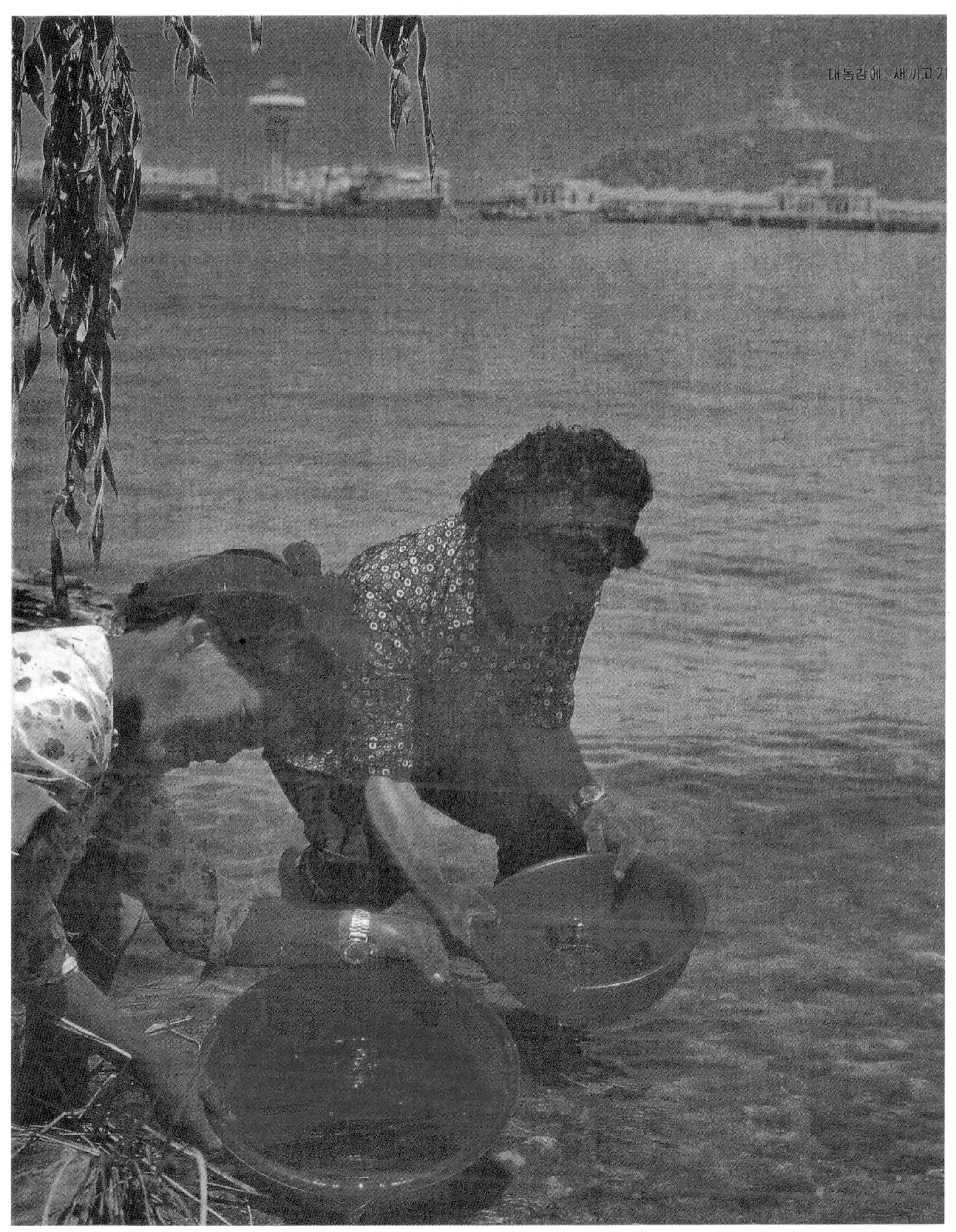

▲ 대동강에 새끼 물고기들을 놓아주고 있다. 1995년 5월, 조선화보집

석산(655m), 국사봉(506m), 백암산(419m)에 둘러싸인 대진(大津) 또는 삼화부라는 이름의 한가한 어촌에 불과했다. 일제의 한반도 강점 이후 늪지대를 매립해 일본인들이 거주하기 시작한 뒤 진남포라는 이름의 항구로 거듭났다. 고려, 조선을 거쳐 일제강점기인 1910년 8월 진남포부가 되었으며 이후 여러 차례 행정구역 개편을 거쳐 2004년 1월 남포직할시를 '특급시'로 개편했다.

[남포지역 명소]

남포지역의 관광자원으로는 고구려 시대의 고분, 온천, 위락단지 등을 들 수 있다. 남포시 와우도 구역 시가지에서 서남쪽으로 약 4km 떨어진 곳에 있는 와우도는 강원도 원산의 송도원과 더불어 북한에서 손꼽히는 유원지, 휴양지이다. 이곳은 남포와 평양 시민들의 여름철 휴양지로도 유명한 곳인데 해수욕장, 보트장, 휴양소, 화초원 등과 각종 레제스포츠시설, 산책로, 한식 건물로 이루어진 전망대, 우회도로 등이 마련돼 있다.

주요 유적으로는 고구려 고분벽화가 남아있는 강서삼묘(강서세무덤), 덕흥리벽화고분을 꼽을 수 있다. 천연기념물로는 천리마구역 상봉동에 '강선뽀뿌라나무(포플러나무)'(57호), 강서구역 전진동의 '대안회화나무'(58호), 강서구역 수산리의 '수산리약밤나무'(59호), 항구구역 우산리의 '우산장느티나무'(60호), 항구구역 용호리의 '룡강느티나무'(61호) 등이 있다. 지리부문 천연기념물로는 강서구역 약수리의 '강서약수'(56호), 항구구역 검산리의 '룡강연흔(물결자국)'(61호)이 있다.

▲ 북한, 남포시 용강군서 고구려 벽화무덤 발굴
북한이 2020년 10월 17일 발굴 소식을 전한 남포시 용강군 은덕지구 소재 고구려벽화무덤 '용강사신무덤' [조선중앙통신=연합뉴스 자료사진] [국내에서만 사용가능. 재배포 금지. photo@yna.co.kr

와우봉 정상에 오르니 한 폭의 그림이 펼쳐지고

또한 와우도에는 우리 민족 고유의 건축 기술이 잘 드러난 와우봉 정각을 비롯하여 해수욕장, 낚시터, 뱃놀이장, 배구장, 농구장, 탁구장, 경기장, 국제유희장 등의 문화 체육시설들과 편의시설들이 있다. 전망이 좋은 와우봉에 오르면 남포시의 모습이 화폭처럼 안겨온다. 멀리 서해도 눈앞에 활짝 펼쳐진다. 유원지 북쪽으로는 체육촌이 있으며, 체육촌 부근에는 북한 최대의 유리 공장이 있다.

대동강 하류 일대에는 와우도, 가덕도, 압도, 제비섬, 언정도, 일출도, 사엽

진도, 율도, 권염진도, 검덕도, 호도 등의 도서가 있는데 대부분 와우도 구역에 합쳐져서 인천 월미도나 서울 여의도 같은 곳으로 변하였다. 25)

▼ 와우도 해수욕장

천연기념물 제438호 화도리 꾀꼴새 번식지

화도리 꾀꼴새 번식지가 있는 곳은 남포시 와우도 구역 화도리 주암산골안이다. 꾀꼴새 번식지는 화도리 소재지에서 약 3㎞ 정도 올라가 있는 수원지를 중심으로 하여 주암산골안의 전 지역이다. 북쪽, 동쪽, 서쪽은 산릉선이고 남쪽은 과일밭과 노벌로 되여 있다. 번식지는 주암산과 국사봉의 능선에 의하여 3면이 둘러막혀 있으므로 항상 아늑하다.

골 안에는 아카시아나무가 우거지

25) 「조선향토대백과」, 평화문제연구소 2008

고 밤나무, 참나무가 있다. 꾀꼴 새는 온몸이 누런색이다. 부리 밑등으로부터 눈을 거쳐 머리 뒤까지 날개 끝과 꼬리깃의 웃부분은 검은색이다. 부리는 비교적 가늘고 길며 날개의 길이는 14.5~15.4㎝이다. 첫줄 날깃은 10개이다. 이 새는 5~6월에 높은 나무 끝가지에 둥지를 묘하게 틀고 3~4개의 알을 낳는다. 새끼 치는 철에는 한곳에 오래 있지 않으며 아름다운 울음소리로 운다.

주로 털벌레, 풍뎅이, 딱정벌레를 비롯한 여러 가지 해로운 털벌레와 새끼벌레를 잡아먹는다. 어미는 5월 초순에 와서 새끼를 치고 9월 중순경에 그것들을 데리고 돌아간다. 꾀꼬리는 새들 가운데서 그 모양과 울음소리가 유달리 곱고 자연 풍치를 아름답게 하여 주므로 화도라 번식지를 철저히 보호하여야 한다.

▼ 꾀꼴새 전경

[와우도와 진도의 수출 가공구, 바다 경치가 아름다운 보배 섬]

진도의 수출 가공구(경공업)는 항구지역인 남포시의 진도동, 화도리 등 와우도 구역 근처에 자리 잡고 있다. 해외 투자 금을 유치해 부두·발전소, 강철·시멘트 공장 등 경공업개발구로 조성하는 것이 목표이다.(중략) 진도는 평안남도 남포시 와우도 구역의 서남쪽에 있는 동으로, 1981년에 남포시 남포구역 대대동의 일부 지역을 분리하여 신설했다. 옛날부터 나무가 무성하고 바다의 경치가 매우 아름다워 보배 섬이라 불렀는데, 본래 무인도였던 것이 염전을 건설하면서 제염공들의 마을로 되었다. 1979년에 남포시 남포구역 진도동으로 되었고, 1983년에 남포시 와우도 구역 진도동으로 되었다.

현재 와우도에는 해수욕장, 경기장, 휴양각, 휴식처를 비롯한 문화 오락시설들이 갖추어져 문화휴양지로 개발되어 있다.

「북한 땅 이야기」, 조병현(2020)

서해 명승지 와우도

· 노동신문 2019, 12,4

예로부터 와우도는 우리나라 서해안의 명승지의 하나로 알려져 있다. 그 모양이 마치 소가 누워 있는 것 생기었다는 뜻에서 와우도로 불린다.

그래서 당국은 경치 좋은 이곳을 시민들의 문화휴식처로 훌륭히 꾸리도록 하였다. 와우도는 갖가지 나무숲으로 뒤덮인 와우봉을 비롯한 여러 개의 낮은 봉우리들과 기암절벽, 모래밭과 소나무 숲이 대동강과 서해와 어울리며 풍치가 매우 아름답다. 온갖 꽃이 만발하는 봄철, 짙은 녹음이 우거지는 여름, 단풍이 들고 백과가 주렁주렁 달리는 가을철의 풍치는 절정을 이룬다. 남포시는 와우도 유원지를 시민들이 즐겨 찾는 문화 정서 생활 기지로 더 훌륭히 변화 시킬 큰 목적을 가지고 치밀하게 계획을 세웠다. 물 미끄럼대 3개, 물놀이장, 조약대, 샤워장, 2층짜리 식당, 여러 개의 정각, 낚시터, 수 km 구간의 유람 및 산책도로와 모래터 배구장 등을 동시에 건설하였다. 수영장과 연못에는 대동강의 맑은 물을 끌어들이는 공사가 진행되고 정각과 조약터, 낚시터를 손색없이 꿀리기 위한 사업도 힘차게 벌어지고 있다. 건설자들은 샤워장과 식당, 상점과 산책로, 순환선 도로 건설에도 높은 헌신성을 발휘하였다. 와우도 유원지 관리소 일군들과 종업원들은 물끄럼대의 관에 자그마한 흠이라도 생길세라 연마 작업을 질이 높은 수준으로 진행을 하였다. 와우도 유원지가 명승지답게 더 잘 꾸려짐으로서 시민들의 문화정서 생활에 크게 이바지할 수 있게 되었다.

5) 초도·椒島

"'바다 만풍가' 속 만선의 뱃고동 소리 울리고"

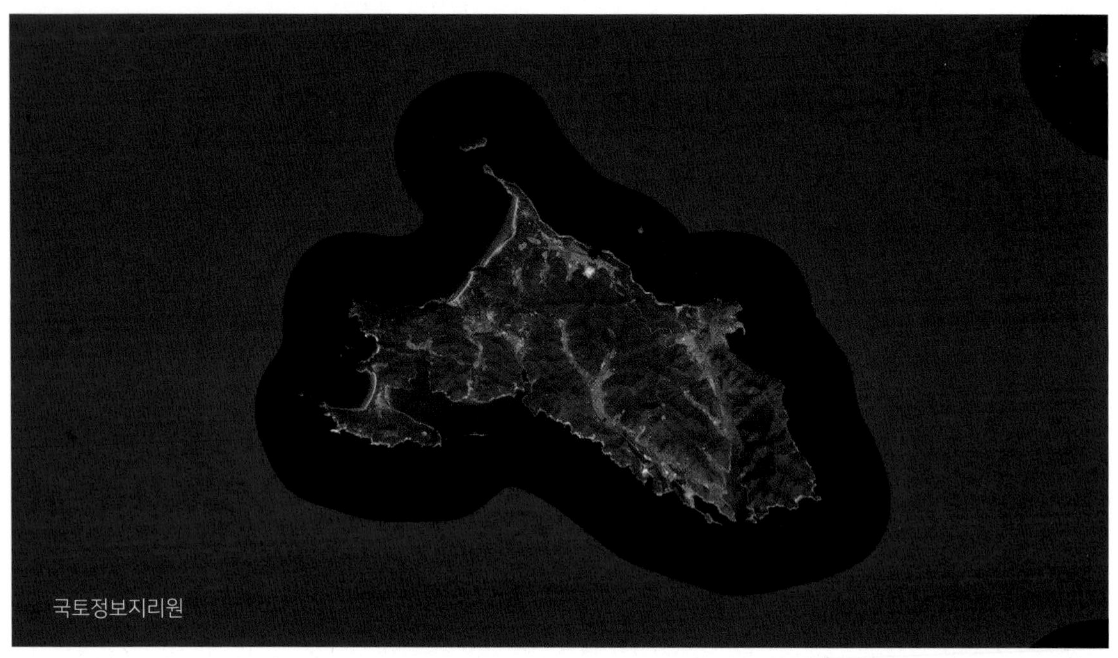

[개괄] 『초도는 38선 이북지역에서 둘째가는 섬으로 황해도 송화군 풍해면 리현리에 자리 잡고 있으며, 면적은 31.4㎢에 달한다. 6·25전쟁을 전후하여 대한민국과 전 세계에 알려진 유명한 초도는 전쟁 당시 북한에서 밀려온 수많은 피난민을 후송, 구출했던 곳이다. 전쟁 당시 B29 평양 진남포 등 폭격을 가할 당시 소련 비행기 F15기가 아군에 공중전을 하며 폭격을 가하자 그곳에서 용감히 싸우다가 비행기 동체는 화염에 싸여 서해에 추락하고 아군의 조종사들은 초도 섬에 낙하하여 수많은 조종사를 구출한 곳이 초도다.』

북한 심장부 바로 앞의 미군 레이더 기지

북한 통치하에 있던 초도(椒島)는 한국 전쟁이 발발하면서 전략적으로 아주 중요한 섬이 되었다. 러시아의 미그기와 미 공군 세이버(Saber)의 공중전이 치열하게 전개될 때, 미군은 자국의 세이버 전투기가 레이더의 관제를 받을 수 있는 최적의 지역으로 초도(椒島)를 선택했다.

초도는 평양의 관문인 남포가 지척일 정도로 북한과 가까운 섬이다. 그렇지만 UN군이 제해권을 장악한 덕분에 초도는 UN군과 한국 해병대가 통제하고 있었고, 이곳에 레이더 기지를 설치하여 미군의 세이버들을 관제할 수 있었다.

초도의 레이더 기지는 중국 단둥에서 이륙하는 중공군 미그기 움직임을 미리 파악하여 효과적으로 제압할 수 있게 도와주었다. 그뿐만 아니라 북한 지역의 기상정보도 파악할 수 있어 효과적인 작전계획을 수립할 수 있었다.

그러나 휴전협정과 함께 초도에서 철수하면서 섬의 모든 레이더 시설을 폭파해 버렸다. 만약에 초도를 계속 장악한 상태에서 휴전이 되었다면, 북한 처지에서는 황해도와 평안남도 전 지역이 한국의 레이더망에 포섭되고 평양과 남포 등 북한의 심장부까지 드러나게 되니, 이 얼마나 끔찍한 일이겠는가! 초도는 북한 통치 아래서 여러 번의 행정구역 변화를 거쳐 1996년에 황해남도 과일군에서 평안남도 남포시에 편입되었다. 지금은 북한 해군의 주요 군사 기지로써 상당수의 군인이 주둔해있으며, 북한 해군 특수부대가 초도 앞바다에서 '서해 5도 점령' 가상훈련을 벌이고 있다고 한다.[27)]

북, 서해 중심어장에서 물고기 잡이 성과 확대

북한이 수산부문에서 적극적인 어로활동을 통해 물고기 잡이 성과를 계속 확대해나가고 있는 가운데, 특히 서해 중심어장에서는 매일 수백 톤의 어획

27) 「RFA(미국 자유아시아방송)」 2010.12. 30

량을 기록하고 있다고 재일 「조선신보」가 평양발로 보도했다.

『집단어로 활동이 벌어지고 있는 서해 중심어장은 3대 어장의 하나인 초도-몽금포 수역. 이곳 중심어장은 문덕, 한천, 가마포, 남포 수산사업소를 비롯한 각지 수산사업소와 수산협동조합에서 모인 수백 척의 고깃배들이 매일 까나리, 멸치를 비롯한 물고기 잡이로 들끓고 있다.

오광덕 책임부원은 "물고기 잡이 성과도 과학적인 어로 활동에 달려있다"면서 "과학적인 어로 활동의 직접적인 담당자는 어로 공들"이라고 강조한다.(중략)

포수산사업소 김형철 선장(42)은 "물고기는 먹이를 따라가는 것이 아니라 물 온도를 따라간다는 말이 있다. 물고기를 많이 잡자면 바닷물 온도를 비롯한 바다 상태를 정확히 알아야 한다"면서 "과학기술 학습을 통해서 물고기들이 좋아하는 각이한 물 온도도 환히 꿰들게 되었"다고 강조한다. "과학기술학습이자 물고기 잡이 실적"이라는 것이다.

이처럼 수산성에서 위성 정보에 의한 어장탐색 지원체계가 도입되고 여기에다 어로 공들의 과학적인 어로 방법이 합쳐져 "운반선들이 매일같이 '바다 만풍가'의 노래 높이 만선의 뱃고동 소리를 울리며 포구로 들어서는 이채로운 풍경을 펼치고 있다"고 전했다. 28)

▼ 어로 활동이 힘 있게 벌어지고 있다(사진은 남포 대경 수산사업소). (사진=조선신보)

28) 「통일뉴스」 http://www.tongilnews.com

"우리는 마지막 실향민이다"

초도 실향민,
서울 장충동 주민 안경춘 선생
중구자치신문 2012.06.05

오는 6일이면 현충일이다. 현충일은 나라를 위해 목숨을 바친 장병과 순국선열들의 충성을 기념하는 날로 우리나라에서는 이날을 6월 6일로 정했다.

해마다 현충일이 다가오면 이 시대의 마지막 실향민으로서 멀지 않은 지역에 고향을 두고도 가지 못하는 애끊는 심정을 가눌 길이 없다. 지난 5월 11일에는 중구실향민 가족 80여 명이 강화도 평화전망대를 찾아 망향제를 올렸다. 이는 분단의 아픔을 간직한 채 고향을 그리워하는 이산가족들의 아픔을 조금이나마 위로하기 위해서 매년 봄, 가을에 열고 있다. 10월에는 이북 부모님들의 시제를 지내고 있다. 내가 살던 고향은 황해도 송화군 풍해면 리현리 초도다. 현재 초도는 북한군 주요군기지로 활용하면서 비행장, 잠수기지 등 육해공군 3천여 명이 주둔하고 있다고 한다. 최근에는 북한 김정은이 초도를 찾아 군사기지를 시찰하였다는 이야기도 있다. 초도는 38선 이북지역에서 둘째가는 섬으로 황해도 송화군 풍해면 리현리에 위치해 있으며, 면적은 31.4㎢에 달한다. 숙종재위(17년) 군작전 지휘부 및 그 관할 처를 설치하여 예로부터 국방상 요충지였으며 첨사(僉使) 감목관(監牧官)이 배치되어 있던 곳이다.

6·25전쟁을 전후하여 대한민국과 전세계에 알려진 유명한 초도는 전쟁당시 북한에서 밀려온 수많은 피난민을

후송, 구출했던 곳이다. 전쟁당시 B29 평양 진남포 등 폭격을 가할 당시 소련 비행기 F15기가 아군에 공중전을 하며 폭격을 가하자 그곳에서 용감히 싸우다가 비행기 동체는 화염에 쌓여 서해바다에 추락하고 아군의 조종사들은 초도 섬에 낙하하여 수많은 조종사를 구출한 곳이 초도다.

1950년 9월 16일 인천상륙작전으로 9월 28일 서울을 수복하고 퇴각하는 공산군을 추격, 10월 19일에는 평양을 탈환하고 그 여세를 몰아 압록강과 두만강까지 북진했던 국군과 유엔군은 11월 중공군 개입으로 전쟁이 다시 확대되면서 계속 밀려 내려왔다. 서울에 환도했던 정부가 다시 부산까지 피난했다. 이것이 1·4후퇴다. "눈보라가 휘날리는 바람찬 흥남부두에 목을 놓아 찾아를 봤다… 피눈물을 흘리면서 1·4 이후 나 홀로 왔다"로 시작하는 '현인의 굳세어라 금순아'라는 노래는 6·25가 낳은 피난민들의 가요다. 이 노래는 고향을 등지고 마지막 전선까지 쫓겨 온 피난민들의 애절한 절규였다.

전쟁당시 피난길은 동해와 서해로 나누어 졌다. 동해는 함경남북도와 평안북도 지역에 살고 있던 사람들이 1950년 12월 21일과 23일 1만4천여 명이 흥남부두에서 배를 타고 부산으로 내려왔다. 서해는 평안남도와 황해도 지역 사람들이 피난했던 지역으로 초도, 초도에서 백령도, 백령도에서 인천, 인천에서 군산 안면도로 등으로 피난했다.

이북5도 중 초도섬 때문에 서해 쪽으로 피난민이 3만5천여 명이 피난 왔다고 하며, 특히 황해도 피난민이 아직도 300만 명이 생존해 있다. 북한 잔여 피난민들은 1·4후퇴로 평양 진남포 안악, 재령, 황해도 전 지역에서 피난처인 초도 섬을 찾아 수만 명이 목선을 타고 집결하게 됐다.

당시 치안대(민사처) 미군 해병대 유격대가 주둔하고 있어 미군의 도움과 치안대 활동으로 수많은 피난민을 인천, 군산, 목포, 무안 등으로 후송했다.

치안대 민사처 가족 1천800여명은 초도에서 미군의 엘에스티 배를 타고 백령도 진촌리에 도착 1개월 동안 생활하다가 일부는 백령도에 남고, 일부는 다시 미군의 도움으로 배를 타고 목포와 진도까지 피난했다.

진도군 의신면 피난민 수용소에서 살 길을 찾아 일부는 서울과 인천, 안면도, 용유도, 무안 등지로 이사를 하였고, 나머지 피난민은 수용소에서 2년여 동안 생활했다. 필자는 그 당시 진도군 군내면 둔전리에 간척지가 있어 밀가루 구호물자 등 우선 생활하기 위하여 그곳으로 이주했다. 그리고 현재까지 농사를 짓고 살고 있다. 부모들은 거의 다 돌아가시고 남아있는 수는 150여 명에 불과한 실정이다. 고향을 영원히 잃게 된 우리들은 60여년의 긴 세월동안 아직도 고향을 찾지 못하고 있는 마지막 실향민이 됐다. 1953년 6월 중순 인천 용유도 월앙리에서 유격대 해산과 동시 가족이 없는 대원들은 현역으로 다시 입대하고 나머지 대원들은 가족과 함께 용유도에서 살게 했다. 따라서 현재 용유도에는 100여 명이 살고 있다. 1950년 6·25일 전쟁은 발발 이래 3년 1개월이라는 긴 세월 동안 계속됐다. 그러나 1953년 7월 27일 휴전협정이 체결되어 북진통일을 학수고대하던 실향민들은 천추의 한이 될 수밖에 없었다.

실향민 부모님들을 다 돌아가시고 당시 실향민 2세인 10대는 벌써 고희(70)를 넘어 80을 바라보는 그 긴 세월, 다시 6·25를 맞이하면서 아직도 고향을 그리는 마음 참을 길 없다. 향후 소원이 있다면 북에 있는 고향을 한 번이라도 가서 보고 싶다. 늙어 갈수록 고향이 그리워지는 게 인생인데, 전쟁으로 10대에 고향을 떠나 70년이 흐르도록 고향을 찾지 못하고 있다. 고향을 찾아 할아버님, 아버님 묘소에 가서 차례 지낼 수 있는 날이 오기를 바란다.

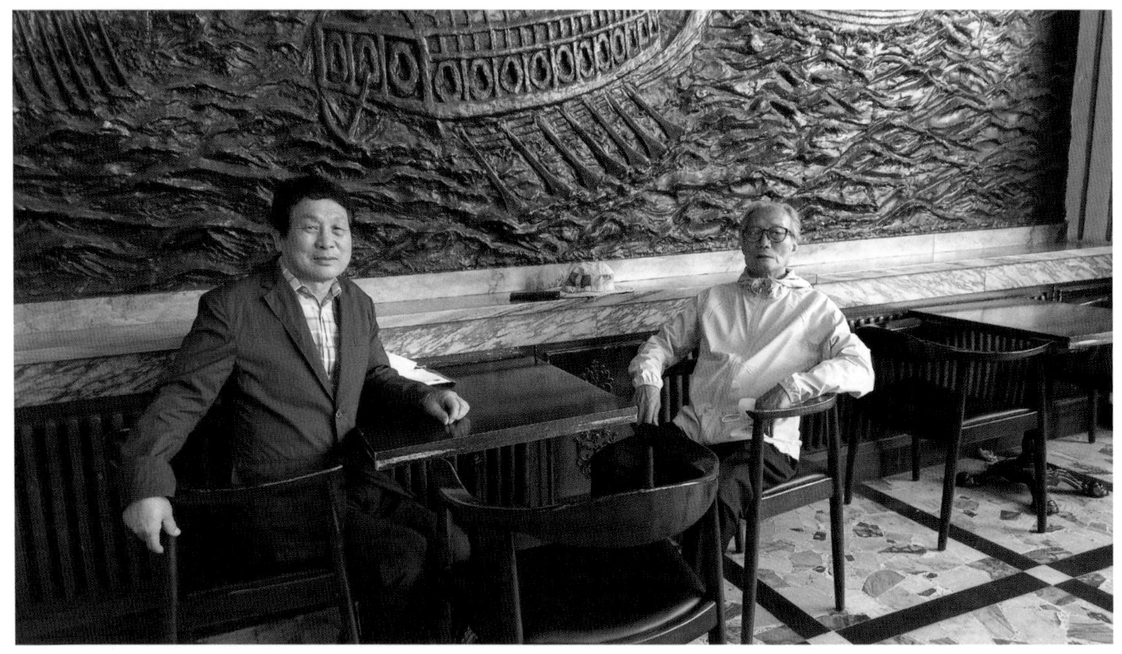

▲ 황해도 초도 출신 안경춘 선생과 필자, 장충동 카페에서 2022년 6월

북한 초도 출신들의 집단 마을 진도 안농리

6·25전쟁 이후 분단으로 고향에 돌아가지 못한 황해도 장연, 송화, 옹진 사람들을 수용하면서 진도에 실향민촌이 생겼다. 2005년 진도 내에는 여러 곳에 흩어져 살고 있는 실향민 350가구가 있으며, 실향민회가 있다. 집단 이주가 이루어진 안농마을이 최근 농촌마을 구조변경 사업과 농촌재능나눔 공모사업으로 알려지면서, 피난민의 생활이 재조명되고 있다.

6·25 전쟁이 발발하고 낙동강변까지 밀려났던 국군은 1950년 9월 15일 인천상륙작전의 성공으로 전세가 바뀌었다. 그러나 중공군의 개입으로 유엔군은 후퇴하게 되었고 황해도 장연(長淵), 송화(松禾)와 옹진 사람들을 목포로 철수시켜 진도에도 700여 가구가 배당되었다. 1951년 12월 해창을 경유해 진도초등학교, 진도중학교 및 농업학교 교정에 천막수용소를 마련하여 실향민을 임시로 수용하였다. 그리고

▲ 진도의 실향민촌. 진도군 군내면 안농리

1952년 진도군 의신면 칠전으로 가는 길목 1㎞지점과 왕무덤재 아래 간이 피난민 수용소를 지어 피난민을 수용했다. 칠전 옆 수용소는 오늘날의 신생리(新生里)이고 왕무덤재 아래 수용소는 진설리(陳設里)이다. 당시의 생활상을 살펴보면, 당국의 구호물자와 남자들은 저수지 공사장 인부, 땔 나무 장사, 엿 장사, 밀주, 소주 등의 일로 생계를 꾸려갔다. 한편 여자들은 주로 장터를 돌면서 되거리(되넘기의 사투리 : 물건을 사서 곧바로 다른 곳으로 넘겨 파는 일)로 살아갔는데, 진도에는 이렇게 여자 장돌뱅이가 유행처럼 퍼졌다.

1953년 7월 둔전 간척지 사업을 위해 송화 출신을 중심으로 한 110가구는 금골산 곁에 새로 지은 안농(安農)이라는 수용소로 이주하였다. 1958년 신동리와 오류리에 방조제를 막아 간척한 농토 900평짜리 2단지(1,800평)씩을 분양받았다. 이곳이 지금의 군내면 안농리로 2014년 12월 31일 기준 총 35세대 64명(남자 33명, 여자 31명)의 주민이 살고 있다.

진설리에는 현재 9가구가 살고 있으며 신생리에는 황해도 해주 출신인 윤옥균 1명만 남아 있다. 신생리에는 장연 출신 이운택이 고아원을 개설해 30여 명을 수용하기도 했다.

진도군 군내면 안농마을에 집단이주가 이루어지고 정부에서 땅과 집을 지을 자재를 내어주고 마을앞 갯벌 땅을 내주자 정착하고 살게 되었다. 이 땅은 비좁고 엉망으로 만들어진 마을이었다. 산 중턱을 깎아 3단으로 택지를 비좁게 만들어 놓고 판잣집처럼 허름한 흙집을 지을 수밖에 없었던 안농마을 사람들, 아무리 작은 섬마을이라 해도 이런 식으로 집을 짓지는 않는다. 50년 동안 그 누구도 따뜻한 마음 한번 따뜻한 손길 한번 제대로 주지 않은 육지의 고립된 섬마을이 안농마을이었다. 그러던 2013년 농림축산식품부 시범 농촌마을 리모델링사업으로 선정되어 2013

▼ 농촌마을 리모델링과 농촌재능나눔으로 변화된 안농마을 진도군 군내면 안농리

년 12월부터 공사를 시작했다. 안농마을은 한국 전쟁 당시 지어진 지 55년이 넘어 주거 환경이 매우 열악했었다. 국비 20억 원 등 총 사업비 31억 원을 투입하여 마을기반을 정비하고 주택 에너지를 효율화하였으며, 주택 리모델링 등을 추진하여 2015년 7월 초 피난민촌인 군내면 안농지구 농촌마을에 대한 구조변경 사업이 완공되었다. 또한 농촌마을 새 단장사업에 이어 '농촌 재능 나눔' 공모사업에 선정되었다. 이에 따라 안농마을은 사업비 1700만원으로 어르신들의 가족·장수사진 촬영, 목공예 등 전통공예 제작기술 전수 및 벽화 조성, 마을청소 등 경관 정비를 하였다. 또한 농촌재능나눔사업을 실시하여 문화적으로 취약한 농촌의 주민들이 재능기부를 통해 농어촌 발전에 기여하고 도농연대가 활성화 되는 토대를 마련하였다.

글쓴이 허은심

이북 초도 주민 집단 월남

동아일보 1949, 2,5

지난 1월 18일 경 황해도 송화군 송해면 초도 거주민 6명이 모여 시국에 대한 이야기를 하던 중에 한 사람이 '남한정부는 유엔총회에서 승인되어 당당한 정부가 되었으나 북한은 유엔총회에도 참가하지 못하였으로 미국에 파멸될 것이라' 말을 한 것이 불행이도 공산당원에게 탐지되어 이를 초도 내무지서에 밀고하자 회합 중이던 청년 중 2명을 검거되었다. 초도 지서장은 이 사건 진상 보고로 당국이 초도지서장은 이 사건 진상 보고서로 송화내무서에 출장하는 등 사건이 확대될 염려가 있었다. 그래서 초도 청년들 9명이 19일 하오 12시 초도내무서를 습격 한 후에 검거된 청년 2명을 구출하고

동시에 지서원 3명과 인민학교장, 노동당 민총위원장 여성동맹위원장 등 7명을 포박하고 주민 10여명이 3척의 배를 타고서 옹진군 백령도에 월남하였다.

초도가 자랑하는 교육자들

2012,7,12, 교육신문 김광남 기자

초도에 핀 꽃

초도에 한 떨기 꽃으로 피어난 리은분 동무 그는 평양에서 나서 자란 평양교원대학을 졸업하고 초도에 뿌리를 내린 교육자이다. 그가 어떻게 되어 고향도 아닌 외진 섬마을에 삶에 뿌리를 내리었던가, 리은분 동무가 대학 졸업반에서 앞날의 포부와 희망을 그래보고 있던 어느 날 뜻밖에도 초도의 병사들이 사나운 풍랑 속에서도 바닷길을 헤치고 가면서 훈련을 했다는 소식을 접하고 난 다음 초도의 교육자가 될 것을 결심하였다. 이렇게 떠나온 평양이었고 이렇게 삶이 닻을 내린 초도였다. 그때로부터 15년 세월에 흘렀다. 오늘도 리은분 선생은 외로운 분교의 교단을 지켜 가고 있다.

교육자 부부의 긍지

초도가 자랑하는 교육자들 중에는 한쌍의 젊은 부부교육자들도 있다. 그들이 바로 윤선철, 김향미 선생이다. 교단에 선지는 몇 해 안되지만

이들은 누가 보건 말건, 알아주건 말건 모든 것을 교육 사업을 위해 깡그리 바쳐 가고 있는 성실한 교육자들이다. 교육 사업을 놓고 이들 부부가의 경쟁 열의는 대단히 높다. 생활에서는 서로서로 양보하는 것이 많아도 교육 사업을 놓고서는 그 누구도 양보를 모른다. 남편인 윤선철 선생은 학생들에게 조국사랑을 깊이 인식시키기 위해 피나는 노력을 기울인다.

문학 교원인 아내 김향미 선생 역시 문학적인 재능을 가진 학생들을 적극 찾아 훌륭히 키우기 위한 방법론적인 문제를 놓고 모든 정열을 다 바쳐 가고 있다. 이들은 남다른 긍지를 안고 교육 사업에 있는 힘과 지혜와 열정을 다 바쳐 가고 있다. 서로 돕고 이끌며 -

존경받는 교육자 가정

초도 사람들은 부교장 홍종순 선생의 가정을 두고 교육 과정이라고 즐겨 부

르고 있다. 김종태해주사범대학을 졸업하고 초도의 교단에 선 것은 지금으로부터 30년 전이었다. 정막감만이 더해 주는 파도 소리, 갈매기 울음소리조차 외로운 이 섬마을에서 홍종순 선생은 묵묵히 조국의 미래 초도의 미래들을 키우는 밑거름이 되었다. 어찌 그뿐이랴 그는 자기만이 아니라 자식 모두도 교단에 세웠다. 우리 남포 교원대학을 졸업한 맏딸 홍은별을 분교 교원으로, 둘째 딸 홍은실은 컴퓨터 교원으로, 막내인 홍은순은 유치원 교양원으로 내 세웠다. 어제의 분교의 교원이었던 그의 아내 리성희는 비록 집에 들어온 몸이지만 오늘도 남편과 딸들의 교육 사업을 말없이 도와주고 있다. 섬마을 사람들 모두가 존경하며 부르는 성실한 교육자 가정 바로 이렇듯 조국을 받드는 성실한 교육자들이 있어 조국의 관문인 초도는 언제나 굳건하며 초도의 미래, 내 조국의 미래가 그리도 밝고 창창한 것이 아닌가.

6) 피도

"'수억 년 대동강 물줄기 바꾼 서해갑문의 중심지"

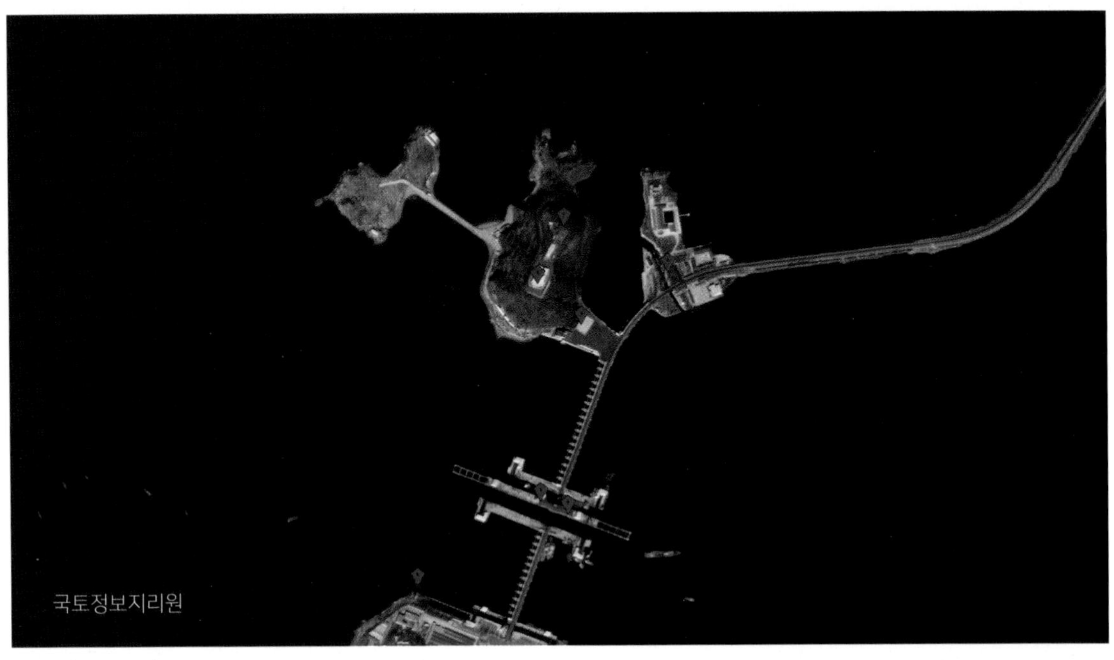
국토정보지리원

[개괄] 피도는 평안남도의 대동강 하류에 있는 아주 작은 섬이다. 「Google Earth」 위성사진으로 측정해 본섬의 크기는 약 0.13㎢, 둘레 1.8km 정도 된다. 피도는 황해도 쪽에 더 가깝지만, 평안남도 남포시에 소속된 섬이다. 남포특별시는 수도 평양과 매우 가까워서, '북한의 인천'으로 부르며 원산과 함께 북한의 제2 도시로 통한다.

피도는 서해의 거센 물결과 파도를 한 몸으로 막으며 수천 년 동안 자리를 지켜왔다. 이런 피도에게 있어서 다행인지 불행인지 모르나, 오랜 세월의 짐을 벗을 수 있는 절호의 기회가 왔다. 바로 서해갑문 건설이다. 피도는 대동강 하류의 끝살뿌리-피도-광량만 사이 20리 바다를 가로막은 서해갑문의 중심지 역할을 했다. 오늘날 남한의 새만금에 비유하자면 신시도와 비슷한 위상을 갖는 섬이다. 또 서해안 고속도로상의 행담도 같은 역할을 하고 있다고 보면 되겠다.

피도 갑문에는 3개의 갑실이 있다. 1호 갑실은 2,000톤급, 2호 갑실은 5만 톤급, 3호 갑실은 2만 톤급 배들이 드나들 수 있게 만들었다. 건설 당시에는 남포 갑문이라고 명명했지만, 1986년 6월 공사를 완성되면서 서해갑문이라는 명칭으로 부르게 되었다. 서해갑문을 건설하면서 피도로 인해 천문학적인 예산을 절감할 수 있었다고 한다.

서해갑문이 완성되면서 대동강 하류에 거대란 인공호수가 생겨났다. 그 물로 가뭄과 홍수 피해를 막을 수 있고 농업용수와 공업용수, 주민들의 식수 문제까지 해결할 수 있게 되었다. 서해갑문 댐 위로는 철길과 도로가 생기면서 바닷길뿐 아니라 육지 교통도 원활해졌다. 이러니, 피도의 가치를 어떻게 금전으로 따질 수가 있겠는가!

수억 년 대동강 물줄기 바꾼 서해갑문

북한이 대표적 건설업적으로 내세우고 있는 사업 중 하나가 바로 서해갑문이다. 평안남도 남포시 영남리와 황해남도 은율군 피도 사이를 연결하는 너비 14m, 길이 7km의 제방으로 3개의 갑문과 거대한 인공호수를 건설한 것이다. 1981년 대동강 종합개발계획으로 착공돼 1986년 6월, 불과 5년 만에 완공됐다.

서해갑문은 '자연개조사업'의 대역사로 북한이 대내외에 자랑하는 시설이다. 2007년 10월 2일 개최된 제2차 남북정상회담에서 노무현 대통령을 비롯한 방북단 일행이 남포 서해갑문을 시찰하기도 하였다.

"수억 년 바다로만 흘러가던 대동강여기서 되돌아 천리 서해벌 적시고오가는 배들과 열차의 고동소리우리시대 자연개조의 송가여라"

서해갑문 비문 중에서

▲ 빠른 속도로 진척되는 거대한 남포 갑문 건설 현장. 1983년 8월호 북한 조선 화보집

▲ 서해갑문을 들어서는 입구.

▲ 피도에 있는 서해갑문

서해갑문건설을 현지에서 지도하시는 위대한 령도자 **김정일**동지 (1984. 4.)
Kim Jong Il gives field guidance at the construction site of the West Sea Barrage (April 1984)

▲ 대동강 하류의 서해갑문. 북한은 총 4억 달러를 투자해 총길이 20리에 해당하는 서해갑문을 5년 만에 완공했다. 서해 갑문은 인도, 차로, 철로가 각기 따로 마련돼 있다. 이 기간에만 김정일 국방위원장이 4차례의 현지 지도를 나올 정도로 국가 주요사업이었다. 서해갑문의 건설로 서해지역 농업용수는 물론, 공업용수, 생활용수를 해결하고 있으며, 대동강의 홍수 피해도 방지됐다. 그뿐만 아니라 남포와 황해남도를 오가는 거리도 8km를 단축했다. 또 서해지역에 개간중인 간척지에 용수를 흘려보내고 있다고 한다. 서해갑문은 5년의 기간 동안 동원된 군은 물론 청년 학생들의 피와 땀으로 건설돼 북한 인민들이 대단한 자부심을 갖는 관광지로도 이름이 높다. 서해갑문의 바다에는 숭어가 많이 산다고. (사진 =「통일뉴스」)

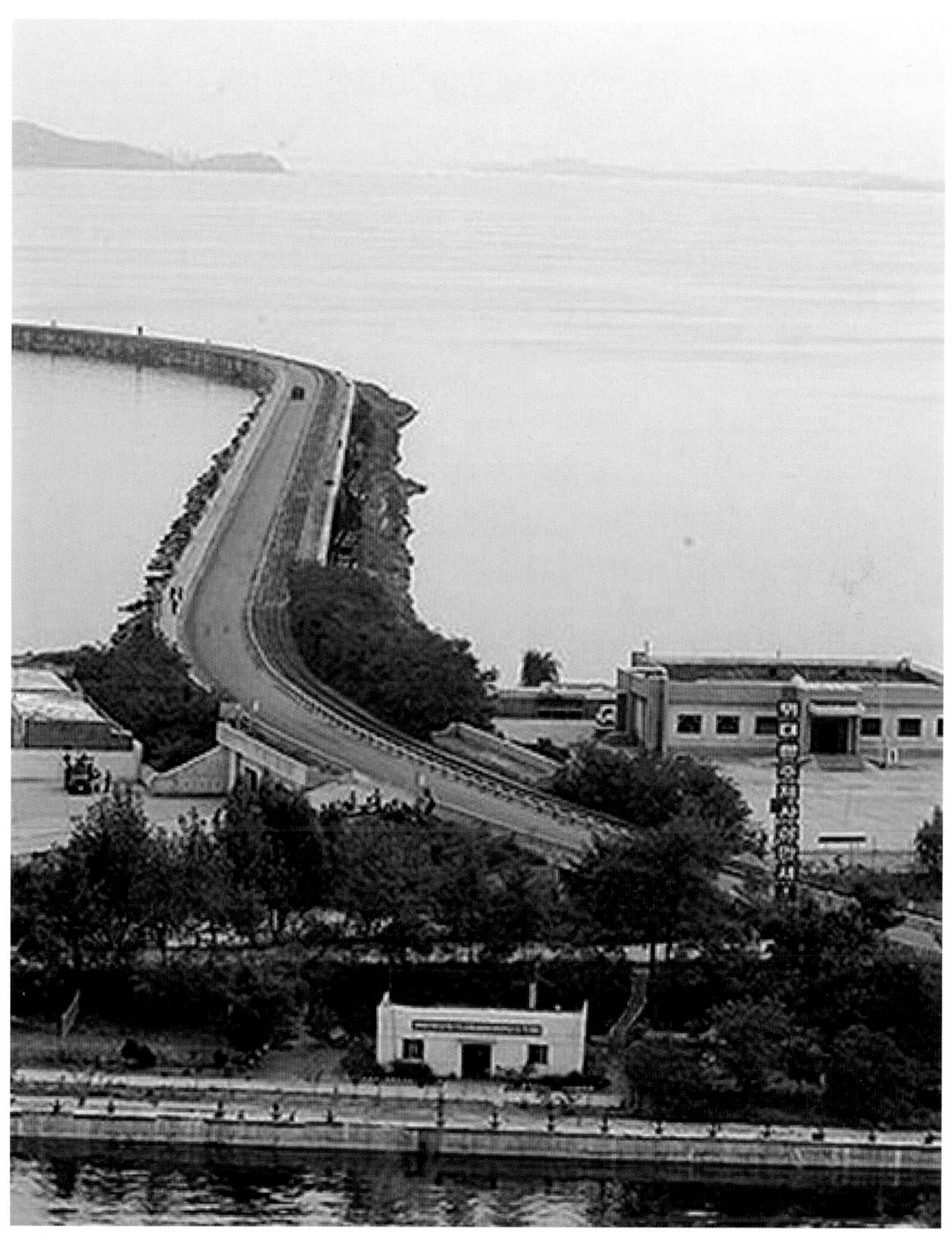

["여기는 평양" 남포항 북녘항구 기행]

해로로 남포를 가자면 서해갑문을 지나야 한다. 갑문은 대동강으로 들어가기 위해 반드시 거쳐야 하는데 길이는 8㎞ 정도이나, 앞에서 보면 온 바다를 막은 것 같은 느낌으로 다가온다. 갑문을 통과할 때는 해수면의 차이가 4m 이상 난다고 하며 도크에 들어간 뒤 물을 채우고 다시 강으로 진입하기까지 30~40분 정도 걸리는 것 같았다.

갑문을 지나면 바로 왼쪽으로 남포시가 보이는데 실제로 접안하려면 30분 이상 가야 한다. 서해갑문은 북에서 굉장히 유명한 관광지이자 자랑거리로서 조선 중앙텔레비전 보도시간에 뒷배경으로 나올 정도다.

1981년부터 시작하여 1986년에 완공한 서해갑문은 평안남도 남포와 황해도 은률군을 연결하는 제방으로 사업비 4억 달러, 총동원 인력 3만명(연인원 수백만 명)이 투입된 대공사였다.

서해갑문은 수많은 난관을 뚫고 대동강 물줄기를 막아내 준공 당시에는 그야말로 세계에 자랑할 만한 토목공사였으리라 생각됐다.

「북녘의 항구기행-남포」 2008.7.2

02. 온천군

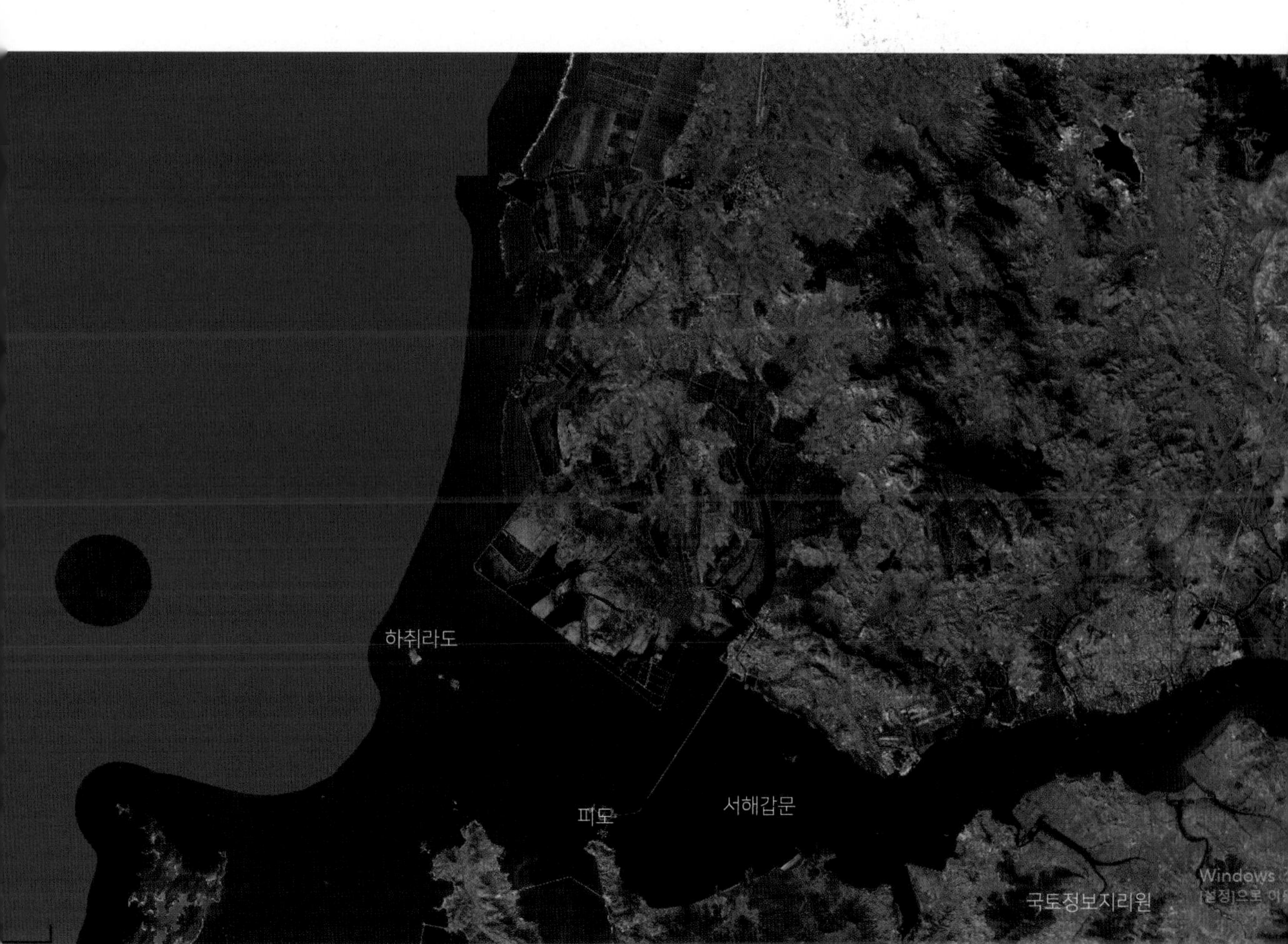

1) 금차도·金釵島

"'부관참시'의 아픔 속에 개발의 희생제물이 되다"

[개괄] 평안남도 온천군 증악 노동자구 광량산 동쪽에 있는 섬. 푸른 숲이 우거지고 꽃이 아름답게 핀다고 하여 금차도(金釵島)라 하였다. 금차도는 섬 둘레 0.96km, 면적 4.3정보, 산 높이 37m이다. 29) 개발 전의 금차도는 어선들이 활발히 드나들지는 않았다. 해안선은 비교적 단순하고 대동강 어귀를 끼고 있는 유리한 조건이었지만, 모든 경제와 물류의 중심지는 남포시였다. 남포는 멸치, 까나리, 맥개, 조개류, 새우류 등을 주로 어획했는데, 특히 까나리는 전국 어획량의 절반 안팎을 이곳에서 생산했다.

금차도는 개발과 함께 작은 마을로 변했고 남포로 잇는 교통이 편리해졌

29) 「조선향토대백과」, 평화문제연구소 2008

다. 남포시에서는 남포와 한천이 주요 수산기지로 되어있고 가마포, 서호리 앞바다에서는 굴, 대합, 바스레기(남한의 '바지락') 등을 양식하고 있다. 남포에는 선박공장과 어구공장이, 문덕에는 그물공장이 배치되어 있다. 그 밖의 수산 기지들에는 배 수리소들이 꾸려져 있다. 30)

건설공사에 필요한 토석(土石) 제공, 개발의 희생제물

금차도는 대동강 어구 연안의 비교적 큰 섬이었지만, 개발의 중심지가 되면서 육지가 되었다. 금차도처럼 섬에서 육지로 변한 주위의 섬들은 수도 없이 많다. 대소도와 소소도, 피도, 소장도, 화도, 남조압도, 북조압도, 삿갓섬, 소당도, 오리섬, 와우도, 진도, 언정도, 검덕도 등이 육지 화된 섬들이다. 이런 섬들은 방조제를 연결하는 기준점으로서 자신의 존재가치를 마음껏 드러낸다.

개발과정에서 금차도는 자기를 희생해서 주변을 키웠다. 섬 주변의 서해갑문, 우안지구, 와우도 지구 등 개발과정에서 엄청난 양의 돌이 필요했는데, 금차도 산을 폭파하여 건설 공사에 이용했다.

남한에도 금차도처럼 '자기희생적인' 섬이 있다. 경기도 시흥시·화성시·안산시에 걸쳐있는 시화호 건설 당시, 형도는 스스로 희생하며 산산이 부서졌다. 1980년대 말 시화방조제 공사가 시작되면서, 매립에 필요한 토사를 제공하는 역할을 형도가 맡았던 것이다. 당시 형도 복판에 있던 140m의 자그마한 계명산 허리가 잘려 나갔다.

섬이 송두리째 파헤쳐지는 개발 버전의 '부관참시'를 당한 것이다. 산등성이는 반쪽으로 절개된 채 깎여 없어졌다. 산 정상에 원형 그대로 보존되어 있던 석축 봉화대도 사라졌다. 문화유산이 소리 없이 사리진 것이다. 영원한 딜레마인 개발과 보존, 전통과 문명의 조화는 언제쯤 완성될 것인가!

---

30) 「북한지리정보」, 공업지리 1989

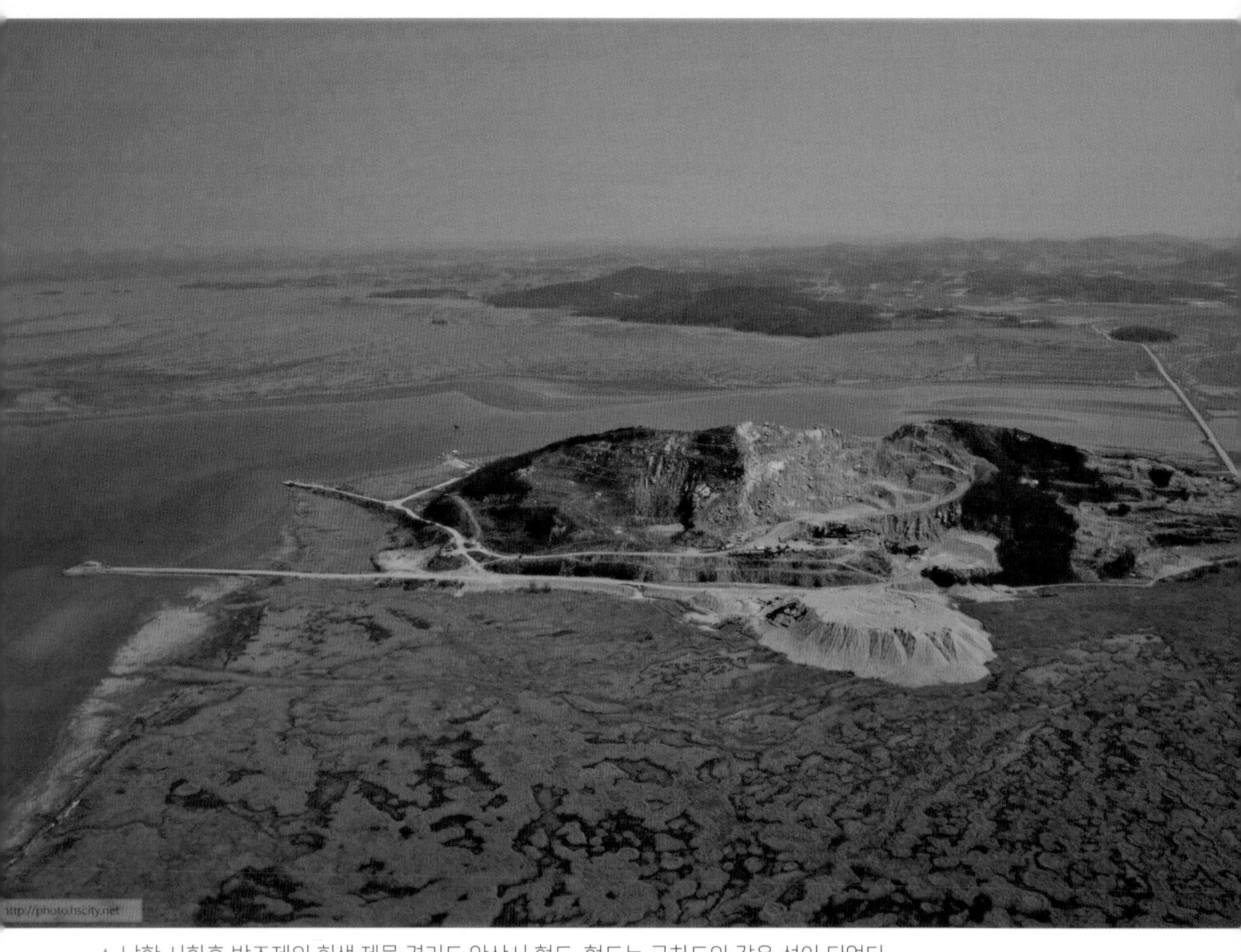

▲ 남한 시화호 방조제의 희생 제물 경기도 안산시 형도, 형도는 금차도와 같은 섬이 되었다.

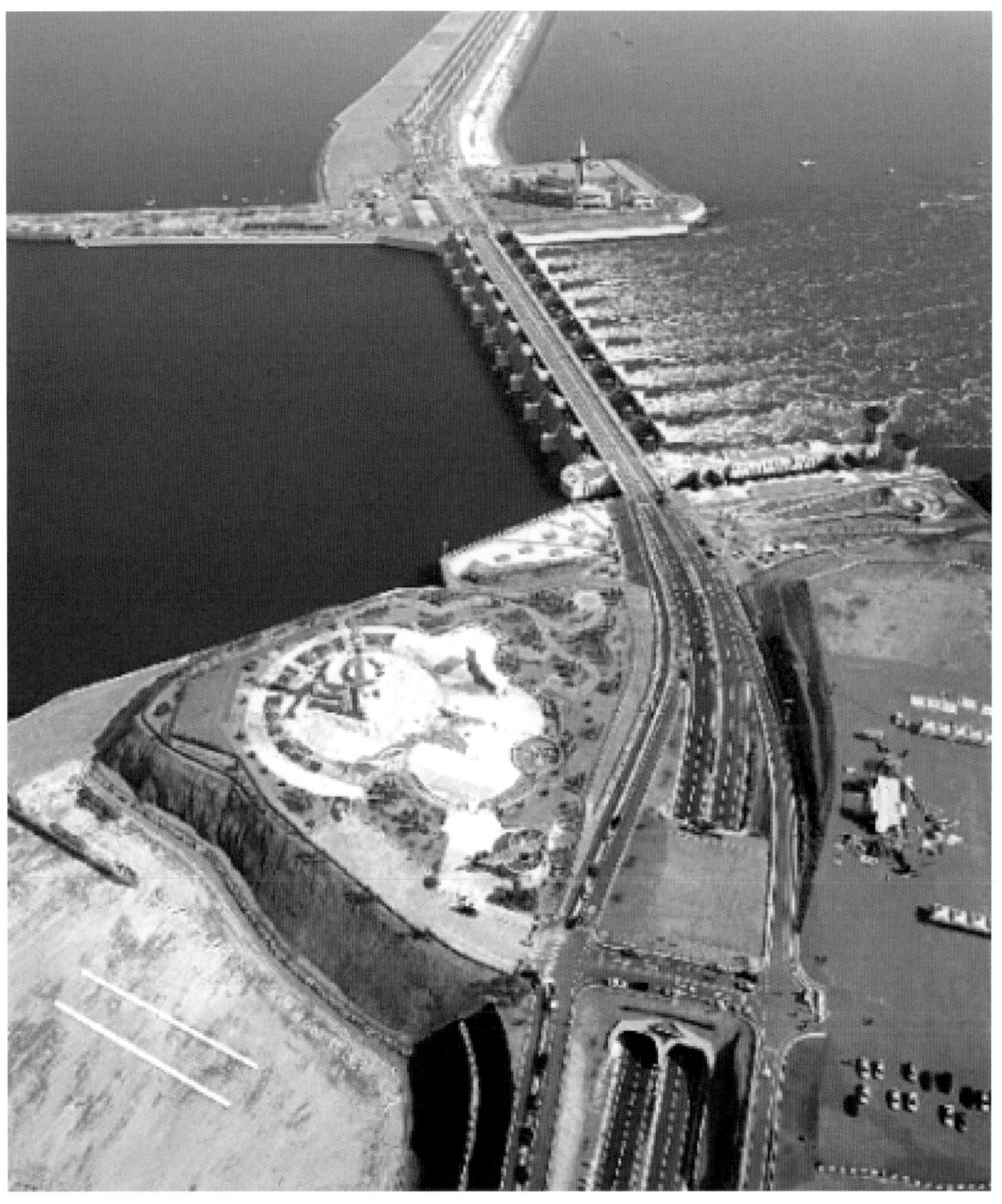

▲ 군산시와 부안군을 연결하는 세계 최장(33.9㎞)의 새만금방조제. 신시도, 가력도, 야미도 등의 섬을 폭파하여 거대한 새만금 방조제를 건설하였다. 사진은 헬기를 타고 하늘에서 바라본 새만금방조제의 모습. 전북일보 자료사진 북한 금차도도 자기를 희생하여 거대한 방조제를 만드는데 자신을 내어 주었다.

2) 남조압도·南鳥鴨島

"“저수지 제방으로 육지와 연결된 섬 (1)"

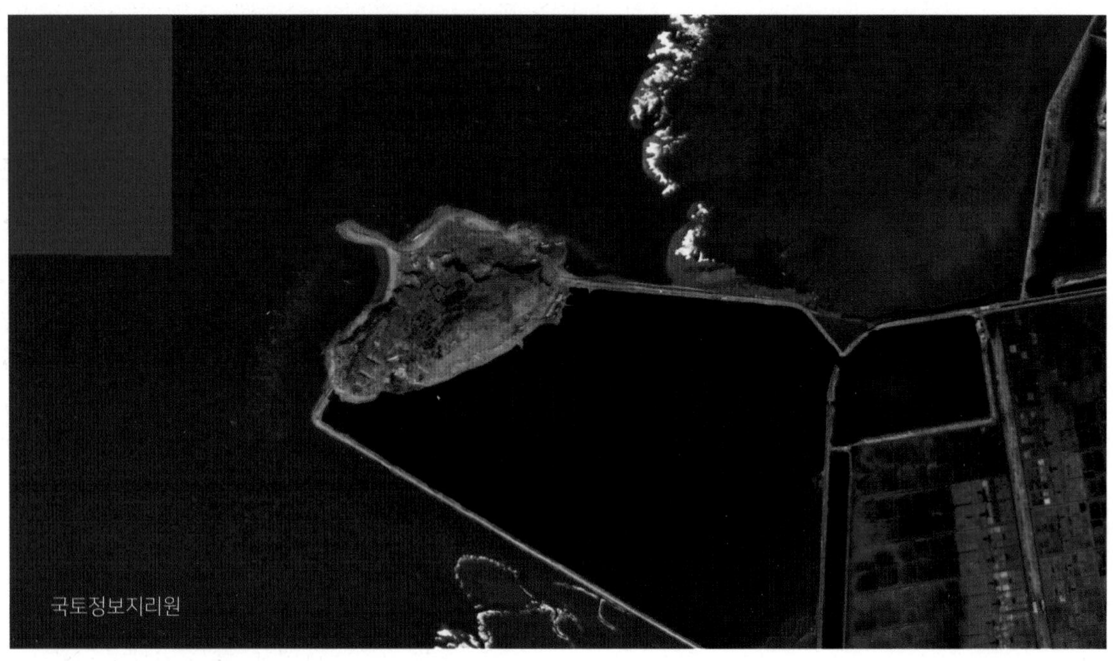

[개괄] 청천강은 평안남도와 평안북도와의 경계를 따라 흐르고, 개천·안주·문덕을 지나 서해에 유입한다. 청천강 유역에는 박천 안주평야가 서해안까지 펼쳐져 있으며, 오석 산맥의 서쪽 사면인 남서부에는 온천평야가 펼쳐져 있다. 평안남도의 해안선은 길이 379.2㎞이고, 만곡률 3.8 정도로 단조로우며 서한만과 광량만이 있다. 수심이 얕고 간만의 차는 3.8~7m이며, 근해에는 남조압도·화도·압도·일출도 등 53개의 섬이 산재해 있다. 남조압도(南鳥鴨島)는 평안남도 온천군에 있는 섬이다. 제3기 말~제4기 초에 서해가 이루어지면서 생긴 섬으로, 면적은 0.25㎢, 해안선 길이는 1.5km이다. 섬은 비교적 평탄하고 기반암은 화강편마암으로 되었으며 서쪽 면의 경사가 완만하고 동쪽 면

이 상대적으로 급하다. 남조압도에는 아까시나무, 리기다소나무, 느릅나무, 피나무, 산사나무, 매자나무 등이 분포되어 있다. 섬두리 일대에는 대합조개, 맛 등이 많다. 남조압도는 1967년 남조 앞 저수지가 건설되면서 제방으로 육지와 잇닿게 되었다. 섬은 연해 항행의 표식물로 되어 있다. 평안남도 증산군의 북조압도와 온천군의 남조압도는 직선거리로 21km 떨어져 있다. 소속된 지자체는 다르지만 이름은 형제처럼 비슷하게 지었다. 31)

국토 확장과 식량 증산을 위해 간척사업 지속 추진

어느 나라든지 간척사업은 그 나라의 식량 사정과 밀접한 관계가 있다. 북한도 마찬가지이다. 북한의 간척사업은 국토 확장과 식량 증산이라는 두 마리 토끼를 잡는 것으로, 1947년 8월에 김일성 주석이 현지 지도할 때 평안남도 문덕군 용오리(당시 안주군 연호면 용오리)에 있는 20만 평의 간석지 갈밭을 개답하도록 지시한 것이 최초이다. 이어 1954년 5월 평안북도 신미도와 평안남도 연대산 지구 시범사업 추진, 1959년 11월 평안남도 온천군 남조압도 간석지 개간사업 등을 추진했으며, 오늘 날에는 대규모 농사와 염전을 개발하고 있다. 평안남도 간척사업은 남한의 시화호, 충남 대호방조제와 서산지구 방조제처럼 대규모로 실시한 것이 특징이다.

서해 남조압도 저수지 공사장

노동신문 1964, 2,6, 정도경 기자

동녘 하늘이 서해 바다를 안고 붉게 물드는 이른 새벽에 우리는 귀성 제염소 앞바다의 남조압도 저수지 공사장에 갔다. 바둑판 같이 질서 정연하게 짜여진 사이 길을 걸어 공사장이 한 눈에 바라보이는 동둑에 올라서니 벌써 수백 명의 건설자들이 섬의 좌우측과 육지를 연결하는 두 개의 제방에 달라붙

31) 「조선향토대백과」, 평화문제연구소 2008

▲ 새만금 방조제 공사 현장 [2006년 당시 끝막이 공사의 모습] 현대건설 제공. 북한도 이와 비슷한 방법으로 방조제 공사를 했을 것이다.

어 한창 일손을 다그치고 있었다.

제방 우로는 돌을 가득 실은 운반차들이 꼬리를 물고 섬에서부터 내달려 와서는 바다의 제방 길을 이어 나갔다. 우리와 같이 걷던 시공 기사 홍내성은 열심히 일하는 건설자들의 기세에 대하여 자랑스럽게 말했다. 그들은 이 방대한 저수지 공사를 1년이 아니라 5개월 이내로 마치기로 결의를 다지고 지난해 10월 남조압도에 첫 섬과 발파 소리를 울렸던 것이다. 공사 기일을 앞당기기 위하여 기계화를 광범히 도입하여 노동 생산, 능률을 더욱 높이는 동시에 새 해부터 2월 말까지 물을 가두어 둘 수 있는 정도로 가제방 공사만 끝내기로 하였다. 그 때로부터 약 2개월 남짓한 사이에 이들 건설 대원들은 자기들의 결의대로 매일 작업 능률을 300-500% 씩 올리면서 900여 미터의 2호 가제방 공사를 기본적으로 끝내고 지금 1호 방조제 공사에 본격적으로 들어섰다. 워낙 어려운 공사 중에서도 가장 어려운 구간의 해발 1-2미터밖에 안 되는 200미터 모래 터에서 2중대와 3중대, 8중대 일꾼들이 일하고 있었다. 〈바로 저 일군입니다. 저수지 공사를 끝내기 전에는 제방을 떠나지 않겠다고 하면서 하루에 1,000%의 능률을 낸 일군들이 〉 이렇게 말하면서 홍내성 기사는 2중대 최학주 청년 돌격대원들을 가리켰다.

바퀴가 하나만 있는 순수레를 밀고 부리나케 달려온 돌격대장 최학주는 구리 빛 얼굴과 쩍 벌어진 어깨는 산이라도 떠 옮길 기세였다. 그의 말에 의하면 하루 120미터 구간을 130번 왕복한다는 것이다. 이것은 실로 80리 거리를 다니는 셈이다. 최학주 동무를 비롯한 조정대, 진수 등 이들 돌격대원들은 하루에도 두 번씩 밀려 드는 조수로부터 제방을 지키겠다고 하면서 휴식의 짬짬을 타서 섬 기슭에 초막을 지었다. 그러나 돌격대원들은 밤마다 제방을 지키는 단순한 경비원이 아니었다. 하루라도 더 빨리 더 튼튼히 제방을 쌓아야 한다는 일념에 불타는 돌격대원들은 다른 대원들이 다 돌아가서 곤히 잠든 깊은 밤에 몰래 나와 순수레와 토운차를 밀며 제방을 쌓았다. 그러던 어느 날 밤이었다. 파도소리에 잠을 깬 돌격대원들은 자리를 차고 밖으로 뛰어 나갔다.

낮에 쌓다 채 끝내지 못한 제방의 낮은 쪽에서 밀물이 파도를 일구며 넘치고 있었다. 제방이 위험하다. 더 생각할 여유도 없이 현장에 달려 나간 최학주, 조정대, 진수 등 돌격대원들은 흙과 자갈을 넣어 둔 가마니 짝을 밀차에 싣고 부리나케 제방 쪽으로 달려갔다. 물은 벌써 얼마나 넘어 들었는지 밀차가 잠기며 사람의 허리를 찼다. 물속에서 밀차는 잘 밀리지 않았다. 그야말로 전투가 벌어졌다. 그들은 안간힘을 내어 밀차를 밀고 또 밀고 나갔다. 제방의 낮은 틈은 드디어 매워지고 말았다. 제방은 구원되었다.

이런 이야기를 듣고 있는데 고성기에서는 채석 작업반원들을 도와 쉬는 참에 9개의 발파 구멍을 뚫어 준 9중대 김병수, 리인양 일군들과 2중대 일군들이 운반 중대를 도와 오전 작업에서 300%의 능률을 올렸다고 유선방송원의 다기찬 목소리가 울려 퍼졌다. 일터마다에서는 하루 작업 계획을 200%, 최고 700%까지 올린 건설자들의 힘찬 노래 소리가 울려 퍼졌다. 어려운 자연적인 조건하에서도 서해 남조압도 저수지 공사장은 성공리에 마칠 것이다.

3) 북조압도·北漕鴨島

"저수지 제방으로 육지와 연결된 섬 (2)"

국토정보지리원

[개괄] 북조압도(北漕鴨島)는 평안남도 증산군 서쪽 바다에 자리하고 있는 섬이다. 이압리 이압도의 북쪽에 있다. 면적은 약 0.19km2, 섬둘레는 1.9km 정도이다. 이 섬을 기준으로 이압저수지 제방이 생기면서 간석지와 육지가 연결되고 섬 앞에 주택과 어항이 생겼다. 이압도는 섬 모양이 물 위에 떠 있

는 오리처럼 보인다고 하여 유래된 지명이다. 이압도에서 북조압도까지 거리는 2.7km 정도이다. 북조압도에는 특히 어항이 발달해 있다. 수산물 생산에서 패류는 다른 지역에 비하여 대합조개·굴·바스레기·동조개 등이 많이 어획되고 있다. 건댕이젓·새우젓·조개젓은 예로부터 잘 알려져 있다.[32]

『1872년지방지도』(증산)에 화촌면의 북쪽 해상에 북조압을 비롯하여 남조압과 덕도 등의 여러 섬들이 묘사되어 있다. 섬 모양이 물 위에 떠 있는 오리처럼 보인다고 하여 유래된 지명이다.

서해의 주요 뱃길

예전에는 육로가 험하고 차가 다닐 수 없었기 때문에 해안을 중심으로 도시와 마을들이 형성되었다. 발달한 해안도시와 도시 사이를 연결하는데 반드시 여객선이 필요하였다. 북한의 제 2도시 남포에서 평안남도와 평안북도 사이에 있는 신안주(新安州) 항구 뱃길의 주요 목표물은 독립 산봉우리들이다. 용강군 오석산(높이 566m)은 뱃길의 주요 목표물이 되고, 온천군 화도와 남조압도(높이 59m), 북조압도는 간석지 섬으로서 뱃길의 주요 목표물이 된다.

▼ 미국 정부에 의해 몰수조치 된 북한 화물선 와이즈 어니스트호. 동아일보 제공, 이런 배들은 남조압도 등 섬과 육지를 수시로 확인하면서 항해한다.

32) 「조선향토대백과」, 평화문제연구소 2008

남포(대동강)-신안주(청천강) 사이의 배길

이 뱃길 거리는 83마일이다. 대동강 어구로부터 청천강 어구까지의 해안선은 비교적 단조롭고 큰 만과 돌출부가 없으며 다만 작은 만입구에 포구들이 이루어져 있을 뿐이다. 이 뱃길에는 온천군에 속하는 화도, 귀성, 석치, 안석, 증산군에 속하는 봉황포, 풍정, 북조압, 락생, 룡덕, 석다, 가마포, 평원군에 속하는 한천, 남산, 숙천군에 속하는 남양, 소은, 애산포, 숙천, 문덕군에 속하는 문덕항, 동림, 림오, 동사 등 많은 포구를 정박하거나 지나친다.

남포(대동강)-신안주(청천강) 사이 뱃길의 봉황포

봉황포는 남조압도에서 북북동 방향으로 7마일 되는 곳에 있는 작은 만이다. 만의 북부는 길고 좁은 사주로 막혀있다. 봉황포는 좁고 굴곡진 수도를 내놓고는 모두 간석지로 되어있다. 봉황포로 들어오는 뱃길은 남조압도로부터 방위 302°, 거리 6마일 되는 곳에 있다. 뱃길의 길이는 약 11마일이다.

남포(대동강)-신안주(청천강) 사이 뱃길의 가마포

가마포는 작은 만으로서 북조압도의 북동쪽에 있다. 이 만은 해안선이 동쪽으로 3마일 만입되어 이루어졌는데 좁은 수도만 남기고 모두 간석지로 되어있다. 만안으로는 작은 배들이 드나들 수 있다. 가마포는 주요 수산기지이며 철도가 들어가 있지 않은 증산군의 화물 수송에서 중요한 역할을 하고 있다. 남포항으로부터 무연탄과 생활필수품을 들여오고 수산물을 내어 보낸다.

남포(대동강)-신안주(청천강) 사이 뱃길의 망어도 및 남양

하망어도는 한천항 입구 남단의 서쪽 16마일 되는 곳에 있는 높이 12m인 섬으로서 그곳으로부터 해안선과 평행으로 놓여 있는 길이 약 10마일 되는 풀의 남쪽 끝에 자리하고 있다. 상망어도는 높이 18m인 바위섬으로서 하망어도의 북동쪽으로 5마일 되는 거리에 있다. 이 두 섬은 모두 배들이 해초(바다 풀) 피하는 목표물로 되어있다. 남양은 남양염전(숙천군)을 끼고 있는 포구로서 소금을 남포항까지 실어 나르는데 중요하게 이용되고 있다. 나중에 자연개조로 진행한 간석지 개간사업이 완공되어 뱃길이 달라졌으며 특히 이미 있던 포구들과 항이 없어지고 새로운 항과 포구가 생겨났다. 33)

---

33) 「북한지리정보」 서해안 연해운수의 주요 뱃길, 1988

4) 상취라도·上吹螺島

"폭격연습으로 처참하게 유린된 몰골만 남아"

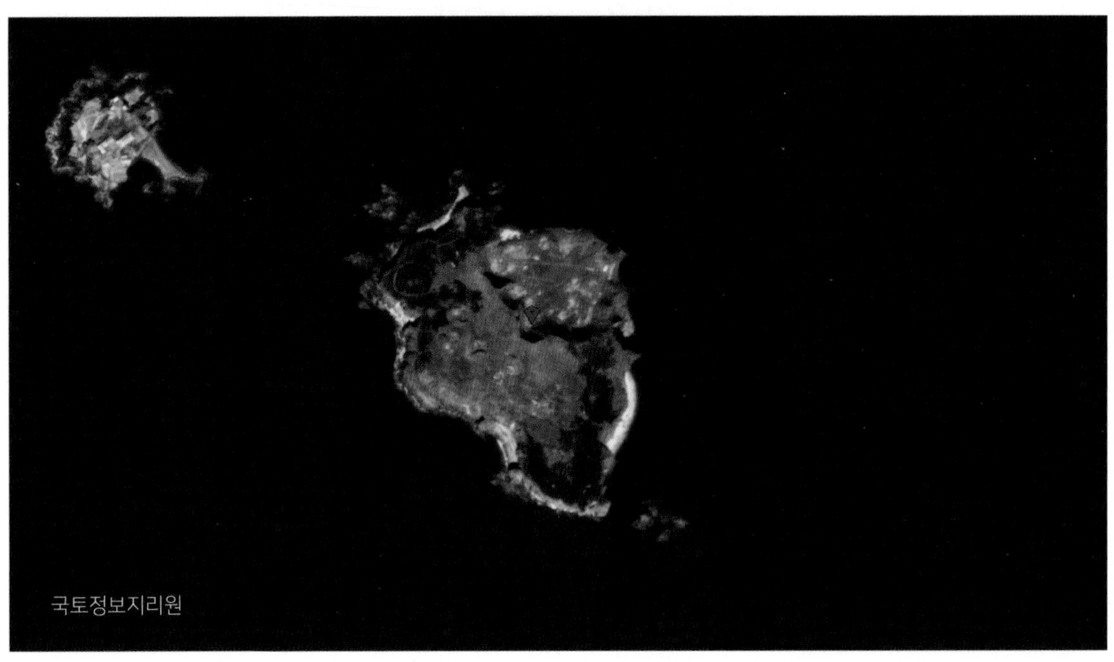

[개괄] 상취라도는 면적 0.09km2에 섬 둘레는 1.4km이고, 하취라도는 0.13km2의 면적에 섬 둘레는 1.66km, 산 높이는 29m이다. 섬 근해에는 광량만을 중심으로 한 조기 ·갈치 ·전어 등이 어획되며, 특산물로 꽃게와 조개젓이 유명하다.

온천군 남단에 있는 광량진(廣粱鎭)은 조선 시대 27진의 하나였다. 또한 군수물자와 군량을 보관하는 창고가 노상리에 있었는데, 이로 인해 지금도 이곳을 서창(西倉)이라고 부른다. 광량진 포구는 옛날에는 유명한 수영(水營)이었지만 지금은 수산물의 집산지로 유명하며, 또 관광 피서지로도 한몫하고 있다. 따라서 일찍부터 귀리어업조합이 금정리에 설치되어 서화면에서 신녕면 연안까지의 어로 자원을 보호하고, 어민들에게 어로기술을 지도해 수산업 발달에 큰 역할을 하여왔다.

또한, 간척에 의한 해안 평탄지에서는 염업이 발달하였다. 해산물로는 대합·조기·민어·숭어·홍어·갈치·새우·꽃게 등의 생산이 풍부하다. 특히 썰물 때에 나타나는 넓은 갯벌에서 수천 명의 군중이 모여서 대합을 캐는 풍경은 다른 곳에서는 보기 어려운 진풍경으로, 여기서 생산된 대합은 진남포와 평양, 그리고 황해도지방까지 공급된다. 34)

폭격 연습에 유린되어 처참해진 상취라도

상취라도는 남한의 매향리 농섬과 군산 직도처럼 비행기 폭격과 대포의 포탄 비가 쏟아지는 섬이다. 얼마나 연습을 많이 했는지 개미 새끼 한 마리 살 수 없을 정도로 황폐해졌다.

광량만 입구 한가운데 서서 풍성한 수산자원과 함께 남포와 평양을 드나드는 수많은 배의 친구인 상취라도가 이제는 고개를 들 수 없을 정도로 만신창이가 되었다. 2020년 4월 10일 김정은 위원장은 박격포 부대 포사격 훈련 참관하면서 "포탄에 눈이 달린 듯, 정말 기분이 좋은 날"이라고 하였다.

34) 「조선향토대백과」, 평화문제연구소 2008

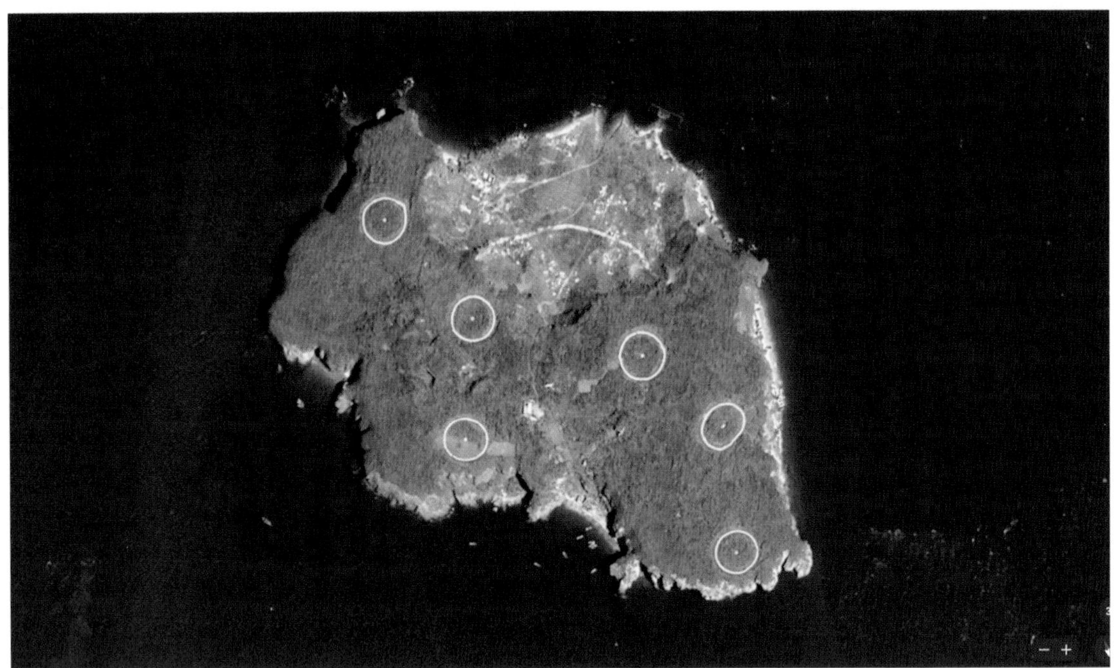

▲ 폭격연습 흔적이 고스란히 남은 상취라도의 몰골, Google Earth」

▲ 6·25전쟁 이후 50여 년간 미국 공군의 사격장으로 활용된 경기도 화성시 매향리 사격장 농섬,「연합뉴스」 상취라도와 매향리는 군인들의 사격장이다.

▲ 미군 사격훈련의 표적으로 쓰인 매향리 컨테이너 박스,「평화통일시민행동」

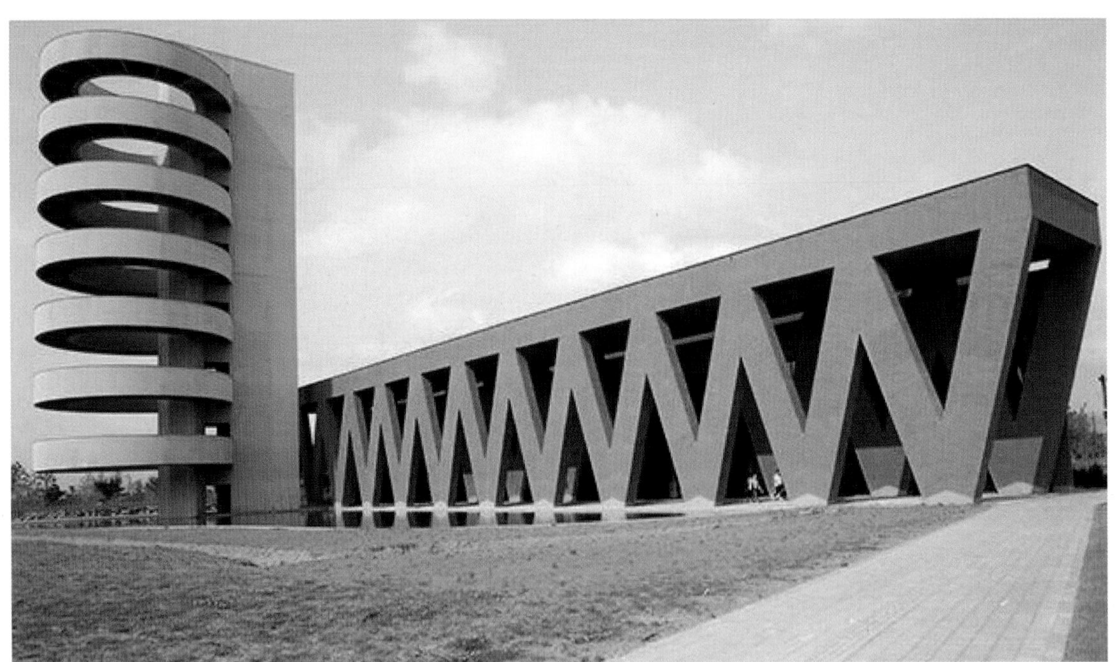

▲ 매향리 평화 기념관,「평화통일시민행동」

5) 화도·花島

"바다와 갯벌, 거대한 간척지의 농토의 섬"

[개괄] 화도는 평안남도 온천군에 자리하고 있는 섬이다. 섬둘레 약 4.9km, 면적은 0.772이며 오래 전에 간척 사업으로 인해 육지와 연결되었다. 이밖에 남조압도, 상취라도, 하취라도, 덕도, 검덕도, 피도 등이 온천군에 속해 있다.

온천군은 평안남도의 남서해안 지역으로, 고려 시대부터 이 일대에서 이름난 온천이 있다고 해서 온천군이라는 지명을 얻게 되었다고 한다. 북부는 증산군, 동부와 남부는 남포시와 접해 있고, 서부는 서해와 면하여 있다. 온천군의 남서부해안에는 광량만을 비롯한 비교적 깊은 만들과 갑각들이 있다.

온천군은 평안남도에서 해안선이 가장 긴 지역으로 서해의 영향을 많이 받아 해양성 기후의 특징을 나타낸다. 바다는 멀리까지 수심이 얕고 간만의 차가 심하며 간석지를 이룬 곳이 많아 항구로서의 조건은 불리하다. 서쪽 해안선은 총연장 거리가 157㎞에 달하여 화도와 남조압도 등을 잇는 대규모 간척사업이 이루어졌다.

온천군의 자연환경은 전반적 지역이 평야로 되어있다. 온천군 영역의 76% 이상이 해발 50m 이하의 지역으로 되어있으며, 경사 5° 미만의 평탄지가 85%를 차지한다. 지형은 동쪽이 높고 서쪽으로 가면서 점차 낮아진다. 군에는 큰 하천이나 강이 없다. 해안에는 개펄토양이 넓게 퍼져있다. 북한에서 소금이 많이 생산되는 지역으로, 광량만

제염소가 있다. 농업과 수산업의 비중도 크다. 농산물에서는 쌀이 많이 생산되고 수산물에서는 조개젓과 건뎅이젓이 특산물이며, 꽃게 산지로 알려져 있다. 35)

온천군의 특산물, 신덕샘물

온천군에는 북한 최대의 온천인 평남온천이 있으며, 신덕샘물이 있다. 고구려 시대 벽화 고분이 많이 있으며 궁산리 원시 유적지가 있다. 광량만은 온천군의 남서부 대동강 어구에 있는 만으로 해안선 길이 약 20km, 만 어구 넓이 약 1.8km, 남북길이 약 8km이다. 일조량이 많고 바람이 잘 불어 증발량이 강수량의 거의 2배에 달하므로 이 일대는 일찍부터 염전이 발달하였다. 광량만 제염소는 주요 소금 생산지의 하나이다.

▲ 천연기념물 제34호인 평남온천, 북한지역정보넷」, 평화문제연구소

35) 「조선향토대백과」, 평화문제연구소 2008

[온천군의 주요 유적과 특산물]

[궁산 유적]

온천군 운하리의 소궁산 동남쪽 경사면에 분포되어 있다. 기원전 3000년 전반기(2, 5호 집자리)와 기원전 4000년 후반기(1, 3, 4호 집자리)의 5개 집터와 각종 유물이 출토되었다. 지탑리, 암사리 등지에서도 이와 유사한 집터가 발굴되었는데, 그 당시 주민들이 농업을 비롯한 여러 가지 생업에 종사하고 있었음을 보여준다.

[용강온천]

온천읍에 있는 북한 최대의 온천으로서 평남온천이라고도 한다. 이곳 일대는 해변기후를 보이며 온천은 여러 곳에서 솟는다. 이 온천은 고혈압병, 동맥경화증, 비결핵성 관절염, 통풍, 신경통, 신경염, 부인성 만성염, 불임증, 피부병, 만성위염, 만성 소대 장염 등에 효험이 있다. 룡강온천지대에는 요양소들이 있다.

「조선향토대백과」 평화문제연구소 2008

6) 하취라도·下吹螺島

"대동강과 평양으로 가는 길목의 섬"

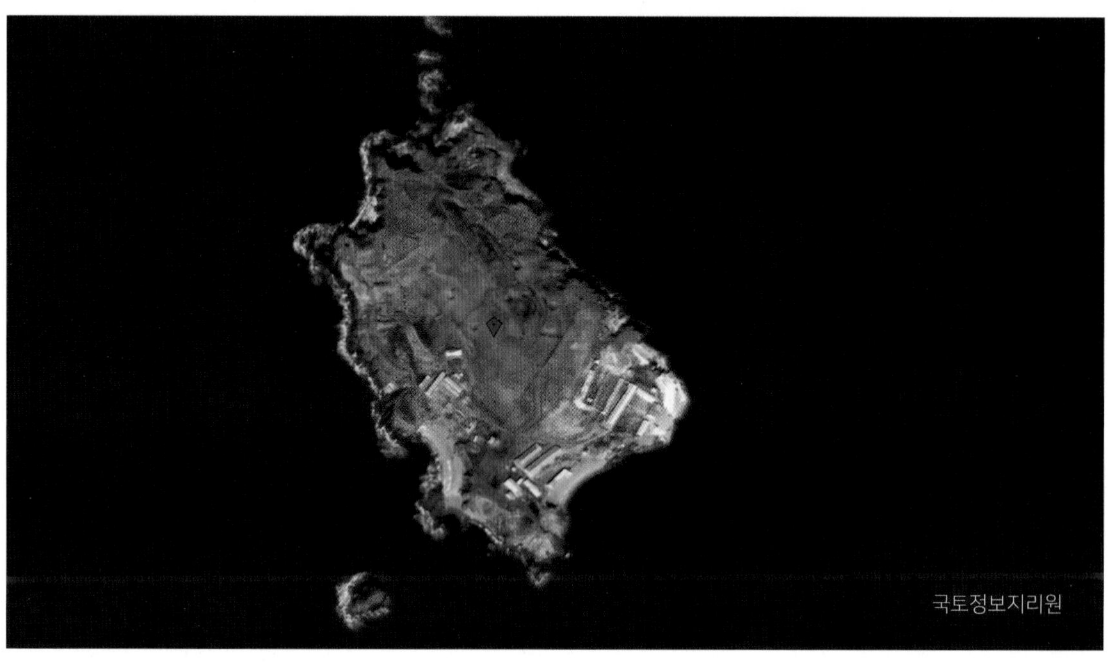
국토정보지리원

[개괄] 하취라도는 평안남도 온천군 증악노동자구의 서남쪽 바다에 있는 섬이다. 섬둘레 1.66km, 면적 13.6정보, 산 높이 29m인 아주 작은 섬이다. 이 섬의 주위에는 화도, 초도, 석도, 덕도, 상취라도, 자매도 등의 도서가 있다. 대동강 하구의 중앙에 있는 하취라도는 대동강을 통해 평양으로 들어가는 길목에 위치한 전략적인 섬이다. 여기는 황해의 바닷물과 대동강 민물이 서로 만나 섞이는 기수역으로 어자원이 풍성하여 주민들의 삶을 윤택하게 하였다. 해산물로는 조기, 농어, 민어, 숭어, 홍어, 갈치, 새우, 뱅어, 꽃게 등의 생산이 풍부하였다. 특히 간조시에 하취라도 근처에 나타나는 넓은 갯벌에서 주민들이 대합과 조개를 채취하였다. 여기서 생산된 대합과 조개들을 모아서

진남포와 평양, 그리고 황해도지방까지 공급하였다. 특히 하취라도 주변에는 소라가 많이 서식지로 알려졌다. 이밖에 조개젓, 건댕이젓, 참게젓, 백하젓 등이 유명하다.

하취라도와 그 외 중요한 섬들

최근 전 세계적으로 지리학이 각광을 받기 시작하였다. 대표적인 예로 팀마샬 지음 '지리의 힘'이란 책은 전 세계적으로 100만부를 돌파하였다. 이 외에도 지리학을 다룬 책들이 많이 출간되었다. 그러나 여기서 대부분 이런 책들은 지정학적인 관점에서 국제 문제를 다루었다. 지리학이 중요하지만 지정학에 한정하지 않고 더 넓은 의미에서 지리적 렌즈를 통해 세상을 본다는 것이 중요하다. 흔히 한반도를 동아시아의 화약고, 혹은 요충지라고 한다.

그 이유는 중국, 러시아, 일본에 둘러싸인 지정학적인 위치에 있기 때문에 그렇다. 그런데 우리가 지도가 없는 상태에서 지리적인 환경을 모른 채 요충지라고 말 할 수 없다. 한반도의 지도를 놓고 볼 때 한국전쟁 당시에 서해와 동해에서 섬들의 역할이 얼마나 중요했는가! 전쟁사는 말하고 있다. 이것은 임진왜란과 몽고와 고려의 삼별초의 사건에서도 섬의 중요성이 크게 부각되었다. 그러나 피로 지킨 한국의 영토에서 섬의 역할을 우리는 잘 모른다. 6.25 전쟁 당시 동해에서 점령한 섬은 함경북도의 길주양도와 명천양도이었으며 당시에 함경남도였던 원산 앞바다의 여도, 웅도, 황토도, 등이었다. 서해에는 평안북도 철산군인 대화도를 중심으로 소화도, 탄도, 납도, 평안남도는 초도를 중심으로 석도, 덕도, 상취라도, 하취라도, 웅도, 피도 등이었다. 황해남도의 당시 대부분 섬들은 휴전선 근처에 있는 관계로 이 전쟁에 휘말려 주민들이 남쪽으로 피난을 하였고 이 섬들을 근거지로 해서 한국군과 유격전사들을 게릴라전을 펼쳤다.

왜 이런 섬들이 중요했던가 하면 불법으로 일으킨 한국전쟁은 중공군의 개입으로 풍전등화 위기에서 유엔군과 해병대, 유격전사들이 이 섬들을 점령한 다음 여기를 거점으로 게릴라전을 통해 군수 물자 이동 방해, 북한과 중공군의 위치를 파악하여 유엔군의 폭격을 유도하였다. 이 외에도 철도와 다리 파괴, 식량 조달 방해로 인해 타격이 큰 북한과 중공군의 2개 사단을 해안가에 배치하는 힘의 분산을 유도하여 전쟁을 종식 시키는데 큰 역할을 한 것이다. 지도를 보면 현재 남포로 소속된 초도는 육지와 적당한 거리에 있는 관계로 전략적으로 중요한 매우 중요한 섬이었다. 여기를 중심으로 석도, 덕도, 상취라도, 하취라도, 웅도, 피도 등을 중심으로 유격군과 한국의 해병대가 피비린 나는 전투를 벌였다.

단군이 신이 된 구월산과 구월산 유격대

1950년 12월 황해남도 은율군 출신인 김종벽 대위가 창설한 구월산 유격대는 6.25전쟁 당시 구월산을 거점으로 반공 유격활동을 벌인 부대이다.

구월산유격대는 김종벽 대위가 1950년 12월 창설하였다. 창설 당시 규모는 6백 명 정도였으나 1951년 초에는 2천 5백 명으로 늘어났고, 휴전직후 부대가 해체될 때까지 8백 명 규모를 유지하였다. 이들은 1951년 3월 연풍부대가 구월부대로 개편된 뒤 서해지구, 초도, 석도, 웅도, 청양도, 상취라도, 하취라도, 피도, 능금도 등지에서 도서방위와 공격활동을 벌였다. 유격대는 북한 인민군과도 치열한 전투를 벌여 피해도 많이 입었지만 상당한 전과를 올렸다. 여기서 수십 명의 여성 대원들이 빨래를 너는 방법으로 아군에게 신호를 보냈고 식량 조달로 전투를 도왔다. 그 중에서도 무장대를 조직한 이정숙 대원이 89명을 아군을 구출하는 등 전공을 세워 육군 총참모장 표창을 받았다. 구월산이 유격대의 거점이 된 것은 산이 깊은 탓도 있지만 북한이 공산화하자 200여만 명이 남쪽으로 피란 갔으나 미쳐 떠나지 못한 사람들이 무장 항쟁에 나선 것이 가장 큰 요인이 되었다. 특히 공산주의를 싫어하는 기독교인들의 항거가 거셌다. 북한 징집을 거부하고 구월산에 모인 가톨릭 신자들은 전쟁 전날 밤 주임신부가 납치되자 격분하여 유격대에 합류하였다. 이 자료들은 정부의 문서 창고에 방치돼 있던 기록물을 정리하던 중 발견됐다. 군 관관계자는 "이번 자료를 통해 밝혀진 서해도서에서 활동하던 유격대원들에 관한 전쟁사와 역사적, 학술적 가치를 확인하고 신원을 몰라서 보훈혜택을 받지 못하던 유격대원과 유가족들에게 유용한 자료가 될 것"이라고 말했다.

한국전쟁 유격전

중앙일보 1972.06.28

김종벽 대위를 중심으로 〈구월산부대〉

타 지역부대와 합류해 병력이 8개 연대의 2천6백여 명에다 1천4백여정의 무기를 보유한 웅도의 구월산부대는 서해안 유격부대 중 최강의 부대였다 (주=유격대 편대는 1개 연대 병력이 2백50명 내지 3백 명). 그러나 51년3월 미8군 표작전 기지사령부 「동키」 2연대로 편입되면서부터 구월산부대는 불운이 겹치기 시작했다. 51년7월 구월산부대의 1백71명 대원이 서해에서 수장되고 1백50여명이 우군의 손에 의해 무장 해제된 대화도 사건은 서해안 유격전 사상 가장 비극적인 것으로 한·미 당사자나 관계자들에게는 다 같이 뼈저린 교훈을 남겼다. 한마디로 이 사건은 지역·조직·명령계통 등 특수성을 지닌 우리 유격부대를 「동키」 사령부에서 획일적인 준정규군 체제로 묶으려고 함으로써 발생한 것으로 쌍방의 견해나 주장에는 다 일리가 있다고 볼 수 있겠다. 하지만 51년 말께부터 전개된 소위 북한의 「서해 지구 도서해방」 작전과 더불어 이 대화도 사건은 구월산부대에 큰 타격을 준게 사실이었다.

▶오병현씨(당시 구월산부대원·현 수협경기지부근무·42) 〈2월 중순 김종벽 부대장이 초계승인 해군한테서 각종 실탄 5만여 발을 얻어왔어요. 우리부대 전투대원 전원은 2월22일 이 실탄을 가지고 은율군 월사리에 기습, 상륙해 주둔중인 북한군 1개 소대를 전멸시키고 13

명을 생포해왔어요. 다음날 김 부대장이 백령도에 내려가 「동키」 2연대로 편입하고 약간의 보급품을 얻어 가지고 왔어요. 3월21일에는 월사리 반도에 대규모의 기습상륙전을 벌여 북한군 28사단 소속 1개 대대와 접전, 군관 14명을 비롯하여, 2백39명을 사살하고 54명을 생포했어요. 군관 10여명은 수류탄을 든 채 「스크럼」을 짜고 최후까지 반항합디다. 이 전투에서 우리 측도 6연대장 박칠성, 2연대장 이진호 동지 등 21명이 전사했습니다. 5월 초 동키」 사령부는 지휘통솔상 못마땅해 하던 현역대위인 김종벽 부대장을 파면하고 육본으로 원대 복귀케 합니다.사령관 「버크」 소령의 조처에 불만을 품은 우리대원들은 대구에서 소환장을 갖고 올라온 헌병들에게 따발총을 들이대며 김 대위를 안 보내려 안간힘을 썼으나 결국은 뜻을 못 이루었어요.〉.

〈대원들 김 대위 육본귀대 만류

간신히 구한 쌀 60가마를 싣고 내려가려고 했더니 폭풍이 불어 배를 띄울 수가 없어요. 이때 「동키」 사령관 「버크」 소령은 백마부대에 우리 부대를 무장 해제시켜 압송토록 명령한 모양입니다.

우리는 7월26일 백마부대에 의해 무장을 해제당한 후 포로 취급을 받으며 백령도로 압송됐습니다. 압송 중 1백71명이 수장되는 사고가 일어나고 말았어요. 29일 우리 대원들은 2개의 목선에 분승해 신병호송의 책임을 맡고 온 우리 해병대의 예인선 운양호에 끌려가던 중 덕도 근해에서 풍랑을 만나 그만 1백73명이 타고 있던 배가 침몰해 버렸어요. 2명만이 기적적으로 생환했으나 이들도 포로수용소로 넘어가 버렸어요. 결박당한 채 예인선에 타고 오던 나 김종일·이정숙·신준균·경용국 등 부대간부는 도중서 미군 쾌속정에 인계돼「포로 꼬리표」를 달고 백령도를 거쳐 대구로 압송됐습니다. 나와 이정숙 보좌관은 육군형무소로 들어갔고 나머지 간부와 1백40여명의 대원들은 거제도 포로수용소에 1년간 수용됐다가 52년8월15일 석방됐어요. 구월산부대는 이때 정예대원을 거의 잃고 부대

가 와해직전에 놓였어요〉

▶김응수씨(당시 백마부대장·현 사업·53) 〈7월25일 아무런 사전연락도 없이 김종벽 대위가 구월산부대 대원 3백30명을 데리고 대화도에 올라왔습니다. 김종벽 대위는 백마부대가 앞장서서 신미도나 신도로 구월산부대를 올려주도록 요청했어요. 그런데 신미도는 거점으로 적당하나 신도는 지형상 주둔할 곳이 못된다고 했어요.

26일 아침 「버크」소령으로부터 즉시 구월산부대를 남하시키라는 전문이 날아왔어요. 김 대위에게 이 사실을 얘기하고 남하토록 권유했어요. 그는 남하치 못하겠다기에 이대로 보고했더니 「버크」소령은 흥분해서 우리 백마부대도 공모한 것으로 간주하고 폭격해 버리겠다는 거예요. 그러면서 공모가 아니면 즉각 김 대위 부대의 무장을 해제시켜 감금한 후 포로취급을 하라는 거예요. 나는 하는 수 없이 유태영 1연대장을 시켜 구월산부대의 무장을 해제시켰습니다. 우리는 「동키」사령부가 김 대위 부대 대원들을 포로수용소로 보낼 줄은 꿈에도 생각지 않았어요. 더욱이 백령도로 압송돼가던 구월산부대 정예대원 1백71명이 배가 침몰돼 수장될 줄은 상상도 못했고요.〉

▶이주현씨(구명연길·당시 KLO「고트」대장·현 동원상사대표·46) 〈나는 6·25초부터 원산 양호단 출신의 최규봉·박창권 동지 등과 함께 KLO(미극동군정보처 주한연락소)에서 활약하던 중 초대 대장이었다. 51년7월 하순 나는 김종벽 구월산부대원들이 탄 목선 2척을 우리 기관선으로 석도에서 대화도까지 끌어다 줬어요. 전부터 김종벽 대위 부대와 우리부대는 서로 협동을 하며 지내고 있었지요. 김 대위는 미군서 보급을 안줘 독자적으로 싸워보겠다면서 나한테 대원들의 수송을 부탁하더군요. 대화도에 올라간 김대위 부대는 식량 때문에 고민을 합디다. 그래서 우리부대 돈으로 쌀 60가마를 사주고 돌아왔어요. 구월산부대의 대화도 사건 후 나는 반란부대를 도왔다고 「동키」사령부로부터 좋지 못한 말을 들었어요. 무사히 해결은 됐지만 선의적으로 전우를 도왔던 건데 어처구니 없이 당할 뻔했어요.〉

03. 증산군

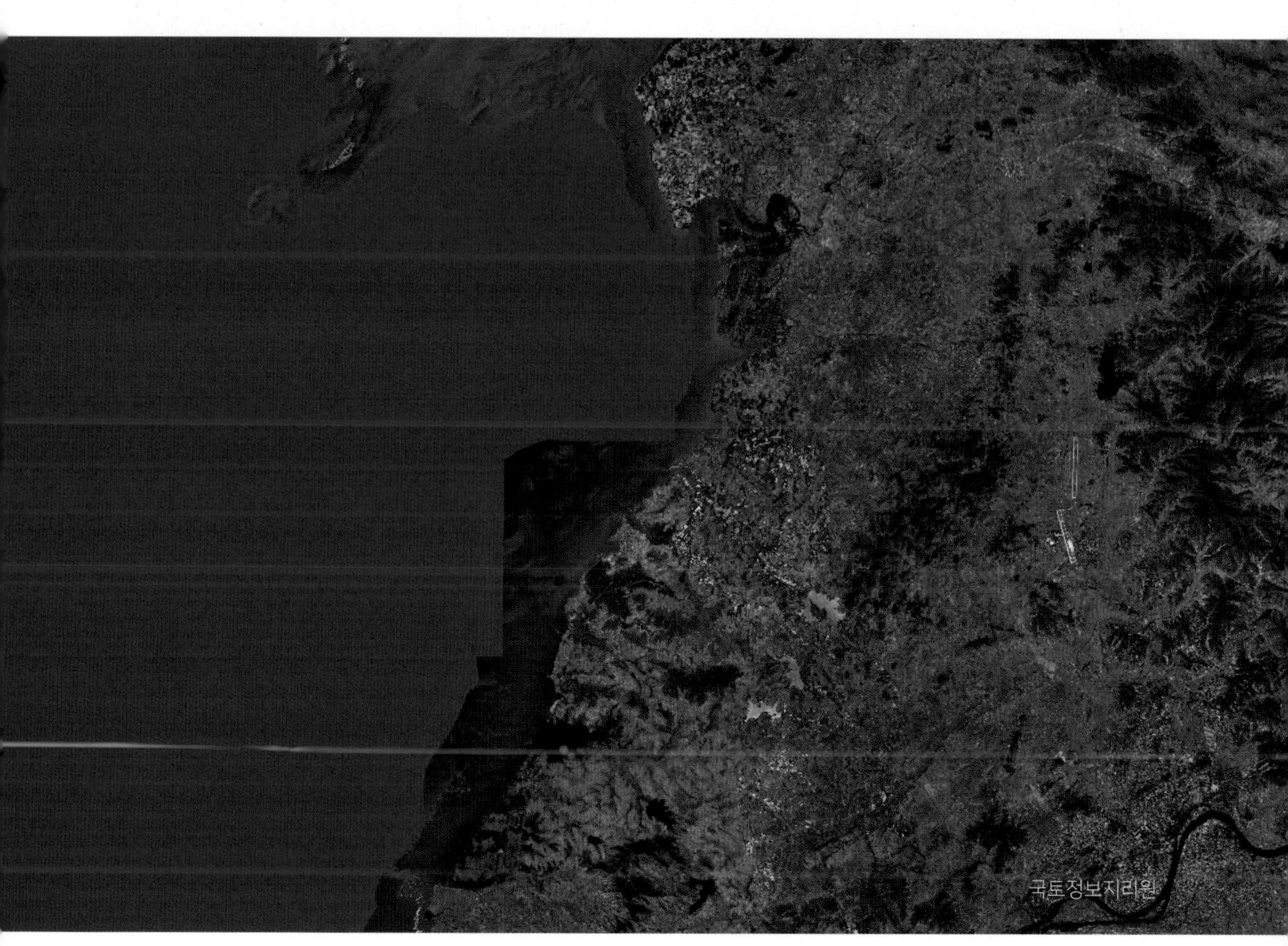

1) 검량도(풀섬)

"바다와 육지에서 둘러싸인 풍요로운 섬"

국토정보지리원

[개괄] 평안남도 증산군 검량도는 석다리의 서남쪽에 있다. 원래는 작은 섬이었는데, 당시 나무는 없고 풀만 무성하게 자랐다 하여 풀섬이라 하였다. 현재 간석지제방건설을 하면서 간석지벌의 돌봉우리로 되었다. 국토부의 국토정보플레폼에서 나오는 지명은 검량도, 구글 지도에는 작은 풀섬으로 나온다. 섬둘레 1.82km이며 섬 바로 앞에는 방조제가 1.4km 정도 이어지면서 곡산저수지가 생겨났다. 검량도는 육지와 15m 정도로 아주 가까운 섬으로 물이 빠지면 쉽게 건너갔지만 물이 들어오면 섬으로 변했다. 지금은 육지와 연결이 되어 더 이상 섬은 아니다. 검량도는 서해에 면해 있어 수산업 발전에 유리한 자연지리조건을 갖추고 있는 바 가마포, 석다를 비롯한 여러 개의 수산 기

지들이 있다. 수산물생산에서 특징적인 것은 조개류비율이 높은 것인데, 평안남도의 기타 지역에 비하여 대합조개, 굴, 바지락, 동죽을 많이 어획하고 있다. 곤쟁이젓, 새우젓, 조개젓은 예로부터 널리 알려진 명산물이다.

석다리 주위에는 거대한 평야지대가 있다. 해발별 면적비율을 보면 해발 50m 미만의 지역이 60.2%, 50~100m의 지역이 22.7%를 차지한다. 증산군에서 비교적 넓은 벌은 남부지역에 있는 풍정 일대의 벌이다. 이 벌은 간석지를 개간한 낮은 벌로서 북남의 길이는 9km나 되며 평균해발은 10m이다. 가까운 바다에는 검량도, 소당도, 이압도를 비롯하여 21개의 섬들이 분포되어 있으며 그 면적은 0.195km2이다. 해안선의 수평지질은 북서부해안에서 작은 만입과 익곡 등으로 하여 복잡하였는데 석다리, 용덕리, 이압리 등 지역에서 간석지개간과 저수지건설이 진행되어 해안선이 비교적 단조롭게 되었다. 증산읍에서 북서쪽으로 약 20리 떨어져 있는 용덕리와 낙생리 경계의 바닷가에는 서해안에서 보기 드문 백사장이 2.5km 정도 길게 놓여 있으며 여름에는 해당화가 붉게 펴 아름다운 경치를 이룬다. 해안지대에는 2만여 정보에 달하는 넓은 간석지가 전개되어 있는데, 간석지의 너비는 6~8km나 되며 지반의 해발이 0m 되는 곳은 해안에서 3km 좌우에 위치해 있다.

증산군은 서해에 직접 면한 지역으로서 서부지역은 바다의 영향을 많이 받지만 동부지역은 바다의 영향과 함께 육지의 영향도 받는다. 증산군의 기본 수계는 서해로 직접 흘러드는 작은 하천들로 이루어졌다. 하천들은 모두 길이가 10km 미만이며 유역면적도 50km2를 넘지 못한다. 길이 5km 이상의 하천은 모두 7개이며 그 중 서해로 흘러드는 독립하천이 6개이다. 증산군은 평안남도에서 관개용저수지들을 많이 가지고 있는 지역의 하나이다. 증산군에는 좌영저수지, 북조압저수지, 청산저수지, 용덕저수지, 고산저수지, 석다저수지 등이 건설되어 있다. 증산군은 북한 식물분포구에서 온대중부구에 속한다.

증산군의 넓은 간석지에서는 해홍나물, 나문재, 갯개미취, 갈, 칠면초, 퉁퉁마디, 갯질경이 등이 자라고 있고 일부 저수지 주변의 습지에는 큰골, 골풀, 창포, 부들 등이 분포되어 있다. 이압저수지를 비롯한 저수지들과 관개수로에서는 붕어 · 송사리 · 납저리 · 미꾸라지가, 바닷가와 얕은 바다에서는 꽃게 · 털방게 · 바지락 · 웅어 · 싱어 · 농어 · 망둥어 · 등치 등이 서식하고 있다. 증산군에서 특징적인 것은 동부시베리아지방에서 번식하고 남쪽에 가서 월동하는 많은 철새들이 무리를 지어 증산군의 해안을 거쳐 가는 것이다. 해마다 큰기러기, 쇠기러기, 청둥오리, 논병아리, 댕기흰쭉지를 비롯한 10여 종의 오리-기러기류와 꼬마물떼새, 큰왕눈도요, 알락꼬리마도요, 발도요를 비롯한 10여 종의 도요새 류가 무리 지어 오가며 푸른목다마지, 붉은목쇠물까마귀, 물까마귀, 저어새 등 철새들이 바닷가와 섬, 간석지를 거쳐 지나간다. 특히 푸른목다마지와 왕종다리는 서해안에서 오직 증산군 일대에서만 사는 희귀한 조류이다.

[네이버 지식백과] 평안남도 증산군 자연 (조선향토대백과, 2008., 평화문제연구소)

▲ 해남군청 제공, 검량도 근처에도 이와 같은 철새들이 날아가고 있을 것이다.

2) 삿갓섬

"사라져가는 항구 뒤로 갯벌이 펼쳐지니"

국토정보지리원

[개괄] 평안남도 온천군은 해안지대가 넓고 기름진 평야가 전개되어 논 면적은 도내에서 가장 넓다. 대동강의 지류인 보통강(普通江)이 온천군 동부를 남류하고 있다. 해안은 굴곡이 심하나 갯벌이 넓게 펼쳐져 있으며, 연해는 간만의 차가 심하며 멀리까지 깊지 않기 때문에 항구가 발달하기 어렵다.

삿갓섬이 자리한 화진리는 계명산 남쪽에 있다. 삿갓처럼 생겼다는 데서 비롯된 지명이다. 바로 옆에 아주 작은 소당섬이 붙어있는데, 지난날에는 당집이 있어 마을 사람들이 이곳에서 무사고와 풍어를 기원했다.

삿갓 섬은 물이 빠지면 갯벌 위에 섬 전체가 드러나고 물이 들어오면 바닷물로 완전히 잠긴다. 그래서 다른 항구들과는 달리 어업이 발달이 못하고 소규모에 그치고 있을 뿐이다. 인공위성 사진에서 보면 삿갓섬 근처 배들이 한데 묶여서 갯벌에 걸려있다. 좌측에 조그만 강이 보이는데 여기는 작은 배들이 다닐 수 있다. (위 「Google Earth」 참조). 그러나 이 갯벌도 해마다 조금씩 퇴적되어 점점 더 얕아지고 있다.

이런 현상은 비단 삿갓섬 뿐만이 아니다. 모든 섬은 간만의 차이 때문에 토사가 쌓여가면서 서서히 수심이 얕아진다. 이리하여 항구 구실도 못 하고 바다 쪽으로 더 멀리 나가는 곳도 있다. 대표적인 항구가 전라북도 군산항이다. 군산내항에서 모든 여객선은 멀리 외항으로 옮겨 간 지가 벌써 수십 년 되었다. 군산외항은 1974년부터 신축되기 시작하여 1979년 외항 1부두가 완성됨에 따라, 내항은 항구로서 기능을 상실하였다. 연안 여객터미널도 군산내항(장미동)에 있었으나, 계속되는 토사 유입으로 여객선 운항에 어려움을 겪다가 2005년 4월 군산외항 3부두 인근(군산시 임해로 378-8)으로 이전하였다. 삿갓섬 또한 이러한 현상으로 항구로서 기능을 상실했고, 주민들은 소규모 어업과 농사 위주로 생활하고 있다.36)

▼ 북한 정치장교 출신 심주일 목사 "주체사상 세계관을 무너뜨린 건 남한에서 온 한 권의 성경책"

36) 「조선향토대백과」, 평화문제연구소 2008

[주체사상 신봉자에서 기독교 복음 전파자로]

심주일 선생은 평안남도 평원군 화진리에서 태어났다. 그는 18세까지 화진리에 살면서 어린 시절을 보냈다. 삿갓섬은 화진리 앞바다에 있는데 그는 어릴 때부터 마을에서 4km 걸어가서 앞바다에 나가 조개잡이도 하면서 그만의 꿈을 키워나갔다. 그 당시에는 삿갓섬이 바로 앞에 있는데도 별로 신경을 써서 보지 않았다고 한다. 그는 '북한은 함부로 바다에 나 갈 수 없고 군인들이 정해 준 곳에 가서 상합조개를 잡았지요, 그리고 잡은 조개를 지게에 지고 다시 4km의 먼 길을 걸어서 집으로 온 기억이 많이 납니다' 고 하였다. 북한은 '섬이나 바닷가에 사는 사람은 굶어 죽지는 않습니다. 사철 바다에서 나오는 수산물 때문이지요' 화진리 고향에 대한 추억을 다 잊었는데 필자를 만남을 통해 자연스럽게 고향에 대한 향수와 가보고 싶다는 마음이 든다고 하였다.

출신성분이 좋았던 그는 북한 정부로부터 다양한 혜택을 누리며 자랐다. 공부도 잘해 김일성 정치대학 중등반과 김일성 종합대학 정치경제학 교부를 졸업하고 정치 장교가 되었다. '한라산에 인공기를 꽂을 때까지 결코 손에서 총을 내려놓지 않으리라' 맹세할 정도로 주체사상의 신봉자였다. 그러나 친구로부터 비밀리에 선물 받은 성경을 읽은 후, 주체사상의 기원이 성경에 있음을 발견하면서 하나님을 만나게 된다. 하나님을 더 깊이 알아갈수록 북한의 동포들에게 이 복음을 반드시 알려야 한다는 소명을 깨닫고 모든 것을 포기한 채 탈북을 결심한다.

그가 탈북하여 한국으로 들어올 때는 이미 성경을 14번 통독한 후였고, 그의 나이 47세였다. 그 후 장신대 신학대학원에서 신학을 공부하고 목사

안수를 받았다. 그의 소명은 오늘도 북한의 영혼들에게 복음을 전하는 것이다. 현재 개척한 창조교회를 섬기면서 모퉁이 돌 선교회와 동역하고 있다.

그는 1998년에 탈북하였다. 탈북 당시 평양방어사령부 중좌 출신으로 정치 장교였다.

3) 이압도·二鴨島

"두 마리 오리가 남긴 아름다운 전설의 섬"

국토정보지리원

[개괄] 평안남도 증산군의 이압도(二鴨島)는 0.67km2의 면적에 섬 둘레 2.6km, 산 높이 29m의 작은 섬이다. 이압리 서쪽 바다에 두 개의 돌섬이 자리하고 있는데, 밀물 때에 마치 두 마리의 오리가 물에 떠 있는 듯하여 이압도라 하였다고 한다.

또 다른 이야기도 있다. 오리 두 마리가 남쪽에서 날아오다가 피로를 풀려고 잠시 서해 바닷가에 내려앉았는데, 바닷속에 물고기가 많고 바닷가 경치 또한 절경이어서 정이 들어 떠날 수가 없었다. 그래서 죽더라도 이 섬에서 죽자는 약속을 한 후에 돌로 굳어져 버린 것이 이압도가 되었다는 아름다운 전설도 있다.

▲ 사진은 기사와 무관함. /사진=게티이미지뱅크

방조제 건설용 막돌 생산기지가 된 이압도

증산-온천지구의 연안에는 이압도를 비롯해 21개의 비교적 작은 섬들이 있다. 간석지가 개간되면서 이미 송섬은 육지와 연결되었다.

이 간석지 방조제 건설에서 이압도, 소당섬, 돌섬들은 막돌 생산기지이자 방조제 건설의 지탱점 역할을 했다. 증산-온천지구 간석지의 해안 가까이에는 화강암과 화강편마암으로 이루어진 산들이 많다. 증산군 해안 가까이에는 석다산, 비호산 등이 있고 온천군에는 해안에서 동쪽으로 약 10㎞ 떨어져 오석산 줄기가 북서-남동 방향으로 뻗어 있으며 여기에는 오석산, 쌍아산 등이 있다.

이 산들은 주로 화강암으로 되어있으며 질이 좋은 화강석 석재 원천이 풍부하다. 간석지 건설용 석재는 모두 오석산 줄기의 산들에서 캐고 있다. 이 지구의 해안선 대부분이 이미 막은 간석지 제방들로 이루어져 있으며 방조제 웃단은 해발 6.0~6.3m이다.

<표> 증산-온천지구 방조제 연결 주요 섬들

번호	섬이름	둘레길이(㎞)	면적(정보)	높이(m)
1	**소당섬**	1.4	0.61	18
2	**으악섬**	1.3	0.54	-
3	**상망어도**	0.8	0.37	18
4	**이압도**	2.6	0.67	29

파도와 물결에 깎여 형성된 서해안의 해식동굴

서해안에는 해안기슭이나 섬 암벽 높은 곳에 물결과 파도에 깎여서 형성된 해식동굴이 있다. 황해남도 룡연군 몽금포 북쪽 비탈면에는 바다 물면에서 7m 높이에 해식동굴이 있고, 평안남도 증산군 용덕리 해안과 이압도의 암벽에는 만조 물면에서 약 2m 높이에 해식동굴이 있다.

평안북도 선천군 신미도 서남쪽의 만입구 바닷가에는 거의 20m 높이에 해식 흔적이 남아 있는데, 지반이 융기함에 따라 동굴이 점점 위로 올라가면서 커진 것이다. 37)

37) 「북한지리정보」, 간석지 1988

[이압도 근해의 다채로운 생물 리스트]

이압도 근해와 온천지구 간석지는 새끼대합 발생장이 되었으며, 넓은 잔모래 땅은 모두 엄지대합살이터로 되고 있다.

이압도와 북조압도 근해의 간석지 조개류 분포에서 특징적인 것은 해안선에서 100m 정도 떨어진 지점에서부터 700~1,000m 구간까지 새끼대합 발생장과 동조개살이터로 되어 있는 것이다. 이 구간을 벗어나면 1~2년생 대합이 나타나고 사리 썰물 때 2시간 정도 바닥이 드러나는 -1.5m 지반 높이에서부터 썰물 때 물 깊이가 1.0m 되는 구역까지 엄지대합의 기본살이터가 되고 있다.

또한 증산군 이압도 간석지 주변 60여 정보의 돌이 많은 간석지에는 바스레기와 돌굴이 분포되어 있다. 그리고 새끼대합의 살이터로 되지 않는 감탕질땅에는 가무데기(남한식 '가무라기')가 있으며 엄지대합살이터의 개곬 주변에는 검은 맛조개가 군데군데 분포되어 있다. 증산군 북조압도와 온천군 남조압도 앞의 간석지와 얕은 바다에는 개량조개도 분포되고 있다.

그뿐만 아니라 골뱅이류는 다른 동물의 분포에 비할 수 없으리만큼 많다. 그리고 이 지구의 썰물 때 드러나는 간석지의 물웅덩이와 드러나지 않는 깊은 곳에는 소라와 반들 골뱅이가 있다. 해안선 부근의 돌판과 바지락들이 사는 지역에는 민꽃게가, 민물의 영향을 직접 받는 물골에는 참게들이 드물게 분포되고 있다.

「북한지리정보」, 간석지 1988

평양 대동강에 있는 섬들

「Google Earth」

한덕수 평양
경공업대학

만경대
숲 공원
만경대혁명학원
MANGYONGDAE
만경대 고향집
대동강
「Google Earth」

대동강
관문1동
관문동
3D

▲ 쑥섬과학기술전당-평양의 실리콘벨리역할을 한다 (출처 중앙일보)

▲ 쑥섬혁명사적지 (출처 통일신문)

우리나라의 5대 강의 하나인 길이가 45.3km 에 이르는 대동강에는 두루섬, 능라도, 쑥섬, 양각도 등 비교적 큰 충적 섬들이 있다. 두루섬은 평양의 남서부 대동강본류와 보통강이 합치는 곳에 있는 반달 모양의 섬이다. 넓이 3,8 제곱킬로터터, 길이 4km인 이 섬은 연중 해 비침 율과 토양 온도가 높고 배수 조건이 좋을 뿐 아니라 토양 안에 영양 원소들이 많아 채소 재배에 유리하다. 섬의 변두리에서는 포플러나무, 버드나무, 살구나무, 뽕나무들이 많이 자란다. 섬에서는 주로 시금치 배추, 오이 토마토 무우 채소를 심고 있다. 이 밖에도 단벗 배 복숭아 등 과일도 생산하고 있다. 섬에서 만경대 평천 낙랑까지는 여객선이 다닌다. 능라도는 평양의 모란봉과 청류 벽을 마주하고 대동강 가운데 있는 섬이다.

섬에 길이는 2.7km, 둘레는 6km, 섬의 해발 높이는 10m이다. 능라도는 그 경치가 아름다워 예로부터 널이 알려졌다. 섬에는 노동당 시대의 대 기념비적 창조물인 5얼1일 경기장이 있으며 그 옆에는 제13차 세계청년학생축전 때 세운 세계청년학생축전 기념탑(높이 10m) 이 있다. 또한 로라스케트장과 하루에 1마명을 넘는 근로자들이 이용할 수 있는 능라도 수영장이 훌륭히 꾸려졌으며 각종 야외 체육시설들이 갖추어져 있다. 능라도에는 잣나무 황철나무 비롯한 갖가지 식물들이 잘 배치되어 있다. 녹음이 우거지고 철따라 꽃이 만발한 이곳에는 꿩을 비롯한 이로운 새들이 많이 모여온다.

쑥섬은 경지가 아름다운 만경대 앞의 대동강 한가운데 두루 섬과 나란히 자리 잡고 있는 섬이다. 오늘 쑥섬은 통일전선탑, 이 우뚝 솟은 불멸의 혁명 사적지로 인민의 유원지로 훌륭히 꾸려졌다. 양각도는 평양시의 중심부를 감돌아 흐르는 대동강 가운데 있는 섬이다. 넓이는 1.2제곱킬로미터 둘레는 7km 이다. 길쭉하게 생긴 양각도에서는 버드나무 들메나무를 비롯한 여러 가지 나무들과 풀 식물들이 자란다. 토양은 모래기가 많은 충적지 토양으로 되어 있다. 이 섬에는 양각도 국제호텔, 양각도 축구 경기장, 국제영화관 등이 자리 잡고 있다. 우리 민족의 성지인 평양시를 유유히 감돌아 흐르는 대동강에는 이밖에도 두단섬, 벽지도, 철도 등 아름다운 섬들이 있어 대동강 운치를 한층 돋우고 있다.

대동강 뗏목을 타고 360리

대동강(450.3km)은 우리나라 5대 장강 중에 하나이다. 낭림산 시원을 둔 이 강은 울창한 밀림과 깊은 골짜기들을 빠져 아담한 농촌 마을과 창조의 노래 높은 공장과 건설장들을 연연히 이어가며 조선서해로 흘러든다. 우리가 대동강 상류의 막바지에 있는 대흥군에 도착한 것은 저녁 해가 하늘을 붉게 물들이며 서산마루에 기울어지고 있는 때였다. 고산 지대의 특이한 경치가 우리의 마음을 끌었다. 장엄하게 솟아있는 산들과 아담한 문화주택들 무명필을 늘여놓은 듯 한 강줄기들과 그 위로 날아예는 산새들 이 모든 것이 서로 조화를 이루어 마치 한 폭의 그림을 보는 듯하였다. 우리를 반갑게 맞아준 대흥림산사업소 책임 일군인 김명수 동무는 〈산천 경계로 아름답지만 일하기도 좋고 살기도 좋은 고장이랍니다〉 라고 하면서 아담하게 꾸려진 2층 사무실로 안내하였다. 그의 말에 의하면 군넓이는 90% 이상은 산림이 차지하고 있는데 이 산들에는 이깔나무, 소나무, 잣나무, 빈비나무 등이 울창한 숲을 이루고 있으며 산짐승들과 산열매, 약재가 많다. 따라서 군에는 평화림산사업소, 대흥림산사업소가 있으며 목재가공공업이 발전하고 있다. 목재로는 190여 가지의 목재 품을 생산하고 있다. 목재야 말로 종류에 따라서 참으로 유익하고 다양한 쓰임 받는다. 산이 높고 우거진 수림이 많은 우리나라 목재는 그야말로 나라 건설에 중요한 역할을 하고 있다.

우리는 다음 날 아침 평화림산사업소의 대동물동으로 나갔다. 대동강 상류에서는 물량이 작고 물살이 빠른 조건에 맞게 360리 구간에 5개의 물동(물이 흘러 내려가지 못하고 한곳에 괴어 있도록 막아 놓는 둑)을 쌓고 고였던 물을 터친 다음 그 물을 따라 떼로 내려보내고 있다. 우리는 류별소 대장 최영현 동무와 함께 떼에 올랐다. 권양기로

수문을 열자 고였던 물이 쏴 소리를 내며 호우처럼 밀고 나갔다. 20-30분이 지난 다음 떼들도 물동을 빠져 나갔다.

곁에서 작업을 하던 노동자들과 길 가던 학생들이 그들을 손 저어 바래다 주었다. 물동을 빠져 나온 최영현 동무는 몸에 폭배인 일솜씨로 뗏목을 몰아갔다. 그의 손이 움직이는데 따라 40입방미터 넘는 뗏목 몸뚱어리를 요리조리 뒤틀며 골짜기 사이를 보기 좋게 빠져 나갔다. 하나, 둘 산굽이를 돌수록 우리 앞에는 새로운 풍경들이 연방 펼쳐졌다. 아담한 주택 마을과 잘 정리된 농장포전, 구름처럼 흘러가는 강물, 수려한 산들, 기묘한 바위와 절벽들, 빨래하는 여인들과 낚시꾼들, 강에 형성된 무인도들, 이대로 계속 떠내려간다면 수도 평양의 양각도와 쑥섬, 두루섬, 능라도를 지나가면 서해갑문의 남포항이 나오고 다음은 황해가 나올 것이다. 최영현 동무는 어느덧 콧노래까지 불렀다. 떼는 오후 4시경 운흥물롱에 들어섰다. 넓고 깊은 골짜기를 막은 이 물동은 대동이나 대흥 물동에 비하여 몇 배나 컸다. 여기에서 대흥림산사업소 류벌공들은 떼를 60입방미터 정도 되게 크게 웃는다. 그리고 다시 묶은 떼를 덕천림산사업소의 영락물동까지 운반한다. 우리는 다음 날 아침 운흥물동을 떠나 영락물동까지 100리를, 그 다음날에는 영락물동을 떠나 덕천시까지 계속 떼를 타고 흘러내렸다. 대동강의 물길을 따라 내려갈수록 강의 폭이 넓어지고 물량이 많아졌다. 영원 땅에 접어들면서부터 논과 밭이 보이기 시작하였다. 우리는 덕천시를 가까이하면서 기계배에 올랐다. 인공호수인 여기서부터 토장까지 30-40개떼를 기계배로 끄는 것이었다. 토장에서는 여러 대의 기중기가 쉴 새 없이 통나무를 물어 올리기도 하고 자동차에 실어주기도 하였다. 통나무들은 평안남도 탄광, 광산들에서 갱목으로 쓰거나, 집을 짓고, 가구, 자동차 적재함 재료 혹은 원목으로 쓰인다. 우리는 토장(나무를 쌓아서 모아놓던 마당)에서 림산사업소의 채벌공들과 류벌공들의 뜨거운 숨결을 느끼며 이곳을 떠났다.

사진 박광일, 글 석윤

장진강의 류벌공들

조선의 북부 부전령산줄기의 깊은 계곡을 따라 흐르는 장진강은 류역일대가 산림이 울창하여 떼길로 널리 리용되고있다.

부전, 성파, 신흥지구림산사업소들에서 생산된 통나무들은 장진강류벌작업소의 류벌공들에 의해 박주평까지 운반된다.

주체44(1955) 년에 조직된 작업소는 지난기간 수많은 통나무를 운반하여 인민경제발전에 크게 기여하여 왔다.

지금 이곳 작업소의 일군들과 류벌공들은 더 많은 통나무들을 운반할 결의에 넘쳐있다.

그들은 떼길을 정리하고 떼몰이기간을 늘이기 위한데 큰힘을 넣고 있으며 앞선 떼몰이 기술을 적극 도입하고있다.

강바닥의 수위를 보장하는 한편 구배가 심한 구간들에 보호막 를 하여 떼가 파벌되지 않도록 하였다.

또한 신흥과 통하, 신창에 물목을 막고 흐르는 물을 잡 리용함으로써 강수량이 적은 9~10월에도 중단없이 떼를 띄 는 한편 종전에 비해 더큰 떼를 단번에 운반하여 계획을 훨 앞당겨 수행하고있다.

이곳 류벌공들은 사나운 바람과 거치른 물결을 길들이며 올해에 지난해보다 훨씬 높아진 떼몰이 계획을 120%로 넘쳐 수행하였다.

사진 리광 글 박영조

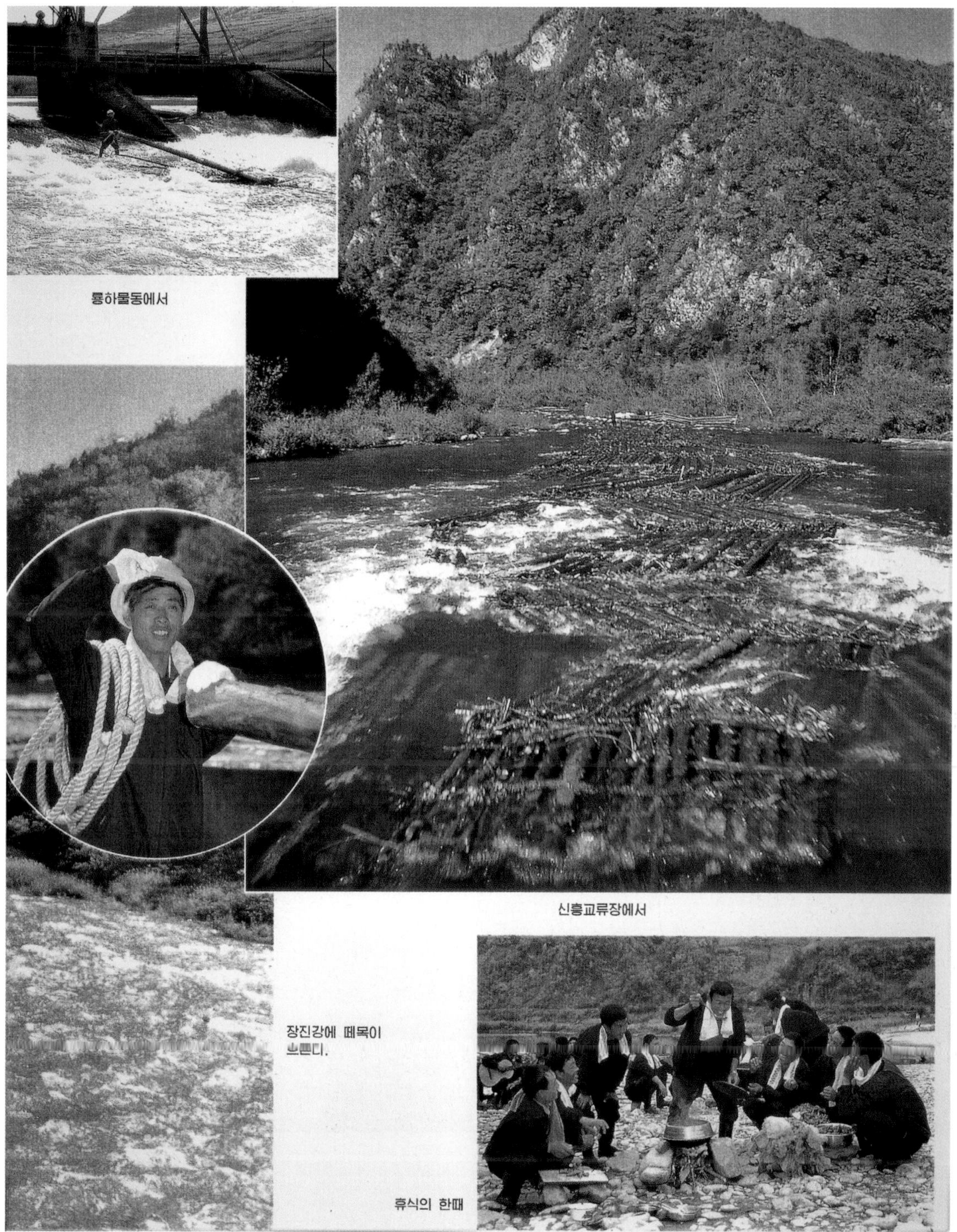

룡하물동에서

신흥교류장에서

장진강에 떼목이 흐른다.

휴식의 한때

▲ 북한 조선 화보집 2006년 12월호

Island in North Korea

평안북도의 섬

1. 곽산군 2. 염주군 3. 선천군 4. 신도군 5. 신의주시
6. 의주군 7. 자강도의 섬 8. 정주시 9. 철산군

01. 곽산군
국토정보지리원

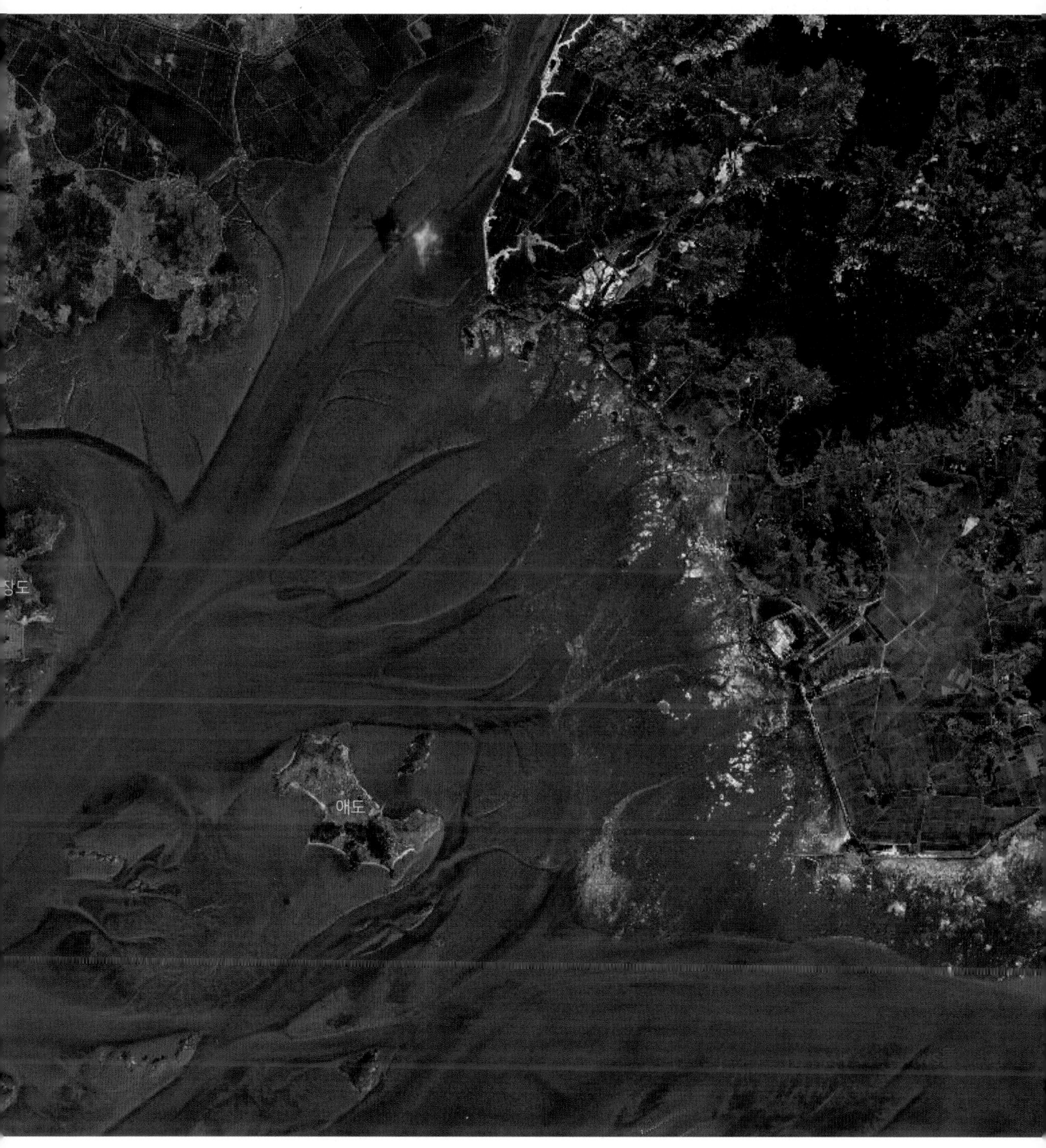
장도
애도

1) 관도·關島

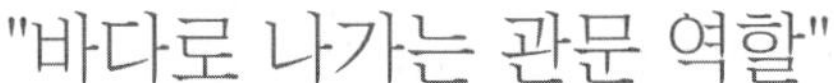

"바다로 나가는 관문 역할"

[개괄] 관도리섬은 평안북도 곽산군 천대리 외장도 서쪽에 있는 작은 섬으로 함성열도에 속하는 작은 섬이다. 섬 둘레 1.82km, 12.7정보, 산 높이 37m이다.

바닷물길 옆에 있어 배가 이 섬을 거쳐 드나들기 때문에 관문과 같은 역할을 한다 하여 관도리섬이라 하였다. 관도라고도 한다.

평안북도 곽산군 앞바다에 있는 서한만(西韓灣)은 남북 방향으로 길게 두 줄로 늘어서 있다. 동쪽에 있는 열도를 함성열도, 서쪽에 있는 열도를 소함성열도라고 하는데, 편의상 두 열도를 합하여 함성열도라고 한다. 북에서부터 와도, 장도, 관도, 달양도, 대간도, 중도,

---

[네이버 지식백과] 함성열도 (두산백과 두피디아, 두산백과)

대감도, 소감도 등 20여 개의 작은 섬으로 이루어졌다. 평균 해발고도는 30~40m이고 가장 큰 섬은 대감도이다. 대부분 화강편마암 또는 차돌로 구성되어 있다. 소함성열도는 대족화도, 묘도, 까마귀섬, 달리도(達里島) 등의 작은 섬들이 약 8.5㎞ 구간에 남북으로 늘어서 있다. 대부분 바위로 이루어져 있는데 기반암은 규암이다. 평균 해발고도 20~30m로 산세가 완만하며, 일부 섬에 약간의 소나무·서어나무·생강나무·싸리나무 및 속새류 등이 자란다.

▼ 농사가 풍년이 들어 축제를 벌리고 있는 북한주민들

는 년간결산분배장 (강서구역 청산협동농장에서)

2000년도 함성열도
북한농업동향 제14권 제1호(2012. 4)

농업기반 토지정리, 간석지, 국토관리 사업

▶ 곽산간석지 2단계건설 및 대계도 간석지 마감단계 (로동신문 3.14)

・종합된 자료에 의하면 평안북도 간석지 건설연합기업소에서 곽산간석지 2단계건설과 대계도간석지 내부망공사를 빠르게 추진하여 총공사량의 90% 이상을 수행하였음.

・연합기업소에서는 곽산간석지 2단계건설공사에 역량을 집중하고 있음. 관도지구에서는 공사를 최단 기간 내에 끝내기 위해 제방의 안쪽과 바깥쪽 돌입히기를 비롯한 마감단계 공사를 추진하고 있음.

・로하간석지 건설사업소에서는 배수문공사에 역량을 집중하여 성과를 확대해나가고 있음.

・대계도간석지 내부망공사를 맡은 연합기업소에서는 돌입히기공사와 배수문공사를 완성하기 위해 노력하고 있음.

▶ 곽산간석지 2단계건설장에서 10만산(㎥) 대발파 진행 (로동신문 3.18) KREI 북한농업동향 제14권 제1호(2012. 4)

・곽산간석지 2단계건설장에서 15일 10만산(㎥) 대발파가 성과적으로 진행됨.

・평안북도간석지건설 연합기업소에서는 간석지제방공사에 필요한 돌과 흙을 원만히 보장하기 위한 목표를 세우고 발파준비를 하고 있음.

・로하간석지건설사업소의 청년건설자들은 하루 수십m씩 굴진을 하여 발파준비를 앞당기는데 기여함. ・10만산(㎥) 대발파를 성과적으로 진행한 일꾼, 건설자들은 6호, 7호 제방공사를 앞당겨 완공하기 위한 총돌격전을 벌이고 있음.

2) 내장도·內獐島

"그 옛날 노루 떼의 흔적은 사라지고"

[개괄] 평안북도 곽산군 천대리의 남쪽 바닷가에 있는 섬으로 옛날 노루가 많던 곳의 안쪽에 있다 하여 내장도라 하였다. 면적 1.85㎢, 둘레 8.52㎞이며 최고봉은 109m이다. 주변의 다른 섬들처럼 육지가 내려앉으면서 이루어진 섬이다. 기반암은 화강암이며 섬 중앙부분은 퇴적층이 덮이 평지대이다. 서쪽·북동쪽·남동쪽으로 뻗은 3개의 산능선 끝부분에 높이 66m·82m·109m의 낮은 봉우리가 솟아 있다. 곽산군은 해안선은 굴곡이 심한 리아스식 해안으로 간석지가 많아 좋은 항구는 드물고 간척사업이 활발히 진행되고 있다. 앞바다에는 내장도(內獐島)·운무도(雲霧島)·형제도(兄弟島)·갈도(葛島) 등

[네이버 지식백과] 내장도 [內獐島] (두산백과 두피디아, 두산백과)
北, 곽산간석지 2단계 건설 공사 준공

많은 도서가 산재한다.

산에는 소나무·참나무·개암나무·산초나무·싸리나무 등이 많이 자란다. 섬 기슭을 다라 바위들이 솟아 있으며 주변에는 넓은 간석지가 펼쳐져 있다. 이 일대에서는 겨울철에 북서풍의 영향을 많이 받으며 여름에 무더운 날씨가 지속된다. 섬 주변에는 밀물 때 숭어·망둥어·농어 등의 물고기들이 밀려든다. 주변에 펼쳐진 간석지 물곬에는 대합조개·개량조개가 많다. 현재 주민들이 거주하고 있으며 학교와 곽산수산사업소 분장이 들어서 있다.

▲ 식량 증산을 위해 간석지 개간에 총력을 기울이는 북한이 평안북도 월도 간척지 간척사업을 끝내고 990만 평에 달하는 새 땅을 확보했다고 밝혔다. 연합뉴스 제공

노컷뉴스 안윤석 대기자
2012-05-17 09:20

2012년 5월 16일 북한 매체들이 전하는 시가를 보면 다음과 같다.

"수 천m의 구간에 방조제를 쌓아 1,600정보의 간석지를 대지 바꿔"

북한이 평안북도 서해지역에 건설 중인 곽산간석지 2계단건설과 대계도간석지내부망공사가 완공돼 준공식을 16일 현지에서 가졌다고 하였다. 북한의 노동신문은 17일 "곽산간석지 2계단 건설과 대계도간석지 내부망공사가 완공돼 대규모의 농장에서 안전하게 농사를 짓고 양어와 양식을 할 수 있게 됐다고 보도했다. 노동신문은 "당 중앙위원회는 감사문에서 "영웅적 투쟁을 벌여 위대한 김일성 주석 100회 생일을 계기로 곽산간석지 2계단건설을 성과적으로 끝낸 전체 건설자들과 일군들, 과학자, 기술자들에게 뜨거운 감사를 보낸다"고 지적했다. 노동신문은 "대계도 간석지는 평안북도 관도와 달양도, 외장도와 내장도 등 여러 섬을 연결하는 수천m의 구간에 방조제를 쌓아 1,600정보의 간석지를 대지로 전변(바꾸는)시키는 혁혁한 성과를 이룩했다"고 전했다.

한편, 북한 조선중앙통신은 2010년 6월30일 기사를 통해 "북한에서 간석지 개간역사상 제일 큰 8,800정보의 대계도간석지건설이 완공됨으로써 서해 섬인 대다사도와 가차도, 소연동도, 대계도가 수십리 제방으로 연결돼 굴곡이 심하였던 평안북도 염주군, 철산군의 해안선이 대폭 줄어 들었다"고 말했다.통신은 또 "준공된 간석지에는 농장과 소금밭, 양어장이 새로 생겨나고 방조제의 덕으로 여러 군의 바다 농장과 마을에서 해일, 염기피해를 영원히 모르게 됐으며, 아득히 뻗어간 만년제방을 따라 염주군 다사노동자구로부터 철산군 장송노동자구까지 대륜환선도로가 형성됐다"고 설명했다. 대계도 간석지 규모와 공사량에서 서해갑문에 못지않으며, 모든 것이 부족하고 어려운 시기에 자연의 횡포한 광란을 길들이며 무에서 유를 창조한 세상에 없는 정신력의 대결 전이였다고 소개했다.

3) 대감도

"바닷새 보호구"

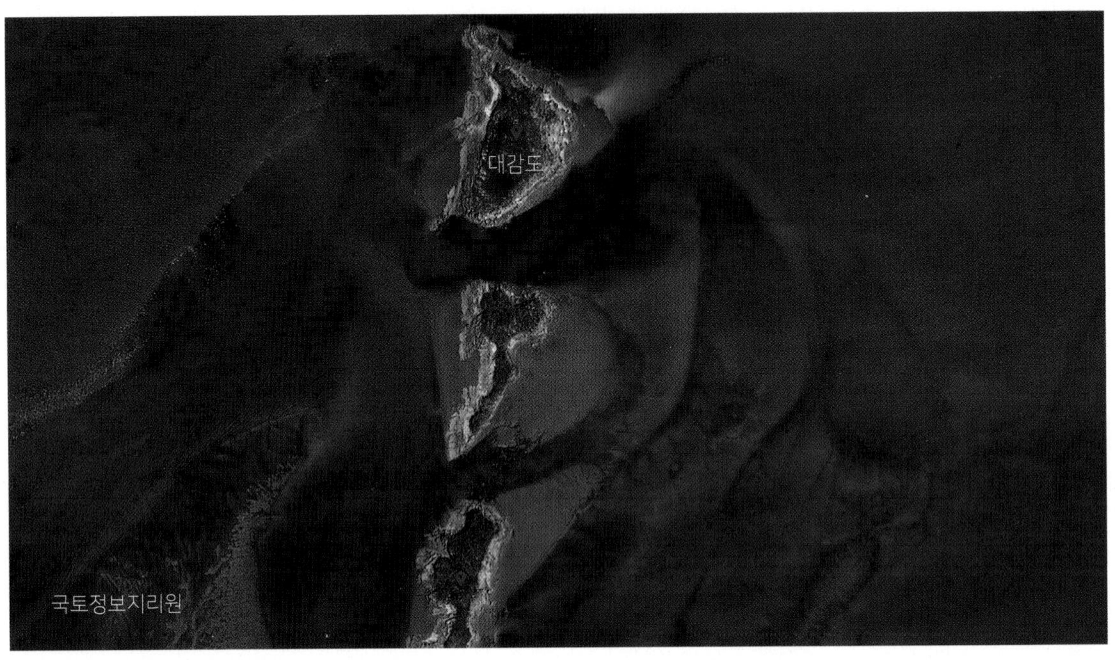

▲ 대감도에 있는 바다새 보호구.

[개괄] 대감도는 함성열도에 위치한 섬이다. 대감도는 1976년 10월 북한 바다새번식보호구로 지정되었으며, 1980년 1월 북한 천연기념물 제77호로 지정되었다. 섬은 육지로부터 약 10㎞ 지점에 있으며, 면적 0.016㎢, 둘레 1.35㎞이다. 섬에는 소나무·피나무·병꽃나무·떡갈나무·산초나무·싸리나무 등이 있다. 보호구에서는 희귀종인 저어새·노랑부리백로와 갈매기 등의 바다새들이 무리지어 서식하고 있다. 이 작은 섬에 노랑부리백로는 40~50쌍(1980년) 정도 번식하였다. 저어새는 해안 절벽의 바위틈에 둥지를 틀고 4~6개의 알을 낳으며, 3월에 이곳에서 새끼를 치고 10~11월에 겨울을 나기 위해 이동

[네이버 지식백과] 대감도 바다새번식보호구 (두산백과 두피디아, 두산백과)

▲ 뉴시스 제공

한다. 먹이는 각종 어류와 새우·골뱅이 등이다. 보호구에서는 생태적 특성 등을 연구하여 바닷새들을 보호하며 번식시키고 있다.

구글어스 사진을 보면 대감도는 무인도이지만 조업하는 어선들의 숫자가 모두 31척이 보인다. 그 만큼 대감도 근해의 바다가 황금 어장터인 것은 분명하다. 함성열도는 일렬로 20여개의 크고 작은 섬들이 있다. 이 섬들은 대부분 무인도이지만 우리의 생각에는 무인도는 쓸모없는 땅이라고 단정 쉽다. 그러나 꼭 그렇지 만은 않다. 무인도는 인간의 방해를 받지 않는 생태계의 최후의 보루이며 각종 식생들이 자란다. 특히 보이지 않지만 무인도는 바다에 사는 각종 고기들의 산란장이며 고기들의 집이다. 동해의 바다는 갯벌과 모래가 대부분이지만 황해는 갯벌과 모래와 함께 섬들의 천국으로 간만의 차이가 심하다.

그래서 서남해의 고기들이 더 맛있다고 말한다.

4) 묘도

"한국전쟁 당시 유격 백마부대의 탄생지"

[개괄] 묘도는 평안북도 곽산군 남부 해안에 있는 섬으로 주위에는 넓은 간석지가 펼쳐져 있다. 곽산군 앞바다에는 내장도, 외장도를 비롯하여 대감도, 소감도, 대감도, 묘도, 조도 등 58개의 섬이 있다. 기반암은 화강암과 화강편마암이며, 토양은 갈색산림토이다. 묘도 섬 둘레 1km, 면적은 0.086km2, 높이는 36m이다.

한국전쟁 당시 유격 백마부대의 탄생지

한국전쟁 당시 평안북도 정주군 일대의 청년들을 중심으로 편성됐던 유격 백마부대는, 대화도·애도·단도·암도 등을 거점으로 철산 반도 연안의 섬들을 방어하며 게릴라전을 전개했다. 중공군의 개입으로 유엔군이 후퇴할 때에는 피난민들 철수도 엄호했다. 묘도로 철수한 정주군 내 치안대원들은 후퇴 중인 육본 민간인 정보요원들과 함께 백마부대를 만들어 계속 싸우다가 1951년 5월에 서해안의 여러 유엔군 유격대 통합체인 동키부대의 제15연대로 개칭되었다.

▼ 어려운 시절 계란 나누기

[묘도에서 죽음을 각오한 혈전(血戰)]

“1950년 11월 22일 나는 이들을 통합해 부대를 편성하고 신의주 백마산성의 지명을 빌어 「백마」로 명명했어요. 나는 이날부터 대원들을 지휘, 일면 전투를 벌이며 피난민들과 부대를 묘도로 후퇴시킬 준비를 서둘렀지요. 광동 고지에 배치했던 고산면 치안대의 양도원 대장은 중공군의 포위망을 뚫고 나오다 낙오돼 자결하고 말았어요.
11월 25일 묘도로 후퇴한 우리 백마부대는 피난민들을 규합해 부대를 확장하고 주민들의 협조를 받아 자체훈련을 하며 무사히 월동했습니다. 학생과 간호사들이었던 10여 명의 여자 대원들도 남자들과 함께 훈련을 받았어요. 겨울에는 청천강에서 밀려 내려오는 얼음 때문에 작전은 못 했습니다. 가지고 있는 무기라곤 따발총 1백 30정과 경기 3정 밖에 없어 생각 끝에 1백 30여 명은 창을 만들어 무장시켰습니다.

1월 초 대전면 치안 대장이었던 최광조(전사) 동지를 육지로 내보내 전황을 알아봤더니 전선은 이미 수원까지 밀려 내려가 있더군요. 12월 중순 묘도 공격을 해오다 참패한 적은 포격으로 전멸시키겠으니 빨리 항복하라는 투항 권고문을 사람에게 휴대시켜 보냅니다. 적의 해안포 사격이 심해지고 식량마저 떨어져 우리는 51년 2월 24일 탈취해 놓은 북괴 합작사 배 40여 척을 이용해 피란민 5천여 명과 함께 초도로 내려왔어요.”

“유격진-백마부대 편”, 김응수 씨(당시 백마부대장·예비역 육군대위)
「중앙일보」 1972.7.6

5) 외장도·外獐島

"무에서 유를 창조한 간석지 개발 현장"

국토정보지리원

[개괄] 외장도(外獐島)는 평안북도 곽산군 해안선으로부터 남쪽으로 3.5km 떨어진 해상에 있는 섬이다. 면적 1,825㎢, 섬 둘레는 6km, 산 높이 131m이며 중부에 외장산이 우뚝 솟아 있고 북동 방향으로 능선이 뻗어 있다. 외장도의 토양은 갈색 산림토양이며 흙 깊이가 비교적 깊다. 섬에는 소나무, 참나무, 산초나무, 싸리나무 등이 분포되어 있다. 해안에는 넓은 간석지가 펼쳐져 있으며 주변에는 비교적 규모가 큰 내장도와 외장도를 비롯하여 와도·장도·판도·달양도·대염도 등이 있다. 주변 바다에는 철새들이 모여들고 조개류가 많으며 밀물 시기에는 섬 주변에 물고기들이 모여든다.

여의도 10배 '대계도 간석지' 완공, "무에서 유를 창조한 정신력의 대결전"

「통일뉴스」에 따르면, 2010년 6월 30일 북한 매체들은 간석지 개간 역사상 최대 규모인 대계도 간석지가 완공되었다는 소식을 일제히 보도했다.

"북한에서 간석지 개간 역사상 제일 큰 8,800정보의 대계도 간석지건설이 완공됨으로써 서해 섬인 대다사도와 가차도, 소연동도, 대계도가 수십리 제방으로 연결돼 굴곡이 심하였던 평안북도 염주군, 철산군의 해안선이 대폭 줄어들었다. 준공된 간석지에는 농장과 소금밭, 양어장이 새로 생겨나고 방조제의 덕으로 여러 군의 바다 농장과 마을에서 해일, 염기 피해를 영원히 모르게 됐으며, 아득히 뻗어간 만년 제방을 따라 염주군 다사 노동자구로부터 철산군 장송 노동지구까지 대균완신 노로가 형성됐다. 대계도 간석지는 그 규모와 공사량에서 서해갑문에 못지않으며, 모든 것이 부족하고 어려운 시기에 자연의 횡포한 광란을 길들이며 무에서 유를 창조한 세상에 없는 정신력의 대결전이었다."』

「조선중앙통신」, 2010년 6월 30일

또한 2012년 5월 17일, 북한 매체들은 "평안북도 서해지역에 건설 중인 곽산 간석지 2계단 건설과 대계도 간석지 내부망 공사가 완공돼 16일 현지에서 준공식을 가졌다."고 보도했다.

북한 노동신문은 "곽산 간석지 2계단 건설과 대계도 간석지 내부망공사 완공으로 대규모의 농장에서 안전하게 농사를 짓고 양어와 양식을 할 수 있게 됐다."고 보도하면서, "당 중앙위원회는 감사문에서 영웅적 투쟁을 벌여 위대한 김일성 주석 100회 생일을 계기로 곽산 간석지 2계단 건설을 성과적으로 끝낸 전체 건설자들과 일군들, 과학자, 기술자들에게 뜨거운 감사를 보낸다." 고 전했다. 아울러 "대계도 간석지는 평안북도 관도와 달양도, 외장도와 내장도 등 여러 섬을 연결하는 수천m의 구간에 방조제를 쌓아 1,600정보의 간석지를 대지로 전변(바꾸는)시키는 혁혁한 성과를 이룩했다"라고 전했다.

[북한의 교육제도, “학교가 학생을 찾아간다”]

북한의 교육제도는 유치원 1년, 소학교 5년, 초급중학교 3년, 고급중학교 3년의 12년제 의무교육 과정을 택하고 있다. 2019년 2월 18일, 북한 매체 〈조선의 오늘〉은 “학교가 학생을 찾아간다.”는 프로그램을 통해 북한 교육제도의 우월성을 소개했다.

“우리 공화국에서 불과 3~4명의 어린이가 있는 산간마을이나 평안북도의 수운도와 선천군의 랍도, 철산군의 탄도, 가도, 곽산군의 외장도와 같은 외진 섬마을에도 정규적 교육체계와 조건이 충분히 갖추어진 학교가 세워져 운영되고 있다.

해마다 섬마을 분교에는 뭍의 아이들처럼 마음껏 공부할 수 있도록 선물과 교구비품, 학용품들을 실은 비행기가 때 없이 하늘 길을 날고, 육지에는 평범한 근로자들의 자녀들을 위해 전용통학 열차, 통학 배, 통학버스들이 달리고 있다.

세계의 모든 나라가 교육을 중시하지만 교육 부문에 대한 엄청난 지출을 100% 국가가 부담하면서 몇몇 안 되는 학생들을 위해 분교까지 세워주는 공화국의 현실 앞에 세상 사람들이 부러움과 찬탄을 금치 못하는 것은 결코 우연한 것이 아니다.”

「자주시보」, 2019.2.18

▲ 북의 통학버스, 그리고 그 안에서 노래를 부르는 아이들, 「자주시보」

▼ 섬 분교에 아이들을 위해 학용품을 싣고 오는 헬기, 「자주시보」

▲ 병원에 입원한 아이들을 위해 '병원에도 학교가 있다'고 소개, 「자주시보」

6) 운무도·雲霧島

"구름과 안개가 품고 있는 저어새들의 천국"

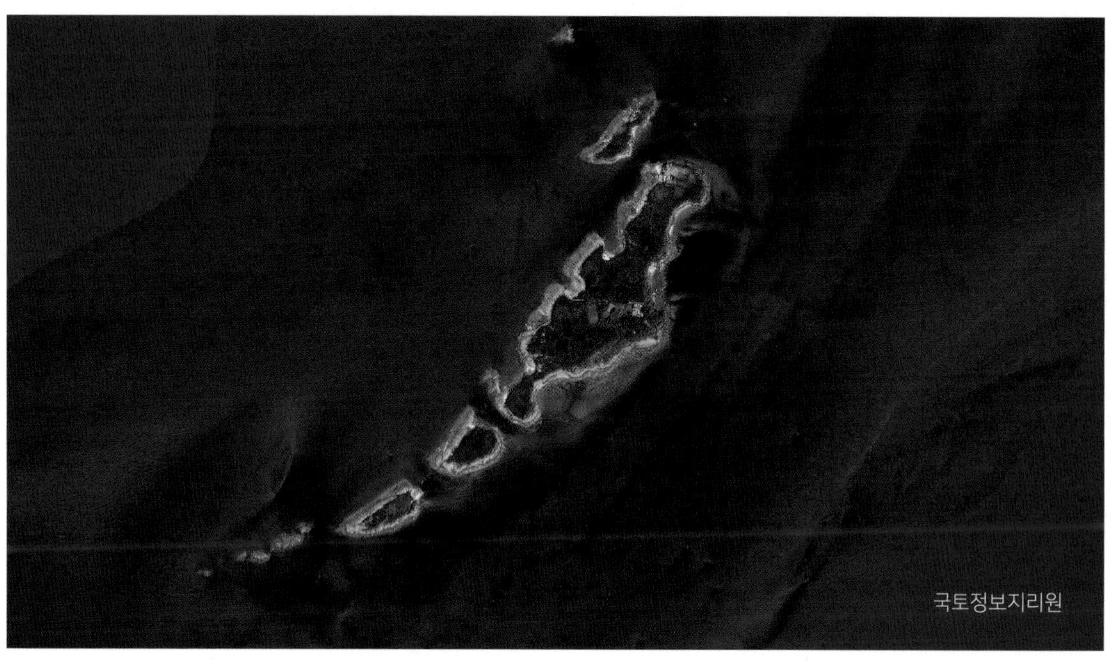

국토정보지리원

[개괄] 운무도는 평안북도 곽산군 외장도리에서 약 12.5km 떨어져 있는 섬이다. 섬 주변에는 넓은 간석지가 형성되어 있으며 바지락, 굴을 비롯한 조개류들이 많이 서식한다. 운무도 주변에는 10여 개의 작은 섬들이 있는데, 이 섬들을 통틀어 운무열도라고 한다.

운무도는 늘 구름과 안개에 싸여 있어 운무도라 하였으며 큰우물 섬이라고도 한다. 면적은 0.39㎢, 높이는 44m, 너비는 0.5km, 둘레는 3.99km이다. 섬에는 낮은 산이 있고 그 둘레에는 크고 작은 여러 개의 섬이 줄지어 있다. 섬의 기반암은 화강편마암과 화강암으로 되어있다. 북동~남서 방향으로 뻗은 산릉선을 분수령으로 하여 동쪽 경사면은 물매가 급하고 서쪽 경사면은 물매가 느리다. 동쪽 기슭은 절벽해안이며, 섬의 북쪽은 비탈져 있고 남쪽은 벼랑으로 경치가 아름답다.

바닷새번식보호구역으로 지정돼

운무도는 1976년 10월, 북한 정무원 결정 제55호에 의하여 천연기념물 제76호인 바닷새번식보호구로 지정되었다. 이곳에서는 갈매기, 저어새, 왜가리, 검은머리물떼새들이 알을 낳고 새끼를 친다. 저어새는 북한 서해의 섬들에서 주로 번식한다.

『저어새라는 이름은 먹이를 찾을 때 감탕에 부리를 박고 "작은 것이건 큰 것이건 아무것이나 걸려라"라는 식으로 넓죽한 부리를 저어 걸리는 것들을 잡아먹는다는 데에서 지어진 이름이라고 전해진다. 저어새는 여름새로서 온몸은 백색이고 다리는 흑색이며 부리는 황색이다. 이마와 아래턱에는 흑색의 드러난 부분이 있다.

이 새는 낭떠러지의 바위틈과 오목한 곳에 마른 나뭇가지나 풀로 둥지를 만들고 4~6개의 알을 낳는다. 알은 연한 하늘색을 띤다. 저어새는 3월부터 10~11월까지 새끼를 치며 주로 새우, 갈게, 골뱅이 등 여러 가지 동물들과 작은 물고기들을 잡아먹는다.

운무도의 주변에 있는 섬들에서도 저어새를 비롯한 새들이 모여 새끼를 친다. 바닷새들을 보호하고 그 수량을 늘리기 위하여 보호구에서는 바닷새의 알을 줍거나 바닷새들이 서식지를 파괴하거나 새끼들에게 해를 주는 일이 없도록 보호 관리 사업을 잘하고 있다. 특히 번식기에 새들이 안전하게 새끼를 칠 수 있도록 유리한 조건을 조성해 주고 있다.

참고로 평안북도 앞바다의 랍도, 묵이도, 소감도, 대감도와 평안남도 앞바다의 덕도 등은 세계적인 보호 대상 조류인 노랑부리백로와 저어새의 번식지가 되고 있다.』

「한국민족문화대백과사전」, 한국학중앙연구원

북한 중앙방송에 따르면, 세계적 보호 조류인 저어새가 북한의 서해안 지역에서 약 200마리 관측됐다. 북한은 저어새가 많이 찾아오는 평남 온천군 금성리 덕도 일대를 '덕보바다새 번식지'(천연기념물 등록번호 제37호)로 지정 관리하고 있으며 이외에도 검은 낯 저어새가 번식하는 운무도바다새 번식지(제76호, 평북 정주시)도 보호지역으로 지정 관리하고 있다. 남한에도 1998년 제주도 하도리와 성산리 등 두 월동지에서 25마리가 발견됐었으며 천연기념물 제205호로 지정 보호하고 있다.

세계적 보호조류인 저어새 200마리 관측

조선 중앙방송은 조류학자들의 조사자료를 인용, "공화국 북반부 지역에 날아와 번식하는 저어새 마리수가 해마다 늘어나고 있다."면서 "지난 '97, '98년 공화국 북반부 지역에 날아와 여름을 보내며 새끼를 번식한 저어새는 근 200마리나 됐다."고 밝혔다.

북한 서해안 지역으로 날아드는 저어새는 "개성시 판문군 조강리에서 중국과 압록강을 사이에 두고 있는 평북 용천군 덕승리에 이르기까지 서해안 17개 군, 30여개 리에 속하는 수많은 섬에 서식하고 있다."고 이 방송은 소개했다. 이 방송은 "서해안 일대에는 강남에가 겨울을 난 철새들이 날아와 깃들고 있으며 세계적으로 희귀한 저어새의 아름다운 모습도 보인다."고 지적, 저어새가 북한 서해안 지역에서 여름을 보내기 위해 벌써 찾아왔음을 전했다.

저어새는 9월 말에서 10월 초 남쪽으로 날아가 중국의 홍콩과 베트남 필리핀 일본 등지에서 겨울을 난 후 5월께 한반도 서해안의 무인도에 날아와 번식하는 철새로, 지난해 세계적으로 6백여 마리가 관측됐었다.』

「연합뉴스」 1999.5.12

평화통일 매거진
'하늘엔 철조망이 없다'
남북 습지·철새 환경 협력

▲ dmz을 마음대로 드나드는 철새들, 민주평화통일자문회의 제공

[운무도의 한·미 합동첩보 비화 <6006부대>]

38선 이북 동해와 서해의 수많은 섬 치고 6·25동란 때 특수해상 도서작전에 참가한 용사들의 발길이 닿지 않은 곳이 없다. 육지의 전선은 훨씬 밑으로 처져있었으나 바다에서는 평북 신의주와 함북 성진 앞바다까지 들어가 항상 적의 목줄기에 예리한 칼끝을 들이대고 있었다.

많은 섬 중 6006부대와 공군 특무부대가 주둔하고 있었던 곳은 동해 양도, 마양도, 여도와 서해 신미도, 운무도, 화도, 호도, 석도, 초도, 백령도, 대청도, 소청도, 어화도, 대연평도, 우도 등이었다. 우리는 6006부대와 같이 '51년 봄부터 '53년 「클라크」 장군이 판문점에서 정전협정에 「사인」 할 때까지 이 섬들을 기지로 수 없는 특수 활동을 벌여왔다. (중략)

운무도는 개천, 영유, 신안주, 박천 등지에 대한 특수공작을 실시하는데 절대 필요한 요지였다. 해발 10여 m밖에 안 되는 무인도인 바위섬에서 우리는 항상 위장 「텐트」 를 치고 있었다. 적 MIG기가 공중에 떠 있었기 때문에 불도 못 때고 담배도 피우지 못하는 고통스러운 작전이었지만 그물로 잡은 새우에 고추마늘 소금을 얼버무려 만든 새우젓이 꿀맛 같았다. 지금도 그 맛이 잊히지 않는다.

「중앙일보」, 1971.8.9

7) 장도

"간척지 개발로 주위에 거대한 땅과 호수"

국토정보지리원

[개괄] 장도는 평안북도 곽산군 천대리 와도 남쪽에 있는 섬. 함성열도에 속하는 작은 섬이다. 남북으로 길게 놓여 있다. 긴이 섬이라고도 한다. 장도는 노루처럼 생긴 섬이 있는 마을이라 하여 장도동이라 개칭하였다.

면적 0.12.4㎢, 섬둘레 2.25km, 산높이 32m이다. 현재 연륙으로 인하여 육지화 되었고 주위에는 거대한 농사를 지을 수 있는 간척된 땅을 확보하였다.

장도는 입지 조건이 좋아서 양쪽에 거대한 담수화 시설로 농사철에 물을 대 주는 역할을 한다. 구글 위성사진으로 보면 거대한 창고 같은 건물들이 여러 개 있는 것으로 농사를 짓고 난 다음 곡식을 보관하는 창고로 사용하는 것 같다. 장도는 곽산 - 정주 지구간척사업의 시작점으로 장도, 관도, 염도,

달랑도, 외장도, 내장도로 이어진 다음 거대한 농토를 확보하였다.

곽산-정주지구간석지의 섬 분포특성

곽산-정주지구간석지에는 장도, 관도, 달랑도, 내장도, 외장도, 애도, 함성열도를 비롯한 100여 개의 크고 작은 섬들이 널려 있었는데 간석지 개간과 함께 10개의 섬들은 이미 육지와 연결되었다. 이 섬들은 대부분이 시생대-하부원생대의 화강편마암과 화강암으로 되여 있고 동래강어구에서 사송강 어구에 이르는 일부 지역에는 편마암기반 우에 규암이 나타나고 있다. 이 규암맥은 소함성열도와 함성열도, 운무도에까지 뻗어 있다. 그리고 천대반도와 내장도, 외장도, 애도 등의 큰 섬들과 그 부근의 작은 섬들에는 화강편마암, 화강암, 각섬석 등이 분포되어 있다. 소함성열도와 함성열도, 외장도, 윤소리도, 애도, 지도, 삼월도, 왁섬들은 간석지 방조제 건설의 주요 지탱 점으로서 그리고 달양도와 내장도, 윤소리도, 애도는 채석지로서 의의가 크다.

<표> 북한의 노랑부리백로 분포 및 개체 수

번호	섬이름	둘레길이(㎞)	면적(정보)	높이(m)
1	장도	2.25	12.4	32
2	관도	1.82	12.7	37
3	염도	0.47	1.8	17
4	달양도	3.09	13.2	43
5	대염도	2.93	22.7	42
6	중도	0.69	4.2	27
7	대감도	1.35	6.2	40
8	소감도	1.94	11.6	31
9	운무도	3.99	39.1	44
10	내장도	8.52	187.4	109
11	외장도	10.41	190.6	131
12	윤소리도	1.72	5.1	27
13	애도	8.45	154.6	74
14	삼별도	0.65	1.8	31
15	갈도	2.15	12.5	54
16	외순도	1.34	5.5	31
17	지도	1.96	17.4	54
18	삼월도	0.63	1.9	31
19	왁섬	0.22	0.3	12

[네이버 지식백과] 곽산-정주지구의 자연지리적 특징 (북한지리정보: 간석지, 1988., 북한지리정보: 간석지)방조제 예정선에 가까운 주요섬들

02. 염주군

1) 다사도·多獅島

"압록강 하구 3항 중 유일한 부동항(不凍港)"

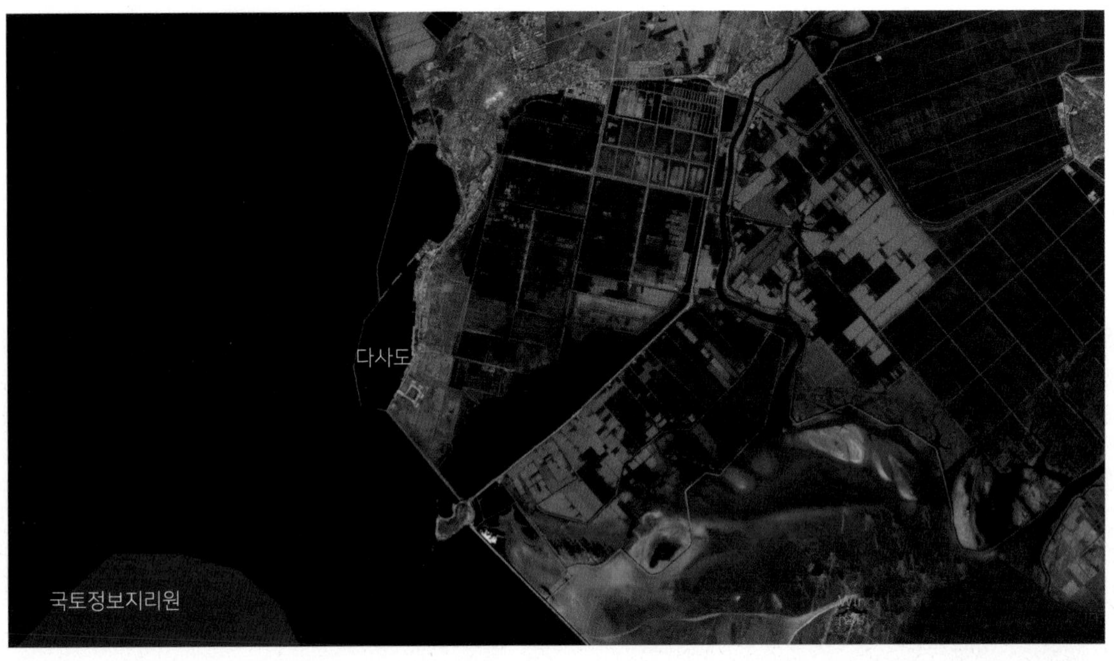

[개괄] 다사도(多獅島)는 압록강의 남쪽 하구 가까이 위치한 섬이다. 평안북도 염주군 간석지에 둘러싸인 작은 섬으로, 대(大) 다사도와 소(小) 다사도로 나누어져 있다. 대 다사도는 면적 약 0.2㎢, 해안선 길이 약 2.5㎞이고, 소 다사도는 면적 약 0.05㎢, 해안선 길이는 약 700m이다. 러일전쟁 때 일본군이 상륙한 전략상의 요지였으며 일본군의 병참기지가 설치된 곳이었다. 해방 후 북한에서는 해안선에서 3~4㎞ 가까이 간척공사를 한 곳도 있어서 다사도 항의 대부분이 내륙 지방으로 묻히고 말았다. 그러나 일부 시설은 그대로 남아 항만기능은 유지하고 있다.

다사도 명칭 유래는 다음과 같다. 압록강의 흐름으로 운반된 토사(土砂)가 북서 계절풍에 밀린 서해의 파도에 의

해서 퇴적된 사주(砂洲)라는 의미에서 다사도(多砂島, 또는 多沙島)라 하던 것인데 다사도(多獅島)로 바뀌었다. 《동국여지승람》에는 사자도(獅子島)·사위포(沙爲浦)로 기록되어 있다.[38]

압록강 하구 3항 중 유일한 부동항(不凍港)

신의주·용암포·다사도 항은 압록강 하구의 3항이다. 3항 중 다사도 항이 역사 무대에 처음 등장한 시기는 청·일 전쟁과 러·일 전쟁이었다. 러·일 전쟁 당시 다사도 항은 일본군이 상륙한 전략적인 요지였으며, 일본군은 이 섬에 병참기지를 설치하였다. 3항 가운데 신의주와 용암포항은 겨울철에 워낙 추운 곳이라 압록강이 얼어붙고, 동시에 압록강에서 흘러내리는 유빙(流氷)으로 선박의 출입이 자유롭지 못했다. 특히 신의주항은 겨울철 결빙과 퇴적층이 쌓여서 수심이 깊지 않고 큰 선박들의 출입이 어려웠다. 반면에 다사도 항은 사계절 항만을 이용할 수 있는 부동항(不凍港)이었다.

북한의 서해안은 물이 빠지면 거대한 갯벌 천지로 변한다. 조선 시대에는 이 갯벌 지역에 소규모 간척사업이 진행되어 오다가, 일제 강점기부터 다사도 일대를 중심으로 대규모 간척사업이 이루어졌다. 다사도는 1940년경부터 부동항으로 인정되면서 본격적인 축항공사(築港工事)를 시작하여 대 다사도와 소 다사도를 제방으로 연결, 육계도(陸繫島)[39]로 만들었다.

즉, 다사도에 가까운 육지인 곽곶부리(郭串嘴)에서 약 500m 떨어진 소 다사도까지, 소 다사도에서 약 2㎞ 거리의 대 다사도 사이에 인공적인 육계도를 만들고 제방을 쌓았다. 이 제방은 화물선이 그대로 접안할 수 있는 부두로 이용되는데 3,000~6,000t급의 큰 선박이 정박할 수 있게 개발하여 관서지방 유일의 부동항이 되었다.[40]

다사도에 소금밭이 건설된다.

38) 「한국민족문화대백과사전」

39) 陸繫島(land-tied island). 섬과 육지 사이의 얕은 바다에 모래가 퇴적하여 사주를 만들어 연결되는 섬을 육계도라 하며, 사주는 육계사주라 한다. 「두산백과」

40) 「한국민족문화대백과사전」

1987, 12,30, 민주조선 전경봉 기자

이번에 대계도 간석지에 큰 규모의 소금밭이 새로 건설되었다. 당에서는 평안북도에서 소금밭을 많이 건설하여 늘어나는 소금 수효를 도 자체로 충족시킬 수 있도록 도내 각 시,군에서 달려온 청년 건설자들이 모여 들었다. 소금밭이 건설되는 염주군 다사도에서 결의 모임을 가지고 소금밭 건설에 나섰다. 소금밭 건설이 완공되면 평안북도내 인민 경제 여러 부분과 인민 생활에 필요한 소금 수요를 웬만히 보장하게 된다. 소금밭 건설에는 시, 군, 청년 돌격대들이 총 동원하여 공사 속도를 높였다. 청년들은 작업을 착수한 첫날에 벌써 수로파기 450미터, 둑쌓기 320미터, 5정보의 지대정리를 해제끼는 혁신적 성과를 이룩하였다. 청년 건설자들은 공사 시작 2일 만에 4,000여 미터의 수로를 파고 3,500미터의 둑을 쌓고 한편 1,2증발지 30정보를 조성하는 자랑할 만한 성과를 이룩하였다. 그래서 매일같이 150% 이상의 능률을 올리었다. 청년 돌격대들은 불타는 충성심에 의하여 짧은 기간에 방대한 작업량을 완성하여 1단계 공사를 드디어 끝내고 그 기세로 2단계 공사를 앞당겨 끝내기 위해 전투 준비를 적극 추진하고 있다. 이제 이 소금밭이 완성되어서 소금 생산이 늘어나면 화학 공업을 비롯하여 인민 경제 여러 부분을 빨리 발전시키는데 큰 의의를 가지게 될 것이다.

03. 선천군

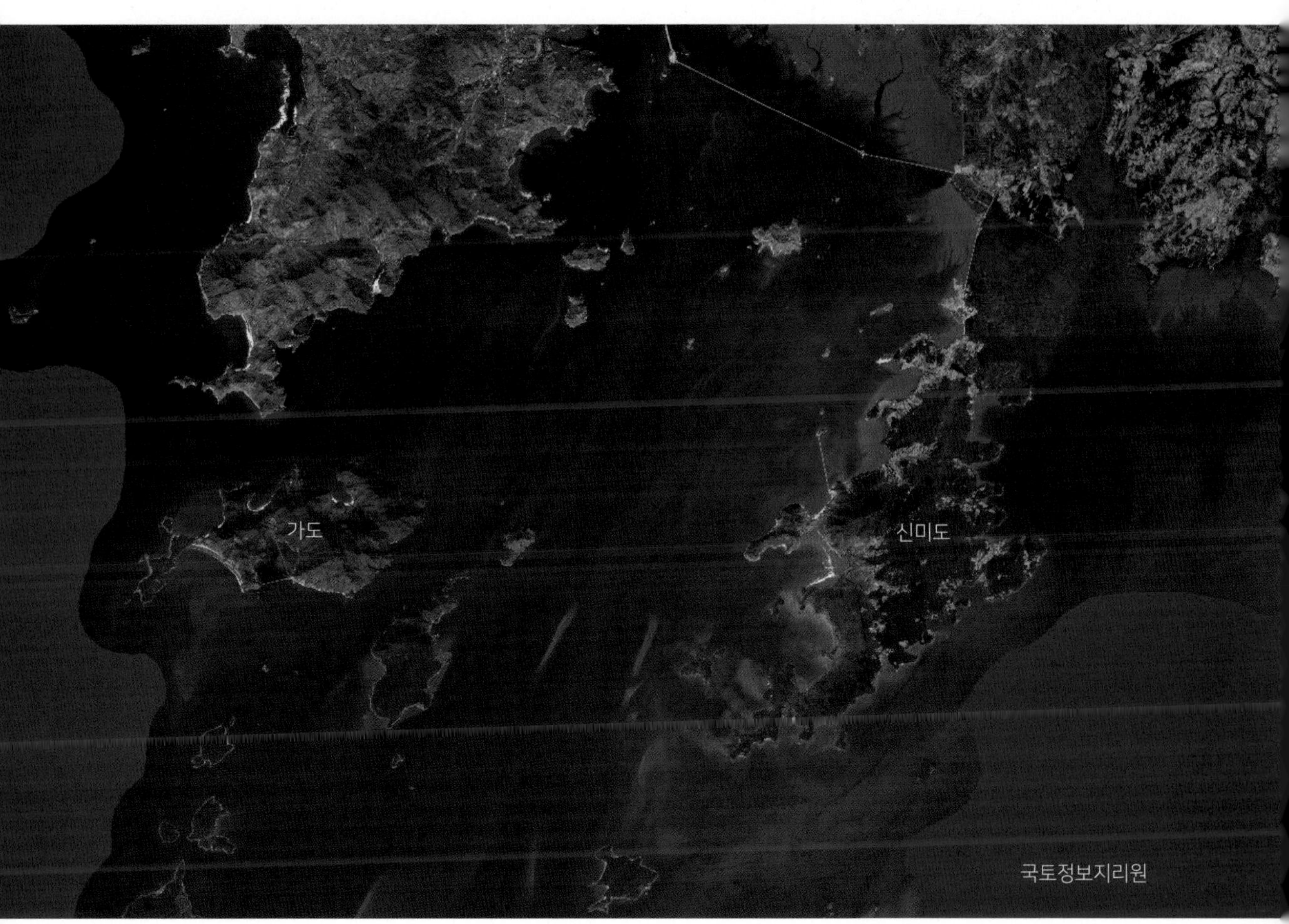

1) 나비섬

"나비처럼 생겨 나비 섬이라네"

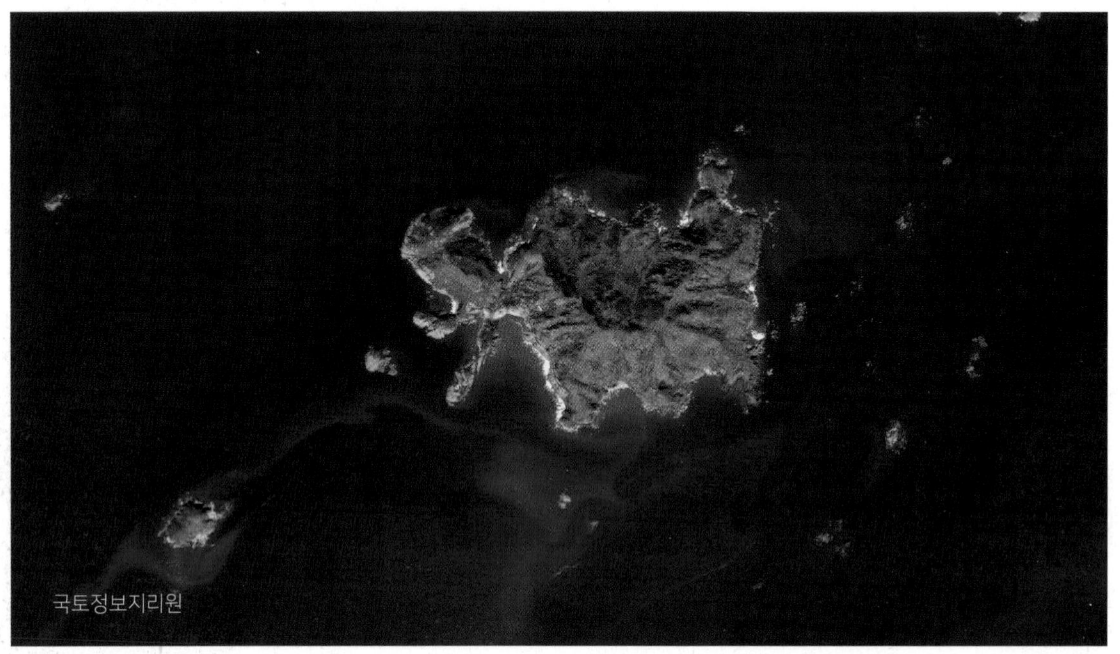

[개괄] 나비 섬은 평안북도 선천군 원봉리 해안에서 남쪽으로 6.8km 떨어진 바다에 있다. 동서길이는 1.6km, 너비(남북)는 1.0km, 둘레는 6.95km, 면적은 1.018km2, 해발은 97m이다. 나비처럼 생겼으며 접도라고도 부른다.구성암석은 화강암이며 그 위에 갈색산림토양이 덮여 있다. 섬에서는 소나무, 떡갈나무, 싸리나무 등나무들이 수림을 이루고 있으며 이밖에 한해살이식물들이 자란다. 섬기슭의 돌출부에는 너럭바위들이 깔려 있고 만입부에 사니가 쌓여 있다. 섬 주변에는 간석지가 넓게 분포되어 있고 서쪽에는 청강 어구와 잇닿은 넓은 물곬이 이루어져 있으며 1km 거리 내에는 섬바위, 큰매륵도

[네이버 지식백과] (조선향토대백과, 2008., 평화문제연구소)

를 비롯하여 14개의 바위섬들이 있다. 밀물 때에는 섬 주변바다에 숭어, 민어, 망둥어 등 어류들이 밀려든다. 섬에는 정묘호란 때 백이충을 비롯한 청장년들이 이 섬을 근거지로 의병을 조직하고 의주의 차례항 부대와의 연합작전을 통하여 외래침략을 반대한 투쟁이야기가 깃들어 있다.

나비 섬은 신미도 남쪽에 있는데 바닷새 번식보호구이며, 꼬리 갈매기·바다 뿔 주둥이·호군이꽉새·가마우지 등의 희귀조류가 서식한다. 나비섬 주위에는 지도·월자도·아도·묵도 등의 크고 작은 섬에서는 조기·갈치·황석어·전어·낙지 등의 어류와 홍합·바지락 등의 조개류가 많이 잡힌다. 일부 지역에서는 약간의 제염업도 이루어진다. 경의선과 경의 가도에서 멀리 벗어난 지역으로 육상교통은 불편하지만, 해상교통은 편리한 편이다. 41)

41) 「조선향토대백과」, 평화문제연구소 2008

2) 납도

"절해고도, 분교 선생과 등대지기의 삶"

국토정보지리원

[개괄] 납도는 평안북도 선천군 운종리에서 서남 방향으로 약 45km 떨어져 있는 외진 섬으로 동서길이 750m, 너비 450m이고 둘레는 약 2km, 해발 76m이다. 이곳은 북한의 대표적인 바닷새 번식지로, 1980년 1월 국가 자연보호연맹에 의하여 천연기념물 제71호로 지정되어 보호 관리되고 있다.

납도에는 주로 쑥과 갈대가 있고 이외 약간의 관목이 분포되어 있다. 섬에서는 수만 마리의 갈매기와 노랑부리백로, 뿔 주둥이, 슴새, 바다가마우지, 쇠가마우지, 바다오리를 비롯하여 약 10여 종의 해조류들이 번식한다. 평퍼짐한 곳에는 갈매기들이 둥지를 틀고 산의 경사면에는 슴새, 뿔 주둥이가 구멍을 뚫고 산다. 이 번식지에서 기본적인 보호 대상은 갈매기다. 42)

42) 「조선향토대백과」, 평화문제연구소 2008

▲ 평안북도 선천군 납도의 갈매기떼, 「국립중앙박물관」 소장

『북한은 평안북도 선천군 납도와 정주시 운무도·대감도, 철산군 참차도, 평남 온천군 덕섬, 나진 - 선봉시 선봉군 알섬, 강원도 통천군 알섬과 원산시 대도 등 8개 지구를 바닷새보호지구로 지정 보호하고 있다. 이외에도 백로 및 왜가리 번식보호지구 9개소, 수산자원 보호구는 양화밥조개 보호구·낙원생복 보호구·호도반도자연굴 보호구·동계 수산천어 보호구 등 4곳을 지정해서 관리하고 있다. 이러한 북한의 자연 보호구는 국토 총 면적의 9.86%를 차지한다.』

박태훈 외 1986

[납도는 새들의 천국이자, 전투의 격전지]

1952년 2월 하순 평북 철산군 백량면 대화도 동남쪽 해상의 무인도인 납섬에 북한군 1개 소대가 진주하여 해안을 경비하고 있다는 정보를 입수했다. (중략)

납도는 39도선 이북지역에 위치해서, 6·25 당시 늘 북한군과 중공군의 기습 가능성이 있었기 때문에 유엔군의 보호를 받았다. 육지와 너무나 멀리 떨어진 이 섬에는 새들의 천국으로 생태계가 살아있는 곳이었다. 그뿐만 아니라 어선들이 오면 한배 가득히 고기를 잡을 수 있는 황금 어장터가 바로 납도였다.

「한국전쟁의 유격전사」, 국방부 군사편찬연구소 2003

알려지지 않은 '공군 기상반'의 납도 활약상

38도선 주변에서 한 치의 땅이라도 더 차지하기 위해 피를 피로 씻는 치열한 격전이 치러지던 1951년 말엽. 전선에서 북쪽으로 160㎞ 이상 깊숙이 들어간 평안북도 철산군 앞바다의 납섬(납도)에서는 공군 기상대원들이 은밀한 비밀임무를 수행하고 있었다. 이 이야기는 6·25전쟁 기상반 참전용사의 증언을 토대로 납섬의 풍향 관측 작전을 재구성한 것이다.

6·25전쟁이 발발한 후 대부분의 기상반 요원들은 임무 특성상 주로 후방의 비행장에서 복무했기 때문에 "인민군 얼굴을 본 일이 없다"라고 말하는 참전용사들도 많지만, 최전선에서 손에 땀을 쥐는 경험을 한 이들도 있다.

1952년 어느 날. 어렴풋한 달빛 가운데 검은색 쾌속정이 빠른 속도로 북한이 점령하고 있는 평안북도 선천군 앞바다를 가르고 있었다. 이 보트에 타고 있는 공군 기상반원들의 목적지는 신의주의 불빛도 보인다는 '납섬'이었다. 섬에 도착한 이들은, 1분마다 신호음이 들리는 헤드폰을 끼고 분 단위로 측정한 고도와 방위각을 부르고 이를 받아 적는 작업을 동이 트기 전까지 수 시간 동안 계속했다.

큰 서식을 가득 채울 만큼 많은 정보를 기록한 이들은 다시 쾌속정의 시동을 걸고 기지가 마련돼 있는 초도로 향했다. 일출과 함께 기지에 도착한 이들은 고도와 방위각을 통해 북한 북서부 지역의 고도별 풍향을 기록한 뒤 이를 미 5공 군사령부에 보고하고 그날의 임무를 마쳤다.

여기서 얻은 기상 데이터는 미 공군의 조종사 구출 작전을 위한 요긴한 자료로 사용됐다. 이 지역에서 격추된 미군 항공기 조종사들이 낙하산으로 탈출했을 때 어느 지점에 떨어질지를 예측하기 위해서는 납섬에서 수집한 고도별 풍향 자료가 반드시 필요했기 때문이다.납섬에서 임무를 수행한 기상반 요원들은 휴전이 체결될 때까지 2년여의 기간 동안 항공기가 뜨지 못하는 악기상일 때를 제외하고는 매일 밤 납섬을 찾았다. 대부분 요원이 풍토병으로 피부병을 앓는 등 건강이 악화했으며, 기상단 공식 기록에 따르면 납섬 임무 수행 중 시력을 완전히 잃은 이도 있었다고 한다.6·25전쟁 동안 공군 기상반 요원들은 오늘날과 크게 다르지 않은 기상정보 지원으로 우리 공군 전투기들의 활약을 든든히 뒷받침했다. 북서풍이 불 때는 화공을 위해 네이팜탄으로 무장을 준비하는 등 기상 반원들이 제공한 정보를 활용해 조종사들은 승기를 잡기도 하고, 소중한 생명을 지키기도 했다. 43)

섬마을 납도 분교의 참된 여성 혁명가

노동신문 2017년 8월 4일. 이남호 기자

납도는 조국의 지도 위에 하나의 작은 점으로 찍혀진 섬이다. 평안북도 안에 수백 개의 섬들 중에서 뭍과 제일 멀리 떨어져 있는 이 외진 섬에 우리의 주인공이 살고 있다. 이름은 인정순, 직업은 평북종합대학 교원대학교 소학교 납도 분교 교원이다. 그가 지켜선 교정은 넓지 않고 그가 서 있는 교단은 높지 않다. 그러나 우리는 인적없던 무인도에 분교가 선 때로부터 지난 20년 세월 파도 소리와 갈매기 울음소리만이 들려오는 조국의 한 끝 외진 섬이어도 누가 보건 말건, 알아주건 말건 후대 교육 사업에 깨끗한 양심과 열정을 아낌없이 바쳐가고 있는 한 평범한 여자 교원의 모습을 통하여 우리는 다시 한 번 심장 깊이 절감하게 된다.

교단은 순간도 비울 수 없다.

지금으로부터 22년 전 어느 날 깊은 밤 한 여인이 지도를 펼쳐 든채 책상 앞에 마주 앉았다. 신의주교원대학교 부속 인민학교 당시 교원 인정순 선생이었다. 그는 지도에서 어느 한 섬을 찾고 있는 중이었다. 한참만에야 자그마한 점과 함께 납도라는 글자가 눈앞에 밟혀왔다. 그의 머리에서는 함께 퇴근길에 올랐던 교장이 얼마 전 국가적인 조치에 의해 무인도였던 납도에 등대가 새로 서고 등대원들의 자녀들을 위한 분교가 서게 된다는 사실을 이야기

43) 「국방일보」 2012.6.25

하였다. 그런데 납도 분교에 자원 진출한 대학 졸업생 처녀가 며칠 전 급병으로 큰 수술을 받았는데 회복되려면 몇 달을 걸려야 한다는 말이 좀처럼 사라질 줄 몰랐다. 인정순 선생은 마음을 진정 할 수 없었다. 잠자리에 들었지만 왜서인지 정신이 새록새록 맑아지며 쉬이 잠들 수 없었다. 그는 자리를 차고 일어나 지도를 펼쳐 들고 또 다시 납도를 찾아보았다. 그러나 인정순 선생은 그날 밤도 남편에게 끝내 말 할 수 없었다. 남편이 자기 공장을 얼마나 사랑하고 있는지, 열 살 안팎의 어린 영일이와 영현이까지 모두 데리고 정든 곳을 떠나 외진 섬으로 들어간다는 것이 무엇을 의미하는지 모르는 바가 아니기에 섬분교 교원으로 가는 것이 선뜻 결심을 내릴 수 없는 입장이었다. 그래서 남편을 설득하고 또 설득하여 마침내 허락을 받아냈다.

다음 날 인정순 선생은 아침 일찍 학교로 출근하여 교장실에 들어섰다. 이윽고 나직한 목소리로 〈제가 납도에 가겠습니다〉 이렇게 해서 인정순 선생은 머나먼 섬분교에 교원이 되었다. 그가 부모 형제들과 학교 교원들의 작별 인사를 받으며 섬으로 들어가던 때는 온 나라가 허리띠를 졸라매던 어려운 시기였다. 그러나 그는 평범한 가정에서 나서 자란 자기를 먹여주고 입혀 주시고 대학공부까지 시켜준 어머니 당의 고마운 사랑에 조금이나마 보답하기 위해서였다. 조국의 미래를 책임 진 교육자의 한 사람으로서 순간이나마 교단이 비어 있는 현실을 외면 할 수 없기에 누구나 쉽게는 할 수 없는 결단을 내렸던 것이다.

분교에서 교원 생활 첫 시기 인정순 동무는 섬마을 아이들이 너무나 꿈만 같은 영광과 행복을 받아 안게 되었다. 아이들의 교수교양에 필요한 것들이 원만히 갖추어진 아늑하고 정갈한 교실과 교편물실 비록 크지는 못해도 바위 돌을 깎아 넓히고 다듬은 터전에 철봉이며 평행 대, 너비 뛰기 장까지 갖추어 놓은 운동장 그리고 딸기와 참외, 무우와 배추, 강냉이와 콩을 비롯하여 육지에서 나는 여러 가지 채소와 알곡을 심어 가꾸어 분교 아이들에게 자연에 대한 산지식을 주었다. 인정순 선생은 오늘의 납도 분교의 교육 조건과 환경 물질 기술적 토대는 서해의 수많은 섬 분교들 가운데서 당당히 앞자리를 차지하고 있게 만들었다.

방학이 되면 인정순 선생은 가족과 함께 육지 나들이를 한다. 그런데 어느 날 뭍으로 나왔던 인정순 선생과 학생들이 강추위에 뱃길이 막혀 개학날이 가까워도 섬으로 들어가지 못하고 있다는 사실을 알고 당은 친히 직승 비행기(헬리콥터)를 보내 주었다. 꿈 아닌 현실 앞에서 인정순 선생은 학생들은 물론 섬마을 모두가 크나큰 감격과 행복에 겨워 목청껏 만세를 불렀다. 섬 분교 학생들을 위해 사랑의 직승비행기(헬리콥터)는 조국의 미래를 위한 성스러운 교단은 한 순간도 비어서는 안 된다는 당의 당부로 인정순 선생은 심장 속에 깊이 새겨졌다. 언제인가 인정순 선생은 온몸이 불덩이 같은 열이 달아오르며 심하게 앓은 때였다. 가까스로 수업을 마치고 아이들을 집으로 돌려보내고 난 다음 그는 교실 바닥에 그만 쓰러지고 말았다. 얼마나 시간이 흘렀는지 저녁 시간이 다 되어도 들어오지 않는 아내가 걱정되어 분교를 찾았던 남편 조덕남은 놀라지 않을 수 없었다. 그가 급히 아내를 업고 집으로 돌아와 위기를 넘겼다.

다음날 아침 여느 때와 마찬가지로 납도 분교에서는 수업 종소리가 정답게 울렸다. 학교 출입문 앞에는 고열로 신음하던 인정순 선생은 밝은 웃음 짓고 서서 학생들을 맞이하고 있었다. 교단은 한순간도 비울 수 없다. 인정순 선생은 몸이 아파도 누가 지켜보는 사람이 없어도 지난 22년 동안 단 하루도 결근이 없이 납도 분교를 성실히 지키는 것이었다.

딛고 선 땅도 크지 않아도

납도의 면적은 1km2에도 훨씬 못 미친다. 한눈에 빤히 바라다 보이는 섬은 온통 바위뿐이고 이름도 알수 없는 잡풀만이 무성하게 자라고 있다.

납도에 첫 발을 들여 놓은 다음 날 등대장을 비롯한 등대원들과 가족들이 인정순 동무의 집을 찾아왔다. 그들은 외진 섬에 선생님으로 찾아와 주어서 정말 고맙다고, 우리 아이들도 뭍의 아이들처럼 마음껏 배울 수 있게 되었다고 너도나도 기쁨을 금치 못하였다. 인정순 동무는 저도 모르게 가슴이 뭉클해 지는 것은 어쩔 수 없었다. 이들에게 섬으로 자원 진출한 자기의 소행은 결코 어느 한 개인의 미덕으로 끝나는 것이 아니었다. 남도 분교의 정다운 수업 종소리가 울리기 시작 한 때로부터 지금까지 분교를 졸업한 학생은 근 20명에 헤아린다. 이제는 하나 같이 어엿하게 성장하여 조국보위 초소와 사회의 구성원으로 한 몫을 단단히 하고 있다. 이들은 못 잊을 섬분교에 대하여 추억 할 때마다 이렇게 말하곤 한다. 비록 1km2도 채 안 되는 외진 곳이어도 섬분교에서의 배움의 나날은 나이 어린 가슴에 조국이라는 크나큰 것을 안고 산 잊을 수 없는 나날이었다고,

섬마을 사람들이 잊지 못해 하는 일군 평안북도 인민위원회 명승지 관리소 부원이었던 김남철 동무

노동신문 2015,4,4 서남일 기자

얼마 전 우리는 신의주교원대학 부속소학교 남도 분교 인정순 선생으로부터 한통의 편지를 받게 되었다. 편지는 누가 보건 말건 깨끗한 양심을 지니고 나라의 동물 자원을 보호 증식시키기 위한 사업에 헌신하다가 순직한 평안북도 인민위원회 명승지 관리소 부원이었던 김남철에 대한 이야기가 적혀 있었다. 인정순 선생은 편지에서 그가 생을 마친 때로부터 1년이 가까워 오지만 우리 섬마을 사람들은 오늘도 자기의 실천 행동으로 참다운 애국이란 무엇인가를 모두의 가슴마다 깊이 새겨 준 김남철 부원을 잊을 수 없다고 하였다.

당의 지침에 의하면 〈우리는 명승지들의 아름다운 풍치를 돋워 주는 나무 한그루, 풀 한 포기, 돌 하나도 귀중히 여기며 명승지 구역에 있는 새나 산짐승들도 적극 보호해야 합니다〉

육지에서 멀리 떨어져 있는 서해상의 외진 섬 남도는 바위가 많고 산초, 칡 등이 무성하며 예로부터 바다 새들의 서식지로 알려졌다. 그러나 몇 해 전부터 여러 가지 사정으로 이곳에서 서식하는 바다 새들의 무리수가 줄어들게

되었다. 평안북도 인민위원회 명승지 관리소에서는 해마다 6월부터 7월까지 납도에 관리 성원들을 보내어 천연기념물인 검은꼬리갈매기를 비롯한 바다 새들을 보호 증식시키기 위한 사업에 힘을 넣었다.

김남철 부원은 이곳에 처음 파견된 것은 지금부터 3년 전이었다.

불과 몇 달 전까지만 해도 명승지 관리와 인연이 없는 어느 한 단위에서 일하던 자기를 믿고 나라의 귀중한 재부를 늘여가는 무겁고 책임 있는 사업을 맡겨준 당 조직이 그에게 더없는 고마웠다. 그럴수록 일을 잘하여 당 조직과 동지들의 믿음에 보답해야 하겠다는 생각이 더욱 많이 들었다. 섬에 도착한 김남철 부원을 맞이한 납도의 등대원들과 가족들은 처음에 그를 동물학자로 알았다. 그도 그럴 것이 그가 메고 온 배낭 속에 바다 새와 관련한 책들이 가득 들어있었기 때문이었다.

의아해 하는 그들에게 김남철은 빙그레 웃으며 〈알아야 바다 새들이 이곳에 보금자리를 더 많이 펴게 할 수 있거든요〉라고 말하였다고 한다. 그와 몇 달 동안 생활하면서 섬마을 사람들은 그가 언제 잠자리에 들고 언제 일어나는지 몰랐다. 온종일 섬의 여기저기를 다니며 바다 새들이 번식에 좋은 환경을 마련해 주느라 애쓰다가 밤늦게 숙소로 돌아와서는 학습에 열중하는 그를 보고 납도 사람들은 바닷새 밖에 모르는 사람이라고 정담아 부르곤 하였다. 김남철은 바다 새들을 한 마리라도 더 증식 시켜 황금해로 빛나는 우리 조국의 바다 풍치를 더 아름답게 하는 것이 바로 자기의 의무를 다하는 것이라고 간주하였다. 이러한 그였기에 바람 세찬 날이나 비오는 날이면 한밤중에도 자리에서 일어나 바닷새 증식 사업에 애국의 땀과 열정을 묵묵히 바쳐 갈 수 있었다. 그의 성실한 노력으로 납도에서 서식하는 바닷새의 마리 수는 해마다 늘어났다.

납도의 등대원들과 가족들은 김남철 부원에 대해 내일을 가리지 않고 성실한 사람, 인정 많고 아이들을 무척 사랑해 준 다정다감한 사람이라고 추억하고 있다. 2년 전 납도에서 등탑 재건 사업이 전행되고 있을 때 그는 섬에 있는 기간 매일과 같이 등대원들과 함께 지게를 지고 시멘트와 모래를 비롯한 건설 자제들을 나르기도 하고 밤새도록 미장과 타일 붙이기 작업도 하곤 하였다. 등대원들이 자기 일도 하자면 힘이 드는데 내일부터 그만 두라고 권고 할 때에도 그는 같이 힘을 보태었다.

인정순 선생은 편지에 해마다 김남철 부원이 육지에 갔다가 납도에 올 때면 분교의 유일한 학생인 안충국 소년의 학습에 필요한 학용품들과 참고 서적들을 한아름 안고 싱글벙글 웃으며 교실로 들어서면 그의 모습이 지금도 잊히지 않는다고 썼다. 그는 이런 사람이었다. 지난 해 5월 말 여느 날과 마찬가지로 아침 일찍 숙소를 나섰다. 납도로부터 얼마간 떨어져 있는 갈매기 서식지인 어느 무인도를 돌아보기 위해서였다. 그날따라 새벽부터 바다 바람이 세지면서 물결이 높아지기 시작하였다. 납도의 등대원들과 가족들은 김남철 부원에게 건강도 좋지 못한데 오늘은 그만 두는 것이 어떻겠는가고 물었다. 심장질환으로 애를 먹곤 하는 김남철 부원을 가끔 보아온 그들이었던 것이다. 그러는 그들에게 김남철은 내 걱정은 하지 말라고 하면서 배를 타고 바다로 나갔다. 그것은 섬마을 사람들이 본 그의 마지막 모습이었다. 그날 계획하였던 일을 끝내고 납도로 돌아오던 그는 배안에서 갑자기 심장을 부둥켜안고 쓰러진 채 다시 일어나지 못하였다. 인정순 선생의 편지에는 김남철 부원이 희생된 후 섬을 찾았던 한영주 소장을 비롯한 명승지 관리소 일군들이 눈물겨운 추억을 함께 들었다. 정말 아까운 사람이었다. 동지들과 단체를 위한 일이라면 두 팔 걷고 나서곤 하던 사람이었고, 자기 직업에 대한 애착이 남달리 강한 사람이었다.

김남철 부원의 이야기는 여기에서 끝났다. 하지만 동지들과 섬마을 사람들이 잊지 못해 하는 한 일군의 생을 통하여 우리는 참되고 귀중한 생활의 진리를 다시금 새겨 보았다. 조국의 나무 한그루, 돌 하나, 새 한 마리도 귀중히 여길 줄 아는 사람만이 진정으로 나라를 사랑하고 이웃을 사랑한다고 떳떳이 말 할 수 있는 것이다.

3) 신미도·身彌島

"유서 깊은 기독교 역사를 자랑하는 '조선의 예루살렘'"

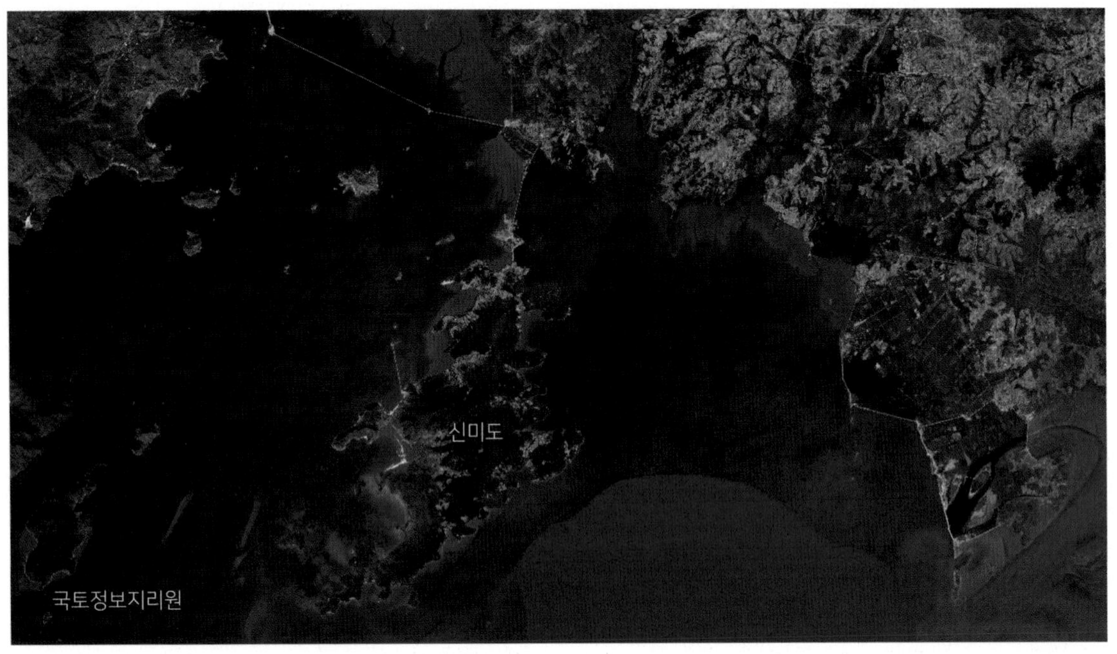

[개괄] 반성렬도(盤城列島)는 철산군 앞바다에 있는 군도로서, 신미도를 비롯해 7개의 유인도서와 15개의 무인도서를 포함하고 있는 열도이다. 신미도는 평안북도에서 비단 섬에 이어 두 번째 큰 섬으로서 면적은 58.816㎢, 둘레는 97.21km, 해발 532m이다. 형태는 남북이 길고 동서가 짧다. 44)

신미도는 1976년 10월에 식물보호구로 설정되었다. 보호구에서는 109과 295속 440여 종의 식물이 자라고 있다. 여기에는 온대 북부요소 식물과 온대 중부 및 남부 요소 식물들이 분포되어 있다. 소나무, 초피나무, 참나무류가 식

44) 신미도, 가도, 탄도, 홍건도, 대화도, 소화도, 회도 등의 유인도서와 나비섬, 우리도, 대가차도, 소가차도, 대두도, 부군도, 대정족도, 곰도, 웅도, 무군장도, 사리염, 지도, 삼차도, 랍도, 소랍도 등의 무인도서, 「조선향토대백과」, 평화문제연구소 2008

물군락의 기본 수종으로 되어있다.

신미도 어항 부근의 산기슭에 있는 상수리나무·소사나무·떡갈나무·참오동나무 등이 자란다. 그 외에 덜꿩나무, 복분자, 좀작살나무는 평안북도에서도 신미도에만 분포되어 있으며 이 지역이 북부분포한계선으로 되고 있다. 보호구에는 참나뭇과 식물의 종, 변종이 많은 것이 특징적이다. 운종산 꼭대기에는 북부요소 식물인 노루귀, 돌양지꽃, 곰취, 털아귀 꽃나무 등이 자라고 있다. 기반암은 화강암, 화강편마암이다.

이곳 해안은 해안선의 출입이 심한 리아스식 해안을 이루고 있다. 섬 가운데로 해발 200~300m의 산줄기가 남북으로 뻗어 있으며 그 중심에 이 섬에서 가장 높은 운종산(532m)과 삼각산, 칠각산 등이 솟아 있다. 육지와는 불과 4㎞ 정도 떨어져 있어 겨울 썰물 때, 해면이 결빙되면 도보 왕래가 가능하다. 여름에는 시원한 해풍과 바다의 절경 등으로 피서지로 이름나 있다. 고려 시대와 조선 시대에는 목관이 군마를 사육하던 목마장이 있었다.

1620년경 명나라의 장수 모문룡은 신미도를 근거지로 삼아 후금을 공략하려고 하였다. 조선의 임경업 장군이 병자호란의 아픈 치욕을 씻고자 이곳에서 군사 훈련을 하였다. 산 남향 중턱에 정자와 사당이 있어 임경업의 충절을 전하고 있다. 신미도 일대에는 이들 명승지 이외에도 경치가 아름다운 곳이 많다. 옛날 바위산 위에 정자를 세워 바다와 주변 명승을 즐겼다는 학견봉, 임경업 장군이 무술을 연마했다는 운종산, 사자를 닮은 기암괴석인 신미도 사자바위 등이 유명하다.』

신미도동배나무군락
북한 천연기념물 제448호

평안북도 선천군 문사리에 분포되어 있는 천연기념물. 1982년 12월 국가자연보호연맹에 의하여 천연기념물 제448호로 지정되어 보호관리 되고 있다.신미도는 육지로부터 약 12km 정도 떨어져 있는 섬으로서 행정구역상 문사리와 운종리에 속하며 돌배나무군락은 문사리 소재지에서 약 2km 정도 떨

▲ 제주도 위미리 동백나무 군락지, 신미도에도 이와 비슷한 동백나무 군락지가 있을 것이다.

어진 바다 기슭에 분포되어 있다.돌배나무군락이 분포되어 있는 토양은 화강변성암지대에 생긴 산림갈색토양이고 기계적 조성은 양토며 거름기는 많고 누기는 적당하다. 이 지대의 연평균기온은 8.5℃이고 연평균강수량은 1,255mm이다. 돌배나무군락의 동남쪽은 운종산으로 둘러싸여 있고 서남쪽은 바다이다. 이곳에는 소나무, 피나무, 참나무, 산벚나무, 밤나무, 쪽동백나무 등이 혼성림을 이루고 있다. 돌배나무는 숲의 가운데층을 이루고 있고 그 아래에 진달래, 철쭉, 조팝나무, 딸기나무 등 관목들이 자라며 그 아래에서 산나물과 약초를 비롯한 초본식물이 자란다.군락의 면적은 2정보이며 곳곳에 바위들이 솟아 있거나 드러나 있다. 군락에 포함되어 있는 돌배나무의 총 대수

[네이버 지식백과] 신미도동배나무군락 (조선향토대백과, 2008., 평화문제연구소)

는 2,000여 대이다. 돌배나무는 활엽관목으로 자라거나 교목으로 자라며 높이는 5m이다. 꽃은 3월 하순~4월 초순에 피며 열매는 9월에 익는다. 마른 씨에는 41.0~50.6%의 지방이 들어 있다.신미도돌배나무군락은 자연적으로 생긴 무리로서 학술적 가치가 있다.

신미도의 3대 자랑, 조기어장·제방도로·기독교 역사

신미도는 자랑 세 가지가 있다. 첫 번째, 신미도 근해는 유명한 조기 어장으로서 위도, 연평도와 함께 우리나라 3대 조기 어장을 형성하였다. 명산물로 어란·은어·갈매기 알 등이 있다. 그밖에 새우·삼치 등의 어획량도 많고, 성어기에는 조기 파시로 유명했다. 서안의 신미동과 동담동이 중심 마을이며 북쪽 당후포에서 여객선을 이용하여 육지로 나갈 수 있었다. 북부 연안에는 넓은 갯벌이 발달하여 백합과 바지락 등이 서식한다. 또 이곳은 염전과 간척지 개발에도 유리하다.

두 번째 자랑거리는 신미도에서 홍건도를 연결한 제방이다. 신미도 주민들의 오랜 꿈은 육지와 연결되어 마음 놓고 병원과 학교에 다니면서 문화 혜택을 입는 생활이었다. 과거에는 신미도와 석화리 사이를 해상운수로 통행했으나, 1986년 도로를 겸한 12km의 제방이 축조됨으로써 현재 신미도, 홍건도, 선도, 달리염도는 육지와 연결되었다.

마지막 자랑은 기독교 역사이다. 선천군은 전국에서 가장 큰 교회가 있었고 그곳에서 기독교 전국 총회가 두 번이나 열렸다. 특히 선천읍 인구 5천 명의 절반이 넘는 2,700명이 기독교인으로, 선천은 '조선의 예루살렘'으로 불리게 되었다.

평안북도 서북인의 기질을 일러 맹호출림(猛虎出林)45)이라고 한다. 적극적이고 진취한 기상이 있다는 데서 나온 말이다. 평안북도는 조선 500년간 변방의 접경에서 무수한 전화(戰禍)를 입으며 인재 등용 시 차별대우까지 받아야 했다. 이러한 역사적 배경 속에서 이타

45) '사나운 호랑이가 숲에서 나온다'는 뜻으로, 평안도 사람의 용맹하고 성급한 성격을 비유적으로 이르는 말

4) 홍건도·洪建島

"80리 바다를 막는 '대건설 전투', 홍건도 간석지사업'"

국토정보지리원

[개괄] 구글어스로 측정한 홍건도(洪建島)는 둘레가 약 6km, 면적은 약 0.90㎢ 정도의 섬이다. 평안북도 선천군 석화리 서남쪽 바다에 자리하고 있으며, 신미도로 가는 길목에 있다. 신미도에서 볼 때 가로 누운 모양으로 되어 있는데 와전되어 홍건도라고도 하였다. 과거에는 석화리와 신미도 사이에서 해상으로 도선이 운행되었으나 1986년에 신미도와 홍건도를 연결하는 도로를 겸한 10리 제방이 축조됨으로써 현재 석화리와 신미도는 도로로 이어져 있다. 선천군 해안은 침강에 의한 리아스식 해안이 발달하였고, 선천군 앞바다에는 신미도, 홍건도, 지도, 삼월도 등이 흩어져 있다.

홍건도 해안 일대는 조석간만의 차가 심하고 대륙붕이 발달했으며 수심이 얕아 큰 배가 닿기에는 부적합하다. 연안 일대에서는 조기·새우·뱅어·조개 등이 많이 잡힌다. 기후는 해양에 접해 있어 그 영향을 받지만, 대륙에서 서북 계절풍이 강하게 불어와 한서의 차가 심한 대륙성기후를 나타낸다.46)

'대자연 개조 전투' 홍건도 간척지 개발사업

선천군의 해안에는 넓은 간석지가 발달해 있다. 이러한 자연조건으로 선천군 일대에는 간석지 개간공사가 활발히 진행됐다. 홍건도 간석지 개간사업은 1990년 11월 김일성 주석이 조성에 관한 교시를 내린 유훈 사업으로, 평안북도 선천군 홍건도에서 동림군 안산리까지 약 12km의 제방을 건설하여 45여㎢를 개간하는 사업이다. 북한은 2010년 대계도 간석지사업 완공 이후 홍건도 간석지 개간사업에 본격 착수, 2016년 10월 6일 1단계 준공식을 했으며 같은 해 12월 3일에는 2단계 건설에 착수하였다. 북한은 홍건도 간석지 개간공사를 '한 개 군의 부침 땅(경작지) 면적과 거의 맞먹는 대자연 개조 전투'라고 말하고 있다.

『26일 조선중앙통신은 김일성 수령 이후 전개된 간석지 개간사업을 소개하고 "나라의 지도가 다시 그려지는 천지개벽"이 일어났다고 보도했다. 조선중앙통신은 1982년 1월 27일 발표된 김일성 주석의 저서 〈간석지를 많이 개간하여 부침 땅 면적을 늘리자〉의 내용을 소개하고 사업이 완료된 곳들을 소개했다. 조선중앙통신에 따르면 평안북도의 비단섬 간석지건설공사가 완공돼 신도군이 새로 생겼고 다사도간석지, 황해남도의 강령간석지, 은률간석지, 평안남도의 금성간석지 등이 준공돼 해안선에 변화가 왔다.

또 2010년 6월에는 대계도 간석지건설이 완공됨으로써 서해의 여러 섬이 수십리 제방으로 연결돼 굴곡이 심했던 2개 군의 해안선이 대폭 줄어들었다. 8,800정보의 간석지에 농장과 소금밭, 양어장들이 생겨났고, 염주군. 다

46) 「조선향토대백과」, 평화문제연구소 2008

사로동자구로부터 철산군 장송로동자구까지 대륜환 선도로가 형성되었다. 2020년에서 2021년 말까지는 안석간석지, 홍건도 간석지건설, 용매도 간석지 3, 4구역 건설이 속속 마감됐다. 특히 용매도 간석지 마을에는 문화주택이 지어져 황해남도 간석지건설 종합기업의 수십 명 신혼 가정이 입주했다.

한편 북한은 1958년 압록강 하구의 비단 섬을 시작으로 간석지 개간에 나섰으며, 1963년 4월 김일성의 교시를 통해 '자연개조'론을 제창했다. 또 1981년 10월, 조선로동당 중앙위원회 제6기 제4차 전원회의에서는 30만 정보 간석지 개간을 포함한 4대 자연개조사업을 결의했다.』

「남북경협뉴스」 2022.1.27.

목숨을 건 세 가족의 탈북

북한은 연료 사정으로 먼 바다 조업이 어렵다. 또한 남한과의 거리가 너무 멀어서 배를 이용한 탈북은 거의 불가능한 일이었다. 작은 배로는 서해의 큰 파도를 헤쳐나오기 힘들기 때문이다. 그런데 20t 목선을 이용해 탈북에 성공한 세 가족 이야기가 우리를 놀라게 한다.

['北에서 왔다'... 대한민국에서 살고 싶다]

'북한을 탈출한 주민이다...대한민국에서 살고 싶다' 18일 오후 6시 20분께 인천시 옹진군 덕적도 인근 울도 서방 17마일 해상에서 평소와 다름없이 초계근무를 하고 있던 해경 경비정 레이더에 아주 느리게 움직이는 수상한 물체가 포착됐다. 해경은 이 지역에 자주 출몰해 불법 어로작업을 하는 중국어선으로 알고 속력을 내 달려갔다. 해경은 소형 목선임을 확인한 뒤 `어디서 왔느냐`고 물었다.

선장으로 보이는 사람이 `북에서 탈출했다. 남쪽으로 가고 싶다`며 귀순의사를 밝혔다. 무장한 경찰관이 어선으로 건너가자 침실 등에서 부녀자와 어린이 등 21명이 몰려나왔다. 이후 인천 해경부두로 안전하게 예인하기까지 9시간 40분 동안 긴박한 상황이 이어졌다.

경비정은 곧바로 37-00-30N, 125-37-45E 지점(울도 서방 17마일 해상)에서 북한 어선을 발견한 사실을 상황실에 보고했다.

이어 `별다른 위험물 없는 것으로 판단됨, 주민들을 경비정에 옮겨 태우겠음`하는 보고가 계속됐으며 이 같은 상황은 해군 2함대사령부에도 즉각 통보돼 해군 고속정 편대가 추가 배치되는 등 만일의 사태에 대비했다.

북한 114지도국 소속 20t급 목선에는 순종식(70)씨와 순씨의 아내 김미연(68)씨 등 남자 14명과 여자 7명 등 세가족 21명이 타고 있었으며 가스통, 가스버너, 기름버너, 압력밥솥 등의 취사도구와 TV 1대, 소금 8포, 쌀 약간, 경유 650ℓ등이 실려 있었다. 이 가운데 10명은 어린이였다.

연료용 기름은 넉넉한 편이었으나 쌀이 떨어져 기상악화로 표류할 경우

위험에 빠질 수 있는 상황이었다.

해경은 선장 순룡범(46)씨와 기관장 리경성(33)씨를 제외한 19명을 경비정에 옮겨 태운 뒤 19일 오전 4시께 인천 해경전용부두로 무사히 예인했다. 해경은 추위와 두려움에 떨고 있는 북한 주민들에게 라면을 끓여주고 허기를 달래도록 했다.

해경의 1차 조사 결과 이들은 지난 17일 오전 4시께 압록강과 청천강 사이에 있는 평안북도 선천군 홍건도 포구를 출항해 중국 어선과 화물선 항로를 따라 우리 영해로 들어온 것으로 알려졌다.

홍건도 포구 출항 48시간 만에 무사히 남한 땅을 밟은 탈북 주민들은 점퍼 등 남루한 긴 옷을 입고 운동화, 슬리퍼, 구두 등을 신고 있었지만 자유를 찾은데 대한 기쁨에 안도하는 모습이 역력했다.

긴 항로에 지친 탓인지 다소 초췌한 모습으로 배에서 내린 순종식씨는 고향을 묻는 취재진의 질문에 `충남 논산군 부적면`이라고 밝힌 뒤 `죽기 전에 고향을 보고 싶었다`고 말했다. 그는 이어 `이렇게 환대해줘서 고맙다. 탈북을 위해 오랜 기간 준비했다`고 말했으나 탈북경위 등을 밝히지는 않았다.

이들은 정확한 신원과 탈북경위 등을 조사받기 위해 이날 새벽 4시 41분께 대기하고 있던 서울 72거 15XX호 버스를 타고 서울로 향했다.

어선을 이용한 북한 주민들의 해상 탈북은 지난 97년 5월(두가족 14명)에 이어 이번이 두 번째다.

「연합뉴스」 2002.8.19

홍건도 전역에 타오는 혁신의 불길 (평안북도 간석지 건설종합 기업소에서)

노동신문 18, 3,12 송창윤 가자

평안북도 간석지(개펄) 건설종합 기업소의 일군들과 건설자들이 발파소리를 높이 울리며 홍건도 간석지(개펄) 2단계 건설에서 새로운 기적을 창조해 나가고 있다. 종합된 자료에 의하면 지난 2월 수천 미터에 달하는 연결 제방 공사를 결속한 종합 기업소에서는 홍건도 간석지 2단계 건설을 위한 1호 방조제 1차 물막이 공사에 역량을 집중하여 수천 미터의 성토 공사를 해제긴 기세로 성과를 계속 확대해 나가고 있다.

종합 기업소의 일군들은 혁신적인 안목과 진취적인 자세로 대담하게 작전하고 실천하면서 홍건도 간석지 2단계 건설을 다그치고 있다. 특히 자력갱생과 자급자족의 구호를 높이 들고 최대한 증산하고 절약하면서 자제와 부속품들을 보장하기 위한 사업을 선행 시키고 있다. 현장 지휘부에서는 홍건도 간석지 2단계 건설을 위한 1호 방조제 1차 물막이 공사에 역량을 집중하여 모든 단위들에서 매일 맡은 과제를 어김없이 수행하도록 적극 떠 밀어 주었다. 당의 지도 밑에 설 종합 기업소의 일군들은 정치 사업 무대를 들끓은 전투장으로 옮기고 걸린 문제들을 풀어주면서 간석지 건설자들을 새로운 혁신을 적극적으로 고무 추동하고 있다. 혁신의 불길은 안산 지구의 대삼곳도에서 세차게 타오르고 있다. 석화, 곽산, 로하 간석지(개펄) 건설 사업소, 청강기계화분 사업소. 신의주 간석지 부재분 공장의 건설자들은 자연의 횡포를 물리치면서 접도 방향의 1호 방조제 1차 물막이 공사를 밀고 나가고 있다. 불리한 자연 지리적 특성으로 하여 난관이 계속 앞을 가로막지만 일군들과 간석지(개펄) 건설자들은 불굴의 공격 정신으로 제방들을 다시 쌓으면서 힘차게 전진해 나가고 있다. 연대적 혁신의 불길은 접도에서도 세차게 타오르고 있다. 접도를 타고 앉은 장송, 다사, 보산 간석지 건설 사업소와 다사기계화분사업소의 건설자들은 매일 중소 발파를 진행하면서 승리의 결승선을 향하여 힘찬 돌격전을 벌리고 있다. 신미도 지구에 전개한 리수복 청년대원들은 조국의 대지를 넓혀 나가는 보람찬 투쟁에서 청춘의 슬기와 용맹을 떨쳐 나갈 불같은 열의를 아고 이미 쌓아놓은 홍건도 간석지 2단계 3구역 방조제 공사에 막돌과 흙을 보장하기 위한 발파 준비를 힘 있게 다그치고 있다.

이들은 높은 목표를 제기하고 낮과 밤이 따로 없는 돌격전을 벌려 매일 맡은 도갱굴진(굴을 뚫을 때, 작은 길잡이 굴을 먼저 뚫는 작업) 과제를 1.5배 이상 넘쳐 수행하는 집단적 혁신을 창조하고 있다. 신미도 지구에 전개한 석화 간석지 건설분사업소의 전투원들은 합리적인 도갱굴진방볍을 받아들이면서 발파 준비에서 전례 없는 성과를 이룩하고 있다. 다사기계화분사업소, 청강기계화분사업소의 대원들은 자기들이 맡고 있는 임무의 중요성을 깊이 자각하고 굴착기와 대형화물 자동차를 비롯한 윤전설비들에 대한 수리 정비를 짜고 들어 만가동, 만부하의 동음을 높이 올리고 있다. 오늘도 이곳 일군들은 산도 떠 옮기고 바다를 메울 강인한 기상을 안고 헌신적인 노력을 통하여 홍건도 전역에 제방들을 만들어 조국 강산을 넓히는데 이바지 할 것이다.

도갱굴진(導坑窟進) - 굴을 뚫을 때,
작은 길잡이 굴을 먼저 뚫는 작업

홍건도 간석지에 벼바다 펼쳐졌다

2021,9,4 노동신문 장은영 기자

홍건도 간석지(개펄)에 벼바다가 펼쳐졌다. 당의 기념비적인 창조물로 우뚝 솟아난 홍건도 간적지의 수많은 면적에 흐뭇한 벼바다가 눈뿌리 아득하게 펼쳐졌다. 수수천년 사나운 파도만이 출렁이던 바다 한 가운데 대규모 규격포전(일정한 규격으로 정리한 논밭. 토지의 이용률을 높이고 기계화를 쉽게 할 수 있다) 들이 생겨나고 수십리 물길을 따라 단물이 흘러들어 세세년년 풍요한 가을을 맞이하게 된 것이다. 이런 거창한 변혁은 우리 당의 웅대한 대자연개조 구상으로 빛나는 결실이다. 홍건도 간석지에 벼바다는 우리 당의 구상과 염원이었다. 일찍이 부침 땅 면적이 제한되어 있는 우리나라에서 인민들의 먹는 문제를 해결하자면 간석지(개펄)를 개간하는 것이 필수적인 사업이었다. 당의 설계도에는 동림군 안산리로부터 선천군 신미도까지 여러 개의 섬을 연결하는 홍건도 간석지(개펄)를 건설하는 것이었다.

조국의 대지를 넓혀 가는 것은 후손만대의 행복과 나라의 융성 번영을 위한 중요한 사업으로 내세우고 총력을 기울였다. 그 결과 홍건도 간석지(개펄)를 하루 빨리 건설하여 농사를 짓기 위해 1,2단계 건설을 훌륭히 완공하여 1만 정보의 새 땅을 얻어내었다. 여기서 끝나는 것이 아니라 관계용수 보장을 위해 동래강에 저주지를 건설하고 토지 정리를 하였다.

1년도 못되어 짧은 기간에 동강저수지 공사를 통하여 염기 있는 갯벌에 민물이 들어와 저장되기 시작하였다. 염기를 제거하는 민물이 바다의 땅이었던 갯벌은 정화되고 종자 혁명을 통하여 옥토에 풍년을 예약하였다. 모내기를 마치고 폭염과 태풍, 자연의 변덕스러움을 이겨내고 그들이 바친 땀과 정성이 마침내 알찬 이삭으로 맺히고 있었다. 온갖 시련과 도전을 과감하게 맞받아 새로운 전진의 시대, 역동의 시대를 열어나가는 우리 조국의 앞날에 홍건도 간석지(개펄)는 벼 바다가 되어 황금빛으로 물들어가고 있다.

▲ 북한 홍건도 간석지 준공식, 사진 출처: 연합뉴스

▲ 북한 홍건도 간석지 완공 모습, 사진 출처: 연합뉴스

04. 신도군

QIANYANGZHEN
XINAN VILLAGE
룡암포
ZHANQIAN VILLAGE
XINCHENG RESIDENTIAL DISTRICT
XINXING RESIDENTIAL DISTRICT
LIMINTUN
위화도
동강 시
东港市
Yalv River Wetland Bird World
신도군
「Google Earth」

1) 비단섬·緋緞島

"80리 바다를 막는 '대건설 전투', 홍건도 간석지사업'"

▲ 중국 단둥에서 본 비단섬

[개괄] 비단섬(緋緞島)은 압록강에서 가장 큰 섬으로 면적 64㎢, 섬둘레 49km이며 여의도 면적의 7.7배에 달해 평안북도 신도군 군 소재지이기도 하다. 갈대가 많은 비단섬은 중국 둥강(東港)시와 마주보고 있다. 비단섬 다음으로 큰 섬은 조선 태조 이성계가 회군한 것으로 유명해진 위화도(15㎢), 다지도(13.4㎢) 황금평(10.45㎢)의 순서이다. 비단섬은 한반도 최서단 압록강의 하구에 자리한 섬이다. 섬 북쪽의 물길이 워낙 좁아 멀리서 보면 마치 만주지역에서 튀어나온 반도처럼 보이며 실제로 그렇다. 중국과 국경선을 쉽게 관리하기 위해서 '소록강'이라고 이름 붙여 물길을 유지하고 있다.

▲ 비단섬 전경

비단섬은 압록강 하구에 위치하면서도 넓은 범주로는 삼각주에 해당한다. 농산물과 함께 수산물도 많이 생산된다. 섬의 남부 신도지역은 신도군의 행정 중심지로서 관공서, 기업, 학교, 주택가, 편의시설, 교육문화회관 등이 있다. 47)

어족 자원도 풍부하다. 바닷물과 강물이 합쳐진 기수역으로 잉어, 붕어, 초어, 누치, 빙어, 열묵어, 뱀장어, 가물치, 숭어, 농어, 웅어, 은어, 야레 등 107종의 물고기들이 서식한다.

비단섬의 역사는 과거 김일성 시대로 거슬러 올라간다. 단둥시의 한 공무원은 비단섬이라는 지명의 유래에 대해 "북한이 신의주에 공장을 세우고 이곳에서 갈대를 베어다 옷감을 만들기 시작했는데, 이를 두고 김일석 주석이 '비단섬'이라고 이름을 붙였다."고 한다. 48)

---

47)나무위키 「세계의 섬」 (https://namu.wiki/w/%EB%B9%84%EB%8B%A8%EC%84%AC#fn-1)
48) "북한 땅과 불과 1m" 中무 단둥시 새 강변도로 개통" 「상하이저널」, 2006.9.24

1958년 김일성이 이 섬을 방문하여 간척, 경작을 지시하면서 개발이 시작되었다. 주위에 있는 신도, 마안도, 말도, 장도, 양도, 무명평 노적도, 싸리도 등과 함께 신도 열도를 이루고 있었다. 압록강 연안과 해안 일대에서 운반된 퇴적물로 이루어진 간석지에 1958년 6월에 신도 지구개간사업이 이루어져 하나의 섬이 되었다. 여러 개의 섬 주위에 제방을 쌓아 바닷물의 침수를 막았고 새로 조성된 섬에 갈대밭을 가꾸었다. 제방의 길이는 약 40km에 이른다. 새로운 섬의 개발이 끝난 뒤 김일성이 이곳 준공식에 참석하여 섬 이름을 비단섬으로 명명하였다.

1972년 김일성 국가주석의 60회 생일을 맞아 비단섬이 그의 지시로 만들어졌음을 선전하는 비단섬 유래비가 세워졌다는 이야기도 있으나, 그 소문의 진위는 확인할 길이 없다.

압록강 속의 '영외 영토', 비단섬

▼ 압록강 철교 위로 떠오르는 일출

1962년, 북한과 중국은 국경조약을 체결한다. 김일성과 주은래가 체결한 이른바 '조-중 변계조약' 또는 '조-중 국경조약'이 그것이다. 이 비밀조약은 50년 넘게 공개되지 않고 있다가 하나 둘 그 베일이 벗겨졌다.

『북한과 중국은 1962년 '조중변계조약'을 맺고 두 강(江)의 영토를 정했지만 이 비밀조약은 50년이 다 되도록 공개되지 않고 있다. 본지는 이 의문에 답할 문서를 입수했다. '조중변계조약에 따른 압록강, 두만강 도서 연구'다. (중략)

의정서에 따르면 두 강 위의 섬, 사주(모래톱)는 451개이다. 섬이 269개, 사주가 182개다. 강별로는 압록강의 섬이 128개, 사주가 77개다. 북한은 이 중 섬 83개, 사주 44개를 차지했다. 중국은 섬 45개, 사주 33개를 가져갔다. 압록강에 있는 섬 가운데 사람이 사는 곳은 모두 10개인데, 모두 북한 소유다. 두만강의 섬과 사주는 246개인데 섬이 141개, 사주가 105개다. 소유권은 북한이 섬 81개, 사주 56개이며 중국이 섬 60개, 사주 49개를 차지했다. 이 중 유인도는 중국 소유의 봉천도 뿐이다.

북한과 중국은 이 조약에서 향후 등장할 사구 등에 대한 원칙도 세웠다. ▲일방의 공민이 거주하거나 농사를 짓고 있는 섬과 사주는 그 일방의 영토로 되며 다시 개변(改變)하지 않는다 ▲지금 있거나 이후 나타날 섬과 사주에 대해선 북한 쪽 대안(對岸)에 가까운 것은 북한, 중국 쪽 대안에 가까운 것은 중국에 속하며 양안의 복판에 위치해 있는 것은 쌍방 협상에 의해 귀속을 정한다 ▲일방의 강안과 소속된 섬 사이에서 향후 나타날 섬과 사주는 양안의 복판에 있더라도 여전히 그 일방의 소유로 한다는 것이다.』

「조선일보」 2011.6.21

▲ 황금평~신의주 간 매주 2차례 수송하는 선박이 신의주항에 정박해 있다. 「조선일보」2011.6.21.

조약에서는 또 압록강을 북한, 중국이 공동으로 이용하는 강으로 규정했다. 물론 비단섬, 황금평, 위화도, 유초도 등의 압록강 중간의 섬들은 각자의 소속을 밝혀 북한에 127개, 중국에 78개가 귀속되었다. 선박의 통행이나 모래 채취, 어선들의 조업 등은 양국 모두 자유롭게 할 수 있도록 한 것이다.

그 결과 1980년대까지는 북한과 중국 모두 압록강 통행이 대단히 자유로

압록강의 섬						
북한 소속	비단섬	위화도	황금평	검동도	관마도	구리도
	다사도	벌등도	어적도	유초도	임도	막사도
중국 소속	웨량섬			창허섬		

▲「나무위키」 세계의 섬 재구성

웠다. 중국 유람선은 북한의 실상을 보고 싶어 하는 관광객들을 위해 북한 영토에 거의 근접해서 운행하였고, 북한의 모래 채취선은 중국 쪽 해안에 바짝 붙어 모래를 마음껏 퍼갔다. 당시 단둥 주민들의 입에서는 '압록강에는 국경이 없었다'라는 말까지 스스럼없이 나왔다. 국제 하천으로서 강 길이 803.3㎞, 유역 면적 3만 1,226㎢에 달하는 압록강을 사이에 두고, 두 나라 주민들은 '이웃집 드나들 듯' 국경을 넘나들었다는 것이다.

그러다가 1990년대 후반의 '고난의 행군'을 계기로 탈북자가 급증하게 되자 압록강은 점차 국경선의 기능을 회복하게 되었다. 물론 1962년 체결된 '조-중변계조약'의 공동수역 조항은 여전히 유효해, 중국 유람선은 북한 수역을 자유롭게 운행하고 있다. 이런 상황으로 보아, 비단섬은 한반도의 영외 영토라 해도 과언이 아닐 것이다.

비단섬 갯지렁이가 한국 '강태공' 낚싯밥으로

압록강 하구의 비단섬은 간만의 차이 때문에 하루에 두 번씩 거대한 갯벌이 드러난다. 이때 긴 장화를 신은 비단섬 주민들은 부지런히 갯지렁이를 잡는다. 이렇게 잡아 올린 갯지렁이는 중국 측 무역업자들에게 물물교환 형식으로 판매된다. 북한 주민들은 갯지렁이를 넘기는 대신 쌀, 식용유, 맥주, 담배 등 생필품을 선호한다고 한다. 중국 무역업자들은 이 갯지렁이를 비싼 값에 한국으로 수출한다. 한국의 낚시꾼들은 북한산 갯지렁이를 낚시 미끼로 사용하는 셈이다.

비단섬 코끼리 바위(천연기념물 제63호)

비단섬 북서쪽 마안도 남쪽 갯벌에는 일명 '코끼리바위'가 있다. 갯벌 위에 코끼리가 빠져있는 듯한 모습을 하고 있어 붙여진 이름이다. 이 바위의 길이는 46.5m, 너비 8m, 높이는 15m, 코 둘레는 9m이다. 머리 부분에는 뿔처럼 바위가 솟아 있고 배 부분에 해당하는 곳이 크게 뚫려 있

▲ 코끼리바위

으며 등 부분에는 잡초가 자란다. 만조일 때는 코끼리의 하체가 물에 잠겨 헤엄치는 것 같이 보이고 간조 때에는 코로 물을 마시는 것처럼 보인다.

갈대로 이용한 종이와 섬유 화학공업의 원료

비단섬 곳곳에는 남쪽 일부를 제외한 대부분 지역에서 갈대가 무성하게 자라고 있다. 1년에 6만 톤가량 생산되는 갈대는 신의주에서 종이나 섬유 화학공업의 원료로 사용된다. 2021년 10월 14일 중국 웨이보는 비단섬의 갈대 재배와 수확, 종이공장 등의 사진과 함께 갈대로 노트를 만드는 과정을 소개하였다.

현재 북한에서 비단섬의 역사적·지정학적 의미를 이해하기 위해서는, '북한 경제의 숨통'이라는 신의주 경제특구와의 관계와 맥락부터 파악해야 한다.

북한은 2011년 6월 황금평·위화도를 경제지대 특구로 지정하고 이듬해인 2012년 8월 14일 특구 착공식을 성대하게 열었지만, 사업을 주도해온 친 중파인 장성택 노동당 행정부장이 처형되면서 투자 유치가 중단됐다.

이후 2018년 6월, 김정은 위원장이 비단섬을 방문한 자리에서 "신도군을 주체적인 화학섬유 원료기지로 튼튼히 꾸리고, 갈대 생산을 늘리는 것이 나라의 화학공업 자립성을 더욱 강화하기 위한 중요한 사업"이라고 강조하면서 비단섬의 경제적 가치는 급부상하게 되었다. 이후 김정은 위원장은 비단섬에 우수한 트랙터와 갈대 수확기 등 농기계를 보내 비단섬의 해묵은 문제들을 해결했다고 한다.

비단섬의 국경 분쟁

신도는 비단섬과 합쳐지기 전에 조선

▼ 비단섬에서 갈대를 수확하는 장면

과 명나라 청나라의 접경지대로 분쟁을 많이 일으켰다. 조선왕조실록의 여러 군데서 청나라 사람들이 무리를 지어 신도에 들어와 물건을 훔치거나 몰래 땅을 일구었다 조선 군사들에게 쫓겨났다는 기록이 남아 있는데, 이를 통해 조선과 청나라 양측이 모두 신도를 조선 영토로 분명히 인식하고 있음을 알 수 있다. 조선왕조실록(순조실록)에는 1803년 청나라 군사 3백여 명이 신도(薪島)에 무단 상륙했다는 기록이 있다. 청의 황제는 이후 조선의 의주부윤에게 '청의 죄인 6명이 장자도(신도)에 숨어들어가 살고 있었지만, 조선 군사들이 체포하지 않아 청의 군사를 동원했다.'는 해명 공문을 보냈다. 1958년 6월 신도지구개간사업으로 신도, 마안도, 말도, 장도, 양도와 무명평 일대의 간석지를 둑으로 연결하여 비단섬을 만들었다. 1964년 발효 된 조중 변계 조약에서는 비단섬(신도·마안도 등)과 중국(단동시) 사이의 국경을 명확히 하고 있다.

비단섬의 새 모습

노동신문 1983,6,29 안시근 기자

편집주 - 북한은 1970년에 중국이나 남한 보다 잘 살았다. 지금은 형편없는 나라가 되었지만 그 당시 풍요로운 시절을 기자가 스케치 한 것이다.

신의주 항에서 비단섬 행 여객선은 압록강의 맑은 흐름을 따라 화살같이 미끄러져 내려갔다. 우리나라 서북변 바다 가운데 있는 비단섬에 다녀오기란 쉽지 않을 것이라고 여겼던 것은 공연한 생각이었다. 비단섬과 신의주 사이로 다니는 배는 하루에도 여러 번씩 있었다. 여객선들도 있고 유람선들도 다녔다.

류초도와 용암포를 지나니 우리의 눈길은 더 자꾸만 창밖으로 쏠렸다.

비단섬 이제 이 섬에서 일어난 그 어떤 변화 된 새 모습이 우리를 기다릴 것인가? 사실 우리는 여객선이 신의주를 떠난 후 줄곧 비단섬의 변모에 대한 생각을 놓지 못하고 있었다. 비단섬 돌아보기 참관을 위해 우리보다 한 발 앞서 도착한 고등중학교 학생들과 외국어 학원생들은 깃발을 앞세우고 노래를 부르며 씩씩하게 나아갔다. 우리도 학생들과 함께 비단섬 유례비로 향했다. 이제 우리의 논 앞에 펼쳐질 비단섬의 새 모습이 더 없이 소중하게 여겨졌다. 그만큼 그 광경을 빨리 보려는 마음이 앞서서 우리는 급히 높은 언덕에 자리 잡은 전망대에 올랐다. 순간 저도 모르게 터져 나오는 환성을 누를 길 없었다.

탁 트린 벌판을 뒤덮고 펼쳐진 푸른 갈대 바다 미풍에 잔물결을 이루며 섬이 그냥 통체로 흘러가고 흘러오는 듯 쉼 없이 설레였다.

우리는 햇빛에 눈부신 버스가 금방 사라진 그 동뚝 길가에서 비단섬 갈대 종합 농장 지구 위원회 일군을 만났다 〈저것 보십시오 그야말로 갈대바다입니다. 하지만 갈대농사도 이제는 과학농사, 기계 농사로 되어서 소출도 높고 일도 한결 편리해 졌습니다〉 얼마 후에 동쪽 방향에서 날아온 세 대의 비행기가 갈대밭 하늘을 낮추어 돌면서 가로 세로 쭉쭉 가르고 있었다. 농약과 비료를 뿌리는 비행기였다. 지난 날 같으면 상상도 할 수 없는 일이 비단섬에서 일어나고 있었다. 비단섬은 밀물에 잠기고 썰물에 씻기며 세월과 더불어 덧없이 흘러 왔었다. 그래서 이름도 없고 아무 쓸모도 없는 땅이라고 하여 섬이름도 무명평이라 했었다. 그러나 오늘은 번영하는 낙원의 섬으로, 화학섬유 원료기지로 변모되어 해마다 섬이 넘쳐나게 비단 원료가 생산되고 있다. 갖가지 나무를 우거진 마을들에는 추녀 높은 살림집들이 즐비하게 서 있고 집집마다 40-50 리 밖에서 끌어온 맑은 수돗물이 샘솟아 오른다. 유치원에서는 아이들이 손풍금에 맞추어 노래와 춤을 추며 재롱을 부리고 있다. 여러 개의 3-4 층 건물의 고등중학교와 인민학교들에서는 글소리 낭낭하고 마주선 등성이에는 문화회관이 서 있었다. 2층짜리 상점이며 지구 병원, 목욕탕, 이발소, 양복부와 같은 편의 봉사 시설물, 요양소와 야간 정양소, 모든 것이 새롭게 안겨왔다. 거기에다 식료공장, 피복공장, 일용품 공장 등 여러 개의 공장들이 구색에 맞게 곳곳에 들어 앉아 있었다. 김일성 주석은 1958년 6월 이 섬을 방문하여 〈우리는 간석지 재개간 사업을 대대적으로 벌여 더 많은 땅을 얻어내야 하며 그것을 후대들에게 물려주어야 합니다. 나는 이미 오래전부터 간석지를 대대적으로 개간 할 때 대하여 구상하여 왔습니다.〉 라고 하였다. 이어서 갈대밭 운영에 대하여 밝혀 주시면서 〈무명평〉 이란 말은 이름이 없다고 하여 지은 것이며 쓸쓸한 감을 준다고 하시면서 좋은 비단 원료를 생산하는 섬인데 〈비단섬〉이라고 부르게 하자고 이름까지 새로 지어 주었다. 김일성 주석은 1966년 8월 26일 또 다시 비단섬을 방문하였다.

이름도 없던 이 섬에 오늘은 사시사철 기계의 소리가 울리고 자연을 마음먹은 대로 개조하고 길들여 나갈 수 있게 종합적인 기계화의 꽃이 활짝 피어났다. 갈대를 베는 작업은 100%, 운반작업화 100%, 상하차 작업의 90%이상을 기계가 대신하고 있다. 크고 작은 고깃배 40척은 순전히 비단섬 사람들을 위한 부업선이었다. 지난 10여 년 동안 물고기 잡이 실적은 8배로, 각종 어구는 12배로, 한사람 당 생산량은 7배로 장성하였고 세대 당 물고기 공급량은 가장 높은 수준에 이르렀다. 동행한 일군은 자랑 가득한 목소리로 이것이 또한 비단섬의 큰 변화 중 하나라고 하였다. 비단섬의 밤은 또 얼마나 낭만에 넘치는 것인가, 도서실로 향하는 독서가들, 청년학교로 가는 학생들, 600여석이나 되는 문화회관으로 영화를 보려고 발걸음을 재촉하는 사람들, 그런가하면 어떤 젊은 족들은 불밝은 탁구장에서, 배구장과 농구장에서 체육을 즐기고 있었고, 나이 지긋한 분들은 tv 수상기를 마주하거나 아들, 딸, 손자들이 타는 가야금 소리에 어깨를 들썩이며 행복을 감당하지 못하는 밤, 정녕 현대문명의 높은 언덕에 올라선 사람들만이 한껏 터질 수 있는 기쁨이, 행복 가득히 넘쳐흐르는 밤이었다. 기쁨과 행복이 넘쳐나는 여기가 바로 바다 속에서 전설처럼 솟아나 우리나라 지도를 새로이 장식한 일하기 좋고 살기 좋은 비단섬이거늘 이제 당의 지도 아래 내일에 펼쳐질 이 고장 사람들의 생활은 또 얼마나 더 좋아질 것인가!

안시근 기자

대학 졸업생들 신도군으로 탄원

노동신문 2018, 11, 7 송창윤

얼마 전 평안북도의 청년 대학생들이 대학을 졸업하고 함경북도 신도군으로 보내 줄 것을 탄원하였다. (신도군 - 비단섬과 황금평섬). 이곳은 화학 섬유 원료 기지로 전국의 본보기 단위로 꾸릴 때 대한 과업을 실행하기 위해서이다. 대학 졸업생들은 신도군을 훌륭히 꾸리기 위한 투쟁에 보람찬 청춘 시절을 받쳐 갈 열의 밑에 신도군으로 자원 진출하였다. 신도군으로 탄원하는 대학 졸업생들을 위한 환송 모임이 지난 10월 22일에 진행되었다. 평북 종합대학, 의학 대학, 졸업생 김정혁은 신도군으로 달려 나가 나라가 바라는 일에 한 몸 아낌없이 내던 질 불타는 열의를 안고 인간 생명의 기사로서의 본분을 다 해 나가자고 호소하였다. 같은 대학의 졸업생들인 백성철, 김남혁, 배윤철, 림철수, 김명애 등도 나이와 이름은 서로 달라도 나라의 숭고한 구상과 의도를 실현하는 길에서 뜻도 마음도 하나가 될 것을 다짐하였다. 평북종합대학 농업대학 졸업생 허광범 동무와 구성공업 기술대학 졸업생 김금철은 신도군을 주체적인 화학섬유 원료기지로 튼튼히 꾸리는데 모든 지혜와 열정을 다 바쳐 나갈 것을 결의 하였다. 신도군으로 탄원한 이들의 행동은 많은 사람들을 감동 시키고 있다.

▼ 평북종합대학 졸업생들

2) 황금평·黃金坪

"황무지에서 황금의 땅으로'"

▲ 북한에서 바라본 황금평

[개괄] 황금평(黃金坪)은 압록강 하구에 위치한 섬으로, 본래 이름은 황초평(黃草坪)이다. 황금평은 지난날 갈대와 잡초만 무성하여 황초평(黃草坪)으로 불려왔다. 김일성 주석이 황초평에서 황금평은 작명한 이름으로 해방당시에도 신도면 동주동에 속해 행정적으로 신도의 부속도서였다. 이 섬은 압록강의 물길변화와 퇴적작용에 의하여 형성된 섬으로 언덕 하나 없는 무연한 벌로 되어 있다. 면적은 11.45 km2, 해안선 길이 19km이다.

이 섬은 바로 아래에 비단섬, 서호섬 등 압록강 하구의 하중도(河中島)들과 함께 행정구역상 평안북도 신도군에 속한다. 황금평은 압록강의 오랜 퇴적으로 인해 중국 영토에 맞닿아 있으며, 중국 측 영토와의 경계에는 철조망이 설치되어 왕래가 통제되고 있다.

중국 단둥시의 압록강 변을 따라 남서쪽으로 가다 보면 강변에 비옥한 넓은 영토가 펼쳐진다. 이 강변도로 바로 옆에 북한과 중국의 국경을 알리는 철책이 서 있고 철책 바로 넘어 북한군 초소와 농사를 짓는 북한 주민들을 볼 수 있다.

▼ 중국과 북한 국경선 압록강 건너 북한 풍경

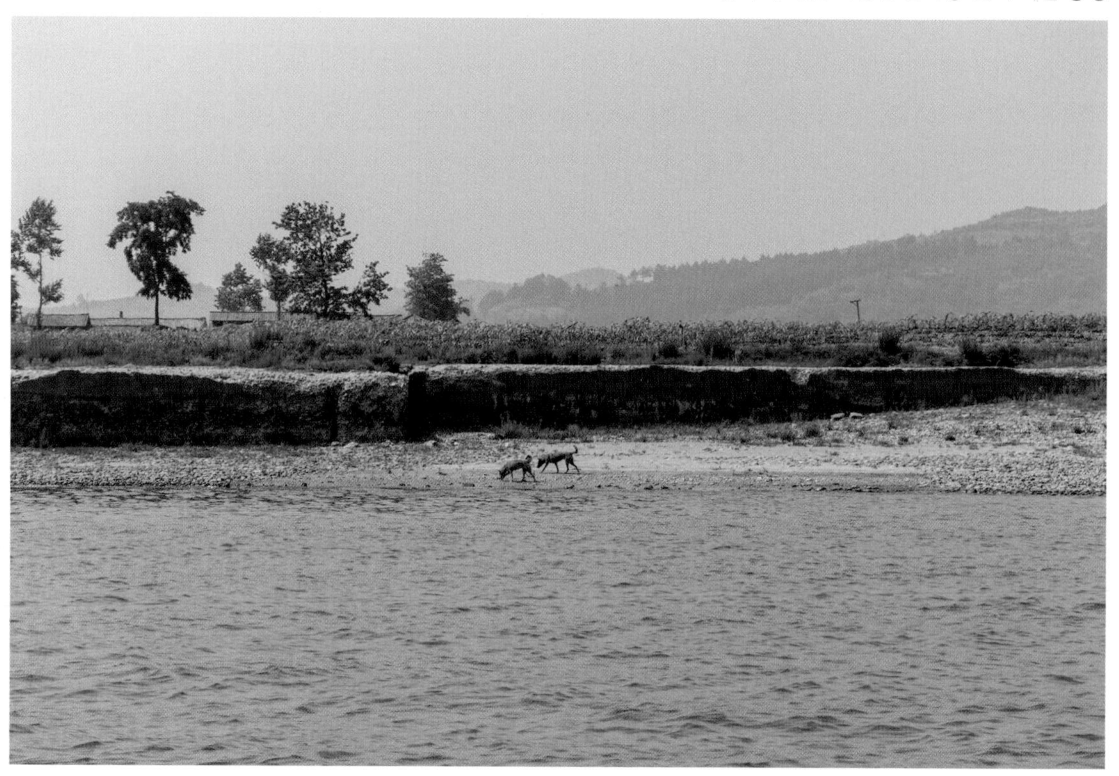

잡초만 무성하던 섬이 기름진 옥토로 변모

북한과 중국의 국경선 풍경이 처음부터 이러지는 않았다. 1900년대 초까지만 해도 압록강의 섬들은 중국 영토 사이를 흘렀다. 그러나 세월이 흘러가면서 계속되는 퇴적작용 때문에 압록강의 물줄기가 바뀌면서 북한 섬들이 중국 영토에 접해진 것이다. 지금도 압록강 하류에는 퇴적물로 인하여 새로운 섬들이 생겨나고 있는데 대부분 북한 땅이다. 중국으로서는 분통할 노릇이겠지만, 북한으로서는 자연이 가져다준 행운이 아닐 수 없다.

황금평(黃金坪)은 그렇게 형성된 압록강 하구의 섬 중 하나로, 비단섬 북쪽에 있다. 본래 이름은 황초평(黃草坪)으로, 갈대와 잡초만 무성한 곳이라 하여 붙여진 이름이다. 그런 황무지에 16km의 제방을 쌓아 대규모 간척사업을 했다. 이리하여 누런 잡초만 무성해 쓸모없는 땅으로 불렸던 황초평(黃草坪)이, 북한에서 단위 경지당 쌀 생산량이 가장 많은 기름진 황금의 땅(黃金坪)으로 변모한 것이다.

중국에 접한 북한 땅 황금평

2006년 9월, 중국 단둥시는 압록강 하구의 둥강시까지 강변을 따라 북한 땅을 가까이에서 조망할 수 있는 새 도로를 개통했다. 새로운 강변도로는 총길이 30㎞로 웨량다오 섬에서 북한의 유초도, 랑터우항, 황금평, 비단섬, 신도 등을 지나 압록강 하구의 둥강시까지 이어진다.

이 강변도로에서 불과 1m 남짓 도랑 하나를 두고 철책이 세워져 있다. 북한과 중국 간 국경선이다. 황금평은 엄연히 북한 땅인데 중국 영토에 완전히 붙어 버린 것이다. 황금평을 지나 비단섬 방면으로 조금만 가다 보면, 중국의 오성홍기와 북한의 인공기를 함께 단 배들이 갈대숲 사이에 모여 무언가를 거래하는 이색 풍경이 펼쳐진다. 이곳에 사는 단둥 주민들과 북한의 배들 사이에 수산물, 공산품 등을 사고 파는 바다 위의 상점인 셈이다.

중국 최대 검색포털사이트 바이두(百度. www.baidu.com)에는, 압록강의 섬들에 대해 중국이 북한에 너무 많은 양보를 했다는 후회와 비판의 글이 수없이 올라와 있다. 분명 중국 영토에 접해 있는 섬인데도 북한 땅이라는 사실로 인해, 자기네 땅인 단둥항 출입조차 어렵다는 사실이 못내 못마땅한 것이다.

더욱이 압록강 하구는 바닷물과 강물이 만나는 기수역으로 생태계가 살아 있고, 각종 어류가 많이 서식하는 곳이다. 황금평과 비단섬의 상실로 인해, 중국은 압록강을 통해 서해로 나가는 해로를 잃게 되었을 뿐만 아니라, 황금 어장까지 상실한 것이나 다름없다. 이러니 중국인들이 어찌 땅을 치고 후회하지 않겠는가!

▼ 황금평에서 바라다 보이는 북한 풍경

일제 해제 문서, 황초평(황금평) 경작에 관한 문제

압록강 하류에 산재해 있는 여러 강상도서(江床島嶼)의 하나로 면적이 폭 1리반, 길이 3리 가량이다. 위치상 평안북도 용암포(龍岩浦)를 가로질러 있으며 중국 측에서 보면 안민산(安民山) 전면(前面) 에 자리하고 있다. 이에 대한 영유권 분쟁은 한·청 양측이 1902년 이래 각각 자국의 영토라고 주장함으로써 시작되었다. 특히 갈대를 팔아

30,000엔의 수입을 가져오는 대황초평이 중요한 분쟁지였다. 이후 일본이 통감부 설치를 계기로 이 문제에 적극 개입하여 조사하던 중 안뚱센(安東縣)에 사는 일본인 시바타(柴田麟次郎)가 한국의 일진회(一進會)와 함께 합자조합을 만들어 청국인의 갈대예취(刈取)와 섬 출입을 금지함으로써 분쟁이 다시 야기되었다. 이에 주 안뚱센(駐安東縣) 일본 영사관 등의 기관은 청국인 1명을 포섭하여 청국인 36명으로 하여금 토지소유권이 한국에 있음을 인정하여 매년 2,000엔의 차지료(借地料)를 납부하고, 대신에 10년간 예취권을 획득한다는 서약 내용을 연서하도록 공작하였다. 아울러 일본은 한국 정부가 서약 내용을 성사시킨 청국인에게 약 4,500엔을 지출하도록 하였다. 그리고 일본은 외교 분쟁을 우려하여 대한제국 정부에 비밀로 처리하도록 강력하게 요청하였다. 그리하여 1910년 4월 2일 보고서를 통해 관련 사안이 정리되었다.

황초평 관계

이 기록물철은 통감부 외무부 외사과에서 생산하거나 접수한 황초평 관계 서류이다. 여기에는 주로 평양 이사청, 안뚱센 군정서, 대한제국 내각, 신의주 이사청, 한국주차헌병대 등에서 보내온 시행문과 통감부 외사과에서 생산된 기안문들이 편철되어 있으며 그 외 각종 참고자료가 첨부되어 있다. 원제목이 ≪압록강 하류 어(於)국경문제 청한국 경계교섭문서 황초평관계 부(附)유초평관계 신택평관계≫라고 표기되어 있는 것으로 보아 애초에는 황초평 관계 서류와 함께 유초평, 신택평 관계 서류도 같이 편철되었다가 이후 어느 시점에서 신택평 관계 서류가 별도로 분철된 것으로 보인다. 신택평 관계 서류는 국가 기록원에 별도로 보존되어있다(≪신택평 관계≫CJA0002291). 따라서 이 문서에는 황초평과 함께 유초평 관계 서류가 같이 들어있는 셈이다. 생산 시기는 1906년부터 1909년까지에 걸쳐 있으나 이 중에는 이전 시기의 서류를 등사하여 관련 자료로 첨부하거나 관련 원본을 찾아 끼워 넣은 경우도 있다. 이는 한청간에 황초평 영유권을 둘러싸고 갈등이 빚어지던 차에 통감부가 1906년에 이 문제에 개입하여 관련 문건들을 작성하거나 접수하는 과정에서 이전 서류들이 취합되었기 때문이다. 따라서 1906년 이전 서류들은 참고를 위해 수집한 존안서류이거나 따로 등사한 서류들이다. 여기에는 황초평과 유초평을 둘러싼 한, 청 양국 간의 교섭 시말이 들어 있다. 그러나 대부분은 황초평과 관련된 내용이다. 황초평 관계서류는 이처럼 일제 통감부가 작성하거나 참조한 서류들로 구성되어 있어 일제가 한청 국경문제를 보는 시각과 처리 방식을 구체적으로 알려주는 중요 기록물이다. 여기서 일제는 대한제국 측에 유리하도록 여러 작업을 벌였는데 그것은 그들 자신이 실토하고 있듯이 대한제국 강점을 앞두고 영토를 확보하려는 그들의 계산이 깔려 있었기 때문이다. 또한 이 서류에서 일본인이 친일 단체 일진회 농업회사와 함께 합작을 통해 각종 이권에 개입하였음을 확인할 수 있다.

만주에도 '우리 땅' 있었네

헌법 제3조는 영토조항이다. '대한민국의 영토는 한반도와 그 부속 도서로 한다'라고 명시함으로써, 압록강과 두만강 이남 지역을 우리 영토로 규정하고 있다. 그런데 압록강 하구의 비단섬과 황금평은 한반도 영토인가, 아닌가? 압록강과 서해가 만나는 지점에 있는 비단섬은 한반도가 아닌 중국에 접해 있다. 과거에는 평안북도 용천군 신도면 소속의 이름 없는 모래섬이었는데, 압록강에서 흘러온 토사가 계속 쌓이면서 물길을 막는 바람에 중국 영토에 접하게 된 것이다. 북한은 1958년 압록강의 가장 하류인 마안도, 신도, 장도, 말도 등을 합쳐 비단섬을 만들었다. 그리고 용천군에서 분리해 신도군을 신설했다. 마안도는 비단섬과 합쳐지면서 한반도 최서단의 섬이 됐다.

황금평도 한반도 바깥의 '한반도 영토'이다. 황금평은 비단섬과는 달리 지도상으로는 아예 물길 흔적조차 찾아볼 수 없다. 압록강을 조금 더 거슬러 올라가면 어적도(4.1km^2)도 중국 영토에 접한 북한 땅이다. 위화도와 구리도 역시 거의 중국 영토에 접해 있다.

자유북한방송은, 2010년 6월 '조진조선(朝進朝鮮)'이라는 중국의 인터넷 사이트에 게재된 지도 한 장을 소개했다. 그 지도 하단에 중국어로 간략한 설명이 씌어 있는데, 비단섬과 황금평을 상실한 중국인들의 감정이 고스란히 담겨있다.

설명은 "붉은 부분은 중국이 상실한 땅"이라며 "이제 압록강은 조선의 내하(內河)가 됐다. 중국은 비단섬, 황금평, 신도를 상실해 영원히 압록강의 출해구(出海口)를 잃었다"라고 한탄하고, "이 때문에 중국은 부득이하게 단둥에 새로운 항구를 건설하게 됐고 동시에 하류의 큰 면적인 신생 토지를 얻을 기회를 잃었고 큰 면적의 국토를 잃게 됐다"라고 분통을 터뜨렸다.

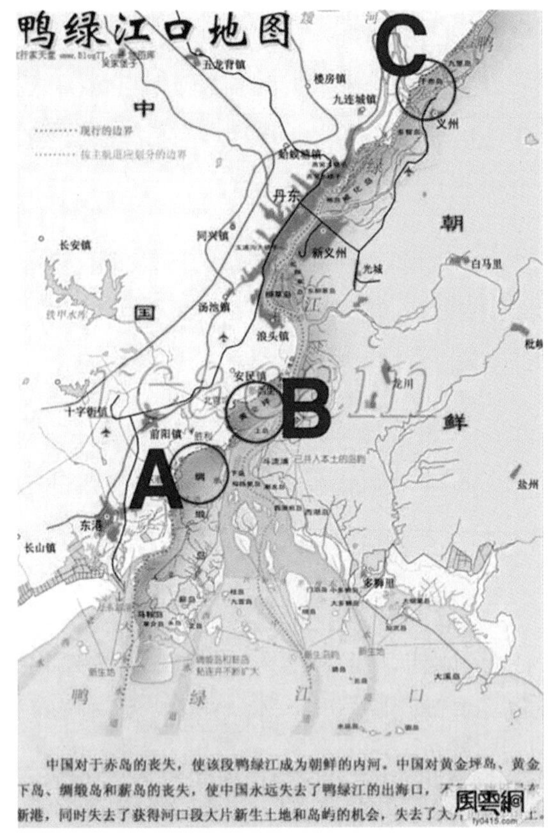

▲ '조진조선(朝進朝鮮)',「자유북한방송」2010.6월

'북한 땅과 불과 1m'… 단둥시 새 강변도로 개통 2006.09.23.

2006년 2월 22일 중국 쪽 산 위에서 바라본 북한 회령시 유선리의 모습. 앞에 보이는 건물은 북한 국경경비대이고, 군인들이 마당에서 배구를 하고 있다. 사진에는 보이지 않지만 경비대 앞쪽으로 폭 20~30m의 두만강이 흐른다.

중국 랴오닝(遼寧)성 단둥(丹東)시가 최근 압록강 하구에 위치한 둥강(東港)시까지 강변을 따라 북한 땅을 가까이에서 조망할 수 있는 새 도로를 개통했다. 단둥시가 지난 19~21일 열린 개항 100주년 압록강 국제관광절 행사에 즈음해 개통한 새 도로는 총 길이가 30여

▲ <저작권자 © NK조선 무단전재 및 재배포금지>

㎞로 웨량다오(月亮島.중국)에서 유초도(북한), 랑터우항(浪頭港.중국), 황금평(북한), 비단섬(북한), 신도(북한) 등을 스쳐 압록강 하구의 둥강시까지 이어진다.압록강 하구에서는 거의 유일한 중국 측의 하중도(河中島)라고 할 수 있는 웨량다오는 한때 북한 측의 반대로 개발이 지연되는 우여곡절을 겪었던 것으로 알려졌지만 현재는 5성급호텔과 별장식펜션 공사가 거의 마무리된 가운데 본격 개장을 앞두고 있다.북한은 '어떠한 일방이 만약 항도를 고치거나 물 흐름에 변동을 주어 대안을 충격할 수 있는 건축물을 경계하천상에 세울 때는 응당 먼저 상대방의 동의를 구해야 한다'고 규정한 조중변계조약 17조를 근거로 이의를 제기한 것으로 전해졌다. 하지만 지난 20일 이곳에서 열린 압록강미술관 개관 기념전시회 개막행사에는 북한 측 인사도 참석해 웨량다오 개발을 둘러싼 북중 양국의 이견이 완전히 해소된 것이 아니냐는 관측을 낳기도 했다.유초도의 맞은편에 자리 잡은 중국 측 내륙 항구인 랑터우항을 지나 10분 가량 버스를 타고 달리면 북한 측 섬인 황금평이 나타난다. 이곳은 일제 시기까지만 해도 잡초만이 무성하게 자랐던 불모지였지만

북한 측이 대대적인 간척사업을 통해 북한에서도 손꼽히는 곡창지대로 변모시킨 곳이다.특히 황금평은 새로 개통된 압록강 강변도로에서 불과 1m 남짓한 도랑 하나를 두고 철책이 세워져 있는 곳으로 압록강 하구 쪽에서는 가장 지척에서 북한 땅을 바라볼 수 있는 장소로 꼽히고 있다. 황금평을 지나 비단섬 방면으로 접어들면 갯벌 사이로 홈처럼 팬 도랑을 끼고 중국의 오성홍기와 북한의 인공기를 함께 단 중국 측 무역 배들이 갈대숲 사이에 옹기종기 모여 있는 이색적인 풍경이 사람들의 눈길을 잡아 끈다.이곳에 사는 주민들은 밀물이 들어와 물길이 열리면 조각배를 타고 바다로 나가 북한의 무역 배들과 해산물과 공산품을 주고받으면서 현재까지도 생계를 이어오고 있다. 한때 북한의 신의주를 대신해 특구로 개발할 것이라는 미확인 소문이 떠돌기도 했던 비단섬에서는 벼 이삭들이 따가운 가을 햇살을 받아 노랗게 익어가고 있었다. 단둥시의 한 공무원은 비단섬이라는 지명의 유래에 대해 "북한이 신의주에 공장을 세우고 이곳에서 갈대를 베어다 옷감을 만들기 시작했는데 이를 두고 고(故) 김일성 주석이 비단섬이라고 이름을 붙였다"고 귀띔했다. 항구로 들어서면 북한이 2003년 6월 철새보호구로 지정한 북한의 신도가 한눈에 들어오면서 또 다른 장관이 펼쳐졌다. 광활하게 펼쳐진 바다 위로 점점이 섬들이 펼쳐진 신도에서는 무수한 바닷새들이 떼를 지어 허공을 비행하는 장면이 또렷하게 목격됐다.

단둥=연합

황금평섬 마을의 경사

노동신문 2006, 9,2 김기두 기자

우리나라 서북단 압록강 하류에 자리잡고 있는 신도군 황금평 섬에 경사가 났다. 얼마 전에 이곳 섬마을사람들이 그처럼 바라고 바라던 샘물이 땅속 깊이에서 솟아오르기 시작한 것이다. 이 물은 수질이 좋고 물량도 풍부하다. 황금평섬 마을 주민들의 물문제가 풀리는 순간이었다. 일찍이 잡초만이 무성하고 사람들이 살지 못할 고장으로 소

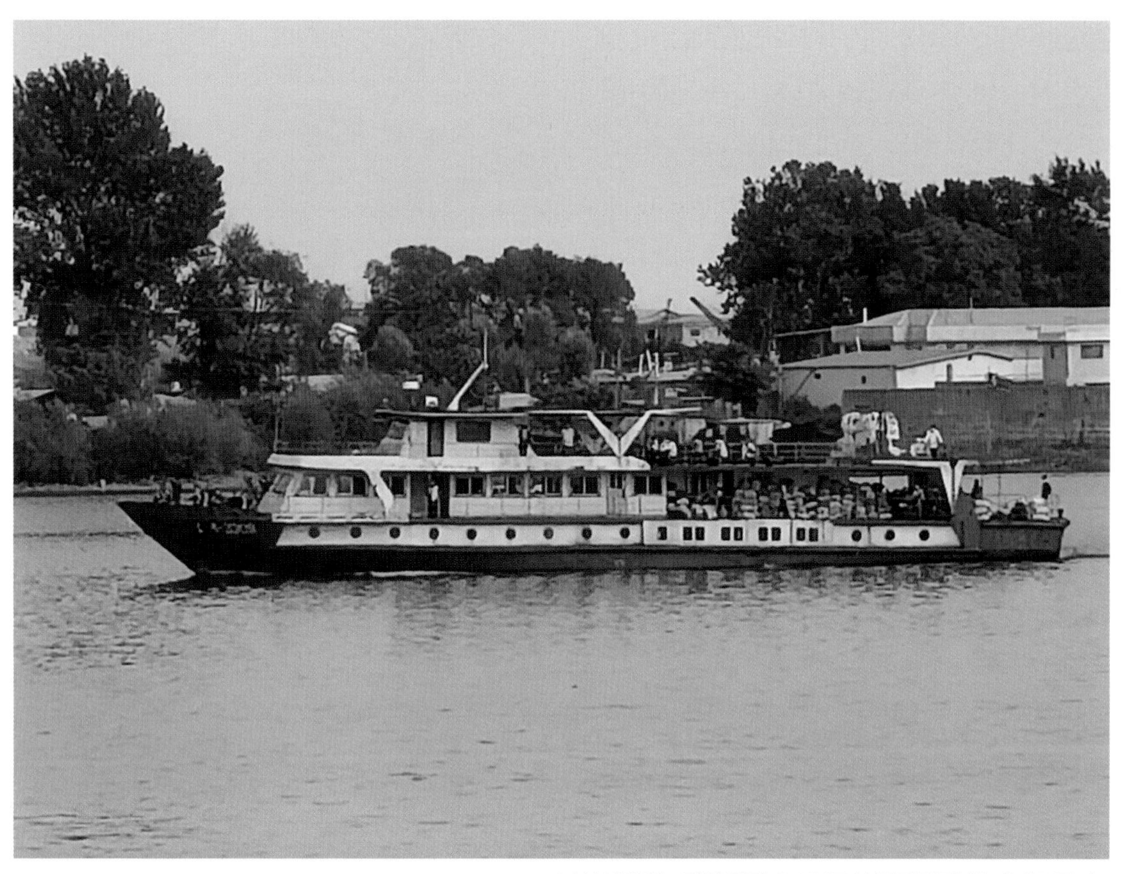

▲ 북한여객선 <저작권자 © NK조선 무단전재 및 재배포금지>

문났던 황초평을 황금평으로 전면 변화 시켜주신 당국에 섬사람들은 풍족한 문명한 생활을 누릴 수 있게 된 것에 대하여 기뻐하였다. 당국은 황금평 섬마을 주민들의 생활 전반에 대해 구체적으로 알아보시고 제기되는 모든 문제들을 다 풀어주시면서 섬사람들에게 보다 좋은 물을 보장해주도록 은정깊은 사랑을 베풀어주시었다.

평안북도 도청의 지도 밑에 압록강 물을 펴 올려 저류지에서 정화시켜 먹는 물을 보장받던 섬사람들에게 보다 좋은 샘물을 보장할 목표를 제직하고 이 사업을 줄기차게 건의했지만 많은 시간이 많이 흘러갔다. 이제 때가 되어 현장건설지휘부에서는 땅속 물 근원을 찾고 수도사업소를 건설하고 여과공정을 현실 발전의 맞게 꾸리도록 하였다. 국가과학원 건설건재분원건축공학연구소 연구사인 박사 최국종, 연구사 양선근 등을 비롯한 과학자들은 현지에서 땅속 물주머니를 찾아냈으며 수질이 좋은 물이라는 것을 확증하였다. 김영식을 비롯한 돌격대원들은 군인 정신으로 집수정 건설을 위한 침강정공사를 성과적으로 진행하였으며 펌프장과 여과공정들에 샘물이 원만히 흘러들도록 상수망을 전반적으로 개건 보수하였다. 지난 8월말 황금평 섬마을에서는 수도사업소를 준공하는 모임을 가지었다. 섬마을사람들은 외진 섬에서도 아무런 걱정 없이 질 좋은 수돗물을 먹을 수 있도록 보살펴 주어서 기쁘다고 하였다.

특파기자 김기두

05. 신의주시

LIUDAOGOU
NEIGHBORHOOD
TOUDAOQIAO
RESIDENTIAL
DISTRICT
HUAYUAN
RESIDENTIAL
DISTRICT
LINJIANG
RESIDENTIAL
DISTRICT
SONGJIAPU
BAIFANG
VILLAGE
신의주경공업대학
고등학교
전싱구
振兴区
RENJIAPU
XIANWEI
RESIDENTIAL
DISTRICT
신의주시
도안전부 병원
XINKAILING
「Google Earth」

1) 다지도·多智島

"압록강의 여러 섬이 퇴적으로 합쳐지다'"

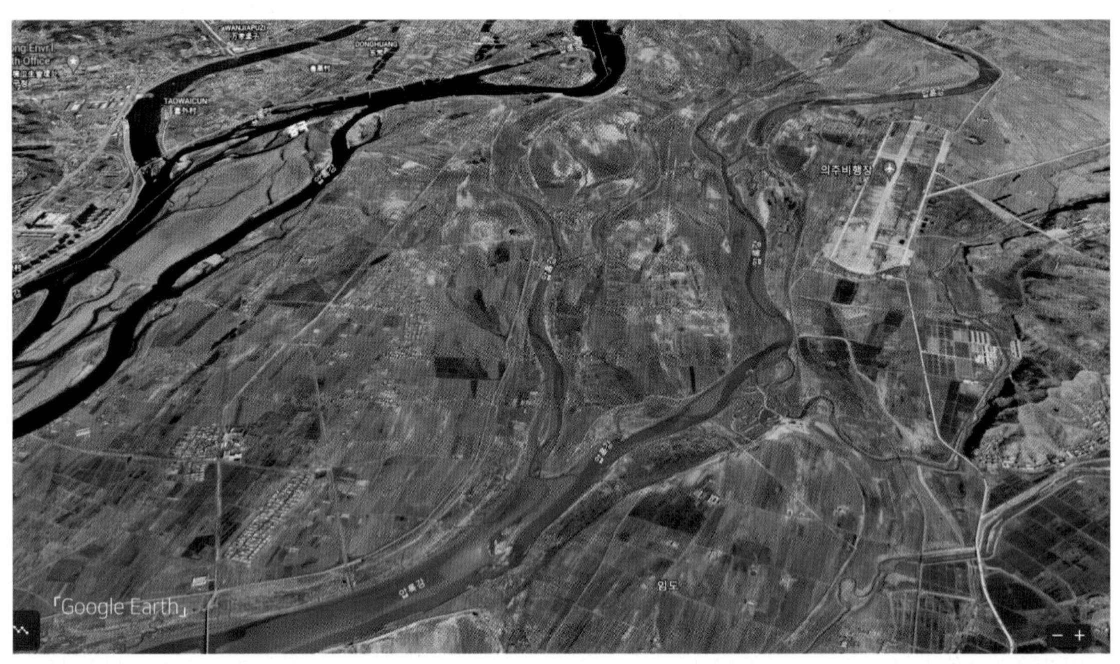

[개괄] 다지도(多智島)의 면적은 13.4 ㎢이며 평안북도 의주에 있는 압록강 유역의 섬이다. 예전의 검동도(黔同島), 난자도(蘭子島), 다지도(多智島), 마도(麻島) 등이 퇴적으로 합쳐져 형성되었다. 의주에는 다지도 외에 대표적인 압록강의 하중도로 어적도, 구리도, 수구도 등이 있다.

이중환은 「택리지」에서 압록강을 다음과 같이 서술했다.

『"압록강 밖의 두 개의 큰 강이 저편 동북으로부터 모여와서 의주(義州)의 북에 이르러 세 강으로 되는데, 매번 홍수가 지면 물이 넘치게 되어 세 강이 하나로 합하여 바다로 들어간다." 이중

환이 말한 두 개의 큰 강이란 서강(西江)과 애하(愛河)를 말하는 것이다. 그래서 의주에 있는 다지도 어적도 구리도 수구도 등은 비가 많이 오면 상습적으로 잠긴다.』

이중환 「택리지」

한반도의 서북쪽 관문 의주

예로부터 의주는 한반도의 서북쪽 관문이었다. 명나라, 청나라 시절 조선의 사절은 의주의 다지도와 구련성의 사이로 압록강을 건넜다. 의주는 평안북도의 대동맥이자 중심이었으나, 1905년 경의선이 개통하고 1911년 압록강 철교가 가설되면서 신의주에 중심 도시의 지위를 넘기며 쇠퇴하기 시작했다.

의주는 북방 관문이라는 지리적 이점으로 일찍부터 신문명을 받아들였고, 진취적 기상이 강해 애국자와 선각자를 많이 배출한 지방이다. 일제 강점기에는 독립운동의 온상지로서도 유명하다.

▼ '송조천객귀국시장도' 일부 / 북경에서 중국 관리들이 조선 사신을 송별하는 장면이다. / 국립중앙박물관 소장.

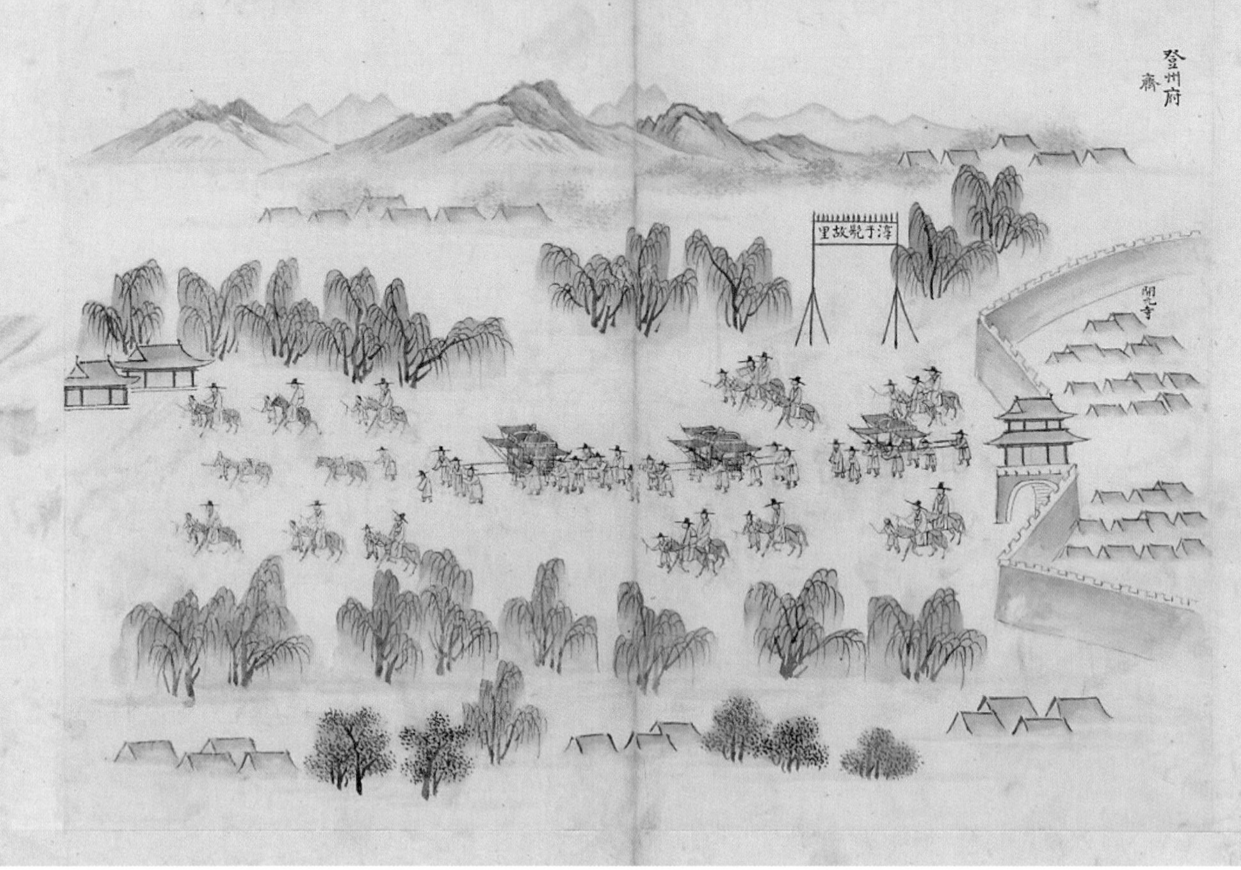

▲ 이덕형 일행의 사행' 일부_ 1624년(인조2) / 명나라에 정사로 파견된 문신 이덕형의 행로를 그림으로 남겼다. 연행단을 수행하는 하례들의 모습도 볼 수 있다. / 국립중앙박물관 소장.

압록강 하구는 잦은 홍수로 여름마다 몸살을 앓곤 한다. 2010년 8월, 한국 언론은 북한지역 폭우 피해 상황을 이렇게 보도했다.

[北 압록강 섬 · 신의주 물에 잠겼다]

압록강 일대와 중국 동북지방에 내린 폭우로 북한 압록강 하구 섬(하중도 · 河中島)들과 신의주 시내가 물에 잠겼다. 신의주의 압록강 건너편에 있는 중국 단둥(丹東) 지역도 주택침수 등 피해가 속출했다.

단둥의 한 주민은 "신의주 일대 농경지 대부분이 물에 잠겼고 시내 저층 살림집들도 1~2층이 침수된 것이 망원경으로 관측됐다"며 "압록강의 북한 섬들은 눈으로 확인할 수 없을 만큼 깊이 잠겼다"고 전했다.

조선중앙통신에 따르면 이번 폭우로 압록강 하구 위화도 · 다지도 · 어적도 등의 살림집 · 공공건물 · 농경지가 완전히 물에 잠겼고, 단층건물들은 지붕만 보일 정도다. 강물은 신의주 시내에까지 밀려들어 도로 운행이 마비됐다.

「서울경제신문」 2010.8.22

▲ 수해를 입어 동원된 장비와 트럭

▲ 수해를 이기자

▲ 수해 지구에서 다짐

▲ 함경북도 온성군 남양시 지역을 최근 중국 투먼 지역에서 촬영한 사진. 대부분 복구가 완료된 가운데 일부 지역에서는 여전히 복구공사가 한창이다. [정성장 세종연구소 통일전략연구실장 제공=연합뉴스]

2) 동유초도·柳草島

"개발에 부풀어 있는 섬 동유초도'"

[개괄] 신의주에 소속된 동유초도는 면적 3.2㎢, 둘레 8.9km이다. 유초도는 3개의 섬으로 구성되었는데 제일 큰 섬은 유초도와 그 다음은 동유초도인데 이 두 섬 사이에 북유초도 라는 아주 작은 섬이 있다. 이 섬들은 압록강 상류에서 운반된 흙모래가 쌓여서 형성된 충적 섬이다. 유초도와 동유초도 사이는 155m로 다리가 놓아져 있어 넓은 땅에 농사를 마음 놓고 지을 수 있다. 그러나 유초도와 동유초도 사이에 있는 북유초도는 섬둘레가 1.9km 정도로 아주 작은 섬이지만 다리가 없다. 그래도 불편하지만 농사를 짓는 것은 땅이 비옥하기 때문이다. 신의주에서 차를 타고 다리를 건너 동유초도로 간다. 다시 다리를 통하여 유초도를 건너가면 유초도와 중국 단동 사이에 압록

강이 흐른다. 유초도와 단둥의 거리는 870m 정도로 유초도에서 배를 타면 단둥으로 들어 갈 수 있다. 예전에는 배를 이용하였지만 지금은 100% 다리를 이용하여 건너간다. 유초도 일대는 평안북도 북서부의 압록강 하구에 있는 지역으로

땅이 평탄하고 비옥한 평야이다. 압록강은 흙과 모래의 퇴적이 심하고 수로의 변경이 가능하여 압록강 하구에는 신우평 · 황초평 · 유초도 · 동유초도 · 계도 · 위화도 등 많은 하중도들이 사주를 이루고 있다. 한편 해안에는 개펄이 넓게 발달하고 있다. 토사가 쌓여 형성된 섬들의 현재의 해면고도가 10m 내외로 아주 낮은 것이 특징이다. 이 지대는 토지는 비옥하지만 수리 시설이 빈약하여 비가 많이 오면 상습적으로 물에 잠긴다. 그래서 둑을 쌓고 수리 사업과 관개시설을 완성하여 농사를 짓지만 농민들은 늘 불안한 마음으로 하늘을 쳐다본다.

동유초도에는 산림이 없고 버드나무와 풀만 무성하게 자란다. 이곳은 철새가 이동하는 주요 경로로 봄이면 북쪽 번식지로 이동하는 새들이, 가을에는 남쪽으로 가는 새들이 이곳에 머문다. 또 신의주시의 주요 농업지대로 쌀과 채소를 많이 재배한다. 변두리 제방 기슭에는 뽕밭이 있다. 이곳의 풍부한 모래와 자갈은 건설용재로 쓰인다. 동유초리에는 고등중학교·인민학교·병원이 있다. 유초리와 신의주시 사이에는 1989년 8월말 준공된 8월9일 줄다리가 놓여 있는데 그 길이는 2,210m이다. 교통은 유초리~신의주~하단리~상단리 간 수상통로가 개설되어 있는데, 대부분의 물동량이 이를 통해 수송되고 있다. 도 소재지인 신의주시까지는 7km 이다.

[네이버 지식백과] 평안북도 신의주시 유초리 개요 (조선향토대백과, 2008., 평화문제연구소)

유초도와 신의주

유초도는 신의주와 붙어 있는 섬으로 3개의 유초도에서 생산되는 농수산물이 신의주를 반입하여 살기 좋은 섬이 되었다. 신의주는 본래 지역이 낮은 관계로 주목을 받지 못했지만 일본이 눈여겨 본 결과 개발에 의하여 일약 평안북도의 제일의 도시로 변하였다. 의주는 예로부터 국경 요새지로 중국으로 가는 국경의 관문이 되어왔다. 그러나 경의선이 여기를 통하지 않으면서 평안북도 도청이 1924년 의주에서 신의주로 이전한 뒤 의주는 수천 년의 화려한 역사가 자연스럽게 쇠퇴하게 되었다. 신의주는 중국 단동과 연결되는 우리나라의 북문이며 국경 제일의 도시이다. 신의주는 압록강 하구에서 약 25 ㎞ 지점에 있는데 이 도시는 홍수가 나면 흙탕물이 범람하여 사람이 살 수 없

참조 - 용천평야 [龍川平野] (한국민족문화대백과, 한국학중앙연구원)

고 농경지로도 물에 잠기는 곳이었다. 그러나 지정학적으로 차지한 위치 때문에 철도가 가설되고 도로가 바둑판 모양으로 만들어 계획도시로 거듭나게 되었다.

홍수 때의 범람을 방지하기 위하여 강안에 제방을 쌓았고, 그 뒤 시가지가 발전함에 따라서 또 다시 그 밖으로 제방을 축조하게 되었다. 신의주는 수륙교통의 요지이며, 제재 · 제지 · 펄프 · 성냥 등 각종 공업의 중심지이다. 그러나 압록강은 겨울에 결빙(結氷)하며 조석간만의 차가 심하고, 특히 토사의 퇴적이 심하므로 무역항으로서는 결점이 많다. 그리하여 외항인 다사도가 관문으로 발전하였다. 부근의 유초도와 위화도 사이에 있는 신의주는 강과 섬으로 둘러싸인 환상의 도시가 되었다. 하중도인 위화도는 이성계(李成桂)가 중국의 요동을 치러 가다가 사대 불가(四大不可)를 주장하여 회군한 고사(故事)로 유명하다. 유초도 부근의 남시 해안은 개펄을 이용하여 천일제염을 생산하고 있다. 하구의 용암포도 주요한 무역항이었으나 압록강 유로의 변천, 간만의 차, 겨울의 동결, 토사의 퇴적 등으로 그 기능이 감소하고 있다. 유초도와 위화도 신의주는 중국 단둥과 국경선을 이루면서 중요한 지역이라고 말 할 수 있다.

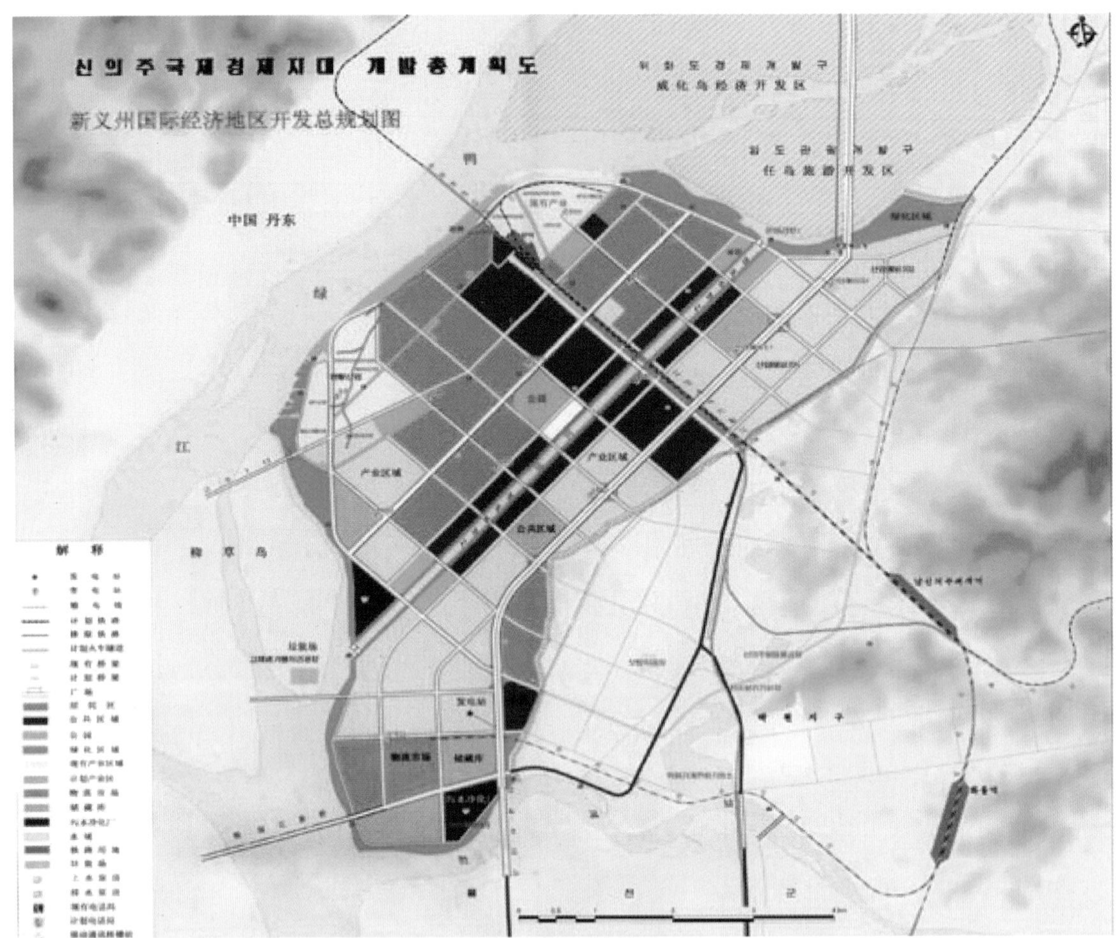

▲ 통일뉴스. 북, 신의주특구 산업구역 남측에도 개방. 북중, 신의주특구 개발 합의..개발총계획도 입수

<통일뉴스>가 입수한 '신의주국제경제지대 개발총계획도'.

이번에 입수된 신의주특구 개발총계획도에 따르면 임도관광개발구와 유초도 사이에 압록강 물을 끌어들여 '신의주 운하'가 건설돼 신의주 북서지역과 남동지역을 갈라놓는다. 이에 따라 운하를 건너는 10개의 다리가 건설된다. 신압록강대교 위쪽 류초도와 신의주를 잇는 '류초1다리'와 '류초2다리'도 새로 건설된다. 또한 평원선 철길을 따라 신

출처 : 통일뉴스(http://www.tongilnews.com)

의주 운하와 십자형으로 교차하는 '남신의주 운하 물길'이 배치돼 있다. 신의주를 사실상 운하의 도시로 건설하겠다는 것으로, 이는 이전의 신의주특구 개발계획과 확연히 달라진 대목이다. 또한 기존의 카지노와 골프장 등 관광위락시설이 사라지고 공원과 녹화구역이 자리 잡고 발전소 1곳과 변전소 10여 곳, 이동통신기지국 6개 등이 들어선다.

카지노와 골프장 등 관광위락시설이 대폭 삭제된 것은 시진핑 중국 국가주석이 청당정풍(淸黨整風)에 나서고 있는 사정과도 연관된 것으로 풀이된다.

▼ 평안남도 삭주군 압록강에서 쇠밧줄을 통해 강을 건너는 광경. 김호성 제공

3) 소상도·小上島

"한중 영유권 관계 소상도"

[개괄] 소상도는 평안북도 신의주시 상단리의 북쪽 압록강에 있는 작은 섬으로 북상도 아래에 위치해 있다. 이 문서는 1912년에 발행된 것으로 일본 총독관방 외사국이 주관하였다. 이 문서는 압록강에 있는 의주군 위화면 상단동에 속한 소상도의 영토소유권과 경작권을 둘러싼 분쟁을 다룬 것으로 1912년 4월부터 10월까지의 상황이 수록되어 있다. 이 기록물 철에는 소상도의 영유권에 대한 청인과 조선인의 분쟁, 청국 안동도대와 안뚱주재 일본영사 사이의 왕복문서, 평안북도장관의 조사서, 의주부윤이 보낸 청취서, 조선총독부 정무총감이 안뚱주재 일본영사 관에 보낸 해결대책방안 등이 담겨 있다. 이 문서에는 서류의 목록과 함께 소상도의 위치를 상세히 그린 약도

가 첨부되어 있으나 서류의 순서는 시간에 따라 배열되지 않고 앞뒤에 엇갈려 있다. 일제가 1910년 8월 22일 한국을 강점한 이후, 일본과 청국 사이에 압록강과 두만강에 있는 몇 개 도서와 사주의 귀속문제를 갖고 여러 차례의 분쟁·교섭사건이 연이어 일어났다. 특히 1911년 청이 신해혁명에 의해 무너지고 중화민국이 새롭게 등장 하는 혼란 속에서 중국은 국경 문제에 대한 관심이 부족했다. 일본은 청국(이 문서에서 중국의 '민국' 시기도 이렇게 칭하고 있음)과 영토문제로 대립하면서 "본방인의 권리보호" 라는 명분으로 나섰다. 이 문서에 기록된 소상도의 귀속에 관한 청·일간의 분쟁은 그 일례에 있어서 전형적인 사건이라고 말할 수 있다. 이처럼 이 기록물 철은 한국의 강점 이후 일본과 청국 사이에 있었던 압록강 도서 소유권 귀속에 대한 과정을 이해하는데 중요한 자료이다.

1912년 5월 4일 보고된 (압록강 소상도에 관한 건)에는 안뚱주재 일본 영사가 청나라와 교섭을 위해 평북 경무부에 참고 자료를 수집 할 것을 요구한 내용을 담고 있다. 이는 청나라가 안뚱주재가 소상도를 자국 영토라고 주장한 것에 대한 대응 차원의 자료를 확보하려는 것이었다.(압록강 소상도에 관한 건)은 조선 총독부 외무국장이 평안부도 장관에게 안동영사의 청구에 응하여 소상도 영토 소유권을 증명 할 수 있는 서류와 기타 참고 자료를 모집하여 보낼 것과 본 안건에 관한 상세한 사정을 조사하여 급히 보고 할 것을 지시하는 내용이 들어있다. 평안부도 장관은 외사국장에게 보낸 1912년 6월 14일 자 (압록강 소상도에 관한 건)에는 의주부 위화면 상단동에 거주하는 한국인 임린준, 박우흠과 청나라 쑹커런 사이에 소상도의 경작권을 둘러싸고 일어난 분쟁의 연유를 밝히고 있다.

이 문건에서 평안북도 장관은 소상도가 '그 연역 위치 등으로부터 우리 영토임이 틀림없는바 만약 그것을 청나라의 영토라고 한다면 추상도의 상반부인 대상도 역시 청나라의 영토로 될 수 있을 것이다'. 는 우려를 보이고 있다. 이 서류에 첨부된 소상도 및 부근 약도와 비고에서 소상도의 위치와 면적을 상세하게 기록하고 있다. (압록강 소상도에 관한 건)은 총독부 외사국장이 안뚱현 영사대리에게 영사관 경찰서에서 소상도 경작 분쟁의 당사자를 두 번 불러 취조한 내용을 보고 할 것을 요구하고 있다

한 편 7월 2일 평안북도 장관이 총독부 외사국장에게 보낸 (신보)에는 의주부윤 후꾸가와의 '소상도 조사서' 와 함께 박우흠, 임린준을 포함한 상단동장 백채준과 홍시흥에 대한 청취서, 소상도의 옛 경작지 소유자였던 방매자

차운모와 가주 박우흠, 임린준 사이에 맺은 서류가 첨부되어 있다. 또한 청나라 봉천 도지사가 1908년 11월 27일 쑹거줘가 개간한 땅을 간무국의 허락을 받고 대조 (大照)를 그에게 발급할 것을 비준하는 문서가 한문과 일어 번역문으로 수록되어 있다. (소상도에 관한 건)은 이 분쟁 사건의 당사가 박씨와 임씨를 취조하고 그들의 진술에 근거하여 소상도의 경작 소유자의 변화 과정과 대안에 거주하는 청나라인 쑹씨와 경작 소유권 분쟁이 일어난 경위를 보고 있다. 그리고 7월 4일 (지방 민정회보)에는 6월 30일 임린준, 박우흠 등이 30여 명의 작업인을 이끌고 소상도에 가서 개간 하려고 할 때, 청나라인 6명이 건너와서 위의 두 사람을 안뚱현 구련성 순찰국에 납치했다가 신의주 경찰서장을 통해 안뚱 일본영사에 인계되어 그 이튿날에 조선에 돌아온 과정이 기록되었다.

또한 이 문서에는 조선 주재 헌병 사령관 아카시가 조선 총독 사이또에게 보낸 ((압록강 소상도에서 지나인 폭행에 관한 건)은 7월 25일 조선인과 청나라인 사이에 재차 분쟁 사건이 발생하여 청국인이 무리한 폭행을 행하였다고 기록하고 있다. 6월 2일 의주 헌병대장이 조선 주차 헌병사령관 아카시에게 보낸 서류에는 안뚱영사 요시다가 제출한 '소상도계쟁선후책이 있는데 여기서 두 가지 의견 즉 하나는 분쟁과정에서 익사한 청국인 류즈썽에게 조위금을 지불할 것과 다른 하나는 소상도의 경작권에 있어서 양국인이 절반씩 경작하거나 혹은 한해 씩 경작하자는 주장이었다. 하지만 헌벙대장은 이런 해결책에 대하여 거부하는 태도를

보이면서 소상도가 조선 영토임을 적극 피력하고 잇을 뿐만 아니라 그 증거로 125년 전인 기유년에 의회당 (교육기관)에서 발행했다는 용만지의 기록을 내 세우면서 그 기사 일부를 발췌하여 올리고 있다. 일본은 소상도의 영유권을 갖기 위해 6월14일 (소상도에 관한 건)에서 지나인이 섬에 오는 불법행위가 있으면 먼저 설유반환하고, 만일 대방으로부터 위협을 받을 때에 부득이 병기를 사용하여 영토권의 보호에 노력할 것이라는 입장을 보여 ㅈ주고 있다.

그리고 이문서의 마지막 부분에 조선총독부 정무총감이 안동영사 서기관 , 헌병대 사령관 및 평안북도 장관에게 보내는 해결 방안이 첨가 되었다.

제 1안에서 소상도 문제 해결 방법으로 이 섬에 대한 경작권을 모두 본방인으로 하여금 획득하게 함은 장래에 있어서 혹은 이 섬의 소속에 관한 교섭에서 제일 유리하고 또 필요한 일이라고 하였다. 즉 중국인에게 상당한 보상을 지불할 것과 그 지불에 대한 명목에 있어서 조위금으로 한다면 '제국 경찰관 또는 본방인이 비행이 있다는 지나 측의 주장을 용인하는 것으로 될 수 있기 때문에 다른 적당한 명의를 쓰는 것이 필요하다는 지시를 내리고 있다. 따라서 8월 10일 평안북도 경무부장이 안똥 영사에게 보낸 서류에서 소상도 소유자 시라이시는 경작권 획득을 위한 보상으로 중국인에게 일백원을 지불할 것을 승낙하고 또 소상도 소유주 연혁과 함께 임린준, 박 우흠이 소상도 경작지를 사라이시에게 넘겨 파는 계약서가 첨가 되었다.

그리고 이 문서의 제일 마지막 의주 헌병대장의 보고에서 10월 9일 사라이시가 신의주 경찰서의 순찰들의 보호하에 소상도에 가서 수확물을 거두어 들였다는 사실을 밝히고 있어 소상도의 一경작권 소유 분쟁이 일단 끝을 본 셈이었다. 이 문서는 한국의 강점 이후 일본과 청국 사이에 있었던 압록강 도서 소유권 귀속에 대한 과정을 이해하는데 중요한 자료이다.

▲ 압록강서 모래 채취하는 북한 선박 박종국 기자

4) 유초도·柳草島

"신의주와 단동 사이의 압록강 하중도"

[개괄] 류초도(柳草島)는 면적은 약 5.30㎢, 섬 둘레는 약 11km이다.
북한 신의주시와 중국 랴오닝성 단둥시 사이를 지나가는 면적 2.82㎢의 압록강 하중도이다. 압록강 상류에서 운반된 흙모래가 쌓여서 형성된 충적 섬으로, 토사의 퇴적이 심하고 수로의 변경 또한 심하다.

유초도 근처에는 신우평 · 황초평 · 계도 · 위화도 중국 월량도 등 많은 하중도가 사주를 이루고 있다. 해안에는 간만의 차이 때문에 물이 빠지면 간석지가 넓게 발달하고 있다. 현재의 해수면 고도를 기준으로 토사가 쌓였기 때문에 해발고도가 10m 내외로 아주 낮은 것이 특징이다. 그래서 홍수가 나면 지역이 범람하고 가옥이 물에 잠긴다. 유초도 평야 지대는 토지가 비옥하여 농사가 잘된다. 이곳은 철새들이 날아다니는 것을 볼 수 있다. 유초도의 풍부한 모래와 자갈은 건설용 재료로 쓰인다.

유초도에서 1km 전방에 보이는 섬이 중국의 하중도 웨량다오(月亮島, Yueliangdao)이다. 중국 랴오닝성 단둥시 전싱구 쪽의 압록강에 있는 섬으로, 한국식으로 읽으면 월량도이고 중국 영토에 해당하는 지역이다. 웨량다오라는 명칭은 생김새가 달 모양과 비슷하다고 하여 붙여졌다. 섬의 면적은 약 13만4천㎡, 북동~남서 방향의 길이는 1.3km가량, 북서~남동 방향의 폭은 가장 넓은 곳이 280m 남짓한 아주 작은 섬에 속한다. 바로 건너편에는 신의주시가 육안으로도 잘 보인다.

유초도는 강 건너편 북한 주민들의 일상을 들여다볼 수 있는 곳이기도 하다. 중국에서는 이 섬을 단둥시 본토와 다리로 연결하였으며, 호텔이나 유흥·위락 시설 등을 다수 건설하였다. 이외에 유람선의 탑승도 가능한 곳이다(사진 참조). 여기서 상류 방향으로 북한의 위화도가 보인다. 하류 쪽으로는 유초도와 동류초도가 자리하고 있으며, 섬 바로 건너편 상류에는 신의주항이 있다. 이외에 북한 해군 소유로 추정되는 시설도 있다. 압록강의 하중도로 웨량다오와 유초도는 같은 섬이지만, 지금은 하늘과 땅 차이만큼 격차가 크게 벌어져 있다.

"류초도 경제특구 개발 계획, 현재까지 감감"

류초도에는 고등중학교·인민학교·병원이 있다. 유초리와 신의주시 사이에는 길이가 무려 2,210m에 달하는 쇠밧줄 다리가 놓여있다. 이 쇠밧줄 다리는 1989년 8월에 준공되었는데, 이듬해인 1990년에는 북한의 우표로도 제작되었다.

지난 2000년대 초반, 북한은 유초도에 자유무역 기지를 만들어 경제특구로 개발해 나가기로 했다. 신의주 유초도를 경제특구로 개발할 경우 섬 규모가 작아 북한 주민들의 출입 통제가 쉬울 것이고, 유초도를 자유무역 기지화한 다음 그 성과를 바탕으로 신의주 일

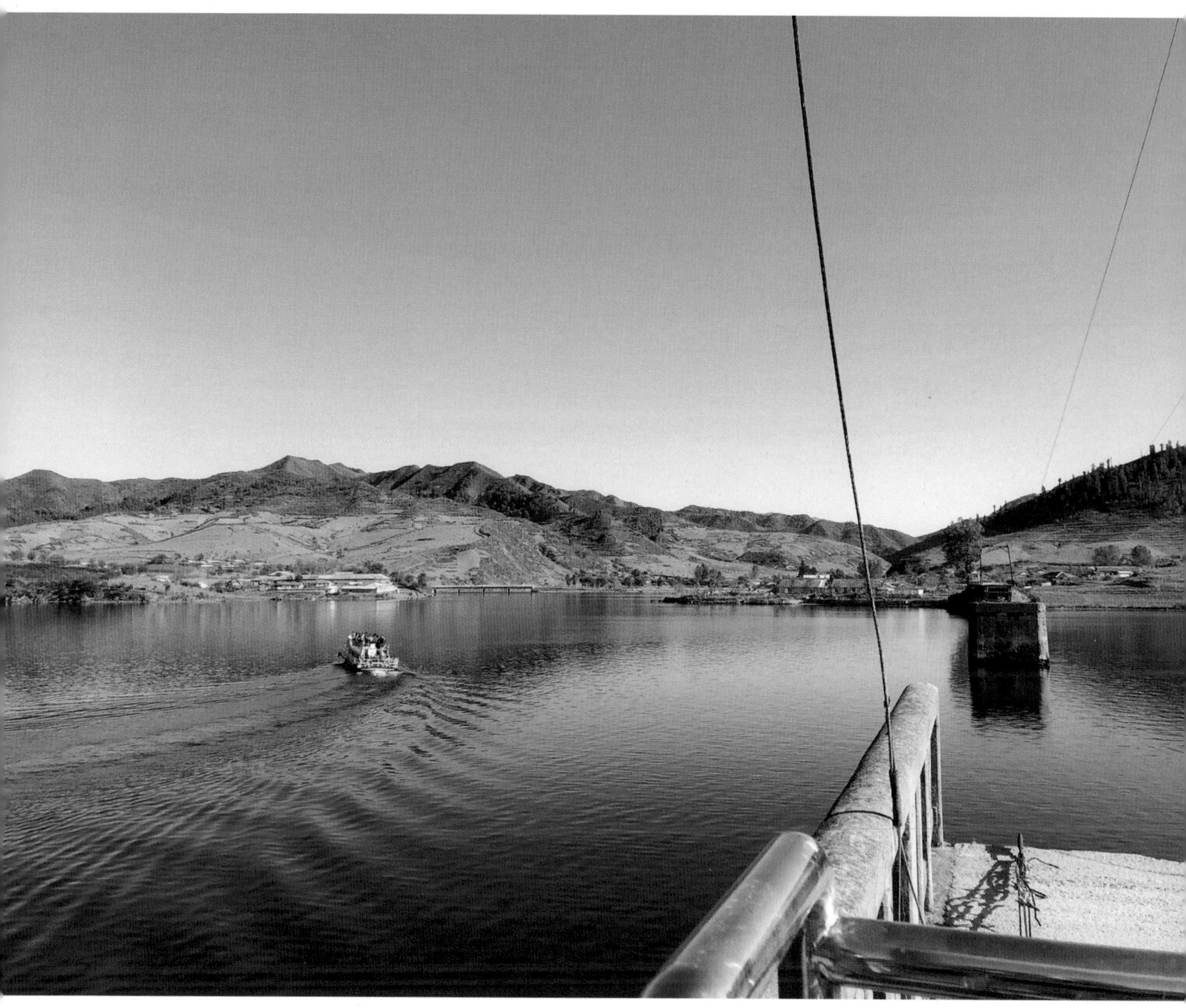

▲ 압록강 하구 단교에서 바라본 북한

대로 경제개발이 확대될 가능성도 점쳐졌다. 맞은편에는 중국의 랑터우항이 있다는 이점도 있고, 신압록강대교도 유초도 동쪽을 지나가기 때문에 지정학적으로도 유리하다는 점이 고려되었다. 하지만 그 계획은 결국 무산되었고, 아직까지 개발의 쇳소리는 감감무소식이다.

["북한 땅과 불과 1m". 中 단둥시 새 강변도로 개통]

중국 랴오닝(遼寧)성 단둥(丹東)시가 최근 압록강 하구에 있는 둥강(東港)시까지 강변을 따라 북한 땅을 가까이에서 조망할 수 있는 새 도로를 개통했다. 단둥시가 지난 19~21일 열린 개항 100주년 압록강 국제관광절 행사에 즈음해 개통한 새 도로는 총 길이가 30여 ㎞로 웨량다오(月亮島. 중국)에서 유초도(북한), 랑터우항(浪頭港.중국), 황금평(북한), 비단섬(북한), 신도(북한) 등을 스쳐 압록강 하구의 둥강시까지 이어진다. (중략)

유초도의 맞은편에 자리 잡은 중국 측 내륙 항구인 랑터우항을 지나 10분가량 버스를 타고 달리면 북한 측 섬인 황금평이 나타난다. 이곳은 일본 강점기 때까지만 해도 잡초만이 무성하게 자랐던 불모지였지만 북한 측이 대대적인 간척사업을 통해 북한에서도 손꼽히는 곡창지대로 변모시킨 곳이다. 특히 황금평은 새로 개통된 압록강 강변도로에서 불과 1m 남짓한 도랑 하나를 두고 철책이 세워져 있는 곳으로 압록강 하구 쪽에서는 가장 지척에서 북한 땅을 바라볼 수 있는 장소로 꼽히고 있다.

「상하이저널」 2006.9.24

류초도

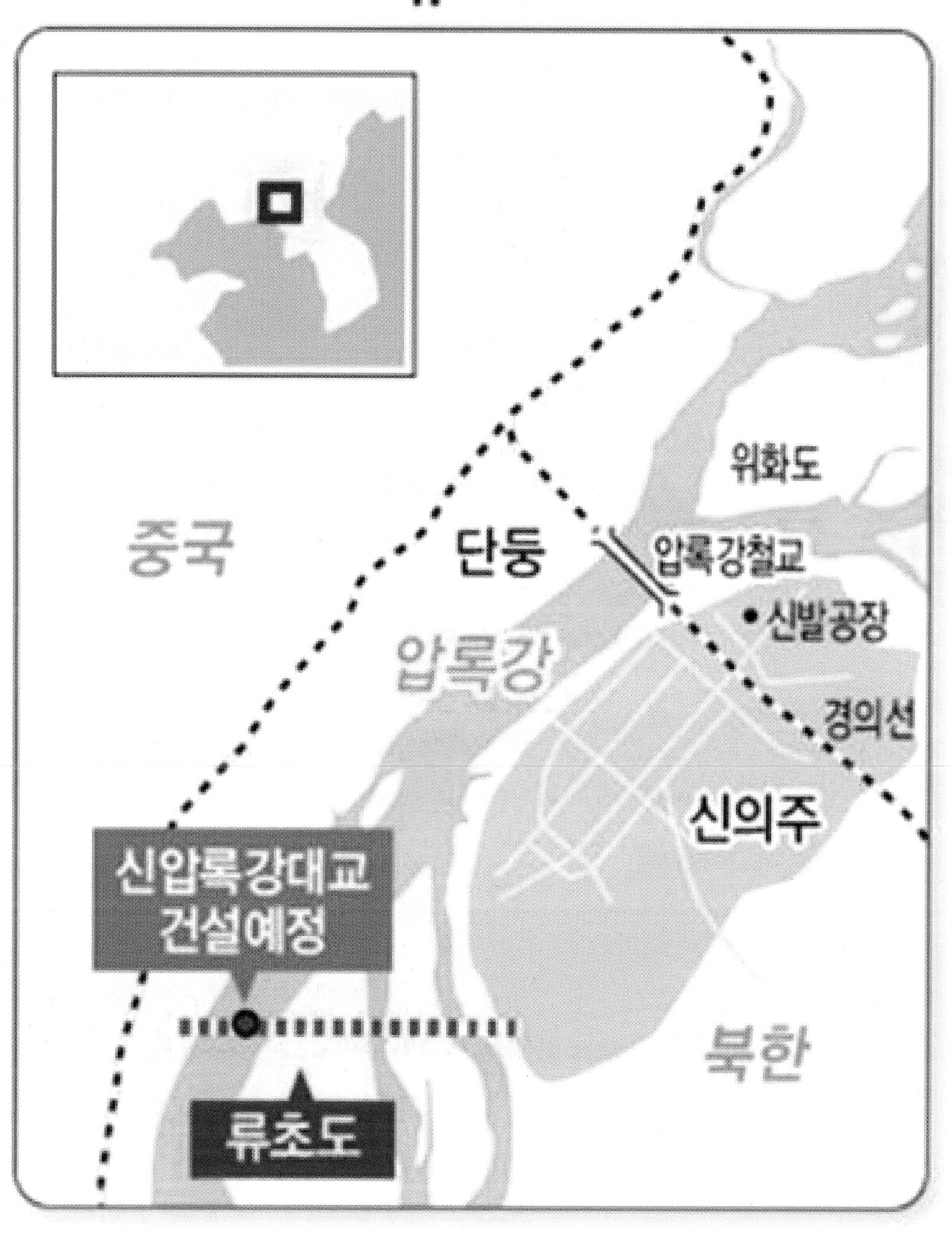

▲ 압록강 유람선 매표소

▲ 압록강 유람선 선착장

일제 해제 문서, 유초평(유초도) 경작에 관한 문제

유초평은 안뚱센(安東縣) 싼따오랑터우(三道浪頭)의 건너편에 위치하며 남북 2개의 섬으로 나뉘어 있다. 남쪽 섬은 일찍부터 한인이 거주하여 경작하고 있어 그 소유권이 돌아간 반면에 북쪽 섬은 청인의 갈대밭으로 그 한쪽에 한인의 경지가 있어 1901년부터 한·청 양국 사이에서 분쟁이 되었다. 한국의 의주부(義州府)와 청국의 안뚱센(安東縣)은 각자 자기에게 유리한 근거를 제시하며 자국의 영유임을 주장했다. 심지어 1904년에는 민간인의 무력 충돌로 비화하기까지 했다. 그러나 이 역시 일본이 적극 개입하여 황초평의 경우와 같이 처리한 것으로 보인다.

사랑의 줄다리 가을 건너 뻗는다.

민주조선 1988, 11,25 전경봉

압록강 한 복판에 있는 유초도는 신의주로부터 멀리 떨어져 있는 섬인데 여기 섬마을로 쇠밧줄 다리를 놓는 공사가 지금 본격적으로 추진되고 있다. 압록강 철교보다도 그 길이가 훨씬 긴 줄다리 공사가 완공되면 그 위로 사람들이 도시로 편리하게 드나들 수 있고 승용차까지도 오갈 수 있으므로 웬만한 짐도 실어 나를 수 있게 된다. 또한 이 공사가 끝나면 버들 숲이 우거진 경치 아름다운 유초도에 유원지가 꾸려지게 되는데 신의주 시민들이 이 다리를 건너 새로 꾸려진 유원지에 가서 즐거운 문화 휴식을 하게 될 것이다. 참으로 압록강의 흐름과 더불어 시민을 위한 거창한 창조물로 큰 규모로 건설되는 이 쇠밧줄 다리 공사는 얼마 전에 승인이 난 것이다.

당에서는 필요한 자재, 설비들을 우선적으로 보장하게 해 주고 이 공사의 젊은 청년들이 맡아 하도록 조취를 취해 주었다. 이들은 불굴의 기상으로 부닥치는 애로와 난간을 용감히 뚫고 나가 계획했던 기일보다 몇 개월이나 앞당겨 시추 공사를 끝내는 성과를 거두었다. 그 기세를 조금도 늦추지 않고 또다시 앙카 기초 공사에 돌입한 이들이 서로의 힘과 지혜를 합쳐 10여건의 기술 혁신안들과 합리적인 작업 방법을 받아들여 2개월 이상 걸려야 할 작업량이었던 기초 굴착 작업을 단 1주일 동안에 해 젖히는 기적을 창조하였다.

쇠밧줄 다리를 건설하는 것이 기술적으로 어려운 문제라고 하더라도 그들은 훌륭히 이 어려운 작업을 해냈다. 이들은 짧은 기간에 8개의 탑주공사와 70여개의 말뚝 박기를 끝내고 다리 입구 공사에 달라붙어 계속 기세를 올리고 있다. 이들은 공사 전반에 거쳐 기술적으로 걸린 문제들을 자체의 힘, 자체의 기술로 풀어나가면서 청춘의 슬기와 용맹을 떨쳐서 공사 속도를 초기보다 1.3배로 높여 나가는데 크게 기여를 하고 있다. 이들은 이 같은 노력으로 열심히 일하여 줄다리 공사를 앞당겨 끝낼 목표 밑에 날마다, 시간마다 힘차게 내 달리고 있다.

▲ 압록강을 달려가는 북한 여객선 소년호

5) 위화도·威化島

"조선 건국의 시발점에서 북한식 경제개발 특구로"

▲ 중국에서 바라본 위화도

[개괄] 압록강의 하중도인 위화도는 비단섬(26㎢) 다음으로 큰 섬이다.

조선 태조 이성계가 회군한 것으로 유명해진 위화도는 면적 15㎢로 조선 건국의 시발점이 된 역사적 장소이다. 1388년 고려 우왕 14년 5월, 고려의 장군 이성계는 군대를 이끌고 명나라 땅인 랴오둥반도(요동 반도)를 정벌하라는 명령을 받고 출동했다. 그러나 그의 군대가 압록강 하구에 있는 위화도에 도착했을 때 그는 갑자기 마음을 바꿨다. 이른바 '4불가론(四不可論)'을 들어 반대하며[49], 군대를 이끌고 수도인 개성으로 들어가 쿠데타를 실행하여 왕위에 올랐다. 조선왕조 500년은 이렇게 시작되었다.

49) 작은 나라가 큰 나라를 거스르는 일은 옳지 않으며, 여름철에 군사를 동원하는 것이 부적당할 뿐 아니라, 요동을 공격하는 틈을 타고 왜구가 창궐할 것이며, 무덥고 비가 많이 오는 시기이므로 활의 아교가 녹아 풀어지고 병사들이 전염병에 걸릴 염려가 있다. (한국학중앙연구원)

고려의 신우(우왕)가 그의 재위 14년 5월에 요동 정벌의 명을 이성계에게 내렸다. 그때 이성계는 군사 6만 명을 거느리고 위화도에 머물고 있었다. 한데 장마가 들어 크게 곤란해지자 좌군도통사 조민수와 함께 회군을 간청하는 상소문을 올렸다. 하지만 고려 조정의 우왕과 최영은 이를 허락지 않았다. 이성계는 다시 회군을 허락해달라고 사람을 보냈으나 오히려 빨리 진군하라는 명령뿐이었다.

이에 이성계는 장군들을 향해 이렇게 말하였다. "만약 상국(上國)의 지경을 침범한다면 천자에게 죄를 짓는 것이므로 나라와 백성에게 큰 재앙이 올 것이니, 어찌 경들과 임금을 뵙고 친히 화와 복을 아뢰고, 임금 곁의 간신들을 제거해서 백성을 편안하게 하지 않을까 보냐." 그러자 여러 장군이 모여 말하기를 "우리 동방의 사직이 편안하고 위태한 것은 공의 한 몸에 달렸는데, 어찌 명령대로 따르지 않겠습니까"라고 하였다.

그래서 이성계는 군사를 돌려 압록강을 건넜는데, 그가 흰 말을 타고 활과 흰 깃 화살을 가지고서 물가에 서서 여러 군사가 다 건너기를 기다리니, 모든 군사가 이를 바라보고 서로 말하기를 "고금(古今) 그리고 앞으로 올 세상에도 어찌 이러한 인물이 있겠느냐?"라고 하였다.

당시에 장맛비가 며칠 동안 내렸어도 강물이 넘치지 않았는데, 돌아오는 군사가 겨우 다 강기슭에 닿자 큰물이 몰려와서 온 섬이 잠기고 말았다. 이것을 지켜본 병사들은 자신들의 목숨을 살려준 이성계의 선견지명에 탄복하였다.

이성계는 백성들로부터 술과 고기 등의 대접을 받으며 송도로 진군했고, 이 소식을 들은 우왕과 최영은 송도에서 군사를 모으려 했으나 겨우 수십 명에 불과해 결국 이성계에게 패하고 최영도 그의 손에 피살되고 말았다. 그 뒤 이성계는 공양왕을 왕위에 올렸으나 얼마 후 왕위를 물려받고 조선을 건국하였다.

「신정일의 새로 쓰는 택리지」 6
(신정일, 2012.10.5.)

사랑의 줄다리 가을 건너 뻗는다.

위화도(威化島)는 평안북도 신의주시 상단리와 하단리에 딸린 둘레 21km의 섬으로, 전체가 낮은 평지로 이루어져 있다. 압록강의 하중도[50]이며 압록강에서 운반한 토사의 퇴적으로 이루어졌다. 땅은 비옥해 농사에 적합하고 살, 옥수수, 조, 콩, 수수 등의 산출량이 많다.

▼「세계일보」 2011.6.7.

고려 시대에는 대마도(大麻島)라 하여 국방상 요지였다. 조선 시대에 들어와 어적도와 검동도 두 섬과 함께 삼도라 하여 칭하면서 농민을 이주시켜 경작하게 하였다. 그 후 1459년(세조 5년) 건주여진의 습격을 받은 후 경작을 금지했다. 1810년(순조 10년) 의주부윤 조흥진의 주도로 정부 후원 아래 대규모의 농사를 짓게 되었다. 이곳에 이주한 농민들은 영구적인 소작권을 인정받고 농사를 지었다.

위화도는 검동도(黔同島) 아래에 있는데, 둘레가 40리다. 검동도와 위화도 두 섬 사이를 압록강의 지류가 가로막고 있는데, 굴포(掘浦)라고 일컬으며 주성(州城)에서 25리 떨어져 있다. 위의 세 섬은 그 땅이 모두 기름지고 넉넉하여 백성들이 많이 경간(耕墾)했는데, 천순 5년(1461) 신사에 농민들이 건주위(建州衛)의 야인들에게 잡혀가는 일이 생겨 그 뒤부터는 관(官)에 경간을 금하였다.』

『신증동국여지승람』

50) 하중도(河中島)란 곡류하천(曲流河川)이 유로가 바뀌면서 하천 가운데 생긴 퇴적지형을 말한다. 하천이 구불구불 흐르다가 흐르는 속도가 느려지거나 유로가 바뀌면 퇴적물을 하천에 쌓아 놓게 된다. 이러한 과정이 계속 일어나면 하천 바닥에 퇴적물이 쌓이고 하천 한가운데 섬으로 남게 된다. 보통 큰 하천의 하류에 잘 생기는데, 낙동강 하류에 있는 삼각주는 대부분 하중도로 이루어지고, 한강의 미사리·석도(石島)·밤섬·여의도·난지도 등도 하중도에 속한다. (「두산백과」 두피디아)

의주에서 신의주로

의주와 신의주 사이에는 압록강의 하중도가 여러 개 있다. 그 대표적인 섬이 위화도, 검동도, 다지도 등이다. 의주에서 반드시 이 섬들을 통과한 다음 중국으로 건너갔다.

'신의주'는 '새로운 의주'라는 뜻이다. 일본은 1904년 러일전쟁 이후, 경의선을 완공하면서 신의주라는 이름으로 도시를 새롭게 만들었다. 1921년 평안북도의 도청 소재지가 의주에서 신의주로 바뀌면서 행정중심지가 되었다. 의주는 평안도 3대 도시 중 하나였으며, 1910년 경술국치 직후까지 청나라와의 무역으로 이름이 났던 조선 제1의 무역도시였다.

그러나 1906년 경의선 철도가 건설되면서, 신의주가 단둥의 관문 역할을 하게 되자 의주는 신의주의 위성도시로 변모했다. 신의주항은 1910년 8월 개항되어 선박들의 출입이 잦아졌다. 1958년부터는 현대적인 여객선이 다닐 수 있도록 뱃길을 개척하여 신의주~하단~상단 간, 신의주~유초도~황금평~비단섬 간과 신의주~용암포 간 여객선의 기항으로 발전했다.

▼ 수풍댐 안에 있는 수상 가옥과 양어장 관리선들 전경

압록강과 호산, 일보과(一步跨)

북한 땅에서 솟은 해는 위화도를 사이에 두고 양 갈래로 흐르는 압록강 물줄기를 보여준다. 위화도는 북한 섬이지만 단둥과 가깝다. 단둥시 강변을 따라가다 보면 위화도에는 자그마한 아파트가 있고 강변에서 빨래나 낚시를 하는 북한 주민을 볼 수 있다. 위화도를 보면서 압록강 변을 따라 북쪽으로 삼강을 지나 애하대교를 건너면 호산에 이른다. 의주에서 압록강을 건너온 조선 사신 일행이 첫발을 내딛는 곳이다.

'도강록'에서 연암이 압록강을 건너는 장면을 보면, "물살은 매우 빠른데 뱃노래가 터져 나왔다. 사공이 노력한 보람으로 살별(유성)과 번개처럼 배가 달린다. (중략) 전송 나온 이들이 오히려 모래벌판에 섰는데 마치 팥알같이 까마득하게 보인다."라고 했다. 물살이 빠르고 위태로운 순간을 실감 나게 서술했다. 압록강을 건넌 연암 일행은 지금의 호산 부근에 도착해 갈대숲을 헤치며 나아갔다.

현재 호산에는 중국 측에서 호산장성을 쌓아 놓았다. 호산장성은 고구려 옛 산성인 박작성 성터를 허물고 명나라 만리장성 식으로 복원해 놓은 동북공정의 현장이다. 조선 시대와 달리 지금 호산 앞에는 압록강의 범람과 퇴적으로 중국과는 거의 붙은 북한 땅 '우적도'가 있다. 중국 쪽에서 '일보과(한 발자국만 건너면 갈 수 있다)' 비를 세워 놓았고 북한 쪽에서는 철조망을 쳐놓았다. 일보과에 있는 유람선 운항을 알리는 관광안내도와 호산장성 앞 상점에 태극기와 한국 지폐, 북한 지폐와 우표 등이 함께 진열돼있는 모습이 눈길을 끈다.

위화도·황금평 경제지대법

2011년 12월 3일 조선 최고인민회의 상임위원회는 전체 7장 74조로 구성된 「황금평·위화도 경제지대법」을 채택하였다. 북한은 당시 관련법이 제정됐다고 발표했으나 구체적인 내용을 공개하지 않았는데, 2013년 12월 뒤늦게 법 전문을 공개했다. 일명 '황금평특구법'은 기업 활동 보장에 초점을 두고 있다. 법에 따르면 외국의 법인과 개인도 황금평과 위화도에 회사와 지사를 세워 투자하는 등 자유로운 경제활동을 할 수 있다고 선언하고 있다. 첨단산업이나 국제 경쟁력을 갖춘 기업이 투자하면 혜택을 주고, 결산이윤의 14%인 기업소득세율을 특별장려기업만 10%로 낮춰 적용한다고 명시하였다.

또 10년 이상 투자를 계획한 기업은 소득세를 면제해 주고, 자본금을 늘리거나 새로운 기업을 세워 5년 이상 운영하면 재투자 부분 기업 소득세의 50% 돌려주기로 하였다. 아울러 북한은 투자자 재산과 합법 소득을 법에 따라 보장하고 국유화하지 않겠다고 선언하였고, 사회공공의 이익을 위해 불가피하게 몰수해야 하면 미리 통보하고 충분히 보상하겠다고 적시하였다.

북한은 2011년 6월 중국과 황금평 개발 착공식을 가진 뒤 관련법을 마련해 왔으나 기업 친화적인 법을 원하는 중국의 요구 때문에 법 마련에 난항을 겪어 온 것으로 알려졌다.

▼ 중국 단둥에서 드론으로 촬영된 위화도 모습. 압록강 철교 왼쪽이 신의주시다. 사진 양승진 기자 제공

[위화도·황금평 특구법, 기업 활동 보장에 초점]

북한이 지난 2011년 12월 3일 제정한 '황금평·위화도 경제지대법'은 관리운영을 중앙특수경제지대지도기관과 평안북도인민위원회가 맡도록 하고 다른 기관이 관여할 수 없다고 못 박았다. 또한 기업 활동의 편의를 최대한 보장하는 내용들이 담겼다.

'조선민주주의인민공화국 황금평, 위화도 경제지대법'(이하 황금평경제지대법)은 총 7장 74조와 부칙으로 구성돼 있다. 이 법은 북한의 외국인 투자 관련 14개 법안 중 마지막으로 제정된 법률로 북측의 경제특구 개발전략을 한눈에 볼 수 있다는 점에서 주목된다.

이 법은 제1조 '경제지대법의 사명'에서 "경제지대의 개발과 관리에서 제도와 질서를 바로 세워 대외경제협력과 교류를 확대발전시키는데 이바지한다"고 명시하고 "황금평, 위화도경제지대는 경제 분야에서 특혜정책이 실시되는 조선민주주의인민공화국의 특수경제지대"이며 "평안북도의 황금평지구와 위화도지구가 속한다"고 규정하고 있다.

제3조 '경제지대의 개발과 산업구성'에서 "경제지대의 개발은 지구별, 단계별로 한다"면서 "황금평지구는 정보산업, 경공업, 농업, 상업, 관광업을 기본으로 개발하며 위화도지구는 위화도개발계획에 따라 개발한다"고 밝혔다.

「통일뉴스」 2012.3.13.

6) 임도·荏島

"육지와 합쳐진 '북한판 여의도' 깨섬(荏島)"

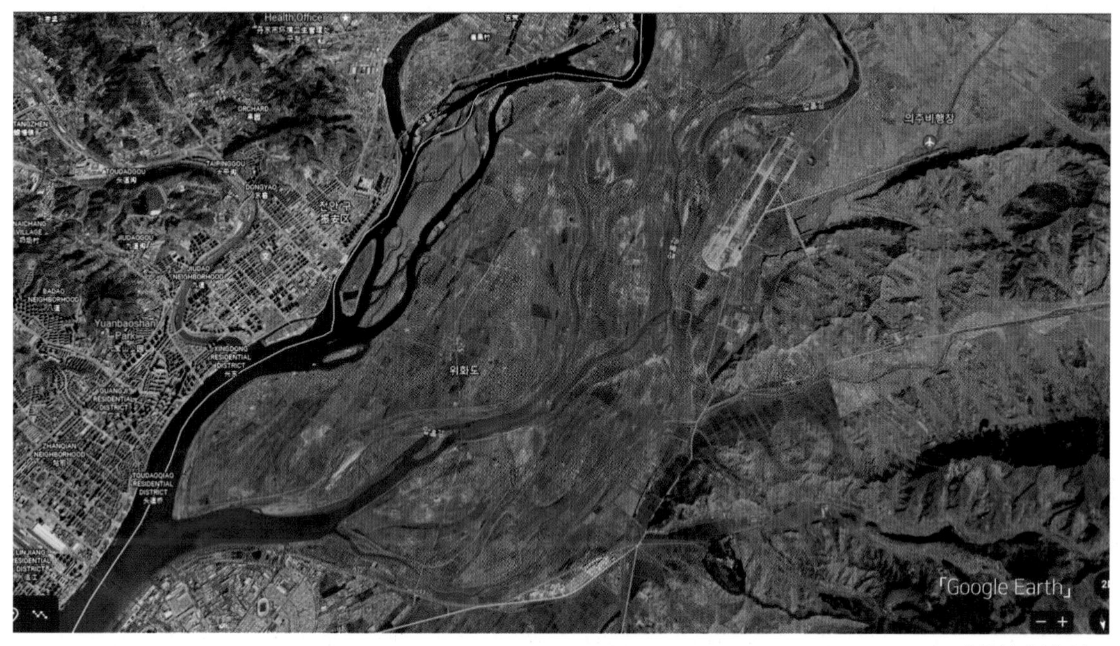

▲ 일명 '깨섬' 임도

[개괄] 임도는 평안북도 신의주시 하단리 동남쪽에 있는 압록강의 하중도이다. 압록강의 지류인 새강과 임도강 사이에 있는 섬으로 깨를 많이 심었으므로 깨섬이라 하던 것을 한자로 표기하여 임도라 하였다. 지금은 압록강의 퇴적작용에 의하여 서쪽의 신도(薪島)가 합쳐졌다. 오랜 세월이 흐르면서 신의주에 접해버린 임도는 이제는 섬의 기능을 상실하였다.

▲「채널A」2015.12.2.

20년째 표류 중인 신의주 개발계획

압록강 하구에 자리한 신의주는 중국 단둥과 신압록강대교로 연결되어, 북·중 무역의 80%를 차지하는 도시다. 신의주에는 임도 외에 유초도, 동유초도, 위화도, 다지도, 검동도, 신도, 난자도, 다지도, 마도 등의 섬이 있다.

▲ 2014년 10월에 완공됐지만 아직도 개통되지 않은 신압록강대교.

신의주를 통과하는 신압록강대교는 지난 2010년 10월에 착공돼 2014년 10월말 개통하려 했으나 불발되어 지금까지 미개통 상태이다. 중국 측에서 22억2천만 위안(한화 3천8백억 원)을 전액 투자해 총길이 3026m, 폭 33m, 왕복 4차로로 건설했다. 주탑에서 케이블로 연결돼 상판을 고정하는 사장교로 만들어졌다.

북한은 신의주를 특별행정구로 지정하고 중국의 양빈을 행정장관으로 임명해 황금평, 임도, 위화도를 중심으로 중국 단둥과 공동개발계획을 추진하려 했다. 그러나 임명 1주일 만에 양빈이 뇌물 제공 및 탈세 혐의로 중국 정부에 전격 체포되었고, 이후 이 사업을 재추진하려던 북한의 친 중파 장성택이 숙청되면서 무산되었다.

북한과 중국은 신의주 개발 계획에 대하여 이미 공감대를 형성하고, 2015년 10월 '신의주 국제경제지대'(특구) 개발에 전격 합의했다. 이에 따라 임도 관광개발구와 유초도 사이 압록강 물을 끌어들여 폭 6m의 '신의주 운하'를 건설한다는 계획까지 수립했다. 하지만 북·중간의 치열한 주도권 싸움으로, 2002년 신의주 특구 지정 이후 20년이 흐른 지금까지 장기간 개발 사업이 표류하고 있다는 것이 전문가들의 진단이다.

▲ '중조변경 압록강'이라 쓴 돌맹이를 파는 무인 판매대. 10위안이라 적혀 있다.

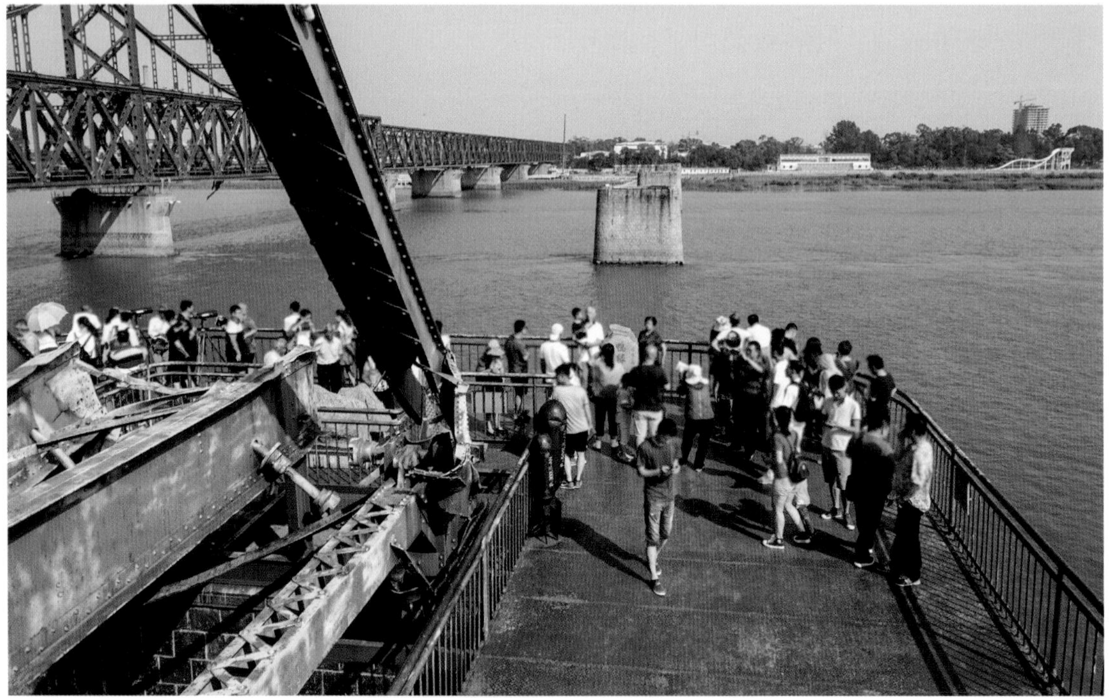

▲ 단둥의 관광객. 중국에서는 압록강단교라고 불리는 끊어진 철교와 옆의 우이교가 압록강 위에 상징처럼 지나고 있다.

[北-中 합작회사에 신의주특구 개발권]

북한 당국이 신의주 경제특구 내 일부 지역의 개발권을 북-중 합작회사에 허가한 문서가 공개됐다. 채널A 취재진이 입수한 북한 대외경제성의 '개발 사업권 승인서'에 따르면 북한 당국은 평안북도 신의주시 임도 일대 6.2km²의 개발 사업권을 '조선진한개발회사'에 발급한 것으로 돼 있다. 개발 기간은 50년이고 사업권 승인일자는 올해 2월 11일이다. 임도는 압록강 하류 위화도에 인접해 있는 섬으로 2002년 북한이 시장경제 실험을 목표로 지정한 신의주특구에 포함된 것으로 알려졌다.

기업창설승인서에 따르면 조선진한개발회사는 중국 측 자본 70%, 북한 진흥무역회사가 30%를 출자해 설립됐다. 자본금은 1억8000만 달러(약 2084억 원)다. 북한은 이 기업에 임도를 50년간 이용할 수 있는 토지이용증도 함께 발급했다.

「채널A」 2015.12.2

06. 의주군

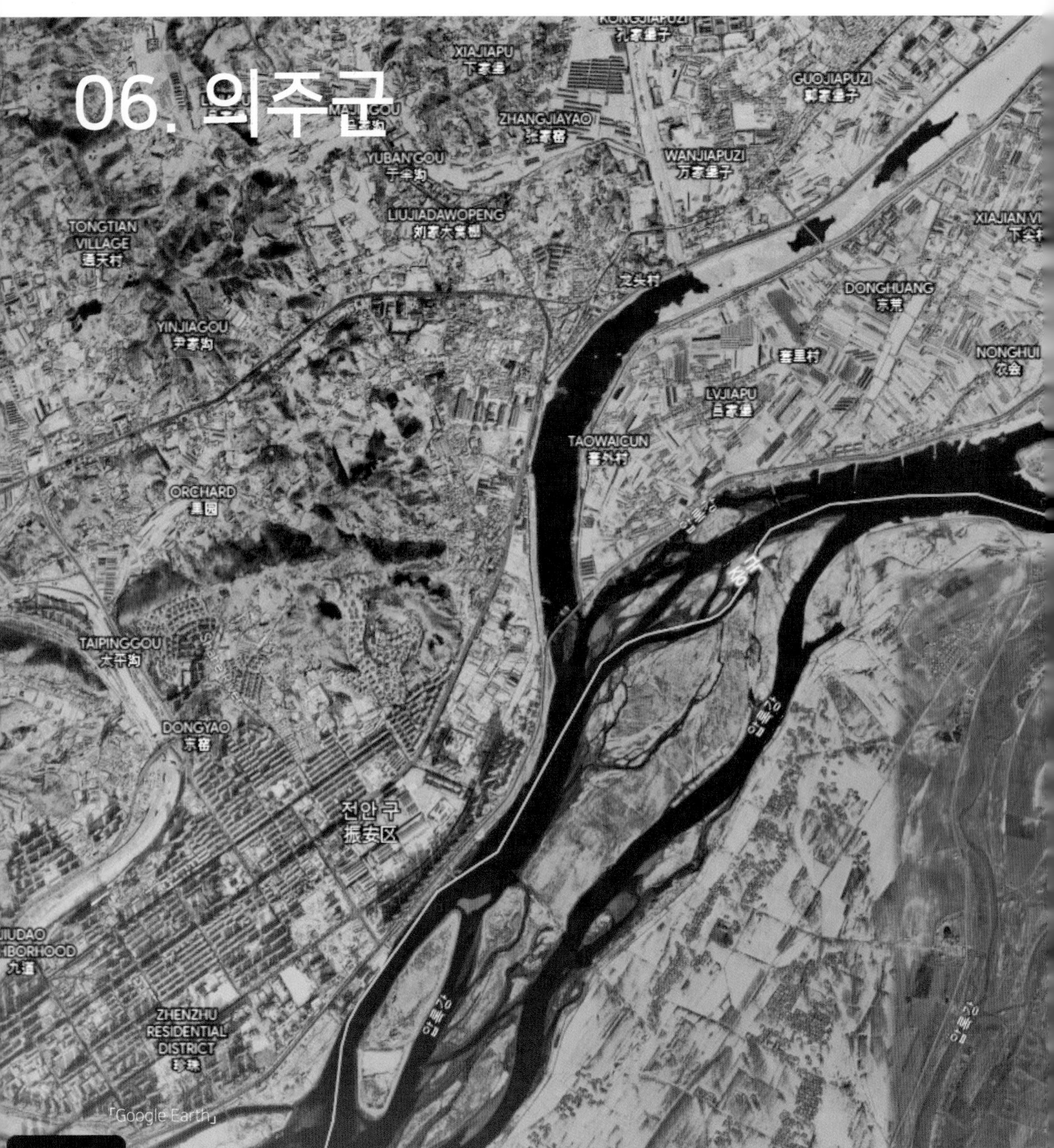

「Google Earth」

MASHI VILLAGE
马市村
QIAOTOU
桥头
QIAN'GANG
前岗
SESHU
色树
압록강
의주 영생탑
임시 휴점
의주군
의주세계로금란교회
의주비행장
2D

1) 검동도·黔同島

"중국으로 가는 관문"

[개괄] 검동도(黔同島)는 평안북도 의주군 서호리에 위치한 섬으로, 면적 00둘레, 섬둘레 00km이다. 압록강과 두만강을 경계로 한 삼도(三島)[51] 중의 하나이다. 고려 시대에는 내원성(來遠城)이 있던 곳으로 국가적으로 매우 중요한 지역이었으며, 1605년 조선 선조 38년에는 명나라가 조선과의 국경선을 결정하는 비석을 세운 곳이기도 해서 더욱 주목되는 지역이다.

51) 검동도, 어적도, 위화도

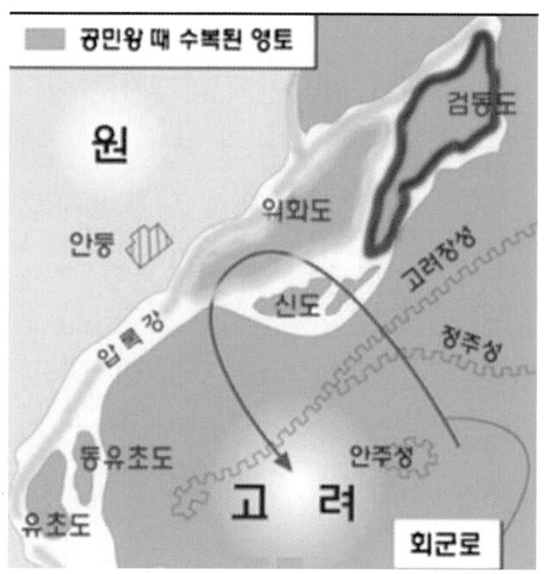

▲「나무위키」압록강과 검동도

'海東第一關' 의주의 검동도

검동도를 관할하는 의주는 당시 경상도 동래와 더불어 외국과 교류할 수 있는 중요한 창구였다. 의주는 조선의 북쪽 국경 도시로 중국과 통하는 관문이었다. 그래서 의주를 가리켜 '일국(一國)의 문호(門戶)'이자 '해동(海東)의 열후(咽喉)'라고 지칭했던 것이다. 의주성 남문에 걸린 '해동제일문(海東第一關)' 현판에서 당시 의주의 위상을 짐작할 수 있다. 의주는 고구려의 기상이 살아 움직이는 압록강 유역에 자리하고 있다. 의주의 또 다른 명칭은 용만(龍灣)이었다. 압록강이 고을을 휘감아 도는데 그 모양이 활을 당기는 것 같아 지명에 '만(灣)'이 붙었다.

의주는 중국과 국경을 접하고 있는 도시로 중국에 사신으로 갈 때는 의주의 구룡연 나루에서 압록강을 건너 검동도에 도착하여 다시 중국으로 도강을 하였다. 임진왜란 때 선조가 국경지방인 이곳 의주까지 피신을 왔다. 검동도 바로 옆에는 위화도가 있어 우리의 역사의 한 장이 새겨지게 되었다. 최근에 압록강 하류에 신의주가 생겨 중국 단동 지역과 교역이 활발하여 견인차 역할을 하는 창구가 되었다. 의주는 이제 역사의 무대 되로 사라지고 그 자리에 신의주가 차지하였다.

흔히 연행록의 백미로 꼽히는 연암 박지원의 〈열하일기〉는 조선의 베스트셀러 작품으로 그의 나이 44세에 사신단의 일원으로 청나라 연경(지금의 북경)에 다녀오면서 쓴 기행문이다. 연행록은 한반도에서 연경[북경]으로 이어지는 특정한 공간인 육로와 해로를 중심으로 조선 시대 1,700여 회에 이르는 사신단 왕래 속에서 얻어진 여행 기록이다. 연행은 사신단이 임금께 하직 인사를 올린 다음 고양-파주-임진강을 건너 개성, 평양, 안주, 숙천, 의주까지 10일 정도 걸린다. 의주에서 압록강을 건너기 직전에 의주부윤과 서장관의 입회하에 압록강 모래사장에서 엄격한 물품 검사를 한다.

차일을 쳐놓고 사신단 일행이 중국으로 가지고 가면 안 되는 물건이 있는지 검사를 받는다. 엄격한 출국심사 과정을 열하일기에서 이렇게 기록하고 있다. 주소, 성명, 나이를 적고, 수염의 길이며, 흉터가 어디에 있는가, 열쇠가 얼마나 크고 작나를 적는다. 당시 반출이 금지돼 상품은 황금, 진주, 인삼, 초피 그리고 2천 냥의 법정 한도를 넘긴 은자를 수색 당한다.

웃옷을 벗기도 하고, 바지를 유심히 들여다보기도 하며, 삼단계로 수색이 진행된다. 일 단계 수색에서 발견되면 곤장을 치고, 이 단계에서 색출되면 귀양을 보내며, 삼단계에서 색출되면 목을 베어 장대에 걸어 내어감으로써 많은 사람으로 하여금 보게 했다고 한다. 이렇게 통관이 끝나면 물이 불어난 장마철이 아니면 말이 끄는 수륙양용의 수레로 압록강을 건너가기도 했다. 이 같은 도강의 편리함 때문에 수양제 당태종이 의주 구룡연 나루를 통해 쳐들어왔고 임진왜란이 일어났을 때 명나라 이여송이 원군이며 병자호란 때 청태종이 이끈 오랑캐군이 이 나루를 이용한 이유가 강의 수심이 깊지 않기 때문인 것이다.

〈열하일기〉에는 의주에서 압록강을 건너 이곳 요양에 이르는 15일간의 여정을 다음과 같이 기록하고 있다."'압록강'을 건너는 일은 1780년 6월 24일 신미일에 시작하여서, 같은 해 7월 9일 을유일에 끝마쳤는데, 그 여정은 '압록강'으로부터 '요양'에 이르기까지, 모두 15일이 소요되었다. ...(중략)... 관제묘를 나와 5마장도 못 가서, 하얀 빛깔의 탑이 보이는데, 이 탑은 8각 13층에, 높이는 70길이라고 한다. 세상에 전하기는, '당나라'의 '을지경덕'이 군사를 거느리고 고구려를 치러 왔을 때에 쌓은 것이라고 한다." 〈열하일기-서문과 요동백탑기 中〉

▲ 조선_사신단이_청나라_연경으로_들어가는_모습을_그린_연행도._숭실대_기독교박물관_소장.

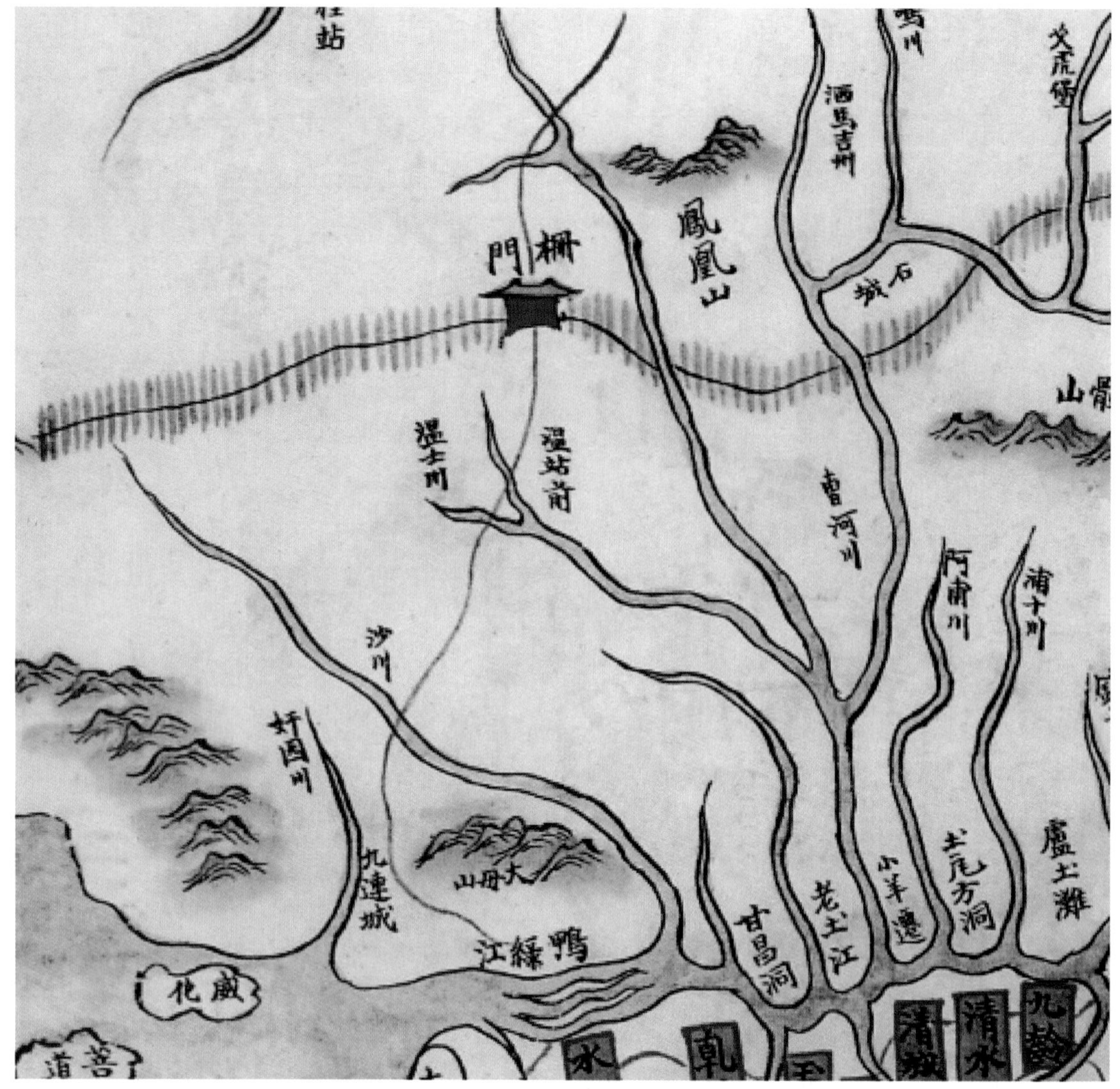

▲ 18세기_지도집_해동지도에_나오는_책문과_압록강._사진_출처_-_국사편찬위원회

검동도는 위화도 못지않게 중요한 곳이었다. “모든 강을 건너는 사람들이 반드시 이 섬의 북쪽을 거치는데, 중국 수도로 가는 사신의 길” 이었기 때문이다. 검동도는 의주성에서 중국으로 이어지는 중요한 국도였다. 중국으로 가는 사신들을 의주 관하에서 배웅하고, 중국에서 오는 사신들을 영접했던 곳

이 바로 검동도이다. 그런데 이 장소에 지금도 '영빈령(迎賓嶺)'이라는 작은 고개가 남아 있다. 영빈령이 있는 섬은 곧 검동도이고, 검동도와 포석하를 사이에 두고 마주 보고 있는 섬이 서점자 지역이다. 이를 통해서도 현재의 서점자 지역이 '위화도'임을 알 수 있다.

이처럼 의주와 검동도가 국가적으로 중요한 지역이었지만, 정작 조선 시대 의주 주민들의 살림살이는 타 지역에 비해 훨씬 어려웠다. 중국과 국경을 맞대고 있었기 때문에 수시로 여진족들의 침략을 받아야 했고, 조선의 사절단이 중국에 왕래할 때는 숙식을 제공하는 역할과 그들의 말까지 책임져야 했다. 그뿐만 아니라 백성들은 이런저런 '짐꾼'으로 빈번하게 징발되어 큰 고통을 당하였다. 이 때문에 의주 백성들은 요역과 세금 경감, 貢稅 면제 등을 끊임없이 조정에 호소하기도 했다.

삼도(三島)의 경작문제

압록강의 '三島'인 위화도·어적도·검동도 경작문제는 조선 태종 초부터 정식으로 거론되다가, 세종 때에 경작을 공식 허락하고 조세를 거두기 시작했다. 그러나 삼도에서 경작을 시작으로, 여진족의 침략이 극성을 부렸다. 대표적으로 1461년 세조 7년에 일어난 趙三波의 침략으로, 이때 납치 및 살해된 조선 백성이 182명에 달했고, 말 26마리와 소 155마리도 약탈해 갔다.

이후 세조는 삼도에 참호를 깊이 파고 목책을 설치하며 군사를 다수 배치하여 경작을 독려하였다. 성종 시대에도 중국인들이 삼도에 출몰하기 시작해 위화도 등에서 농사까지 짓게 되자, 조선은 이들 중국인을 쫓아내느라 애를 먹었다. 이에 중국은 위화도와 검동도에 푯말을 세워 조선인의 경작을 금지했다. 결국 조선은 중국과의 마찰을 피하고자 삼도의 경작을 중지시키고 영유를 포기하기에 이르렀다. 조선의 의도는 삼도를 무인도로 만들어 중국과의 완충지대로 삼으려 했던 것이다.

2) 구리도·九里島

"초록 페인트칠의 살벌한 감시초소"

▲ 중국에서 바라본 구리도

[개괄] 구리도(九里島)는 평안북도 의주군 용운리에 있는 압록강 하류의 큰 섬으로, 면적 00, 섬둘레 00km이다. 중국과 인접해 있다. 지금은 중국의 길목이라는 지리적 위치 때문에, 압록강을 건너는 사람들을 감시하는 초소가 일정한 간격으로 설치되어 있다.

『구리도는 러일전쟁 당시 압록강 회전의 배경이 되었던 곳이다. 압록강 회전은 두 나라가 사이에 벌어진 전투로 일본의 육군 대장 구라키 다메모토가 지휘하던 일본 제1군이 단둥에 주둔해 있던 러시아군을 물리쳤던 전투다.

일본군은 구리도, 어적도, 검동도 등을 점령하여 러시아군의 예봉을 꺾었으며 구리도 서북쪽에 전방 가교를 설치하고 도하를 감행하여 압록강을 건너 러시아군 본진을 압박하여 구련성과 수구진, 안동현 등으로 진출하였다.

지금은 일본군이 설치했던 가교는 없지만, 구리도에서 펼쳐진 가교와 기습적인 도하로 인해 만주에 있던 러시아군에게 타격을 입혔고 이로 말미암아 러일전쟁을 승리로 이끌 수 있었다.』

「조선 향토대백과」

압록강 수풍댐과 가장 가까운 섬

압록강에 있는 북한의 유인도 중 구리도가 가장 상류에 있다. 여기서 수풍댐까지는 약 18km이다. 현재 「구글 위성사진」 속의 풍경을 보면, 수풍댐 가운데 물 위에 있는 수상 가옥에 북한 주민이 살고 있어 배를 타야만 호수를 건너다닐 수 있다. 댐을 이용해 민물고기 양식사업을 하는 것으로 추정된다.

지금은 유람선을 타고 압록강 변을 구경할 수 있다. 여기 유람선에서 본 압록강 변의 늦가을 풍경을 적은 글을 옮겨 본다.

▼ 수풍발전소, 중국 쪽에 수많은 가두리 양식장이 보인다.

「Google Earth」

[유람선에서 본 구리도]

압록강은 두만강과는 전혀 딴판으로, 유유자적한 분위기다. 한두 명의 북한 주민이 강에서 낚시하는 풍경은 큰물 피해로 고통을 겪던 두만강의 모습과 묘하게 대비되어 다가왔다.

압록강 하중도 지역의 구리도에는 초록색 페인트를 입힌 북측 감시초소가 일정한 간격으로 설치돼 있고, 그 곁에 누런 황소가 한가로이 풀을 뜯고 있다. 근처에 가을걷이하는 농민들의 모습도 보인다. 겨울 채비하듯이 가족 4명이 온 힘을 쏟아 붓고 있는 모습이다.

구리도는 1388년 고려의 이성계가 회군하여 조선 개국을 열었던 위화도, 갈대로 종이를 생산하는 비단섬, 그리고 최근 개발 열풍이 불었던 황금평 등 몇 개의 섬들과 함께 압록강의 삼각주를 이룬다.

선미에 중국의 오성홍기를 단 유람선은 붉은색 깃발을 펄럭이며 북한과 경계를 이루는 넓고 흐릿한 압록강 물길로 나아갔다. 40여 명의 중국 승객들 틈 사이에서 나무 한 그루 없는 민둥산을 배경으로 북측 초소와 집들이 눈에 들어온다.

압록강의 수심이 깊은 곳은 공유수역이기에 중국인 선장이 유람선을 북측 강변 가까운 쪽으로 붙이자 청회색이던 그 땅은 황갈색으로 다가온다. 강기슭 철조망 구간 사이에서 경비대원이 갈대꽃에 숨은 듯이 보인다. 경비 시간을 마친 북측 군인은 낚싯대를 잡고 물목이 좋은 곳으로 걸어가고, 강을 경비하는 경비정 포구에는 두툼한 겨울 복장의 여군이 총검 없이 맨몸으로 나와 늦가을의 사색을 즐기고 있다.

배가 멈춰서면서 북쪽 강변의 거대한 녹슨 공장들이 눈에 들어온다. 허물어질 듯 한 건물들과 음산한 굴뚝 더미들이 공장가동을 오래전에 멈춘 느낌이다. 유람선이 중국 측 강변으로 움직이자 위태로운 공장 모습은 점차 멀어지고, 헐벗은 북한의 민둥산은 쪽빛 하늘의 여울 속으로 희미하게 사라져 간다.

▼ 중국과 북한 국경선의 철조망

3) 난자도·蘭子島

"지도에서 사라지고 이름마저 지워진 섬"

[개괄] 난자도(蘭子島)는 위화도 북쪽에 있는 섬이다. 면적 00, 섬둘레 00km이다. 난자도는 조선영토로 선조 때 정계비가 세워진 섬이다. 인조 6년에 청나라 청태종의 강요로 이곳에 국제시장을 개장하여 조선의 말 노새를 수탈해갔던 섬이다. 그래서 지금도 인근에 사는 주민들은 이섬을 마장이라 부르고 있었다. 섬 둘레가 10리지만, 지도에는 나오지 않는다. 수위가 내려가면 육지에 이어진다.[52] 압록강 하류의 여러 개 모래톱이 커지면서 크고 작은 섬을 이루었는데, 경계가 허물어지면서 합쳐진 섬들이 다지도(多智島)로 통합되었다. 즉, 검동도(黔同島), 난자도(蘭子島), 다지도(多智島), 마도(麻島) 등

52) 『신증동국여지승람』 53권

이 퇴적으로 합쳐진 섬이 다지도이다.

『다지도 소속인 예전의 난자도는 조선 시대 의주군 소속 중강(中江)에서 열렸던 중국과의 공무역을 하던 국제 시장이다. 중강은 의주와 구련성을 연결하는 압록강 가운데 있는 작은 섬인 난자도를 가리킨다. 이곳은 압록강 상류에서 내려오는 백두산 뗏목이 닿는 곳이다. 조선 초기부터 조선은 여진족에게 중강과 회령 등지에 개시(開市)를 허락해 필요한 물자를 교역해 왔다.

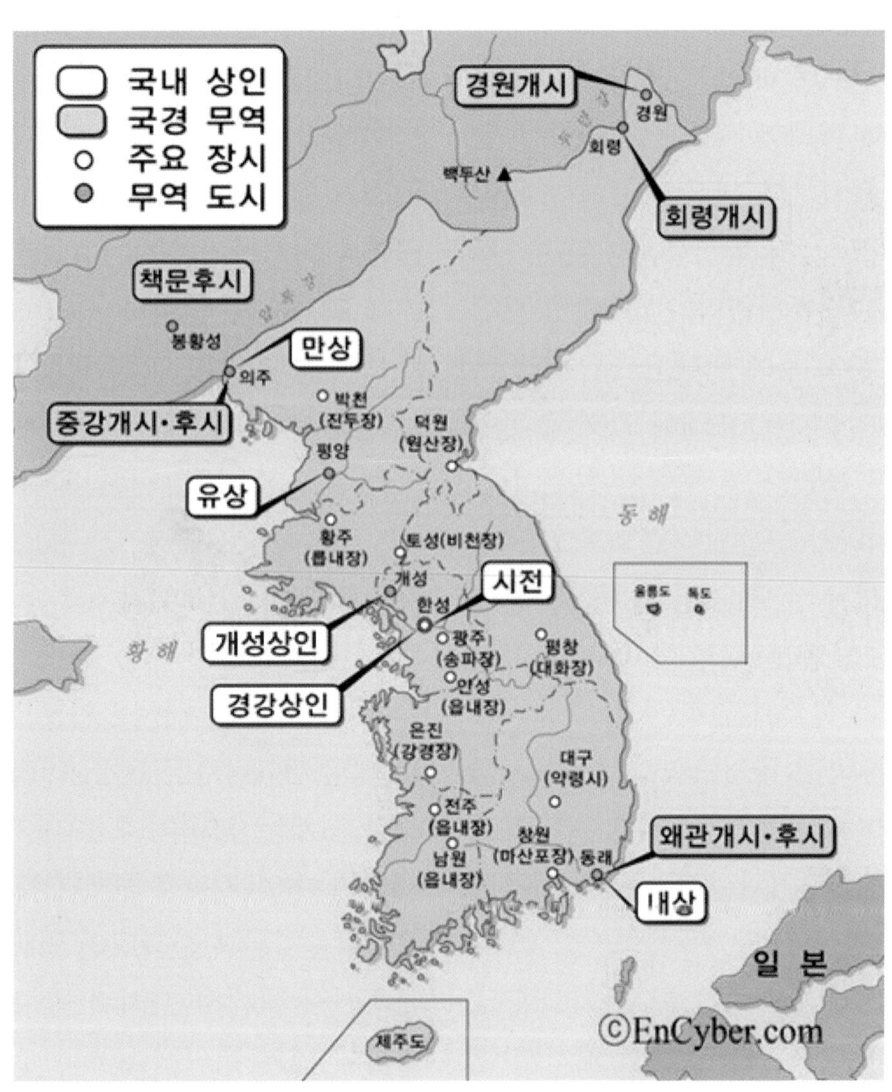

7년간의 임진왜란으로 전 국토가 황폐해져 농업생산 기반이 무너지고, 굶주린 백성들은 초근목피로 겨우 연명하였다. 이에 1593년 선조 26년, 영의정 류성룡이 조선의 기근 구제와 군마(軍馬) 조달을 위한 요동의 시장 개방을 건의해 중강개시가 시작되었다.

조선은 부족한 식량 조달을 위해 은과 동으로 명나라 상인들과 양곡을 교역했다. 당시 조선에서는 혹심한 식량난으로 무명 1필 값이 피곡(皮穀) 1두(斗)도 되지 못하였다. 그러나 중강에서는 쌀 20여 두에 달했고, 은·구리·무쇠로 교역한 자는 10배에 가까운 이익을 보기도 하였다.

이후 청나라와의 교역도 계속되었다. 당시 조선은 소와 소금, 지물과 해대(海帶), 해삼, 면포, 사기 등을 수출하였다. 암말과 인삼의 교역은 일체 엄금했으며 사무역도 금지하였다. 그러나 금령이 해이해진 틈을 이용해 청나라와 교역은 자유무역처럼 활발하게 이루어졌다.

이후 50여 년간 중강후시의 이름으로 큰 성황을 이루었다. 종래의 개시 무역이 해마다 두 번씩의 열렸지만, 후시 무역은 사행(使行)이 있을 때마다 이루어져 교역 횟수도 증가하였고 교역량도 많아졌다.

1660년 현종 1년부터 조선과 청나라 사신들이 왕래하는 사이에 요동의 봉황성, 즉 책문 밖에서 무역이 성행하게 되었다. 그래서 점차 의주 상인들은 조선 사행의 마부를 가장하고 그곳으로 몰려가 교역을 하였다. 이에 무질서한 교역을 방지하기 위해 1700년 숙종 26년에 폐쇄를 단행한다. 이리하여 중강후시는 중단되고, 이후 책문후시가 점차 번창하게 되었다.

「한국민족문화대백과사전」

용만지도[龍灣地圖]

『내용을 보면 채색필사본으로 크기는 세로 78㎝, 가로 144㎝이다. 제작연대와 저자는 불명이나 18세기 말에서 19세기 초의 지도로 군사지도이다. 국립중앙도서관에 소장되어 있다. 내용은 의주성이 상세히 그려져 있고, 압록강 기슭에 있는 통군정(統軍亭)과 취승정

(聚勝亭)·객사·사직·남문·서문·북문·동문과 성내에 삼지(三池) 29정(井)이 있음을 주기(註記)하고 있으며, 통군정에서 압록강을 건너서 조망할 수 있는 구련성(九連城)이 표시되어 있다.

압록강 변의 파수대인 건천(乾川)·수구(水口)·방산(方山)·청수(靑水)가 그려져 있고, 의주까지의 이정(里程)이 기록되어있다. 산줄기와 하계망이 잘 나타나 있고, 고성(古城)·봉수대·영(嶺)·창(倉)·파수대(把守臺) 등이 그려져 있다.

압록강에는 어적도(於赤島)·난자도(蘭子島)·위화도(威化島) 등의 섬이 있고 주민의 거주 여부도 기록하고 있다. 의주는 고구려 멸망 후 당·발해·거란의 영토였다가 고려 시대에 수복된 곳이고 역사적으로 오랫동안 외적과 싸운 곳이어서 군사적 목적으로 작성된 고지도가 비교적 많이 남아 있는 곳이다.』

「한국민족문화대백과사전」

전통시대 당시 무역의 종류

조선과 고려시대에 열렸던 무역은 다음과 같다. 회동관개시, 중강개시. 책문후시. 장시. 벽란도 등이다. 무역에는 개시무역과 후시무역이 있다. 개시는 공적무역이고 후시는 비밀무역이다

❶ 회동관(會同館) 개시는 조선 시대에 가장 먼저 개설된 개시로는 중국과 교역을 통해 나타난 회동관 개시가 있다. 조선의 사신 일행들의 숙소인 북경의 회동관에서 공식 외교와 함께 나타난 정식 교역이었다.

❷ 중강(中江) 개시는 조선의 압록강 난자도에서 열렸던 중강(中江) 개시가 있다. 중강 개시는 정식 외교를 통해 나타난 개시는 아니었지만, 중강 개시는 1593년(선조 26) 유성룡(柳成龍)이 임진왜란으로 가난에 빠진 백성들을 구제하고 군마(軍馬)를 얻기 위해 시작되었다. 중강개시는 몇 차례 설치와 폐지를 반복하다가 청나라의 요청으로 복구되어 1년에 2회씩 열렸다.

❸ 북관(北關) 개시는 병자호란이 끝난

다음에 청나라의 요청에 따라 함경북도 회령과 경원에서 개설되었던 북관개시가 있다. 북관 개시는 조선 초기에 여진족과 교역을 하던 장소에서 유래하였다. 북관개기는 회령은 매년, 경원은 격년으로 시장이 열렸다.

❹ 책문후시는 조선 후기에 조선과 청나라 상인들이 중국 책문에서 전개했던 암시장이다. 책문(柵門)은 압록강 건너 만주의 구련성(九连城)과 봉황성(鳳凰城) 사이에 위치한 곳으로 압록강에서 120리 떨어진 청나라 국경 관문이었다. 이곳에서 1660년(현종 1년)부터 사무역이 시작되었다. 17세기 중반에 조선의 청나라 사신단을 '연행사(燕行使)'라고 하였다. 청나라 연경(燕京, 베이징)을 오가는 길이었기 때문이다. 연행사는 정식 사신인 정사, 부사, 서장관 외에도 다양한 수행원들이 따라 붙였다. 통역과 역관, 사신, 군관, 마부, 하인까지 합치면 총인원은 200~300명 선에 달하였다. 중강개시가 1700년(숙종 26년) 폐지된 다음에 책문후시가 더욱 번창하였다. 당시 피폐와 몰락을 거듭하고 있던 시절에 책문후시 무역 시장은 중요한 위치에 놓이게 되었다. 책문후시는 1년에 4, 5차례에 걸쳐 열리고 한 번에 은 10만 냥이 거래되었다. 이 시장에서 유입된 청나라의 보석류, 비단, 약재료, 수달가죽, 고급 종이류, 곡식, 수산물, 나귀, 화약, 털모자 등을 주고받았다. 조선이 들어간 비용은 은이 연간 50~60만 냥 소요되었다. 조선왕조는 이를 엄하게 단속했으나 금지시키지 못했고 마침내 1755년(영조 31년) 책문후시를 공인한 다음 과세하여 관세 수입으로 삼았다.

❺ 장시
조선시대 후기 지방에서 열렸던 사설 정기 시장을 말한다. 장시는 형성된 초기에는 대체로 10일을 간격으로 진행되었지만, 점차 5일을 간격으로 하는 5일장이 주류가 되었다. 장시의 초기 운영은 보부상과 같은 행상이 많은 비중을 차지했다. 이들이 거래하는 품목은 영세했지만, 장시 유통의 한 축을 담당하여 그 역할이 적지 않았다. 이후 장시가 점차 활성화되면서 행상 이외에도

농민 혹은 수공업자 등의 사람들이 장시 운영을 주도했다. 한편 포구를 중심으로 활동하던 객주인 층은 교역을 위한 창고 및 숙소의 제공, 물건 매매의 중개, 상품의 위탁판매, 대부업과 같은 금융업 등을 담당하여 장시 거래의 큰 비중을 차지했다

❻ 벽란도

벽란도는 고려 개경 서쪽에 있는 예성강 하구의 무역항이다. 고려 시기 개경으로 물자가 들어오고 나가는 대표 항구였다. 송나라의 사신을 맞이하기 위해 벽란정을 설치하였기 때문에 벽란도라고 칭해졌으며, 예성항(禮成港)이라고도 불렸다. 예성강은 이곳은 비교적 수심이 깊어서 선박이 통행할 수 있었고, 수도인 개경과도 가까워 고려 시기 제일의 항구로 발전하였다. 이곳은 송나라 상인뿐만 아니라, 일본과 아라비아 상인들까지 드나드는 국제무역항이었다. 벽란도가 국제 무역항으로 번성할 수 있었던 이유는 뛰어난 지리적 여건과 세심한 외국인 배려정책에 힘입은 바가 크다. 고려는 사신이나 상인들이 들어오면 벽란정으로 안내하고 대접을 잘 하여 떠날 때 반드시 하루씩 묵었다가 갈 수 있게 했다. 당시 공무역과 밀무역은 전란으로 기운 나라 경제를 회복하는 데 크게 기여한 셈이다.

출처: 김준혁의 역사산책

▲ 이북5도 체육대회에서 만난 평안북도 의주군 주민 2세 2023,6, 효창운동장

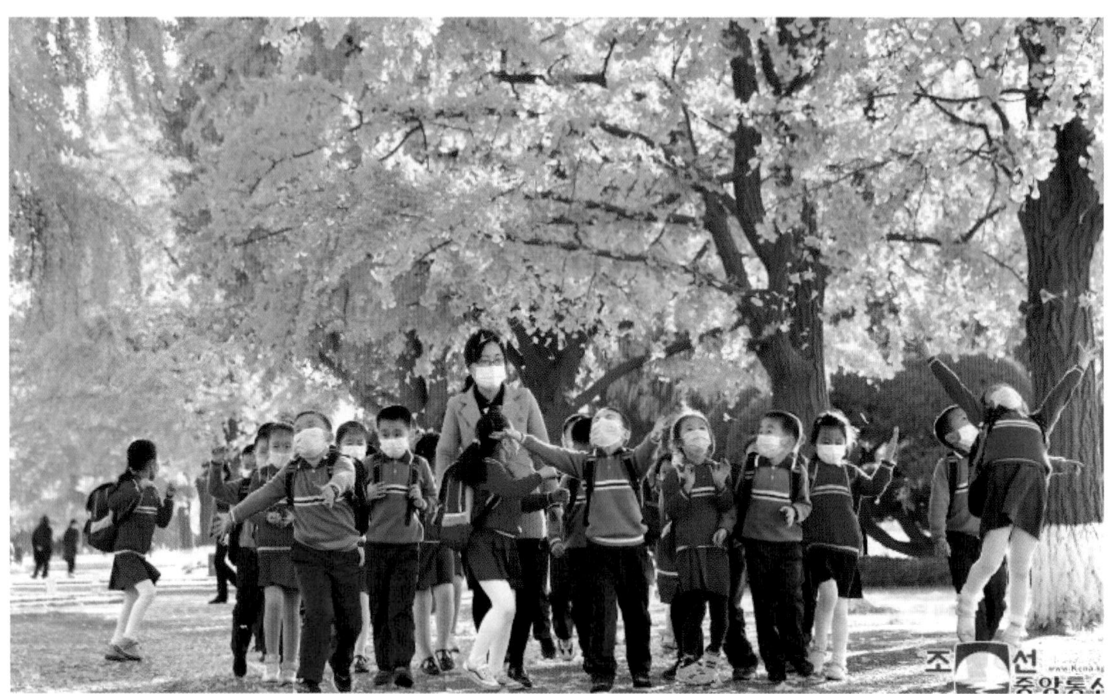

▲ 은행잎이 노랗게 물든 평양 천리마거리로 북한 나온 어린이들.

5일장과 장마당의 시초

중강개시(中江開市)는 압록강 난자도에서 열렸던 국제시장을 말한다. 책문후시(柵門後市]는 1659년 조선 현종 때부터 조선과 청국 상인 사이에 이루어졌던 만주 책문(柵門 : 九連城과 鳳凰城의 중간)에서의 뒷장[後市:私貿易·密貿易]을 말한다.

조선 시대의 대외무역은 공무역(公貿易)을 원칙으로 하였으나, 1660년 현종 1년부터 조선과 청나라 사신의 왕래가 빈번해지자 책문에서 의주 및 개성상인과 랴오둥(遼東)의 차호(車戶) 간에 사무역(私貿易)이 시작되어 '책문후시'라는 이름으로 불리게 되었다.

여기서 교역의 주인공들이 주로 의주 상인이었다. 중국과 인삼 무역을 주도한 거상 임상옥(1779년~1855년)도 이곳 의주 출신이다. 그의 눈부신 활약상이 최인호의 소설 '상도(商道)'로 재탄생했고, 이 소설을 바탕으로 TV 드라마도 인기리에 방영되었다.

중강개시와 책문후시는 우리나라의 5일 장과 현재 북한의 장마당 개념이다. 조선 후기에 상업이 발달하면서 자리잡은 정기적인 시장이 5일 장이다. 5일마다 한 번씩 열리는 5일 장에서 생필품을 사고 팔았다. 북한의 장마당은 고난의 행군을 거치며 극도로 생활이 어려워진 주민들이 스스로 삶을 일구기 위해 자연스럽게 구축한 장터이다.

난자도는 조선 후기에 5일 장과 장마당의 장소로 널리 이름을 날렸다. 이런 배경을 보면 난자도는 지정학적으로 매우 중요한 지역이었음을 알 수 있다. 그런데 이 섬이 지금은 이름도 없이 역사에서, 지도에서 사라진 상태이다. 난자도는 언제쯤 부활할 것인가!

▲ 평안북도 실향민 모임 (잃어버린 고향을 그리워하며 이분들은 수시로 모인다) 이북5도청 제공

4) 수구도·水口島

"두 마리 원앙이 늘 함께 다니니"

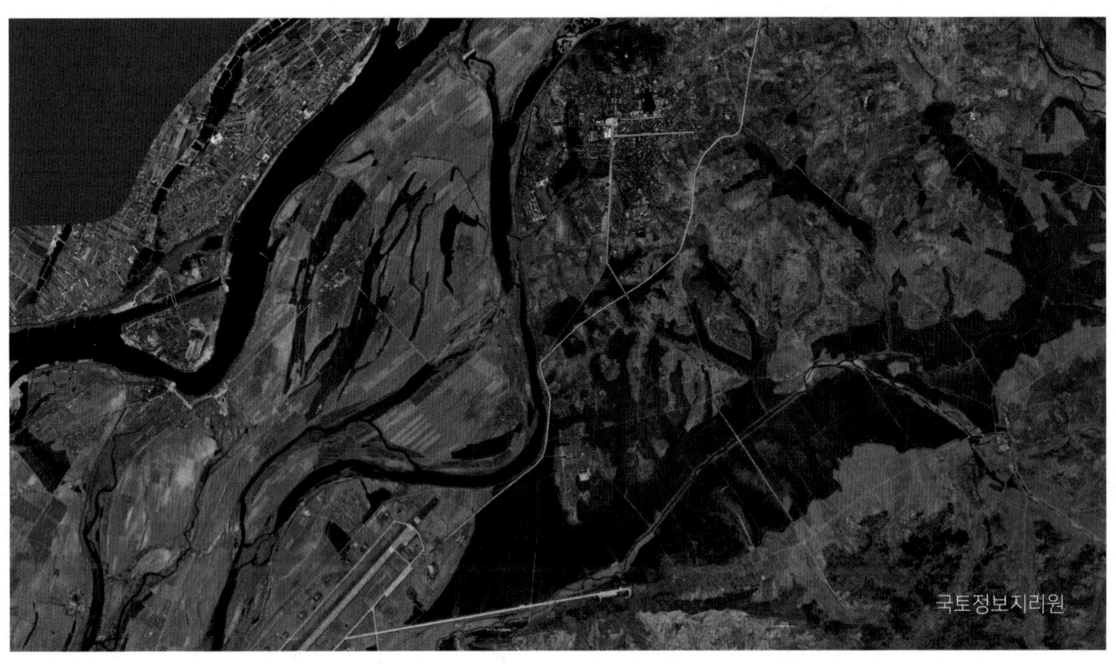

[개괄] 의주는 조선시대 명, 청나라와의 무역과 상업이 성했으며, 서북지방의 국경관문이었다. 북쪽은 압록강을 사이에 두고 중국과 경계를 이루고 있다. 압록강은 수구도, 어적도, 구리도를 비롯한 충적 섬들에 의하여 물길이 여러 갈래로 갈라지며 의주군 영역에서 그 길이는 24km이다.

크고 작은 이 섬들은 대부분은 흙층이 두텁고 자연비옥도가 높아 오래 전부터 농경지로 이용되어 왔다. 수구도는 의주군에 압록강 유역의 대표적인 하중도로, 의주군 대화리의 서북쪽에 있는 섬이다. 대화천이 압록강에 합수하는 합수목에 위치해 있으며, 현재 웃섬이라고도 한다.

대화리 수구도 원앙새

평안북도 의주군 대화리에 있는 원앙새 서식지. 북한 천연기념물 제406호. 대화리에서 압록강 기슭을 따라 올라가면 가마리 비탈의 경사면 앞강에서 원앙의 무리가 서식한다. 가마리 비탈 앞에는 압록강 줄기가 갈라져 내려오면서 수구도라는 섬이 있는데, 이 섬에도 많은 원앙들이 살고 있다.

가마리 비탈에는 바위 절벽과 새초·칡덩굴이 자라며, 이외에도 소나무·참나무·미루나무를 비롯하여 여러 가지 나무와 식물이 무성하게 있다. 원앙은 매년 3월초에 와서 번식을 한 뒤 10월 초순경에 새끼를 데리고 이곳을 떠난다. 수컷의 머리는 광택 있는 녹색으로 진한 밤색의 댕기가 있고(암컷은 진한 회색), 턱은 적황색이다(암컷은 흰색). 가슴은 진한 청색과 흰 띠로 되었으며(암컷은 갈색) 배는 흰색이다.

「한국중앙연구원」 북한 지리

<표> 압록강 중 도서 일람표

번호	섬이름	위치(리)	둘레(리)	파수	비고
1	**어적도**	관아 북7리	17	6	
2	**검동도**	관아 서5리	15	6	<도강루트>, 일명 체자도, 삼씨량 위치
3	**위화도**	검동도 아래	40		
4	**난자도**	위화도 북쪽	25	7	관아 서남쪽 10
5	**금창도**	관아 북 25			일명 수구도리
6	**구리도**	관아 동북 9리	18	5	금창도 아래
7	**소구리도**	구리도 서			
8	**소도**	소구리도 아래			
9	**대승아도**	어적도 서	10		
10	**소승아도**	대승아도 아래			
11	**노도**	관아 서남5리	2		
12	**조몰정도**	관아 서남7리	20		노도와 같은 섬처럼 보임
13	**다지도**	관아 서남20리	6		노도 남쪽
14	**원만도**	관아 서쪽25	3		다지도 남쪽
15	**신도**	관아 서남25	8	2	원만도 남쪽/위화도로 파수변경 <19세기>
16	**마도**	관아 서남20리	13	5	다지도 서쪽/위화도로 파수변경<19세기>
17	**임도**	관아 서남25리	4	1	마도 남쪽/위화도로 파수변경<19세기>
18	**최복도**	관아 서남20리			다지도 남쪽
19	**대상도**	관아 서남27리	7		위화도 서쪽
20	**소상도**				대상도에 붙어 있나
21	**추도**	관아 서남30리	7		위화도 서상도 남쪽
22	**유도**	관아 서남40리			인산진 북쪽

▲ ※ 자료 : 『輿地圖書』, 평안도, 의주부 및 『龍灣誌』(1768, 영조 44·1849, 헌종15).
※ 주 : 음영은 『輿地圖書』 평안도 의주부 지도에서 확인되는 섬이다.

▲ 단둥 건너편 신의주

北 매체 "고아 납치 시도 정보원 앞잡이 체포" 보도

(평양 조선중앙통신=연합뉴스) 북한은 15일 평양에서 외신기자들과 외교관들을 상대로 기자회견을 열고 국정원의 지시로 북한 고아를 납치하려 한 탈북자를 체포했다고 주장했다. 사진은 북한이 이날 탈북자 고현철(53)이라고 밝힌 남자의 기자회견을 지켜보는 취재진과 외교관들. 이 남성은 자신이 고아들을 납치해 한국으로 데려가려 했다고 '자백'하며 "용서받을 수 없는 죄를 저질렀다"고 울먹인 것으로 전해졌다.

고씨는 "(국가정보원 요원이) 처음으로 준 임무는 공화국의 당과 군대 등의 가장 최근 시기 내부자료들과 소학교와 초·고급중학교 학생들의 교과서를 과목별로 수집하는 것이었다"면서 북한의 국영목장 가축들에 대한 자료수집도 추가됐다고 주장했다.

고씨는 또 "북에서 6살부터 9살까지의 어린 고아들을 남조선으로 데려오라. 처녀 아이이면 더 좋다. 캐나다를 비롯한 여러 나라에 입양으로 넘긴다"는 임무를 지시받았다면서 "혼자서 5월 27일 수구도(평안북도 의주군 대화리 서북쪽에 있는 섬)에 들어갔다가 공화국의 해당 기관에 체포되었다"고 말했다. 통신은 고씨를 체포하면서 압수한 휴대전화, 고무보트, 어린이옷을 비롯한 증거물들이 기자회견장에서 제시됐다고 덧붙였다.

앞서 AFP 통신은 이날 평양발로 북한이 국정원의 지시로 북한 고아를 납치하려 한 탈북자를 체포했다는 주장을 했다고 보도했다.

▼ 평양서 기자회견 하는 '고현철', 「연합뉴스」

▲ 압록강 건너 북한의 농촌모습

5) 어적도·於赤島

"국경의 무역도시, 글로벌 시장터"

▲ 북한에서 바라본 어적도

[개괄] 압록강의 하중도인 어적도 면적은 4.3㎢이며 비교적 큰 섬이다.

『압록강은 그 강물이 오리의 머리(鴨)처럼 푸르다(綠)고 해서 붙은 이름이다. 백두산에서 흘러나오기 시작한 강물은 의주 북쪽 경계에 이르러 몇 갈래 길로 나뉘었다가 합치기를 반복한다. 강에 있는 크고 작은 섬들 때문이었다. 하지만 이 섬들은 여름과 가을에는 강물이 불어나 잠기기도 하고 섬이 육지와 연결되기도 하는 등 변화가 많았다. 그 가운데 주목되는 섬이 어적도(於赤島)와 검동도(黔同島)이다.』

이철성 「한국문화사」

어적도(於赤島)는 북한 행정구역으로는 평안북도 의주군 어적리, 한국의 이북5도청 행정구역으로는 의주군 의주읍 어적동이다. 의주군에 속한 압록강 유역에는 여러 섬이 있는데 대표적인 하중도는 어적도, 다지도(옛 검동도와 다지도가 합쳐진 섬), 구리도, 수구도 등이다. 의주읍과는 압록강 본류를 사이에 두고 건너편에 있다. 어적도에서 5~7m 정도의 작은 강만 건너면 중국의 영토이다. 당연히 중국과 붙어 있지는 않다. 중국 측 문헌을 보면 于赤島라고 나오는데, 간체자에서 於를 于로 쓰기 때문이다.

『「연원직지(燕轅直指)」』에는 "어적도에서 갈린 물줄기를 의주에서부터 소서강小 西江)·중강(中江)·삼강(三江)이라고 한다." 하고 "봄가을로 개시가 여기서 열렸다."고 하였다. 「해동지도」는 어적도를 중국으로 오가는 길로 표시하였다. 이와는 달리 「여지도서」는 어적도(於赤島)에서 갈라진 물줄기의 "한 갈래는 남으로 흘러 돌아서 구룡연이 되는데 압록강이라고 한다. 다른 한 갈래는 서쪽으로 흘러서 서강(西江)이라 한다. 다른 한 갈래는 그 가운데로 흘러 소서강(小西江)이라 한다."라고 하였다. 이어 "사신들은 검동도의 북쪽을 거쳐서 연경을 갔다."라고 해서 「연원직지」와 다른 내용을 전하고 있다. 「청구도」와 「대동여지도」에서는 검동도가 중국으로 들어가는 길임을 분명히 표시하고 있다.』

이철성 「한국문화사」

어적도와 검동도는 위화도와 더불어 압록강에 있는 큰 섬이었고, 땅이 기름지고 개간지가 많았다. 그러므로 중강개시는 이들 섬 일대에서 벌어졌다고 보는 것이 좋겠다. 그런데 중강개시는 조금은 엉뚱하게도 임진왜란이 계기가 되어 시작되었다.

임진왜란은 조선의 정치·경제·사회·문화 전반에 엄청난 타격을 주었지만, 일상을 꾸리기 위한 시장은 전쟁 중에도 열렸다. 물론 시장의 규모는 곡식·생선·채소 등 생필품이 거래되는 정도였다. 그러나 전쟁 통에도 큰 장사를 하는 상인은 있게 마련이었다.

임진왜란으로 참전한 명나라 군사를 따라 들어온 명나라 상인이 있었다. 이

▲ 산림 75년 발자취(북부지방산림관리청) 발췌. 벌목된 나무들이 압록강을 따라 하류로 내려가고 있다.

들은 명나라 군대를 위해 군량과 군수 물자를 조달해야 할 임무가 있었다. 따라서 그들은 군량을 싣고 들어오면서 중국 비단과 은화도 팔아 무역 이익을 챙기려 하였다. 그런데 문제는 비단과 은화를 흡수할 만한 곳이 없었다는 것이다. 당시 사정을 기록은 이렇게 전한다.

『임진왜란으로 인한 군량 조달 문제는 조선 정부에게도 큰 부담이었다. 이 무렵 조선은 잦은 흉년으로 식량이 부족한 상태였다. 여기에 전쟁이 터지자 조선군과 명군의 군량미 확충이 현안 과제로 등장하였다. 이것이 1593년(선조 26) 중강에 무역 시장을 연 배경이었다.

중강개시를 통해 조선은 곡식, 나귀, 노새 등을 명나라에서 수입하고 그 무역 대금을 은화, 말, 면포 등으로 결제

[어적도(於赤島) 경작 요청서]

세종 27년 3월 13일 병술 1번째 기사. 1445년 명 정통(正統) 10년 평안도 도 관찰사 조극관의 건의에 따라 위화도·금응동도·어적도에서 그전대로 경작하게 하였다. 평안도 도 관찰사 조극관(趙克寬)이 아뢰기를,

"의주는 경작할 만한 땅이 원래 적어서 백성들이 모두 위화도(威化島)와 금음동도(今音同島) 및 어적도(於赤島)의 땅을 경작하여 먹고 살았는데, 이 세 섬에 경작하는 것을 금지한 이후로부터 백성들의 생활이 곤란하오니, 청하옵건대, 그전대로 경작하게 하소서." 하니, 의정부에 내려 의논하게 하였다. 정부에서 아뢰기를,

"《육전등록(六典謄錄)》의 월경금지조(越耕禁止條)에, '의주(義州) 적강(狄江) 안의 어적도(於赤島)는 싸잡아 금지하지 말고, 살피고 조사하여 조세를 받아라.' 하였고, 위화도와 금음동도는 어적도의 밑에 있어서 적로(賊路)와는 더욱 멀리 떨어져 있사오니, 마땅히 관찰사가 아뢴 바에 따르소서." 하니, 그대로 따랐다.

세종실록 107권

하였다. 또한, 조선은 중강개시에서 화약을 밀수입하는 한편 인삼, 수달 가죽 등을 밀수출하였다. 이 중강개시는 두 나라 무역 상인에게 상당한 이익을 주었는데, 이때 참여한 조선 상인은 서울의 경상, 개성의 송상, 의주의 만상 정도라고 생각된다.

전통적으로 중국과 무역해 재부를 축적해 왔던 이들에게 임진왜란은 또 다른 치부의 기회를 제공하였다. 하지만 명나라와의 중강개시는 밀무역 활동과 국가 기밀 누설 등을 이유로 여러 차례 혁파가 논의되었고, 광해군 때 후금이 성장하면서 사실상 중단되었다. (중략)

조선 정부의 밀무역 금지와 규정 준수라는 원칙에도 불구하고 중강개시를 기회로 이익을 누리려는 상인은 점차 늘어나고 있었다. 상인이 국법을 어기고 함부로 따라가 마음대로 교역하는 중강후시(中江後市)가 생겨난 것이다.』

이철성 「한국문화사」

상인의 후시 활동에 대해 1729년, 영조 5년 도승지 조명현은 "중강개시에 상인들이 몰래 끼어 들어왔다. 이 길을 막아버리자 상인들은 단련사를 따라 들어가 심양에서 밀거래의 폐단을 일으켰다. 만약 심양에서의 밀거래가 끊긴다면 이들이 중강개시로 몰려들 것은 불 보듯 뻔 한 이치이다."라고 하였다.(이철성, 「한국문화사」). 이와 같은 기록으로 보아, 17세기 후반 이래 어적도를 중심으로 한 중강 교역을 통한 무역 상인들의 활동이 활발히 일어났음을 알 수 있다.

▲ 목가적인 어적도 풍경,

▲ 중국 단둥 압록강에서 본 북한

07. 자강도

압록강
벌둥도
압록강
압록강
中国
Wanli Driving School Headquarters...
万利驾校总校练车场
자동차 운전학원
「Google Earth」

1) 만포시 벌등도·筏登島

"뗏목타고 가던 벌목꾼들의 쉼터"

▲ 벌목꾼들의 쉼터 벌등도 전경

[개괄] 벌등도(筏登島)는 중국 집안(集安)과 북한의 자강도 만포(滿浦) 사이 압록강 중류에 자리한 북한 섬이다. 벌등도는 압록강에서 뗏목을 타고 가던 벌목꾼들이 올라가 쉬어갔다는 데에서 유래된 이름이다. 벌목꾼들의 쉼터라는 점에서, 벌등도는 바다의 포구와 같은 역할을 한 것으로 보인다. 포구는 각종 물류와 물자가 유통되는 공간이다. 수백 개의 뗏목을 묶어 강을 따라 내려오다가 잠시 쉬어가는 벌등도는 문화유산으로 남겨도 될 것이다.

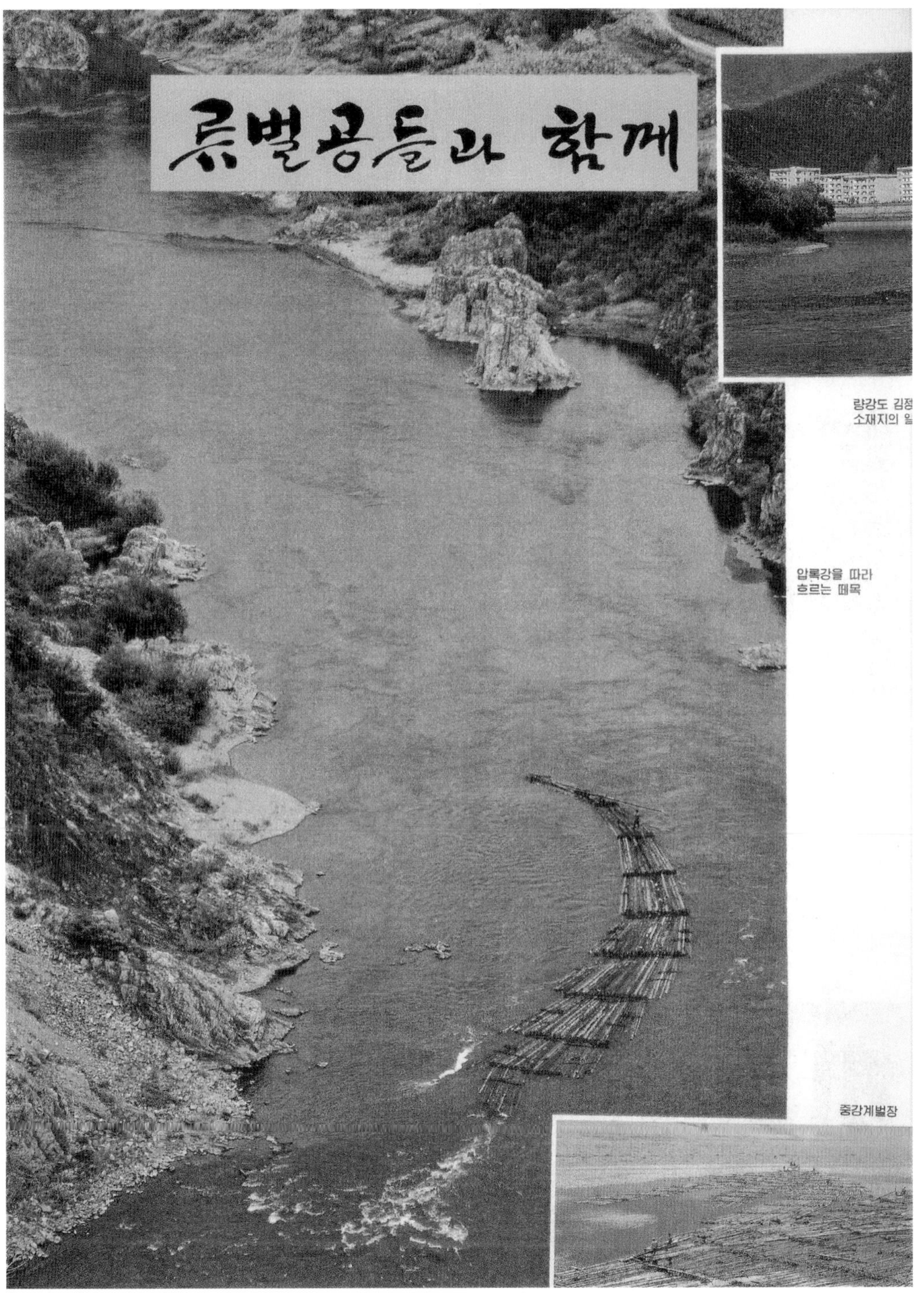

▲ 추억의 압록강 이천리(二千里) 떳목. 북한 화보집

뗏목은 목재들을 같은 길이로 잘라 부채 모양으로 펼친 다음, 가지런히 묶어 강을 따라 내려 보낸다. 멀리서 보면 마치 대형 마른오징어를 펼쳐 놓은 모양이다. 앞쪽은 물을 헤치고 지나갈 수 있도록 좁고, 중간에서 꼬리까지는 점차 넓어진다. 유선형으로 목재 다발들을 묶어 서로 안전하게 지탱할 수 있도록 연결해 놓는다. 일주일에서 열흘 정도 압록강을 따라 뗏목이 흘러내려 가는 동안에 여러 번 급류를 만나기 때문에 잘 견딜 수 있도록 튼튼하게 짜서 만든다.

그 뗏목 위에는 5~6명의 남자가 타고 간다. 선장은 키를 잡고, 뗏목 위에 누워 낮잠을 청하는 사람도 있고, 한가로이 담배를 피우며 먼 산과 강을 바라보면서 강물 흐름에 모든 것을 맡긴다. 벌등도에서 잠시 휴식을 취한 다음 다시 구리도, 어적도, 위화도를 지나 신의주와 단둥까지 내려간다. 하지만, 지금은 벌등도를 제외한 나머지 섬들은 더 이상 다닐 수 없게 되었다. 압록강의 수풍발전소 때문이다.

예로부터 뗏목 운반은 압록강, 두만강, 한강 상류에서 많이 이용되었다. 압록강은 백두산에서 신의주까지, 두만강은 무산에서 회령까지, 한강은 강원도의 임산자원을 서울로 옮기는 데에 이용되었다.

이천리(二千里) 압록강 뗏목은 곧고 질이 좋은 미인송, 자작나무, 낙엽송, 잎갈나무 등을 주종으로 묶어서 강물을 따라 내려왔다. 이런 큰 나무들은 해마다 눈이 내리는 11월부터 이듬해 봄까지 통나무 벌목한다. 벌목한 통나무는 4월부터 압록강, 두만강, 청천강, 장자강 부근으로 옮긴 다음 뗏목으로 묶어 강 하류로 흘러 내려 보낸다. 지금도 북한의 원시적인 이 뗏목 운반은 2~3일에 걸쳐 압록강 상류에서 중강진까지 이어진다. 수풍발전소로 인해 여기까지가 뗏목 운반의 마지노선이다. 과거 압록강 이천리(二千里) 추억의 뗏목 뱃길은 중간에서 멈추었지만, 아직도 그 명맥은 이어져 오고 있다.

▲ 만포 벌목 정거장, 바로 앞에는 벌등도가 있다. 김호성 제공

▲ 만포 벌목 정거장, 김호성 제공

압록강 700리에 뗏목이 내린다.

1954, 6,29 노동신문 백종진 기자

압록강 700리 푸른 물 위에 뗏목이 줄이어 내린다. 백두의 밀림에서 채벌된 천년 대목들이 이 나라 북변을 도도히 흐르는 압록강 물을 타고 만포로 신의주로 산같이 내려 닿고 있다. 놀대를 틀어쥐고 뗏머리에 우뚝 서서 앞을 쏘아보는 구릿빛 얼굴의 류별공들은 부강 조국을 건설할 귀중한 목재, 공장을 세우고 학교를 짓고 인민들이 춤추고 노래 부를 구락부와 집을 지을 귀중한 목재들이 한시라도 빨리 더욱 많이 현장으로 보내려고 이른 봄부터 류벌 투쟁을 치열히 전개하고 있다. 백두산 천지에서

압록강의 거센 호흡이 혜산에 당도하니 세 폭 네 폭으로 편벌된 뗏목이 강 위에 다득히 떠 있다. 낭림산맥 준령에서 찍어낸 아름드리 나무는 낭림강과 남사천으로 흘러나오고 괄핑 오가산에서 찍은 마무는 자성강과 독로강으로 내려 압록강에서 합류되니 넓은 압록강은 뗏목으로 뒤덮인다. 때를 저어 해산, 고거리, 신파, 오구비, 중장을 지나 중강읍에 당도하여 하룻밤을 유숙한 최제수 브리가다원들은 아침 해 돋이에 만포로를 향하여 떠났다. 중강에서 만포까지 168km, 보통 3-4일 걸어야 하는 물길을 단 하루에 내려간다고 최제수 브르가다원들은 신이 나서 떼를 몰았다.

이날따라 물안개 유달리 짙어서 한 치의 앞을 분간하기 어렵거난 20년간 류벌 생산에 익숙한 그들이라 물길, 목재를 자기 손금보다도 더 잘 가누어 능숙한 솜씨로 떼를 몰며 내려간다. 폭포인양 물은 급하게 굴러 내려가고 물 가운데 바위 우뚝 솟아 해맑은 날도 빠져나가기 힘들다는 덕시바위도 맵시 있게 피해 내려가는 뗏머리는 물속에 잠기고 기다란 떼들이 맵처럼 구불구불 따라 내린다.

여름 햇살 내려쬐이는데 압록강은 흐르는 듯 마는 듯 잔잔하고 강 기슭에는 널따란 평지를 이루고 있다. 강 기슭 전야에서는 흥겨워 김매는 농민들의 노래 소리 들려오고 언덕에는 양의 대 구

름처럼 유유히 돌고 있다. 길이 80m, 넓이 30m의 종전에 보지 못한 커다란 떼를 바라보며 강 양 기슭 조 중 두 나라의 비옥한 벌판에서 농민들이 손을 들어 열열히 환영한다. 감탄의 함성을 받으며 더욱 의기양양하게 떼를 졌던 최제우 동무는 00 평양 복구 건설에 굉장하겠구먼요? 이제 우리 류벌공들이 조국에 더욱 크게 이바지 할 때가 왔습니다.

이렇게 말하는 그의 얼굴에는 무한한 자랑의 빛이 떠올랐다. 고국의 부흥과 인민의 행복을 위해서 정성을 기울리는 류벌공들

그들은 금년도 류벌 계획을 8,15 전으로 끌어내리고 온갖 창의 창발 상을 다 발휘하여 류벌 작업에서 개 기본량 창조에 노력하고 있다. 만포 양육장에 도달하니 기다렸다는 듯 뗏목을 육지로 끌려 올라간다. 뒤를 이어 압록강 700리에는 인민 경제 복구 건설에 귀중한 뗏목이 끼리 잇닿아 내려온다.

백종진 기자

벌등도 개발 계획

벌등도의 중국 측 지역인 집안(集安)은 고구려 광개토왕비를 비롯한 고구려 유적이 산재해 있어 2009년 유네스코 세계문화유산으로 지정된 곳이다. 중국은 이 집안(集安)을 중심으로 북한의 벌등도 개발 계획을 수립한 적이 있다. 벌등도에 북한 관련 음식점과 공연단을 만들고, 유람선을 띄워 관광산업을 육성하겠다는 구상이었다.

북한 역시 관광 사업을 통한 외화벌이 수단으로 벌등도를 공동으로 개발하는 데에 이해관계가 일치하였다. 일본 요미우리신문에 따르면, "벌등도가 지리적으로 북한 측 육지와 떨어져 있어 북한 주민이나 물자의 출입을 통제하기가 편리하다는 점으로 인해 관광지로 낙점된 것으로 보인다."고 전했다.

섬을 공동 개발하는 과정에서 중국으로부터 한국 물자나 문화가 유입되더라도 본토로의 확산을 최소화할 수 있다고 보는 것이다. 중국 정부도 한때 집안시 지역개발 차원에서 벌등도에 관심을 가진 적이 있었던 만큼, 앞으로 북

만포 - 지안대교는 북한 개방의 상징

지난 2019년 4월 8일 자강도 만포시와 압록강 건너 중국 지안시를 연결하는 총연장 322m로 교량이다. 1939년 일제강점기에 철도가 건설되었지만 6,25 전쟁 동안 파괴된 이후 1964년에 재개통되었다고 한다. 따라서 1964년 이전에는 압록강 양안(兩岸)에서 선박으로 무역이 이뤄졌다고 한다. 만포는 본래 나루터였는데 만포대교의 건설에는 중국 보다 북한 당국이 더 적극적이었다고 한다. 만포시는 예로부터 중국과의 교역 창구로 알려졌다. 압록강 중류 지역의 도시이자 내륙 수운의 기점 항구이기도 하다. 여기에 중국 쪽과 더 가까운 곳에 북한의 벌등도가 위치하고 있다. 북한과 중국은 이 섬을 주목하고 있다. 이제 지안시의 만포대교의 개통으로 두 도시는 새로운 시대를 맞이하게 되었다.

▶ 지린성 지안시(吉林省 集安市)

집안시는 중국 지린성의 시이다. 인구 약 23만 명으로 압록강을 사이에 두고 북한 자강도 만포시와 마주보고 있다. 집안시는 옛 고구려 수도 국내성이 있던 곳이다. 이곳에 광개토대왕비, 장군총, 국내성, 환도산성, 오녀산성 등 수많은 고구려 유적들이 널려 있다. 중국 정부는 이곳 고구려 유적과 성곽, 고분군을 2004년 유네스코 문화유산으로 등재한 바 있다.

필자는 지난 2023년 6월 중순 고구려 성곽 유적 답사를 하며 지안 일대를 둘러본 적이 있다. 당시 지안시 압록강 강변에서 유람선을 탔다. 건너편 만포시는 한여름인데도 불구하고 벌거숭이 민둥산 이라는 사실에 가슴 아팠던 기억이 선하다.

▶지안 압록강 국경 철로대교 비문(碑文)

지안에 가면 압록강변 철교 입구에 비석 하나가 우뚝 서 있다. 화강석으로 된 비석 내용을 읽어보면 놀라운 사실이 드러난다. 비문을 인용하면 다음과 같다

지안(集安) 국경 철로대교는 중국과 북한 (朝鮮) 3대 철교. 중 하나이다. 교량길이는 589.23m, 너비 5m, 높이 16m다. 각자 분계선 이내 구간을 유지

▲ 광개토대왕릉비_모습__©국립중앙박물관

관리는 하는데 중국 측은 324.23m, 북한 측은 265m이다. 이 교량은 일본군국주의가 1937년 착공하여 7월 31일 준공하였다. 개통은 9월 1일이었다. 이 교량을 통해 일본은 중국 동북지방을 침략한 후 지역을 확대하고 자원을 약탈하였다. 1950년 10월 11일 (한국전쟁 발발 3개월 반 경과 시점에) 중국 인민지원군이 이 교량을 통해 비밀리에 참가하였다. 당시 참전한 중국군 부대는 1군, 16군, 20군, 21군 등, 전부 또는 일부 그리고 포병부대 5사단 8사단 등으로 총 42만 명의 병력이 참전하였다. 이로써 항미원조(抗美援朝) 전쟁에서 위대한 승리를 거두는데 중대한 공헌을 하였다. - 지안시 인민정부, 지안세관 비석 세움 2004년 1월 1일

비석의 내용을 간추리면 다음과 같다 첫째 지안 만포 철교는 일제강점기. 1939년 준공되었다. 둘째 일본제국주의는 이 철교를 활용하여 동북 3성 (만주지역) 즉 꼭두각시 정권 만주국을 경영하였다. 셋째 이 철교를 통해 한국전쟁에 무려 42만 명의 중국 인민지원군을 파견 하였고 위대한 승리를 거두는데 중대한 공헌을 했다는 내용이다.

만포경제개발구에서 주목할 만한 관광휴양지로 벌등섬이 있다. 벌등섬은 만포시와 중국 지안 사이의 압록강 중류에 있는 섬으로 면적은 약 25헥타르이다. 벌등도는 여의도 한강 둔치에 있는 밤섬을 보는 느낌이었다. 가평군의 남이섬은 북한강 남한강이 합쳐 곳에 퇴적 섬이다. 벌등도는 압록강과 중국의 애하강과 합쳐진 곳에 퇴적을 통하여 이루어진 섬이다.

오늘날 집안은 고구려의 444년간 수도로 있다가 평양으로 옮겼다. 왕이 여름에 바로 근처에 있는 벌등도에 건너와서 휴식을 취하면서 뱃놀이와 함께 수영을 하면서 보냈을 것이다. 지금은 농사를 지으면서 사람들이 살지 않지만 오늘 날 여의도처럼 개발 많은 가능성이 있는 섬 벌등도이다. 지안을 인공위성 사진으로 자세히 보면 도시의 집들이 보인다. 섬 앞 중국 쪽에는 선착장 시설들이 여러 개 있고 배들이 정백해 있다. 또 배가 강을 오가는 모습도 보인다.

지리(중학교 제4학년용) 2판 집필부 교수 김도성, 차용걸 심사심의위원회 편집 안송미 장정 교정낸 곳 교육도서출판사 인쇄소 1판 발행 주체 94(2005)년 8월 27일 2판 인쇄 주체 101(2012)년 월 일 2판 발행 주체 101(2012)년

북한의 지리 참조

1차 례 제1편. 우리나라 지방 제1장. 서북지방….

우리나라 최대의 목재생산기지 북부고원 지역은 첫째가는 목재생산기지로서 우리나라에서 산림이 제일 풍부하며 수송조건도 좋다. 북부고원 지역에는 잎갈나무, 분비나무, 잣나무같은바늘잎나무들과 참나무, 피나무, 가래나무, 사시나무, 사스레나무, 자작나무, 황철나무 같은 넓은잎나무들이 원시림을 이루고 있다. 또 한 이 지역에는 우리나라 림산철길의 4분의 3이 배치돼 여겼으며 물매가 급하고 물 흐른 양이 많을 그뿐만 아니라 계절에 따르는 흐름양변화가 심하지 않은 강들이 많기 그 때문에 통나무운반에 편리하다. 이 지역은 우리나라 통나무생산량의 약 50%를 차지한다. 이 지역에서는 순환식 벌채 방법을 받아들여 전망성 있게 나무를 제고 심고 가꾸고 있다. 통나무를 많이 생산하는 곳은 삼지연군, 보천군, 백암군이다. 생산된 통나무는 혜산과 길주의 목재 가공 공장들을 비롯하여 탄광, 광산, 건설장들에 보내준다. 혜산과 백임에서는 통나무와 목재부 산물을 효과적으로 이용하여 여러 가지 목재 일용품(가구, 목각판, 합판, 목섬유판등) 들과목이다.

▲ 벌등도 풍경, 「통일뉴스」

▲ 벌등도의 초소, 「아시아경제」

08. 정주시

국토정보지리원

애도

1) 애도(쑥섬)

"유격 전사들의 애절한 혼과 한이 서린 섬"

▲ 유격 전사들의 섬, 평안북도 정주시 애도(쑥섬)

[개괄] 애도(쑥섬)는 정주시의 남쪽에 있는 섬이다. 섬 자체가 애도동이라는 하나의 행정구역을 이루고 있다. 섬의 북서쪽과 남동쪽에 여러 개의 봉우리가 있으며 중앙부는 평지로 되어있다. 주위에는 봉매도, 윤소리도, 갈도, 형제도 등의 부속 섬이 있다. 도의 주요 수산기지로 정주수산 사업소와 애도 수산협동조합이 소재한다.

여러 고지도에는 애도(艾島)라고 기재되어 있다. 『1872년 지방지도』에는 가산군에 속한다는 설명과 『해동지도』에는 15호가 거주한다는 주기와 함께 애도가 기재되어 있다. 『대동여지도』에는 운산의 월경지라는 경계 표시와 함께 애도가 묘사되어 있다.

지명은 쑥이 많아 비롯된 것이다. 쑥이 무성하여 '쑥섬'이라고도 한다. 1914

년 행정구역 폐합 시에 정주군 갈산면 애도동으로 되었다. 1949년 행정구역 개편 시에 다시 리제를 실시하면서 서부리와 동부리로 분리 개편되어 폐지되었다가, 1952년 군면리 대 폐합에 따라 서부리와 동부리를 병합하여 운전군 애도리로 복귀되었다. 1953년에 애도 노동자구로 승격되었고, 1954년에 정주군 애도 노동자구로 되었다. 1994년에 정주시 애도동으로 되었다.

남쪽 해안에는 황해와 접하여 조기·광어·민어·뱅어·가물치·낙지·갈치·새우 등이 많이 잡힌다. 연안의 바다가 멀리까지 얕고 간만의 차가 심하여 기선의 출입은 불가능하나 소형 선박의 출입이 빈번하다. 애도 주위에는 간석지가 많아 좋은 항구는 드물고 간척사업이 활발히 진행되고 있다. 앞바다에는 내장도, 외장도, 운무도, 형제도, 갈도 등 많은 도서가 산재한다.

정주시 애도동에 있는 정주 수산사업소는 평안북도의 중요한 수산기지 중 하나로 1961년에 발족하였다. 정주시 애도동 지역은 해류의 영향으로 오래전부터 좋은 어장을 이루고 있다. 정주수산 사업소에서는 근해어업과 천해양식 사업을 결합하여 각종 수산물을 생산하고 있는데 주로 조기 갈치 전어 멸치 숭어 곤쟁이 준치 등을 어획하고 쑥섬 연안에 천해 양식 기지를 통하여 굴 바지락 등을 양식하고 있다. 이밖에 수산물가공기지가 발족하여 냉동품 절임품 병조림 간유 알사탕 어분 등 여러 가지 수산물가공제품을 생산하고 있다.

『한국 전쟁 당시 유격군들이 애도에서 눈부신 활약을 할 수 있었던 비결은 육지와 멀리 떨어져 있지 않고 적당한 거리인 8km에 위치하여 가능했다. 너무 가까워도 위험에 빠지고 너무 멀어도 교통의 불편으로 어렵고 적당한 거리에 있었던 북한의 많은 섬은 한국 전쟁 당시 중요한 거점 역할을 하였다. (중략)

한국 전쟁 당시 유격 백마부대의 전신은 정주군 일대 13개 면에 조직돼 있던 치안대다. 6·25전쟁 후 유엔군이 인천 상륙작전 이후 북쪽으로 진군할 때 평안북도 정주군 오산학교 학생들과 청년들은 향토사수와 자유를 외치며 자발적으로 일어선 청년들이 만든 치안대이다. 이들은 무기도 변변치 못하였고, 훈련도 받은 적이 없던 학생들이 북한군과 중공군을 대항한다는 것은 쉽지 않았다. (중략)

11월 25일 중공군이 공격해오자 다음 날 전략적으로 유리한 애도로 근거지를 옮긴다. 애도는 본저리 해안에서 약 8km 떨어진 곳으로 네모처럼 생긴 작은 섬이다. 이때 170명 정도의 피난민들이 이들을 따라서 배를 이용하여 애도로 이동하였다. 겨울이 시작된 시기로 추위 속에서 피난민들은 아이를 업고 짐을 머리에 이고 지고 있었다. 이들은 만약에 애도로 철수하면 장기간 사용할 비상식량으로서 150가마니의 나락도 준비하여 싣고 왔다. 애도로 후퇴는 일단 북한군과 중공군의 공세를 피하고 전투 부대로서의 조직을 강화하고 훈련하려는 조치였다. (중략)

한편 미군은 서해의 여러 도서 지역에서 막강한 전투력을 가지고 공산군을 대항하던 유격부대 전투능력을 알게 된다. 그래서 1951년 3월 유격 백마부대를 미 극동군 표기지 사령부 동기 제15연대로 정식으로 편입시킨다.』

「월간조선」 2007.7월호

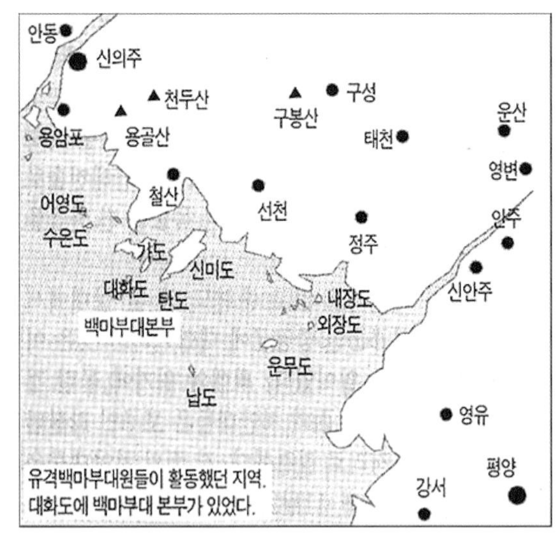

▲ 유격 백마부대가 활동했던 지역.「월간조선」2007.7월호

'아바이마을 축제'로 향수를 달래는 사람들

아바이마을은 함경도 실향민들이 집단 정착한 마을로서 행정구역으로 속초시 청호동이다. 함경도 실향민들이 많이 살고 있다고 해서 아바이마을로 불린다. 아바이란 함경도 사투리로 보통 '나이 많은 남성'을 뜻한다. 한국 전쟁으로 피난 내려온 함경도 실향민들이 집단으로 정착한 마을이다.

한국 전쟁 중 이북에서 내려온 실향민들은 잠시 기다리면 고향에 돌아갈 수 있으리라는 희망을 품고 이곳 모래사장에 임시로 정착하면서 마을을 만들었다. 모래사장 땅이라 집을 짓기도 쉽지 않고 식수 확보도 어려운 곳이었다. 아바이마을 실향민들은 같은 고향 출신들끼리 모여 살면서 신포마을(마양도), 정평마을, 홍원마을, 단천마을, 앵고치마을, 짜고치마을, 신창마을, 이원마을 등 집단촌을 이뤘다.

2022년에도 속초에서 아바이마을 축제가 열렸다. 6월 18일, 서울 종로구 평창동 이북5도청에서 대형 버스 20대에 나눠 타고 속초에서 행사에 참석한 후, 1박을 하고 집으로 돌아오는 일정이었다. 참석자 중에, 애도 출신 김옥선(82세) 선생은 1.4 후퇴 당시 남한으로 왔는데, 그때 나이 열한 살이었지만 기억이 뚜렷이 남아 있다고 한다. 어린 시절에 애도에서의 전투 장면을 여러 번 보았고 굶주림에 지쳐 있다가 북한의 박해를 피해 목선 타고 석도로, 다시 초도로, 그리고 2개월 정도 살다가 군산 해망동으로 와서 정착하였다. 지금은 자녀들과 서울에서 살고 있다.

애도 주민 주민들은 단결이 잘 되어서 연천군 백석면 백성리에 묘소를 만들어 애향심도 살리고 향수도 달랜다고 한다. 당시 애도에는 어족이 풍성하여 사람들이 많이 살았다. 애도교회도 있었고, 100여 가구가 주로 어업 생활을 하며 지냈다. 그물을 가지고 바다에 나가면 고기를 많이 잡아서 5일 장에 내다 팔기도 했다. 애도주민회 신일남 회장은 인천에 거주하고 있는데, 고향 발전을 위하여 많은 힘을 쏟는다고 한다. 부디 힘내시길 기원하는 마음이다.

▼ 애도 주민 김옥선 선생

[피난민 출신 참전용사의 증언]

평북이 고향인 나는 1.4 후퇴 때 고3인 학생 신분으로 피난길에 올라 청천강 다리가 끊겨있어 육로로는 나올 수가 없어서 정주군의 애도로 가게 되었는데 그곳에서 켈로 부대에 징집이 되었다. (중략)

'51년 4월 평북 선천의 신미도 옆 참채도를 수색하던 중 미군 조종사를 구출한 적이 있는데 그 섬은 무인도로서 조종사가 낙하산으로 비상 탈출을 한 후 3개월간 굴과 고기를 잡아먹으며 연명하고 있었다. 그는 수염이 온 얼굴을 덮고 굶어서 거의 제정신이 아니었으며 키가 큰 백인이었는데 썩은 쌀을 어디서 구했는지 놋쇠 요강에 밥을 해서 먹으며 살고 있었다. 그를 구출해서 본대 함정으로 인계한 적도 있다.(중략)

켈로 부대는 6.25 전쟁에 참전한 수많은 참전용사 중에서도 비밀스럽게 운영된 탓에 그동안 주목을 많이 받진 못했다. 특히 군번조차 받지 못한 신분상의 문제가 컸다. 그런데도 이들은 국군이 점령한 북한지역의 여러 섬을 중심으로 각종 침투, 파괴, 아군 생존자 구출 등의 임무를 맡으며 전쟁에 크게 이바지했다.

"6·25 참전수기", 「6·25참전 유공자회」 2011

*자료를 제공해 주신 이상해 씨님에게 감사드립니다.

▲ 애도 출신 독립운동가 위제하 선생

애도 출신 독립운동가 위제하 선생

위제하 선생은 1934년 10월 평안북도 정주군 갈산면 애도동에서 독서회 조직인 "조선을 빛내는 소년회가 되자"라는 뜻의 광조 소년회를 조직하여 민족의식 및 조선독립 사상을 고취하는 독립운동을 벌였다. 그는 조선중앙일보에서 소사를 하면서 몽양 여운형, 인촌 김성수 등 활동에 감화되었다고도 한다. 1940년 3월까지 이 모임의 회장으로 활동하면서 민족의식 및 조선독립 사상을 고취하다가 1940년 8~9월경 체포되어 옥고를 치렀다. 2009년 자식들이 국사편찬위원회에서 자료를 찾기 시작하면서 2010년 건국훈장 대통령 표창을 받았다.

행복이 넘치는 섬마을 정주군 애도를 찾아서

노동신문 1972, 12,26 림덕영 기자

편집자 주 - 실지로 1970년대 북한은 중국이나 남한 보다 더 살았다. 1970년대 기자의 눈에 비친 애도 이야기이다.

얼마 전에 우리는 행복한 생활이 꽃피고 있는 섬마을 애도를 찾았다. 정주군 보산리에서 버스를 내려 5리 쯤 떨어진 마산포에서 연락선에 오른 것은 이른 아침이었다. 물안개 걷히는 수평선 위에 둥근 해가 솟아오르자 해발을 받아 번들거리는 물결을 해 가르며 배는 고동 소리 높이 시세 좋게 달리는데 갈매기는 분주히 뱃전을 날아예는 서해의 아침은 볼수록 황홀하였다. 〈이제 가보면 알겠지만 애도도 정말 살기 좋은 고장으로 변화되었지요〉 윤태봉 선장은 이렇게 말하였다. 흰 갈기를 날리며 미끄러지듯 달리는 배는 어느덧 애도에 가 닿았다.

옛날의<쑥섬>이 아니다.

섬기슭에 삐죽삐죽 솟은 바위 사이를 굽이 돌아 발길을 돌리는 우리의 눈앞에는 말 그대로 약동하는 섬마을 전경이 펼쳐 펼쳐졌다. 섬마을 한복판에는 문화회관, 넙바우에 자리 잡은 아담한 학교 건물들, 초가집이라곤 한 채도 없이 줄지어 늘어선 문화주택이며 아파트, 상점과 유치원 탁아소 건물들, 섬마을 전경을 바라본 우리는 외진 섬에 왔다는 생각이 홀연히 사라지고 기분은 마냥 상쾌해 졌다. 우리는 먼저 이곳 수산사업소에 들렸다. 이 수산사업소에서는 금년 물고기 잡이 계획을 119.2% 수행하였다. 여기서 우리는 작업반 계획을 10월 말 현재 150%로 초과 수행한, 고기잡이 배인 안강망 773호 선장인 공훈 어로공 신보규씨를 만났다. 40년을 바다에서 살아온다는 그는 이렇게 허두를 떼더니 옛날이야기로 우리를 이끌었다. 옛날에 이곳을 쑥대만이 우거진 곳이라 하여 쑥섬이라 불렀다. 그 옛날에 가난한 사람들이 조개라도 캐서 살아보자고 하나 둘 모여 들어 조그마한 섬마을을 이루었는데 어렸을 때 부모를 잃고 살길을 찾아 헤매던 신보규 씨도 이 애도에 발길을 들여 놓았다. 그러나 착취의 올가미는 이 섬마을에도 들씌워졌다.

돈 많은 선주 놈들이 여기에 배를 끌고 들어와 가난한 섬사람들을 고기잡이에 내 몰았다. 일제의 비호를 받기 위해 그 놈들은 주재소까지 끌어들였다. 그때 섬사람들은 놈들에게 가혹한 착취를 받으며 헐벗고 굶주렸다. 뿐만 아니라 쪽배에 의지하여 고기잡이에 내몰렸다가 사나운 풍랑을 만나 바다에서 목숨을 잃기가 일쑤였고, 마을에서는 통곡 소리가 멎는 날이 없었다.

그때 섬사람들이 쓰고 사는 집이란 말 할 형편이 못되었다.

나무가치 라고는 한 대도 없는 외진 섬이어서 사람들은 쑥대를 베어 지붕을 얹은 움막을 짓고 살아왔다. 신보규 선장은 〈그런데 나라에서 우리 섬사람들을 위해 숫한 목재와 벽돌, 시멘트, 기와를 보내 주시어 이렇게 훌륭한 섬마을을 건설하여 주었습니다. 그리고 많은 기계배를 보내 주시어 우리의 어로 작업을 안전하고 편하게 만들어 주었으며 어로공들에게 철따라 옷과 신발 모자에 장갑까지 보내어 주었습니다. 우리의 노동과 생활에 정말 무슨 근심 걱정이 있겠습니까?〉

우리는 신보규 선장네 집에 들려 보았다. 〈그는 그 전날 쑥대막에 거적때기를 깔고 살던 이 신보규가 지금 얼마나 훌륭한 집에서 사는 가 보시요〉 라고 말하였다. 정말 번듯한 기와집이 여간만 좋지 않았다. 그는 아담한 세칸 방에 양복장, 이불장, 제봉기며 라디오 등 가장 집들을 잘 차려 놓고 부러운 것이 없이 살고 있었다. 여기 섬사람들은 모두 다 이렇게 자 살고 있다.

바다의 참된 주인으로 자란다.

진료소며 탁아소, 유치원을 돌아본 우리는 넉바우에 자리 잡은 애도고등중학교를 찾았다. 학교는 온통 과일나무 속에 묻혀 있는데 이렇게 많은 과일 나무를 언제 심었느냐고 묻자 리성열 교장은 당에서 하사하신 나무를 받아 조성한 것이라고 말하였다. 청춘기에 들어선 이 꼬마 과수원에는 사과, 배, 복숭아를 비롯하여 10여 종의 과일이 열매를 맺는데 금년에도 많은 과일을 딸 수 있을 것이라고 하였다. 그런데 이야기는 과수원에 풍성한 수확에 대한 것뿐이 아니었다. 우리가 해양연구실에 들렸을 때였다. 각종 선박의 기관의 모형이며 해양연구 시설들이 갖추어진 여기서는 해양연구 수조원들이 해도(바다지도) 작업 원리에 대한 토론모임을 벌이고 있었다.

〈이제 이 학생들이 학교를 졸업하면 현대적 어로 작업을 능숙하게 할 수 있는 과학 기술을 가지게 된 답니다.〉

최춘석 지도 교원은 이렇게 말하면서 지금 애도 수산사업소에서 일하는 선장 정상준을 비롯하여 기관장들인 정도호, 김경남, 부선장인 정창호 등 수많은 모범 어로공들이 모두 이 학교 출신이라고 자랑하는 것이었다. 그러니 이 학교에서는 수많은 바다의 미래가 믿음 있게 자라나고 있는 것이다. 봄이며 과일 꽃 만발하고 가을이면 백과 무르익는 행복한 배움터, 여기서 바다를 정복해 나갈 미더운 새 세대들이 무럭무럭 자라고 있으니 정말 자랑도 할 만하다.

그 전날 학교는커녕 서당 하나 없던 이 작은 섬마을에 고등중학교가 설립되어 여기 아이들도 십년 제 고등 의무 교육을 받으며 조국의 바다를 지켜 낼 억센 기둥감으로 굳세게 자라고 있다.

가난 했던 애도 섬, 어디에서 그 누구를 만나 보아도 자랑과 기쁨에 넘친 이야기뿐이다. 예전에는 조개껍질이나 까면서 세상 문명을 등지고 가난 속에 찌든 어부들이 오늘은 문화주택에서 흰 쌀밥을 먹으며 살게 되었을 뿐 아니라 섬에서도 발전기를 돌려 전기 불을 보고 아들딸들을 마음껏 공부 시키게 되었다. 어느덧 섬마을에 어둠이 깃들였다. 그러나 봄빛 밝은 섬마을은 잠들 줄 모른다. 우리는 고동 소리 울리며 떠날 차비 서두르는 부둣가로 천천히 발길을 옮겼다.

2) 외순도·外淳島

"치열했던 격전의 땅, 지금은 메추리 천국으로"

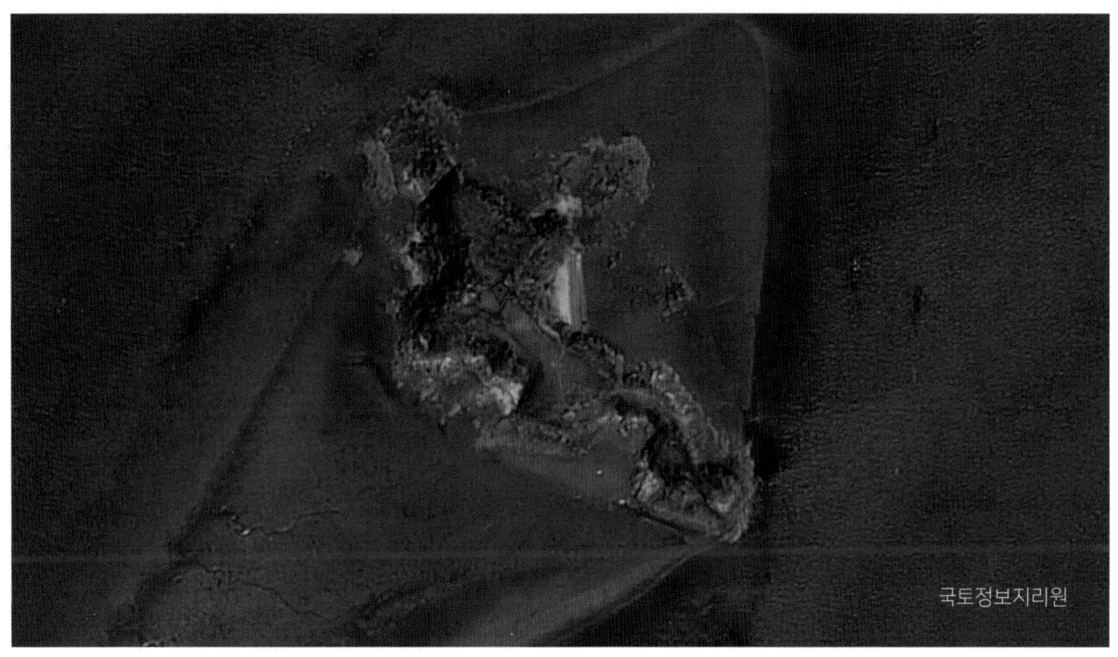
국토정보지리원

[개괄] 외순도(外淳島)는 평안북도 정주시 애도동 남동쪽 바다에 있는 아주 작은 외딴 섬이다. 메추리가 많이 서식하고 있어 '메추리섬'이라고도 부른다. 구글어스에서 살펴본 외순도의 섬 둘레는 1.5km, 면적 0.07km2 정도이고, 육지에서 약 9.5km 떨어진 섬이다.

[한국전쟁 당시 외순도의 비극]

1952년 8월 21일 23시경, 외순도에 주둔하고 있던 동키 16부대장 양창렬은 중공군의 공격을 받고, 대원들과 함께 결사적으로 싸웠으나 수적 열세와 탄약이 고갈되자 도망하기보다 자결을 택했다. (중략)

대원들이 결사적으로 싸웠으나 숫적 열세와 탄약이 고갈되어, 전투결과 비록 외순도는 빼앗겼으나, 중공군 229명을 사살하는 타격을 입혔을 뿐만 아니라 결사 대원 5명이 적의 동력선 1척을 파괴했다. 그러나 부대장을 포함한 대원 151명이 전사하고 동력선 1척이 침몰했으며, 생존 대원은 53명에 그쳤다.

「한국전쟁의 유격전사」, 국방부 군사편찬연구소 2003

09. 철산군

1) 가도

"병자호란의 치욕이 숨겨진 역사의 섬"

▲ 남한 흑산도 크기의 가도

[개괄] 가도(島)는 평안북도 철산군 철산읍(해방당시 행정구역상 백량면 가도동)에 속한 섬으로, 철산 반도 남부 해상에서 2km 지점에 위치해 있다. 일명 '가죽나무 섬'이란 뜻의 피도(皮島)라고도 하며, 면적은 19.2㎢. 해안선 길이 42.94km, 최고점은 연대봉 345m이다. 우리나라 전라남도에 있는 흑산도와 비슷한 크기이다.

동남쪽에 있는 가도와 탄도(炭島)와의 사이는 수심이 깊고 파도를 막아주는 데 유리해, 예전부터 좋은 항구 역할을 하고 있다. 가도 근해 해안지대는 복잡한 리아스식 해안이 형성되어 있다. 간석지가 널리 분포하고 간만의 차가 심하며 갯벌이 많이 드러나 양항 발달이 어렵다. 가도 근해 섬들인 탄도, 곰섬, 회도, 소화도, 대화도, 신미도, 신도

등과 함께 서한다도해(西韓多島海)를 이룬다. 기반암은 선캄브리아기의 변성암, 화강암, 편마암이 분포한다.

가도는 본래 철산군 운산면의 지역으로서 떡갈나무가 많이 자라는 섬마을이라 하여 가도동이라 하였다. 섬에는 여러 개의 구릉지가 분포하며, 소나무도 많이 자란다. 대부분 주민은 어업과 농업을 겸하며 주요 농산물로 콩·옥수수·쌀 등이 생산된다. 연안 일대에는 봄과 여름에 난해성 어족이 많이 몰려들어 조기·삼치·도미·민어 같은 어류와 새우류 등이 많이 잡힌다. 또 민어와 굴 등을 양식하는 천해양식이 발달하였다. 가도에서 군 소재지인 철산읍까지는 22km이다.

가도의 주요 특산물

철산군은 과거 철이 많이 생산되어 붙은 이름이지만 최근에는 조개 산지로 더 유명하다. 북한은 1994년 철산 앞바다 생태에 대한 면밀한 조사 작업을 실시, '물이 깨끗하고 부유생물이 많아 조개 서식조건에 매우 유리하다'는 분석결과를 얻어냈고 이를 바탕으로 3년여간 700정보 가량의 조개 양식장을 시험적으로 조성했다.

북한 발표에 따르면 조개양식장에는 매년 500여t의 새끼 조개가 뿌려졌으며 1997년 처음으로 2800여t의 조개를 채취하는 성과를 거두었다. 철산군에서는 2000년 초부터 보산지구에 종합적인 조개양식장을 조성하기 시작했으며 군당위원회에서도 사업을 적극 지원하고 있다. 철산군에서는 5월말 새끼 조개를 뿌려 가을 경 채취하고 있는데 이 조개는 맛이 좋고 영양가가 높아 북한 주민들 사이에서도 철산조개가 유명하다.

철산조개가 유명해진 것은 이 지역에 천연기념물 제67호로 지정 관리되는 철산조개살이터가 있는 것도 한 요인이 된다. 장송 노동자구를 중심으로 한 이 조개살이터는 간석지로 되어 있는데, 중생대에 번성하던 검은죽합과 녹조개가 분포되어 있으나 멸종의 위기를 맞고 있다.

가도지구의 간석지 개간사업

『가도지구 간석지는 자연 지리적 특성과 개간조건 등을 고려하여 가도 간석지, 가도 남부간석지, 신미도 남부간석지 등 3개의 개간 대상지로 나눈다. (중략)

가도지구에서는 1983년까지 48.97㎞의 해안방조제를 막아 총 2,367정보의 간석지를 개간하였다. 개간된 간석지는 2,270정보가 농경지로, 34정보가 저류지로, 63정보가 기타 여러모로 이용되고 있다. 30만 정보 간석지 개간 총계획에 따라 오늘 가도지구에서는 3만 3,500정보의 가도 간석지 건설이 진행되었다.

1986년에는 1단계로 선천군 석화리의 의요포-다투섬-홍건도-신미도를 연결하는 4,685m의 제방 공사가 완공되었다. 의요포와 다루섬 사이의 1,284m와 다루섬과 홍건도를 연결하는 2,776m의 제방 공사가 끝났다. 가도지구에서는 30만 정보 간석지 개간 면적 가운데서 40.36㎞의 해안방조제를 건설하여 3만 7,800정보의 간석지를 개간하였다.

「북한지리정보」, 간석지, 1988

정묘호란과 병자호란을 불러온 '가도사건'

가도와 관련해서, 조선시대 병자호란의 치욕을 떠올리지 않을 수 없다. 후금의 추장 누루하치는 조선과 명나라가 임진왜란으로 인해 국력이 약해지고 만주지역에 대한 경계가 허술한 틈을 타 세력을 확장하였다. 1616년에는 후금을 건국하여 명나라에 대한 공격을 감행하였다. 명나라 장수 모문룡은 요동을 지키던 중에 1621년 후금에게 패배하여 압록강을 넘어 조선으로 퇴각했고, 이에 광해군은 1622년 평안북도 앞바다의 가도를 주둔지로 내주어 머물게 하였다.

가도는 군사적으로 매우 중요한 요충지였다. 외부와 교통이 쉽지 않고, 방어하기에도 좋은 곳이었다. 모문룡은 이런 섬을 장점을 파악하고 가도에서 오랜 시간 버틸 수 있었다. 모문룡은 가도를 군사 기지화시키고 '요동 수복'이라

▲ 북한의 물개

는 명분을 내세워 세력 확충을 시도하면서 조선과 명나라 양국으로부터 물질적 지원을 받아낸다. 하지만 그는 막상 조선에 아무런 군사적인 도움은 주지 못하면서 재물을 약탈하고 부녀를 능욕하여 조선 백성들의 원망만 사게 되었다. 가도는 모문룡 가도에서 해외 천자를 자칭하고 권세를 누렸다.

결국, 모문룡의 가도 세력화는 마침내 정묘호란과 병자호란의 가장 큰 원인이 된다. 1637년 4월 9일, 조선은 임경업 장군을 수장으로 하여 가도를 토벌하기에 이르렀고, 목에 가시처럼 여겨지던 가도 사건은 1636년 병자호란의 발발로 끝이 났다. 가도는 17년 동안 보잘것없는 섬이었지만 전란에 휩싸여 큰 고통을 당하였다. 무능한 임금과 부패한 관리들이 지배 아래에서, 이래저래 힘없는 백성들만 고초를 당하며 살아야 했던 부끄러운 우리 과거의 한 자락이다.

가도의 종소리

철산군 철산 소학교 가도분교 분교장 정수경 선생에 대한 이야기

2019, 12.2 노동신문

머리를 흩날리며 처녀 선생이 섬에 들어섰다. 철산군의 어느 한 학교에서 교원으로 일하다가 한명의 학생을 위해 세워진 가도분교로 자원 진출한 정수경 선생이었다. 섬으로 들어온 첫날 그는 분교가 자리 잡은 언덕에 올라 사방을 둘러보았다. 몇 집 안 되는 섬마을, 끝없이 펼쳐진 망망대해를 바라보면서 문득 이런 생각이 났다. (내가 왜 이런 외진 섬에서 견뎌 낼 수 있을까? 너무 서투른 결심이 아니였을가) 이때였다. 그의 생각을 깨우치는 앳된 목소리가 울리였다. 선생님! 그는 아래를 내려다보니 한 쌍의 까만 눈동자가 자기를 올려 다 보고 있었다. 섬의 유일한 학생인 8살 난 림철복이었다. 순간 정수경 선생의 가슴속에 뜨거운 것이 그득히 차올랐다. 그는 소년을 끌어안으며 속삭였다. (그래 내가 바로 너의 담임선생이다) 그의 섬분교 생활은 이렇게 시작되었다. 하지만 그때까지 정수경 선생은 섬에서의 생활이 어언 30여 년을 헤아리게 될 줄은 미처 몰랐다. 얼마 안 있어 인적없던 숲속에 작은 등곳길이 생겨났다. 그 등곳길과 더불어 가도에 첫 수업 종소리가 울려 퍼졌다. 한 해 두해 세월이 흐르면서 학생 수는 두 명, 세 명, 다섯 명으로 늘어났다. 정수경 선생은 아이들을 뭍의 학생 못지않게 훌륭히 키우기 위해 밤잠을 잊다시피 하며 애써 노력했다. 그러나 섬 생활에는 낭만과 희열만 있는 것은 아니었다. 어느 날 깊은 밤 퇴근길에 오른 그가 숲속의 오솔길을 지날 때였다. 어디선가 와삭와삭 풀숲을 헤치는 소리가 들려오더니 갑자기 눈앞에 큰 멧돼지가 불쑥 나타나는 것이었다. 숨 막히는 긴장한 순간의 흘렀다. 이윽고 눈앞에 나타난 짐승이 자기를 해칠 존재가 아니라고 여겼는지 멧돼지는 큰 몸통을 슬며시 돌려 숲속으로 어슬렁어슬렁 들어가 버리는 것이었다. 기쁨도 있고, 눈물도 있는 이런 나날 속에 어느덧 그는 행복한 새 가정을 이루었다. 그러

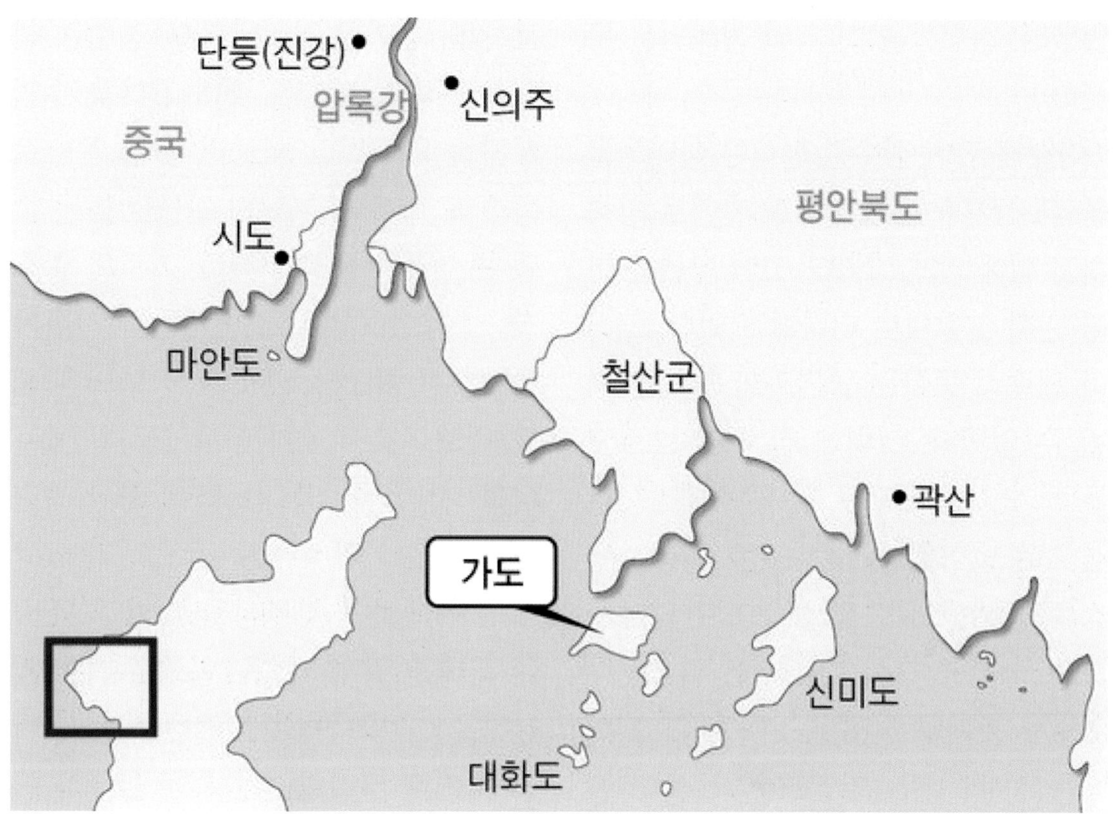

던 어느 해 정수경 선생의 남편이 고향인 청단군으로 직장을 이동하게 되었다. 선생님은 남편과 함께 그가 섬을 떠나게 된 날이었다. 아이들이 부두가로 향하던 정수경 선생에게 달려왔다. 그는 아이들에게 나직이 당부하였다. 〈모두들 앓지 말고 공부를 잘 해요〉

그리고는 서둘러 부두가로를 향하면서 선생님의 눈에서 반짝이는 눈물을 어찌 아이들이 놓칠 수 있었으나, 〈선생님 우신다.〉 〈선생님 울지 마십시오〉 그리고 아이들은 〈선생님 가지 마십시오〉 하였다. 정수경 선생은 저도 모르게 아이들 쪽으로 돌아섰다. 그리고 한달음 달려와 그들을 한품에 끌어안았다. 한명 한 명 눈물범벅이 된 아이들의 얼굴을 닦아주는 선생님과 고사리 같은 손으로 선생님의 두볼로 흘러내리는 눈물을 씻어 주는 아이들 정수경 선생은 속삭였다. 〈그래 선생님은 가지

않겠다. 너희들을 떠나 이 선생님은 못 산다.〉

이렇게 되어 정수경 선생은 아이들을 졸업 시킨 후 남편을 따라 가기로 약속하고 섬에 남게 되었다. 그의 남편은 한 발 먼저 고향으로 떠나게 되었다. 그러나 정수경 동무는 남편과의 약속을 지킬 수 없었다. 그렇게 한 해가 흐르고 두 해가 지났다. 어느 날 뜻밖에 소식이 섬으로 날아왔다. 섬분교를 지켜가는 정수경 선생의 진정을 헤아린 당에서 그의 남편을 다시 가도에서 일 할 수 있도록 조치를 취해준 것이었다. 그 소식을 전해들은 순간 뜨거운 눈물이 정수경 선생의 두 볼을 적셨다. 정수경 선생은 제14차 전국교원대회에 참가하였으며 동료들과 사진도 찍었다.

〈벌써 서른 해가 흘렀습니다. 제가 담임했던 차영심 학생이 대학을 졸업하고 새해가 되기 전 가도분교로 자원 진출했답니다. 오늘은 우리 가도에 저와 곽창협 선생, 차영심 선생 이렇게 모두 세 명의 교원들이 있습니다. 새 세대 교사들에 의해 우리 가도분교가 운영되고 그 명맥을 계속 이어가는 것이야 말로 얼마나 기쁜 일입니까?〉 정수경 선생은 이렇게 말씀을 맺더니 다음 수업 시간을 알리려고 서둘러 현관 쪽으로 향했다. 잠시 후 분교의 하늘로 맑은 수업 종소리가 울려 퍼졌다. 가도의 종소리, 그 종소리가 우리에게는 예사롭게 들려오지 않았다. 그것은 한 명의 학생을 위해서도 학교가 서고 교사가 있는 나라, 자라나는 후대들을 위해서 라면 그 무엇도 이낄 수 없는 우리나라 교육제도에 대하여 자부심을 느낀다. 조국의 미래를 위해 청춘도 인생도 다 바치는 참된 교육자들의 고결한 심장의 박동 소리로 우리의 가슴속에 끝없이 메아리쳐 왔다.

글, 사진 박주향

2) 대가차도

"천연기념물로 지정 관리되는 조개살이터"

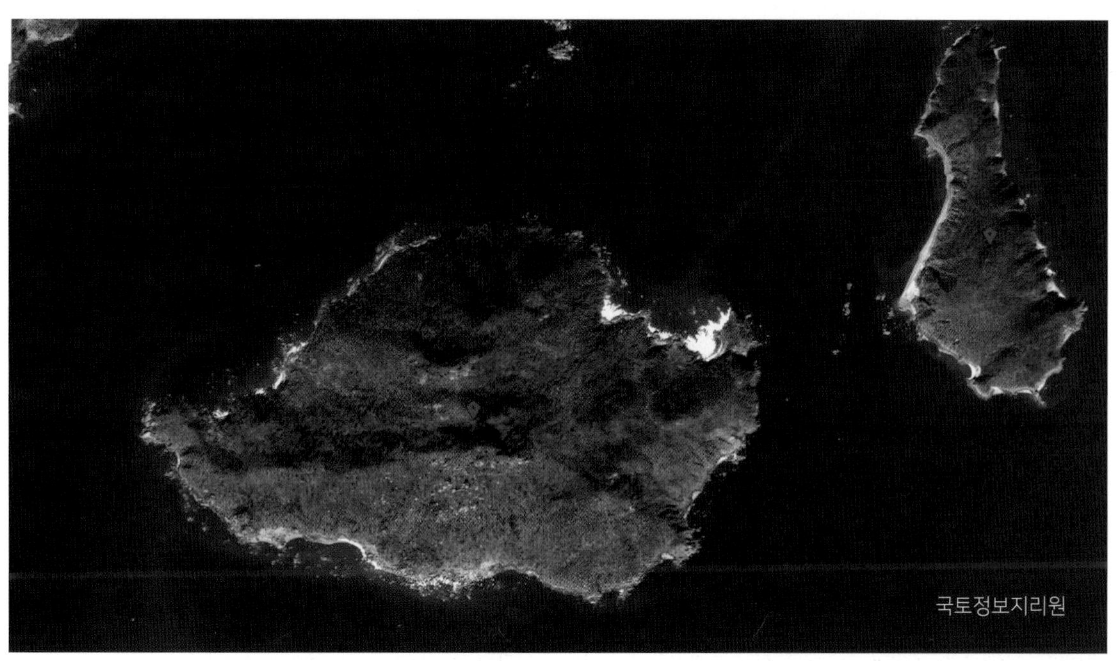

▲ 남한 흑산도 크기의 가도

[개괄] 대가차도는 평안북도 철산군 남동부 바닷가에 있는 섬이다. 철산 반도의 남동부 산대갑에서 0.8km 정도에 떨어져 있다. 대가차도는 큰 가차도라고도 부른다. 제3기 말~4기 초 육지가 침강하면서 철산 반도와 갈라져 이루어진 뭍섬으로서 면적은 0.93㎢, 둘레는 4.82km, 해발은 156m이다. 대가차도는 평안북도 철산군 동창리 서해 위성발사장에서 4, 5km 거리에 있다.

대가차도는 구성 암석은 화강암으로 되어 있다. 섬은 동서 방향으로 약간 길게 놓였는데, 그 길이는 1.8km 정도이다. 대가차도의 북서쪽 및 북동쪽 기슭에는 포구로 이용할 수 있는 만입 부가 있다. 그 밖의 기슭은 대체로 바위가 드러나 있거나 벼랑으로 되어있다.

대가차도에는 소나무, 산초나무, 싸

리, 칡 등이 자라고 있다. 대가차도에서 연평균기온은 9℃, 연평균강수량은 700~800mm이다. 대가차도의 동쪽에는 청강 어귀와 통하는 깊은 물골이 있고 철산 반도 산대갑과의 사이에도 유속이 빠르고 밀물 때의 수심이 수십 m에 달하는 물골이 이루어져 있다.

대가차도의 남쪽에는 면적은 0.68㎢, 둘레는 3.83km, 높이는 117m 되는 소가차도가, 북동쪽에는 그보다 작은 우리도가 있다. 그 외에 주위에는 가도, 탄도, 대화도, 대계도 등 수십 개의 섬이 있다. 주변 바다에는 농어, 전어, 망둥어, 새우, 조개류들이 많다. 53)

조개 산지로 유명한 대가차도

『철산군은 과거 철이 많이 생산되어 붙은 이름이지만 최근에는 조개 산지로 더 유명하다. 철산 앞바다인 대가차도, 소가차도, 우리도, 가도 등 육지와 가까운 섬은 간만의 차이가 심하여 조개들의 산지로 유명하다. 처음부터 생태적인 면에 대한 면밀한 조사와 연구 끝에 작업을 시행하였는데 '물이 깨끗하고 부유생물이 많아 조개 서식조건에 매우 유리하다'라는 분석결과를 얻어냈고 이를 바탕으로 3년여간 700정보가량의 조개 양식장을 시험적으로 조성했다.

북한 발표에 따르면 조개 양식장에는 매년 500여t의 새끼 조개가 뿌려졌으며 1997년 처음으로 2800여t의 조개를 채취하는 성과를 거두었다. 철산군에서는 2000년 초부터 보산지구에 종합적인 조개 양식장을 조성하기 시작했으며 군당위원회에서도 사업을 적극적으로 지원하고 있다.

▼ 간에 좋은 삶아진 조개

53) 「조선향토대백과」, 평화문제연구소 2008

철산군에서는 5월 말 새끼 조개를 뿌려 가을경 채취하고 있는데 이 조개는 맛이 좋고 영양가가 높아 북한 주민들 사이에서도 철산 조개가 유명하다. 철산 조개가 유명해진 것은 이 지역에 천연기념물 제67호로 지정 관리되는 철산 조갯살이 터가 있는 것도 하나의 요인이 된다. 장송 노동자구를 중심으로 한 조개살이터는 간석지로 되어있는데 멸종의 위기를 맞고 있다.』

「조선향토대백과사전」,
자연지리정보관

한국 전쟁 당시 대가차도에서 무슨 일이?

대가차도는 육지와 1km 거리에 위치해 있기 때문에 유격 전사들은 북한 후방 깊숙이 침투했다가 후퇴하면서 육지에서 가장 가까운 대가차도에 1차로 피신을 했다가 다시 배를 타고 본부 사령부가 있는 멀리 대화도로 이동했을 것이다. 피로와 배고픔, 졸음, 죽음에 대한 극심한 공포심으로 지친 유격 전사들은 한시가 급하게 살 곳을 찾아서 달려와야 했다. 육지에 숨어 있으면 영락없이 잡히기 때문이다. 그래서 대가차도는 비록 작은 섬이지만 한국 전쟁 당시 유격 전사들이 일시적으로 근거지로 자주 사용했던 장소이다.

[한국전쟁 당시 대가차도의 전략적 위상]

1951년 6월 28일 미 8군 산하 백령도의 유격대 사령부 사령관인 보크 중령을 포함한 일행 5명이 소형 선박을 타고 대화도의 백마부대를 방문하였다. 이들은 우선 중국 장전에서 수풍댐을 통하여 들어오는 보급로와 단둥에서 압록강 철교를 통하여 북한의 들어오는 보급로를 차단하고 적의 심장부를 공격하여 적 후방을 교란하라는 작전 지시를 내렸다. 이에 백마부대 본토 공작대원들을 쉽게 침투시키기 위해 육지와 가까운 섬을 검토한 결과 대가차도를 그 대상지로 선정하였다.

대가차도는 대화도 북쪽에서 20km 정도 떨어져 있고 철산 반도 동쪽에서 불과 0.5km 떨어져 있으므로, 본토 공작대가 이 섬을 발판으로 이용하면 힘들이지 않고 육지에 상륙하거나 작전을 마치고 신속하게 적의 해안을 떠나서 귀대할 수 있었다. 이태규 공작대장이 인솔하는 공작대는 1951년 7월 6일 새벽에 대가차도에 상륙하여 상륙 전초기지로 만들었다.

「대화도의 영웅들」, 권주혁·신종태 2012

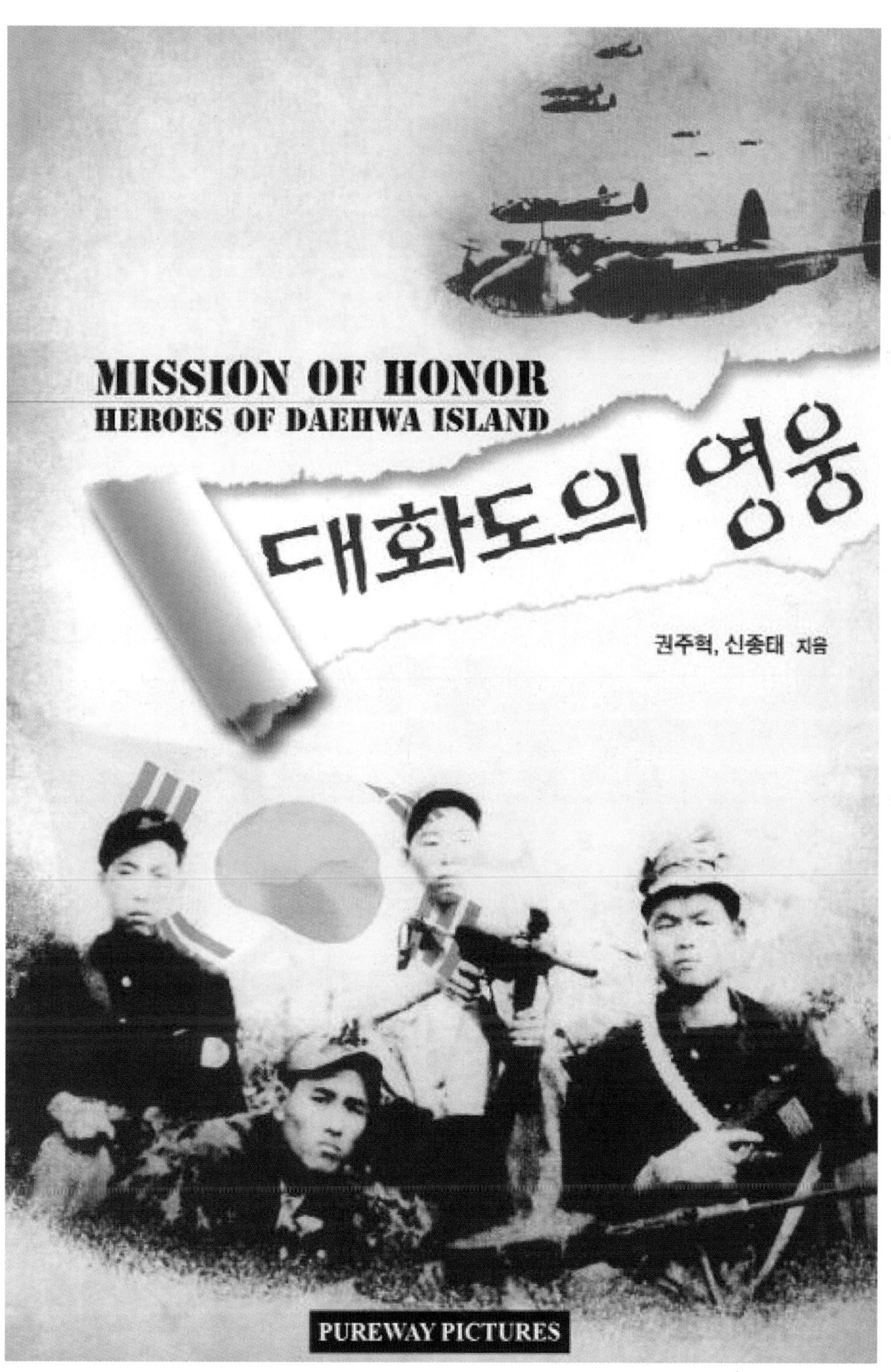
MISSION OF HONOR
HEROES OF DAEHWA ISLAND
대화도의 영웅
권주혁, 신종태 지음
PUREWAY PICTURES

3) 대계도·大溪島

"'선군 시대의 대승리' 대계도 간석지사업"

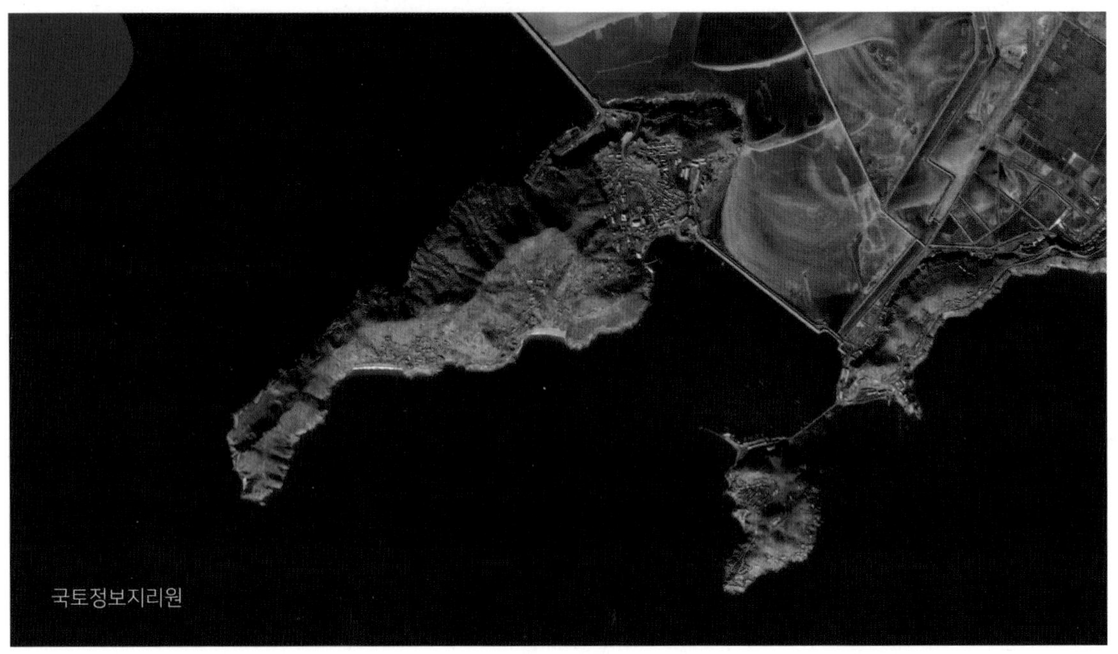

▲ 대계도와 소계도

[개괄] 대계도(大溪島)는 평안북도 철산군 장송 노동자구 서남쪽에 있는 섬으로, 철산 반도의 등곶에서 서쪽으로 1km 거리에 위치해 있다. 면적은 2.035㎢로 서울 여의도면적(2.9㎢)보다 작고, 높이는 130m, 둘레는 8.32km이다. 기반암은 화강암으로 되어 있다. 경사면의 물매는 비교적 급하며 바위가 드러나 있다. 소나무, 참나무, 신갈나무, 산초나무 등이 많이 분포되어 있다.[54]

대계도는 이 일대에서 간석지 건설사업이 진행되면서 염주군, 다사도, 가차도, 소연동도와 함께 철산군 등곶과 연결되었는데, 1980년부터 2010년까지 30년에 걸쳐 대규모 간척사업을 한 곳으로도 유명하다.

54) 「조선향토대백과」, 평화문제연구소 2008

▲ 완성된 +대계도 간척 공사

대계도 간척지 공사는 1981년에 '4대 자연개조' 사업의 목적으로 착공되었다. 평안북도 철산 반도로부터 다사도, 가차도, 소연동도, 대계도, 소계도를 잇는 총 13.7km의 해안선을 막는 대규모 공사였다. 이 공사로 얻은 땅은 모두 87km²로, 북한의 지도를 다시 그리게 될 정도 큰 것이다. 북한이 이 간척지에 제방을 쌓는데 꼭 30년이 걸렸다. 이 기간에 북한은 제방을 쌓는데 상당한 어려움을 겪었다. 썰물 때는 물이 빠지면서 돌을 모두 바다로 씻겨 나나가 제방 1m를 쌓자면 엄청난 대형트럭에 돌을 넣어야 했다. 그런 와중에 1987년과 1997년 두 차례에 걸쳐 해일과 태풍으로 제방이 무너지면서 짠물로 인해 농사를 망치는 등 복구에 악전고투했다고 한다. 북한은 이처럼 근 30년 동안 공을 들여 완공한 대계도 간석지 공사를 '선군시대의 대승리'라고 표현한다.

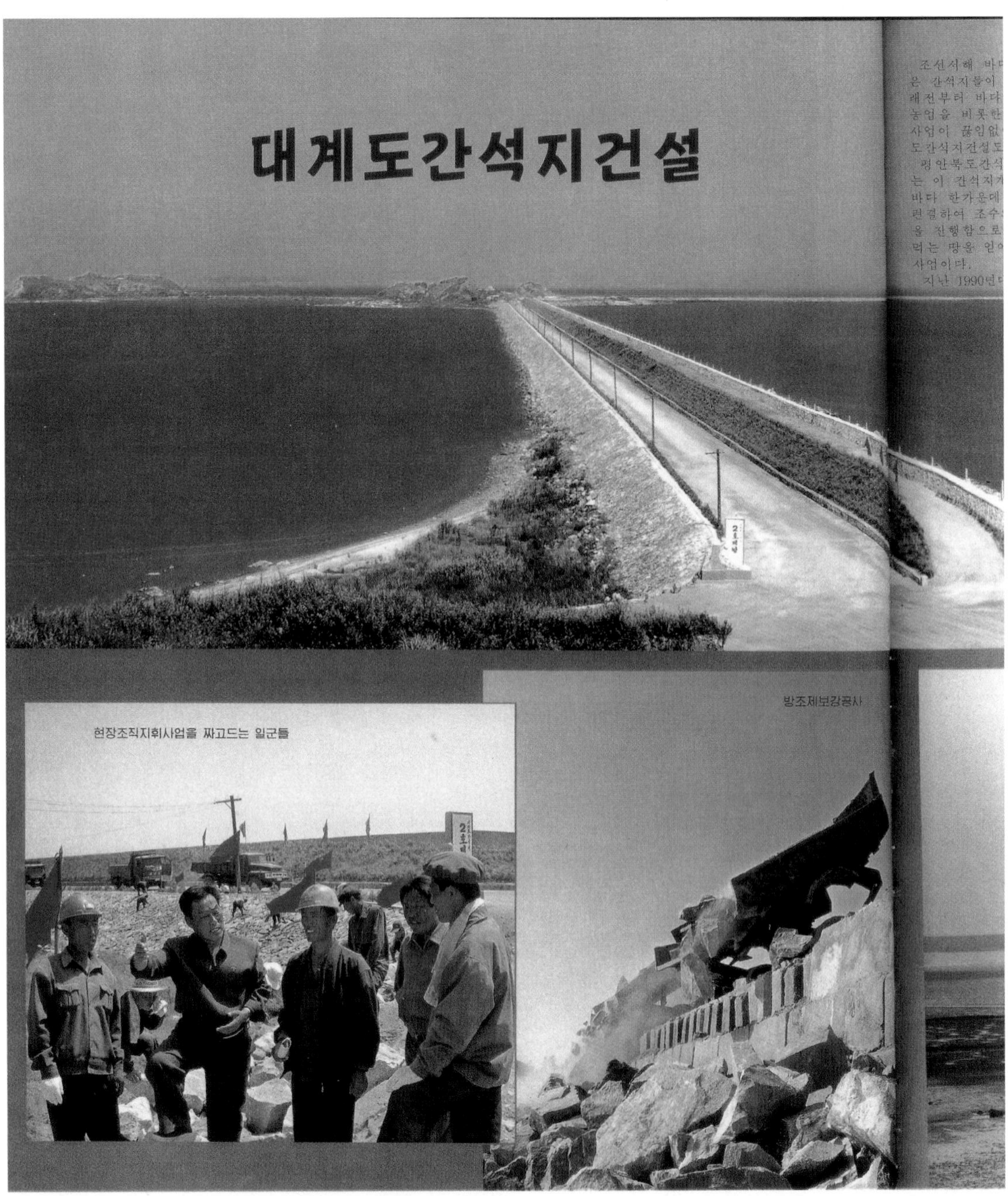

대계도간석지건설

조선서해 바
은 간석지들이
래전부터 바다
농업을 비롯한
사업이 끊임없
도간석지건설도
평안북도간석
는 이 간석지
바다 한가운데
련결하여 조수
을 진행함으로
먹는 땅을 얻
사업이다.
지난 1990년

현장조직지휘사업을 짜고드는 일군들

방조제보강공사

['위대한 선군 시대'
조국의 지도가 다시 그려지는 천지개벽]

"조선중앙통신사 상보, 간석지 개간 역사상 제일 큰 8천8백 정보의 대계도 간석지 건설이 완공됨으로써 서해에 널려있던 섬들인 대다사도, 가차도, 소연동도, 대계도가 수십리 제방으로 연결되어 굴곡이 심하였던 염주군, 철산군의 해안선이 대폭 줄어들고 위대한 선군 시대에 조국의 지도가 다시 그려지는 천지개벽이 일어났다.

김정일 위원장의 선군 영도 때문에 대계도 간석지 매립 공사가 완성되었다. 나라의 농업발전과 인민 생활 향상에서 커다란 진전을 이룩하기 위한 밑천이 마련됐다"

「조선중앙통신」

김정은 위원장은 2008년 6월과 2009년 9월 대계도 간척지 매립현장을 시찰하는 등 이 사업에 관심을 보여 왔다.

▲대계도간석지 준공식(사진=노동신문)

대계도 조개 서식지, 북한 천연기념물

평안북도 철산군 장송 노동자구에 있는 조개 서식지는 북한 천연기념물 제86호로 지정되었다. 철산 반도의 대계도, 소계도의 바다 간석지에 검은 맛조개와 녹조 개가 서식하고 있다. 소계도에서 서쪽으로 1㎞ 떨어진 곳에 대계도가 있는데 대계도 서쪽에 검은 맛조개가 퍼져있다. 대계도 조개는 크고 맛도 있다. 검은 맛조개는 출수공이 길게 나와 있고, 조개껍질은 검은색이다. 갯벌 속 최대 100㎝까지 구멍을 파고 들어가 있으면서 바다 미생물을 먹고 산다. 녹조개는 네모형으로 되어있으며 녹색을 띤다. 검은 맛조개와 녹조개는 중생대에 번성하던 연체동물로서 지금은 거의 없어져 간다. 특히 녹조개류는 완족동물의 진화과정을 보여주는 학술상 매우 진귀한 종류로 알려져 있다.55)

서북저지대의 대자연 개조 사업

서북저지대에서는 알곡생산을 늘이기 위하여 새 땅을 찾아 부침땅 면적을 계속 넓히고 있다. 새땅 기간의 주요 예비는 서해안 일대에 넓게 펼쳐져 있는 간석지와 함께 무림목지, 다박솔밭, 야산들이며 중간지대에서는 산기슭과 선상지들이다. 특히 이 지대에서 새땅개간의 주요 대상은 간석지이다. 이 지대에서는 간석지개발을 위한 대자연개조사업이 힘 있게 벌어져 이미 수만 정보에 이르는 간석지가 옥토로, 공업부지와 원료기지로 전변되었다.

간석지를 개간할데 대한 지시를 받고 평화적 건설시기에 이 지구에서는 압록강어구의 황추평과 청천강어구의 연호지구를 비롯한 여러 곳에서 농민들의 앙양된 열의에 의하여 간석지가 개간되기 시작하였다. 지난 6·25전쟁시기에도 간석지조사사업과 간석지건설준비사업을 힘 있게 벌릴데 대하여 지시받았다. 전후에 간석지 조사사업이 본격적으로 진행 되였으며 간석지 개간의 큰 대상으로서 고미양과 황포를 연결하는 곽산군 렴호지구에 대한 간석지건설공사가 진행되었다.

이 시기에 또한 문덕군 연호간석지와 온천군간석지 수백정보가 개간 되였다. 그 후 이름도 없어 [무명평]이라 불리며 버림받던 불모의 땅이 개간되여 갈이 물결치는 [비단섬]이 생겨났다. 더욱이 최근 연간에 간석지 개간사업이 더욱 힘 있게 벌어져 대계도 간석지, 온천지구간석지, 은률지구간석지 등 대규모간석지건설공사가 진행되어 새 땅이 늘어났으며 해안선의 지도가 크게 변화되었다.

전망적으로 평안북도 연안에서는 수운도, 가도, 신미도, 정주 등 지구에서는 11만 여 정보의 간석지가 개간되게 된다. 개간되는 간석지에는 9만3천여 정보의 농업용 토지 밖에도 소금밭, 양식

55) 「한국민족문화대백과사전」, 철산(鐵山) 조개살이터

기지, 기타 산업토지와 주민지구들이 생겨나게 된다. 평안남도 연안에서는 청천강 어구와 대동강어구에 11만7천 여 정보의 간석지가 개간되게 된다. 황해남도 연안에서도 수만 정보의 간석지가 개간된다. 이 지대에서는 언덕-야산들에서 새 땅을 넓히기 위한 투쟁도 끊임없이 진행되었다.

20만 정보의 새 땅을 찾는데 대한 당의 방침을 받들고 이 지구에서는 많은 새 땅을 찾았다. 구성, 곽산, 천마, 피현, 숙천, 증산, 평원, 성천, 개천, 중화, 승호, 상원, 장연, 삼천, 은률, 린산, 은파, 서흥에서만도 약 8만 5천 여 개의 대상에서 3만 2천 여 정보의 새땅개간대상지가 장악되였다. 이 지구는 평지가 우세하고 부침땅비률이 높기 때문에 일반적으로 산림자원이 풍부하지 못하지만 중간지역에서는 산림면적비률이 높기 때문에 적지 않은 산림자원이 있다. 해안 및 벌방 지구의 국토면적 가운데서 산림토지가 차지하는 비율이 10~40%라면 중간지구에서는 50~70%이다.

서북저지대의 산림자원

서북저지대에는 잣나무, 분지나무, 개암나무, 가래나무, 수유나무, 유지식물, 밤나무, 산사나무, 돌배나무 등의 산과실, 도라지, 더덕, 둥글레, 고사리, 고비, 마타리 등의 산나물, 삽주, 세신을 비롯한 약용식물자원이 풍부하다. 잣나무자원은 정주군, 태천군, 개천군들에 비교적 많고 분지나무는 염주군, 선천군, 운전군, 녕변군, 순천시, 증산군, 성천군, 개천군들에 많이 분포되어 있다. 밤나무는 정주군, 용강군들에 많고 돌배나무는 태천군, 구성시, 의주군, 성천군들에 많이 분포되어 있다.

이 지대에서는 지구별 특성에 맞게 경제림을 전망성 있게 조성해야 한다. 남부중간지구에서 산과실림의 주요 나무종류로서는 밤나무, 살구나무, 대추나무들이다. 지대에서는 지방공업을 발전시킨데 대한 당의 방침을 관철하기 위하여 각 지방에 원료기지를 튼튼히 꾸리고 있다. 이 지대에는 13,598.8정보의 원료기지가 조성되어 있는데 그 가운데서 자연원료기지는 6,148.7정보, 재배원료기지는 7,450.1정보이다.[56]

4) 대화도·大和島

"'그 많던 조기는 다 어디로 사라졌나?"

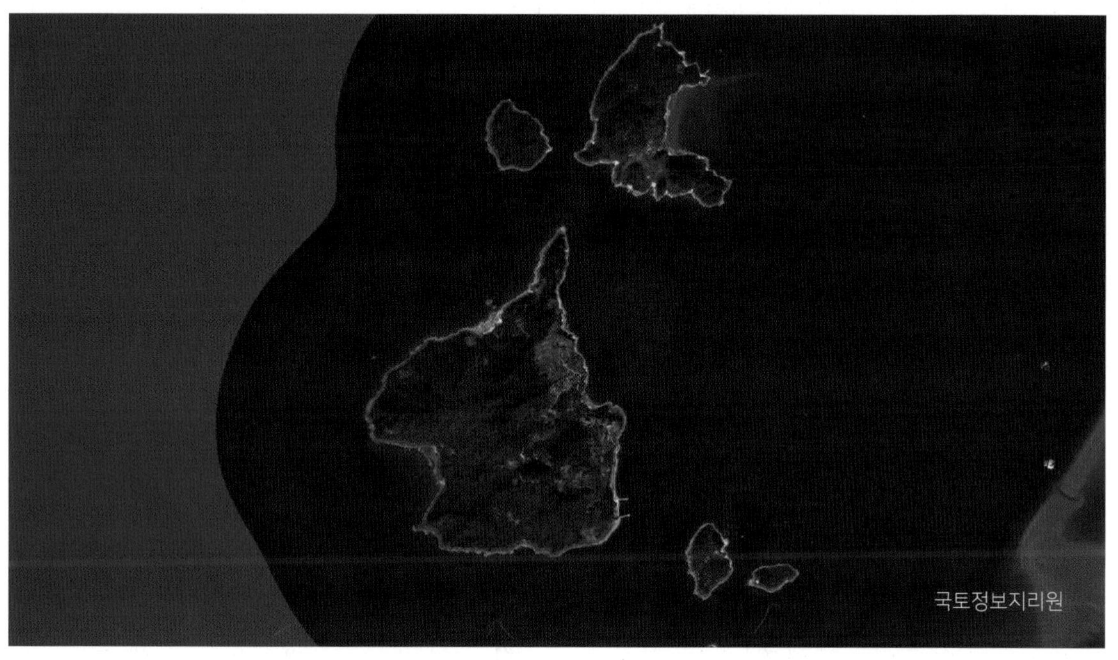
국토정보지리원

[개괄] 조기는 시기를 따라서 북상한다. 연평도 조기 떼들은 장산곶을 돌아서 북상한다. 그리고 여름철이 시작되는 6월 말경에 최종 목적지인 평안도 철산 앞바다 대화도(大和島)에 닿는다.

『조기는 알을 낳기 위해 최적의 수온을 찾아 머나먼 항해를 거듭하는 회귀 본능의 어족이다. 조기는 서해와 동중국해 경계 해역인 양쯔강 하구의 거대한 모래밭에서 겨울을 난다. 겨울이 끝났음을 알리는 다양한 조짐들이 나타나면 조기들은 마침내 서해로 산란을 위해 떠날 준비를 하는데 이를 두고 '10억 조기떼의 이동'이라고 한다.

이후 제주도 남서쪽에서 북쪽으로 올

---

56) 「북한지리정보」 서북저지대의 자연개소, 1990

라오기 시작해 전라도 흑산 어장(3~4월), 칠산어장(4~5월), 인천 연평어장(5~6월), 평안도 철산어장(6~7월)을 거쳐 발해만을 돌아 다시 공해상으로 남하한다. 어민들은 10억 마리의 조기들이 내뿜는 소리를 들으며 봄이 왔음을 알 수 있었다.』

[황해로드] 10억 조기떼의 이동, 「인천일보」 2021.8.12

조기들의 최종 목적지 대화도 어장

신미도와 대화도에 이르는 근해는 3대 어장의 하나로, 모래톱과 개펄이 함께 형성되어 있어 조기가 서식하기에 안성맞춤이다. 대화도에서는 5~6월 성어기에 파시가 형성되었고, 신미도 당후포는 조기 파시로 이름을 날렸다.

철산군의 중심은 가도로, 조기들의 마지막 회유지이다. 조기들은 마지막으로 압록강 하류의 용암포에 몰려들었는데, 용암포는 어시장으로도 유명하였다. 용암포와 이도포 어시장은 쌍벽을 이루며 봄부터 가을까지 매일 열렸다.

『연평도에는 조기 철이 되면 황해도, 경기도, 충청도, 전라도 등 전국의 배들이 몰려들어 우리나라에서 제일 큰 파시가 형성되었다. 이 배들은 조기 떼를 따라서 인근 대청도, 어청도, 백령도 등 근해에서도 조업하였다.

연평도 파시는 음력 4월 소만 사리 때 형성되었다. 이때가 되면 최고의 어획고를 올렸기 때문에 이 소만소리를 '조기 생일'이라고 불렀다. 조기잡이가 끝나는 5~6월은 '파송사리'라 불렀다. 반면에 새우잡이를 포함한 모든 고기잡이가 완전히 끝나는 10월은 '막사리'라 불렀다.

연평도 조기 파시는 구한말부터 성장하여 급증하다가 일제 말기 최고 절정을 이루었다. 1950년대까지 흥청거리던 연평파시는 조기가 급격히 사라지면서 막을 내렸다.』

해양수산부, 「한국의 해양문화-서해 해역(하)」

▼ 10억 조기 떼의 이동,「인천일보」2021.8.12.

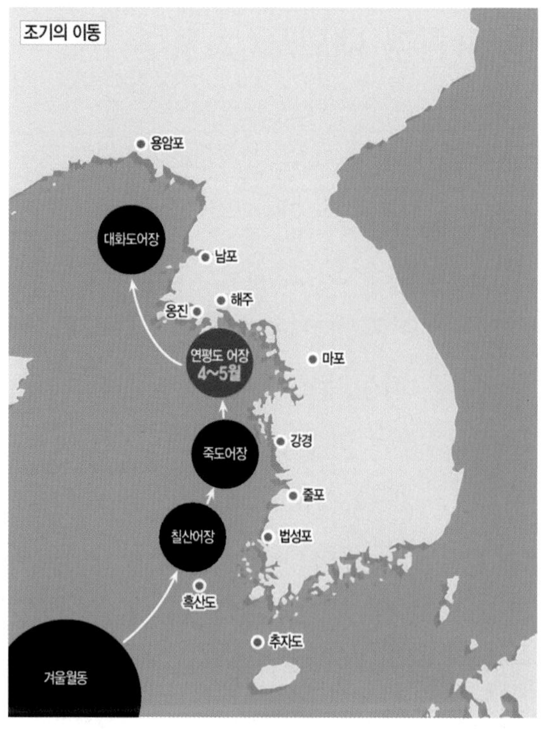

조기 파시는 이제 역사 속으로 사라지고 말았다. 저 유명했던 칠산어장과 연평도 주변 그 많던 조기들은 어디로 사라졌을까? 한마디로 어업 기술의 발달과 남획의 탓이다. 이제 남중국해와 동중국해까지 진출하여 조기를 잡는 시대가 왔다. 조기의 황금 어장추인 대화도 근해의 모습은 이제 더 이상 볼 수 없게 되었으니, 이 얼마나 아쉬운 일인가!

한국전쟁으로 존재감 드러낸 대화도, 유격부대의 탄생지

5~6월 조기 파시로 한창 성어기가 형성되던 대화도에, 6·25 전쟁의 그늘이 깊고도 짙게 드리웠다. 학도유격부대의 탄생 비화는 이렇게 시작된다.

1950년 9월 15일, 인천 상륙작전을 통해 서울을 탈환하고 이후 평양을 거쳐 압록강까지 진격하던 유엔군은 갑자기 나타난 중공군에 밀려 후퇴하게 되었다. 이때 많은 북한 주민들도 유엔군을 따라서 피난길에 나섰는데, 황해도와 평안도 일부 주민들은 남쪽 대신 서해의 섬들로 피난하였다. 이것이 서해안의 수많은 섬 중에 유독 평안북도 대화도가 유격부대의 탄생지이자 전략거점으로 자리 잡게 된 배경이다.

이와 같은 정보를 입수한 미 극동군 사령부는 1951년 2월 백령도에 표(豹) 사령부를 설치하고 당시 서해안에서 활동하고 있는 각 유격부대를 통합하여, 특수전 교육을 비롯한 군사훈련을 실시하였다. 청천강에서 압록강에 이르는 평안북도 일대를 작전지역으로 지

[한국전쟁 당시 평안북도 유격전 사령부 대화도(大和島)]

대화도는 평안북도 철산군 철산 반도 남쪽 바다에 있는 섬으로 면적은 5.05㎢, 해안선 길이 11km 정도이다. 대화도의 지명유래는 명확치 않으나 지난날 큰 새우어장이었던 데서 대하도(大蝦島)로 불리던 것이 대화도(大和島)로 와전된 것으로 추정된다. 철산군 본토와 18km 정도 떨어져 있으며, 본토와의 사이에는 소화도, 회도, 탄도, 가도 등의 여러 섬이 놓여 있다. 그래서 해양 기후의 영향으로 겨울에는 평북 본토와 비교해도 기온이 상당히 따뜻하다.

섬에는 해발 264m의 봉우리와 249m의 봉우리를 일직선상으로 하여 남북방향으로 산릉선이 뻗어 있고 이 능선을 분수령으로 하여 동서 방향은 비탈을 이루고 있다. 기반암은 화강암, 결정 편마암으로 되어있다.

6.25 전쟁 중인 1951년에 한때 대한민국 국군 유격대의 활약이 큰 섬으로 같은 해 11월에 중공군 1,000여 명이 대화도에 상륙해 끝내 함락되었으나 그들이 철수 후에 다시 유격 전사들이 차지하고 유격전을 벌렸다. 근해에는 조기, 망둥이, 멸치, 숭어, 갈치 등 수산자원이 많아 봄, 여름, 가을의 성어기에는 고깃배가 많이 모여든다.

평화문제연구소, 「조선향토대백과」 2008)

정반은 백령도 사령부는, 만주에서 대동강 입구에 이르는 적의 해상수송로 차단 작전 임무도 수행하였다.

특수전 훈련을 받고 사령부로부터 무기와 식량 등 군수품을 받은 유격부대는 1951년 5월 2일, 마침내 대화도를 점령했다. 이후 소화도, 가도, 탄도, 애도, 운무도, 수운도, 가차도, 내장도, 외장도 등 인근의 주요 도서를 차례로 점령해 가며 활동 반경을 넓혀 갔다. 모두 북위 40도선 부근의 섬들로, 국군과 유엔군에게는 서해의 중요한 전략적 요충지였다.

압록강 입구 봉쇄 작전, 중공군의 발을 묶다

모든 전쟁에서 보급은 부대의 생명선이다. 그 어떤 강력한 대군도, 전쟁 중 보급이 끊기면 전투력을 유지할 수 없다. 한국전쟁 당시 국군과 유엔군은 대화도를 중심으로 해상특공대를 편성, 주로 중공군 보급품을 실어 나르는 정크선 나포 작전을 전개하였다. 57) 북한 영토 후방 북위 40도선 근방에서 죽음의 위험을 무릅쓰고 전개한 작전이었다. 이들 유격부대는 압록강 하구를 통해 들어오는 적의 해군 병참 수송로를 봉쇄하고 수송 선단을 격침하거나 나포하는 전과를 올리기도 했다. 당시 서해와 압록강 입구에서 전개한 유격부대의 대표적인 작전 네 가지를 소개하면 다음과 같다.

먼저, 1951년 7월 30일 백금룡이 이끄는 특공대원 28명이 압록강 입구에서 잠복 중 군수물자를 실은 적의 수송선을 기습 공격하여 수송선 2척을 격침하고 1척을 나포해 귀대하는 전과를 올렸다. 이때 거둔 노획물은 밀가루 1만 2,000포대, 수수 3,600포대 였고 중공 소속 선원 63명을 생포했다.

같은 해 8월 25일에는, 2연대장 최광조가 이끄는 특공조가 압록강 입구 신도 앞바다에서 적의 해군 경비정 350t급을 격침하였다.

이듬해인 1952년 8월 30일에는, 한봉덕이 이끄는 특공대가 만주 앞바다에서 잠복 중 중공군의 수송 선단 3척을

57) 정크선(junk ship)은 전통적으로 중국에서 사용되었던 목조 선박을 말한다. 서양에서는 동아시아계 배를 모두 정크선으로 통칭하는 경우도 있다.

▲ 무명의 유격대원들은 전쟁 중에도 훈련에 힘썼다. 사진은 6·25전쟁 당시 동키4부대 독립대대원들이 공수훈련을 마치고 돌아온 기념으로 촬영한 것이다. 앞줄 여성들은 정보 수집 활동을 했던 대원들로 주로 17~27세 사이의 여성들이 많았다. 오종국 당시 중대장 제공[출처] - 국민일보

나포하였다. 정전협정을 한 달여 앞둔 1953년 6월 26일, 유격 특공대장 박순배가 이끄는 부대가 압록강 입구에서 잠복 중 적의 수송 선단 5척과 경비정 1척을 격침하였다. 이 전투에서 안타깝게도 유격대장 박순배 등 5명이 전사하였다.

한편으로 유격부대 전사들은 내륙까지 침투하는 기습작전으로 적들의 전략 요충지를 공격해 막대한 피해를 주기도 했다. 유격부대의 이런 활동으로 인해, 한국전쟁 내내 22만여 중공군 부대가 압록강 입구에서 한강 입구에 이르는 서해안에 묶여있을 수밖에 없었다. 이러한 사실은 주한 극동군사령부 연락파견대 본부에서 작성해 하달했던 작전명령 사본에도 생생하게 기록돼 있다.

굶주림 속에서도 멈추지 않는 교육열과 공동체 정신

1951년 7월 1일, 대화도에 들어간 백마부대는 초등학교를 임시 개교하여 피란민 자녀들을 가르치는 등 비군사적 임무도 수행하였다. 당시 유격부대가 점령한 주요 섬들의 거주 피란민은 약 1만5천 명에 달했다. 그 가운데는 취학 대상 아동들도 많았는데, 학용품 무상 지급은 물론 학비도 면제하였다.

식량부족으로 고통 받는 주민들에게는 식량도 나누어 주었다. 백마부대의 피란민 교육 사업은 대화도가 일시 점령지가 아니라 영원한 한국의 영토라는 점을 확실히 각인시키는 효과를 고려한 것으로 보인다.

이때 모인 아동은 1천여 명에 달했는데, 중학교 교장 출신이던 이종규 군수 처장이 중심이 되어 교사경력이 있던 대원들과 함께 학교를 운영해 나갔다. 교사 중에는 임용녀, 정음실 등 여교사 출신도 있었다. 인근 탄도와 소화도에는 분교를 세워 아동들을 가르쳤다. 대화도 피란지 학교는 '피난민을 백령도로 후송하라'는 당국의 지시에 따라 1951년 10월 25일 폐쇄하였다.

대화도는 평안북도 유격 전사들의 본부로 가장 많은 피난민이 집결했던 만큼, 식량부족 문제가 특히 심각하였다. 식량 자급자족을 위해 점령지였던 가도에서 추수 작업을 통해 양곡 약 200여 석을 거두었고, 어영도 어장에 어선 6척을 보내 200톤가량의 갈치를 잡아 저장함으로써 부족한 식량문제를 어느 정도 해결할 수 있었다. 이 역시 평안북도 중심의 서해안을 우리 군이 장악하고 있었기에 가능한 일들이었다.

중공군의 총공세, 대화도 유격부대 몰살되다

대화도에는 유엔군이 비밀리에 운용하는 레이더 기지가 있었다. 대화도 레이더 기지는 만주 비행장에서 이착륙하는 중공의 공군기를 감시하는 역할을 함으로써, 공산군에게는 눈에든 가시 같은 존재였다. 중공군이 이런 대화도를 그냥 둘 리가 없었다.

1951년 10월 13일 오후 3시경, 중국

선양 우홍둔 비행장에서 출격한 중공군 제8 항공사단 TU -2 쌍발 폭격기가 대화도 북쪽 상공에 나타났다. 중공군 폭격기 8대와 미그15기 12대의 대대적인 공중 폭격으로 인해 대화도는 삽시간에 불바다가 됐다. 이날 317명의 부대원과 민간인 39명이 사망했다.

11월 9일에는 미그기 편대를 동원해 야간공습을 감행했고, 다음날은 유격 백마부대 제3연대가 주둔하고 있는 최후의 전초기지 탄도를 공격해 왔다. 11월 30일에는 중공군 제148 사단 3연대 1,000여 명의 습격으로 미군 2명과 영국군 1명이 포로가 되고, 유격부대는 이틀간 결사 항전하다가 큰 피해를 보고 모두 철수하였다.

이날 전투에서 유격 백마부대는 253명의 전사자, 613명의 중상자가 발생했다. 유격부대 창설 이후 최대의 피해였다. 중공군 역시 500~600톤급 해군 함정 6척의 손실과 3천여 명의 사상자가 발생했다.

이 당시 중공군의 상륙 작전은, 1949년 타이완 진먼다오(金門島) 패퇴 후 처음 있는 중공군의 대규모 상륙 작전이었다. 대화도를 점령한 중공군은 이듬해 2월까지 수색작전을 펼치고 작전을 종료했다.

중공군이 서해안의 조그만 섬에 화력과 병력을 쏟아 부은 이유는 유격부대의 존재 때문이었다. 대화도를 점령했던 중공군은 얼마 안 가 부대를 철수하고, 이후 대화도는 무인도가 되어 버렸다.

「한국의 로빈슨 크루소」 쉰즈 대령

1952년 6월 7일, 초도의 유격대 2대 대장 백우영이 지휘한 부대원 8명이 대화도에 상륙했다. 대화도를 재점령하여 전초기지로 쓸 가능성이 있는지 알아보기 위해서였다. 이 배에는 미군 고문관맵 중위도 동행했다.

야간에 상륙한 그들은 마을을 수색하던 도중 어느 민가 마당에서 모닥불 흔적을 발견하고, 수색 끝에 방안에서 백인 한 명을 찾아냈다. 그곳에 미군이 숨어있으리라고는 꿈에도 상상하지 못했던 터라, 쌍방 모두가 놀랄 수밖에 없었다. 확인 결과 수원 제51 전투비행단 소속 부단장 미군 조종사 알버트 쉰즈 대령이었다.

▲ 수원 51 전투 비행단 기지[이 비행단은 현재 오산 비행장을 기지로 쓰고 있다.]

▲ 한국 전쟁 당시 세이버 편대, 유용원의 군사 세계 제공

▲ 쉰즈 대령은 1952년 5월 1일 F-86 세이버 전투기를 몰고 압록강 상공에서 중공군과의 공중전 끝에 피격당해, 가까스로 근처 대화도에 상륙해 은신 중구조되었다.

쉰즈 대령은 1952년 5월 1일 F-86 세이버 전투기를 몰고 압록강 상공에서 중공군과의 공중전 끝에 피격당해, 가까스로 근처 대화도에 상륙해 은신 중이었다. 그가 오랜 기간 굶주림과 외로움, 공포와 싸우며 구조를 기다리던 중 기적과도 같이 한국의 유격대가 나타났으니, 얼마나 놀라고 기뻤겠는가!

한국 유격대원들이 신분을 밝히자, 그는 안도의 한숨과 함께 하염없이 눈물을 흘리며 엉엉 울음을 그치지 못했다고 한다. 쉰즈 대령은 은신 중에 얼마나 배가 고팠던지, 초도로 돌아오는 배 안에서 배 안에 있는 달걀 한 줄과 독한 위스키 한 병까지 깨끗이 먹어 치웠다고 한다.

쉰즈 대령을 구출했던 백우영 대장과 유격대원 5명은, 두 달 뒤인 1952년 7월 중순 대화도 근해에서 북한군과 전투 중에 안타깝게도 전사하고 말았다. 쉰즈 대령의 구출에 관한 일화는 「라이프紙」에 『한국의 로빈슨 크루소』라는 제목으로 크게 소개되기도 하였다. 그는 1971년 공군 소장으로 퇴역하여 은거 생활을 하다가 1985년 세상을 떠났다.

대화도 유격부대는 1952년 7월 20일, 대화도를 다시 점령해 정전협정 조인 전까지 주둔하면서 적에 대한 기습공격과 해상수송로 봉쇄 등의 작전을 수행했다. 정전협정 조인 1주일을 앞둔 1953년 7월 22일, 군사분계선에 대한 유엔의 지시에 따라 서해 북위 40도선 부근 12개 섬들을 북한에 넘겨주고 인천 용유도로 남하해야 했다. 대화도 유격부대는 휴전 이듬해인 1954년 2월 26일 공식 해산됐다.

"역사란 현재와 과거의 끊임없는 대화"

「역사란 무엇인가」의 저자 E.H. 카는, "역사란 현재와 과거의 끊임없는 대화"라고 했다. 우리는 지금, 6·25 전쟁이라는 아픈 과거 속에서 이름 없이 스러져 간 젊은 용사들을 얼마나 기억하고 있는가 생각하면 부끄럽기 그지없다.

중국은 수년 전 「대화도 해방기」라는 책을 출간하였으나, 책 제목에서 알

수 있듯이 순전히 자신들의 관점에 따른 역사해석에 입각하고 있을 뿐이다. 우리나라에도 '과거와의 끊임없는 대화'를 시도하는 작가가 있다. 「대화도 영웅들」의 저자 권주혁은 중국의 현장 조사까지 하면서 대화도의 아픈 역사를 복원해 냈다. "역사를 무시하는 자에게 역사는 보복한다." 저자 권주혁이 책에서 우리에게 던지는 메시지 앞에서 부끄럽고 참담할 뿐이다.

[재일교포 한국전쟁 수기 "대화도로부터의 편지"]

한국전쟁 첩보전(부분 공개)

1951년 12월 4일, 일본의 주요 일간지인 아사히(朝日), 마이니치(每日), 요미우리(讀賣) 신문은 1면에 대화도에서의 비정규전 부대가 존재함을 알렸다. 그해 10월 13일에 일어난 소련과 중공군 연합공군의 대화도 폭격에 미 제5공군은 침묵을 지키고 일절 발표하지 않았고, 남한의 신문들은 전혀 보도하지 않았다.

가즈꼬(和子)!

모두 다 잘 있는지? 내가 조선 전쟁에 참가하고 있다는 것을 아무에게도 말해서는 안 된다. Zebra 소대에서 통역이나 하며 주말에 너와 황궁의 울창한 소나무 숲을 거닐 때가 그립구나. 나는 지금 크리스마스 캐롤이 들리는 안전한 곳에 있다. 지난여름에 나는 어느 이름 모를 섬에 떨어졌다. 이 섬의 이름이 신미도인 것을 안 것은 일로전쟁(日露戰爭)중 우리 황군이 만든 등대가 있는 야마토 시마(大和島)로 들어 온 후였다. 우리는 한 영국인과 9명의 조선인 켈로 그리고 두 명의 통역, 한 명의 미국인을 동반하고 면소재지가 있는 고라치에서 8킬로 남동쪽으로 떨어진 삼각산 전사면에 낙하 침투했었다. 그 영국인의 이름은 사무엘 아담스-엑튼(Samuel Adams-Acton) 중위로 사람이 좋고 우리와 잘 어울렸다. 그는 중국의 광동에서 자랐고 유창한 중국어를 구사했다. 이들은 함포 연락반을 이끌고 들어 온 다른 영국군 선임하사와 연락 임무를 마지막으로 고향으로 돌아갈 예정인데 기다리는 코사크 함이 나타나면 나도 사세보로 돌아 갈 수 있겠지!

그런데 기다리던 그 군함이 오지 않았다. 할 수 없이 우리는 7월 신미도에 상륙한 북조선인 반공 빨치산들과 같이 보다 안전한 대화도로 철수했다. 닛세이 일본인인 내가 미군 복장을 하고 조선말까지 하는 것을 보고 그들은 이상하게 생각하고 나에게 별로 말을 걸어오지 않았지만, 나의 부모가 자이니치(在日) 조선인이라고 하니까 마음을 풀고 친하게 지낼 수 있었다. 이것은 사실 절대로 말해서는 안 되는 것이었는데....... 가즈꼬, 지금 나는 38 이남의 어느 이름 모를 섬에 있다. 이곳은 안전하고 한가하다. 이 편지가 너에게 도달하지 못하리라는 것을 잘 알지만, 나는 지금 무언가 기록하지 않으면 안 될 것 같다.

내가 8월 초 야마토 시마(대화도)에 들어갔을 때, 섬 전체에 평온하지만 이상한 침울한 기운이 감돌고 있었다. 물론 휴전 이라는 말이 나온 이후에 이들이 어떻게 절망하는지 나는 이해 할 수 있다. 그러나 우리들 미군들에게 이들은 어떤 숨겨진 적대감이 있다는 것을 느낀다. 잘은 모르지만 일부 빨치산들이 항명하고 적에게 투항하려 했다는 이야기도 들려왔지만 전반적인 내용은 알 수가 없다. 그 이후로 대화도에는 농어 철이라 모두들 이 기막힌 고기를 잡는데 열중이었다. 그렇게 여름을 평화롭게 지냈다.

10월 13일 새벽, 고문관으로 파견 나온 찰스 브럭(Brock, Charles) 상병이 급하게 나를 깨웠다. 빨리 섬을 떠나야 한다는 것이었다.

"CCF(중공군, Chinese Communist Force)가 상륙했나?"

"몰라, 빨리 서둘러!"

그리고 그는 섬의 동편 선창으로 뛰어 나갔다. 그 때 나는 가즈꼬, 네가 만들어 준 센닌바리(千人針)를 찾느라 좀 지체하고 말았다. 내가 선창에 다다랐을 때는 배가 이미 떠나고 없었다. 조선인들에게 사정을 물어 보니 부대장(김응수)이 주변해역의 섬에 주둔하고 있는 부대를 순시한다고 하며 미 고문관들과 함께 쾌속선을 타고 나갔으니 곧 돌아 올 거라는 거였다. 별일 아닌데 호들갑이라고 생각했다.

오전에 나는 조선인들과 의무실 앞에서 햇볕을 받으며 환담을 나누고 있었다. 북한 빨치산들은 대부분 의식 있는 학생들로투필종군(投筆從軍)한 내력을 저마다 가지고 있어 그들의 이야기를 듣는 것은 굉장한 일이었다. 그런데. 오후 3시 경 하늘에 거대한 비행단이 나타났다. B-29가 압록강 유역을 폭격하러 왔는가 생각했다. 영문도 모르는 대화도 주민들도 일손을 멈추고 늘 상 그렇듯 지나가는 유엔군 항공기려니 생각했다. 그런데 비행기의 색깔이 은빛이 아닌 처음 보는 녹색이었다. 호위하는 전투기도 다른 형태였다. 잠시 후 섬의 상공에 이르러 서로 대형을 벌리는 것이었다. 그것은 중공과 소련의 연합 공군으로 편성된 중폭격기 9 대와 미그 전투기 4개 편대였다. 인근지역을 휩쓸고 지나가는 소나기 소리 같은 바람소리가 들려왔다. 나는 달려가 누렇게 시든 우엉 밭 속의 움푹한 곳에 엎드렸다. 폭탄이 작열 했다. 들리는 폭음을 세어 보았다. 마흔 번째 부터는 세지 않았다. 행운을 시험하고 싶지 않았다. 어떤 음성이 들렸다. '네 차례가 바로 눈앞에 오더라도 눈을 감지 말고 노려 보거라.' 곧 땅에서 일어나는 진동으로 배를 지면에 붙일 수 없었다. 나는 눈을 떴다. 눈앞에 펼쳐지는 지옥이 믿어지지 않았다. 사지가 찢어진 시체들이 하늘에서 떨어져 내렸다. 비명과 울부짖는 소리가 먼지로 가려진 하늘에 메아리쳤다.

목덜미에 쌓인 흙을 털고 의무실로 다시 달려갔다. 무너진 벽에 깔려 의사 위철호는 나에게 무언가 말하려고 했다. 그러나 곧 죽고 말았다. 파편이 허리를 끊어 놓았다. 구월산에서 왔다고 하는 군악대원들이 토굴막사에 쓰러져 있었다. 그 옆에 한 사람은 은빛 플루트를 겨드랑이에 끼고 죽었고, 대화도에서 제일 아름다웠던 여인 그의 누이 정수경이 신발이 벗겨진 채 고요한 얼굴로 하늘을 보고 누워있었다. 그녀는 없어진 얼굴로 하늘을 보고 있었다. 나는 다시 선창으로 뛰었다. 바다로 난 축대길에 새우젓 독 만한 크기의 불발된 폭탄이 박혀 있었다.

나의 몸은 천우신조로 멀쩡했다. 낡은 정크 선에 다다랐을 때, 누군가 부상으로 쓰러져 있는 것이 보였다. 그의 오른쪽 발이 다시 찢어져 피가 흐르고 있었다. 너무 커서 신발 밑창의 뒤축을 자르고 꿰매 신었던 농구화가 어디론가 날아가고 그는 맨발이었다. 왼쪽 머리에는 손가락이 들어가도록 푹 파진 곳에서 피가 솟아오르고 있었다. 나는 그의 상처를 손으로 막고 둘러업은 체 바다를 향해 뛰었다. 그 남자는 총은 절대로 놓지 않았지만 과다 출혈로 정신은 잃고 있었다.

정신을 차렸을 때 우리는 캐나다 수송선 카유가(Cayuga) 함 위에 있었다. 배 뒤로 점점 멀어져 보이는 대화도의 하늘은 노란 먼지로 덮여있었다. 탄약고에서 터지는 폭음은 납섬을 지나 수평선 아래로 대화도가 잠길 때까지 계속되었다. 북한 빨치산 67명이 그 섬에 묻혔다. 제공권이 유엔 측에 있었고 적의 공군은 얼씬도 하지 않았었다. 10월 13일은 그 많이 돌아다니는 유엔기는 보이지 않았다. 그리고 그들의 죽음과 부상은 비밀에 붙여졌다. 대화도 폭격은 반동분자들에 대한 북한 당국의 공개처형과 같은 것이었다. 어쩌면 휴전에 반대한 그들이 간판을 평화공존으로 바꾸어 단 전쟁 개입세력의 뜻을 몰랐기 때문인지도 모른다. 가즈꼬........

그들은 대한민국의 시민이 아니었고 여전히 비록 집 마당에 묻고 왔지만, 공화국의 공민증을 가지고 있었다. 그들은 남한의 체제에 관심이 없었고 전복시켜야 할 북한의 폭정에 저항하는 일로 그들 자신일 수 있었다. 요행히 살아남아 후송된 빨치산들은 군 병원이 아닌 피난 구호병원에 줄지어 앉아 깨어진 유리창에 서 들어오는 한기에 떨어야 했다. 인천에 상륙했을 때 나는 아늑한 미군 막사로 돌아갔지만, 그들은 CIC 방첩대니 헌병에 불려가 조사와 구타를 당하는 것을 멀리서 보아야 했다. 그들이 압록강 하구에서 싸웠다는 말을 들어 주는 사람은 없었고 미친놈 취급을 하거나 오히려 민청에 가입했다는 트집을 잡고 가혹한 조사하는 것을 보았다.

남과 북 어디에도 속할 수 없었던 그들에게 대화도는 하나의 나라처럼 보였을 것이다. 그 나라는 남이 아니라 그들 자신의 의지로 싸워서 얻은 자유의 한 귀퉁이였다. 그것은 가장 자주적이어야 하는 저항을 결심한 한 집단의 무력수단이 남의 손을 빌리는 것을 거부한 아무런 모순도 없는 가장 순수한 투쟁의 모습이었다. 그들은 결코 외세의 힘을 빌리는 무력수단이 가진 모순을 이해하지 못했다. 외세가 그들의 투쟁에 끼어들고 제어하기 시작한 때부터 그들은 빨치산의 의미를 상실하고 말았다. 빨치산에게 휴전은 없었다. 그들은 분리되어 적과 타협하지 않음으로써 충분한 정치적 존재였다. 개전과 종전도 그들의 의사에 달린 것이었다. 그들 고향에서의 싸움이므로 그 권한을 그들이 갖는 것은 상식이었다. 그들은 조상으로부터 받은 어쩔 수 없는 기질을 가지고 있었다. 그것이 빨치산이든 어떤 이름으로 불리든 분명한 정체성을 가지고 있었다. 그러나 그들이 혈투를 벌였던 그 고귀한 투쟁은 잊혔고 진지하지 못한 세상에 매몰되어 버렸다.

가즈끄, 더 이상 이야기를 쓸 수 없다. 나는 이 전쟁에 끼어든 자 같아 부끄럽다. 무용담을 말하고 싶지도 않다. 소화(昭和) 26년 크리스마스

*

51년 11월 30일에 이미 대화도는 재차 소련공군의 공습과 중공군 4 야전군 148사단의 침공을 받고 함락되고 없었다. 주 작전지역인 대화도의 상실로 동키 15는 부대 건제를 유지하지 못하고 거의 궤멸 상태에 놓이고 말았다. 1차 폭격(10월 13일)의 부상이 아물고 후송병원에서 돌아온 이들은 대화도의 함락 사실을 알지 못했고 오히려 그들에게는 부상으로 인해 살아남을 수 있었던 것이 행운이었다. 살아남은 이들에게 다시 구월산(九月山)이 아스라이 눈에 들어왔다. 덕섬 풀에서 난파하여 물귀신이 된 원혼들의 속삭임이 귀에 들리는 것 같았다. 한쪽 발을 항상 배에 들여놓고 있는 사람의 말을 믿은 것이 잘못이었다. 그 알량한 미제 보급품 없이도 그들은 풍요한 대화도에서 자급자족할 수 있었다. 지금까지 그들은 적의 무기와 적의 탄약으로 싸웠다. 그곳에서 진을 치는 자체 하나로도 유엔군은 보급해 줄 의무가 있는 것이었다. 같은 적과 싸우는 군인이라면 전우를 돕는 것을 윤리로 배웠을 것이다. 싸움을 승리로 이끄는 것이 군인의 의무이므로 이것은 도덕적 타당성이 있었다. 패퇴하는 약한 적이든 주도권을 잡고 밀

려오는 강한 적이든 그들은 적과 싸움으로써 모든 이들과 평등했다. 그러나 그 평등은 업체 풀의 책상 위에서는 선택적이었고 가련한 한국 정부의 책상은 비어 있었다.

10월 13일 제1차 대화도 폭격 이후 적의 침공의 징후는 분명했으나 백령도의 표(豹) 사령부는 아무런 지원도 대책도 세우지 않았다. 미 고문관들은 대화도에 방어의 중점을 두지 않고 병력을 여러 섬에 분산 배치해서 각자의 진지를 사수한다는 비현실적인 계획을 세워놓고 있었다. 용기가 겉치레로 사용되었다. 그들은 표범이 아니라 고양이었다. 비밀이 새지 않도록 밀봉하고 다른 섬에 있는 미 고문관들을 신속히 철수시키는 일이 그들이 한 일의 전부였다. 극동사 8240 연합정찰의 서울 책임을 맡은 업체 풀다운 부대 운영이었다. 휴전 회담이 시작된 후 한반도에서의 북한 빨치산 작전이 현장 중심의 게릴라 운용의 전문가인 존 멕지 대령에서 CIA에서 정략적 차원을 다루는 업체 풀의 책상으로 옮겨진 후 그들은 이미 처리해야 할 귀찮은 존재가 되어있었다. 그 이후인 1952년 2월부터 서울의 미국인 감리교회에 있는 8240 한국지부 본부를 통해 업체 풀의 사인을 받고 내려오는 명령은 주로 중공군 생포와 추락한 소련 미그기의 잔해를 수집하거나, 청천강 하구에 설치된 소련제 신형 레이더 기지를 습격하여 그 부품을 뜯어 오라는 것이었다.

대화도에서 중공군은 매우 뛰어난 전술을 구사했다. 대련을 거처 용암포에서 출발한 중공해군은 함포 지원을 해주며 8척의 5백 톤급 전함을 철산 반도 해안을 따라 남하시켰다. 철산의 신암리 포구에서 사단의 주 병력을 승선시킨 후 일개 연대 규모의 주력은 주공으로 바로 대화도로 향하게 했다. 또 다른 일개 연대는 조공으로 일찍 출발시켜 주변의 섬에 흩어져 방어하는 빨치산들을 압도적인 병력으로 축차적으로 각개 격파하도록 한 다음 11월 30일 저녁 야음을 기해 전 병력을 대화도에 집중시켰다. 육지에서 가까운 가도와 탄도에 지휘부와 선두 척후, 포병을 상륙시킨 적은 공격준비사격을 실시 맹렬히 대화도를 두들겨 댔다. 적이 우군 방어 전연에 도달하는 H 씨는 저녁 6시로 추정되었다.

차가운 겨울바람이 매몰차게 불어오고 있었다. 눈발이 흩날리는 야음에 적은 일시에 우군이 예상치 않은 대화도의 서쪽 험한 바위 해안으로 주력을 상륙시켰다. 그곳은 파도가 심한 곳으로 상륙이 어렵다고 여겨진 곳이었다. 상대의 최소저항선을 선택하여 나타난 것은 출기불출(出其不出)의 고전적 병법을 그대로 이용한 것이었다. 그리하여 감제고지인 264고지를 먼저 점령한 후 아군의 지휘통신을 차단하였다.

밤 9시경 중공군의 나팔소리가 고지 정상에서 들려왔다. 아군은 두 시간도 견디지 못하고 와해하였다. 중공군은 동키 15의 지휘부가 도망갈 수 있도록 하는 배려도 아끼지 않았다. 배후를 터주어 유혈을 줄이는 것은 전술의 기본이었다. 배를 타고 있던 김응수 등 G-2 일행을 내빼게 하는 것은 어려운 일이 아니었다. 섬 동쪽의 선창이 있고 잔잔한 곳은 나중에 상륙했다. 동쪽의 접안시설에는 멀리서 뗏목 위에 박격포를 방열하고 가끔 사격하고는 서서히 접근했다. 그러나 빨치산들은 사력을 다해 저항했다. 바주카포로 적의 상륙선 한 척을 파괴하고 섬 전체로 흩어져 게릴라전을 수행했다. 영국과 미국의 고문관들도 분전하였지만, 포로로 잡히고 말았다. 최광조와 유태영 등 백여 명의 투혼이 깃든 빨치산들은 바위틈에서 사흘간을 게릴라전을 펼치다 산화했다. 멋진 카이저수염에 자신이 만들어 붙인 태극 휘장을 모자에 단 보급 담당 김제억은 탈출 선박을 놓치고 말았다. 계획보다 빨리 김응수가 떠나 버렸기 때문이었다. 그는 적으로부터 부대장으로 오인되어 포로가 된 후 가혹한 신문과 강제 노역으로 이듬해 사망했다.

동키 15의 부대장 김응수는 그의 저서 "북위 40도선"에서 대화도 침공의 중공군이 9천 명 이상이라고 기술하며 당시 아사히신문의 중공군 병력이 일천 명이라고 하는 보도는 타당치 않다고 주장했다. 압도적인 병력으로 중과부적이라는 것을 항변하려는 것 같다. 이 문제는 좀 더 연구가 필요하나 필자가 생존자의 인터뷰와 자료를 종합해 보았을 때 당시 대화도에 침공한 중공군 148사단은 51년 봄에 후속해 들어와 중공군 4 야전군 19병당 예하 후방사단과 중국으로 교대해 들어가는 13병단의 일부 병력으로 구성된 부대였다. 후방경계사단의 전투서열은 전방사단과는 달리 3개 연대로서 축소된 3-4천 명 수준이고, 중공군의 사단공격전술을 고려하면 공격 기동에 참여한 병력은 1개 대대를 예비로 한 증강된 2개 연대 규모였을 것이다. 이를 추산하면 2천 명이 약간 넘는 수준의 병력으로 판단된다….

1) 영국군인 사무엘 엑튼 아담스 중위는 1951년 6월 18일과 6월 26일에 실시된 'Operation Spitfire' 작전에 투입되어 적 후방지역에 게릴라 기지를 설치하는 임무와 기타 "특수임무"를 받았다. 낙하지역은 황해도 내륙산간과 압록강 하구 철산 반도, 신미도로 추정되나 자료와 증언이 엇갈린다. 그러나 7월 동키 15의 신미도 2차 상륙 이후에 그가 대화도로 철수한 것은 증언을 통해 확인할 수 있고, Dillard 대령 저 'Aviary Operation'에는 사무엘 아담스 중위가 대화도가 중공군 1개 사단의 침공으로 함락되던 1951년 11월 30일 포로로 잡혀 포로수용소에서 사망한 것으로 기술하고 있다.

2) 당시 D-15의 미 고문관은 Allen, Charles F. 중위(1951.10월부)와 Brock, Charles 상병이었다. 이들은 1951년 12월 1일 대화도 함락 후 포로가 되었다가 1953년 포로 교환 시 생환했다.

3) 센닌바리(千人針), 바늘땀이 천개가 넘는 수를 놓은 손수건이나 스카프로 전쟁에서 무사 귀환을 바라는 여인이 정인(情人)에게 선물

4) 대화도 폭격 비행단 자료 : Aircraft History, by Jim Givens. Aircraft History Museum Columbia MO 65202의 자료에 따르면 대화도 폭격을 수행한 항공기는 만주에 기지를 둔 중공 제 4전투비행단에 배속된 제 8, 제10 폭격대로 기종은 Tupolev TU-25 중폭격기였다. 폭격기의 조종사는 중국 공군이었으며 폭격기 호위로 투입된 전투기는 MIG-15 Jet로 이 기종은 52년 중반까지 소련이 중공에 제공하지 않고 있었다. 즉, 호위 전투기는

소련공군이 직접 조종했다.

5) 출기불출(出其不出), 손자병법, 나타나지 않을 것이라고 예상되는 곳에 나타나는 것

6) 대화도는 북위 40도선, 평북 철산반도 남단에 있는 섬으로 반공 빨치산의 최전방 기지였다. 주로 압록강 하구에서 유격작전을 수행했다.

소화(昭和) 26년 크리스마스』

[오늘의 대화도, "불법 침범하는 중국 선원 사살하는 현장"]

북한 당국이 태풍으로 인해 북한 영해에 불법 침입한 중국인 선원들에게 총격을 가한 사실이 뒤늦게 알려졌다. 중국 랴오닝(遼寧)성 좡허(庄河)시에서 출발한 한 중국 선박이 꽃게를 잡기 위해 북한 평안북도 인근 바다로 향했는데, 바람에 밀려 배가 평북 철산군의 한 섬에 다다르게 됐다.

북한 군인들은 섬에 상륙한 중국인들을 발견하고, 배에서 내린 중국인 3명을 모두 사살했다. 북한 당국은 지난해 8월 말 사회 안전성 명의로 국경 봉쇄선으로부터 1~2km 내에 설정한 완충지대에 허가 없이 침입할 경우 예고 없이 사격한다는 내용의 포고문을 하달 바 있다.

평안북도 철산군에는 서해 위성 발사장이라고 부르는 동창리 미사일 발사장이 있는 만큼 외부침입자에 대한 경계가 철저한 지역으로 알려져 있다. 뒤늦게 사건을 파악한 중국 당국은 자체 경위 조사에 나섰으나 이를 공개적으로 밝히지는 않고 있다. 다만 중국 당국은 서해 조업을 8월부터 허가할 계획이었으나 이번 사건으로 인해 시점을 9월로 연기한 것으로 전해졌다.

「연합뉴스」 2021.8.23

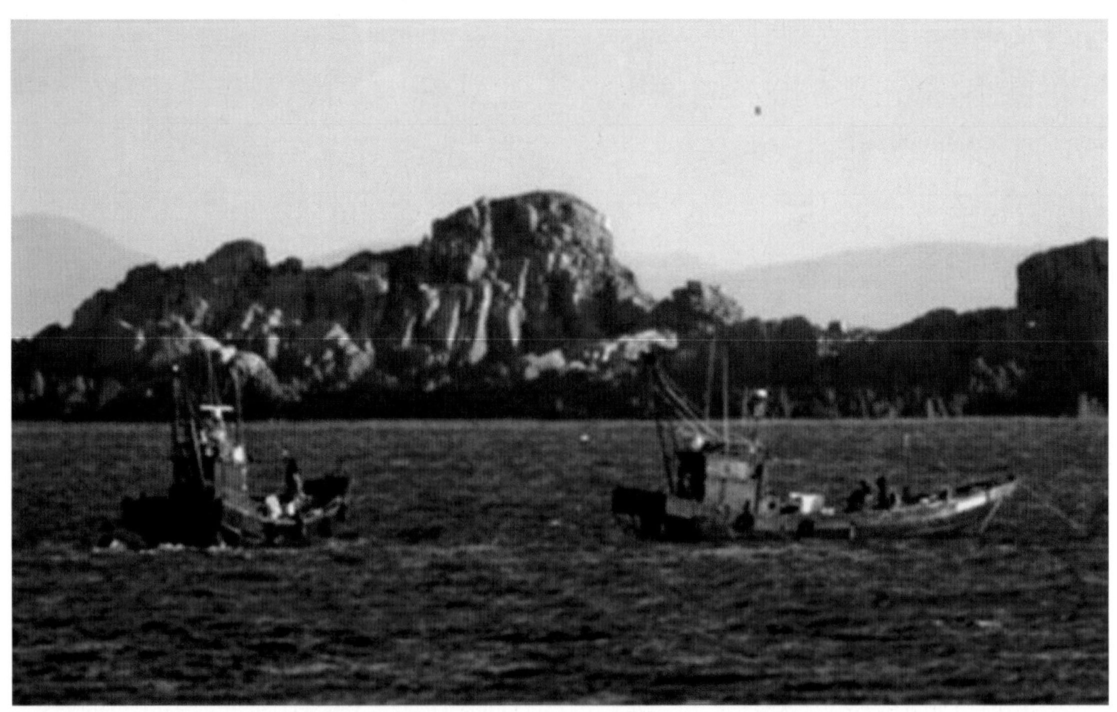

▲ 연평도 인근 북측 해역에서 중국어선들이 꽃게잡이 하고 있는 모습「연합뉴스」

▲ 불법 조업 중인 단속하는 한국 해양 경찰

5) 소화도·小和島

"산란을 마친 조기들의 놀이터"

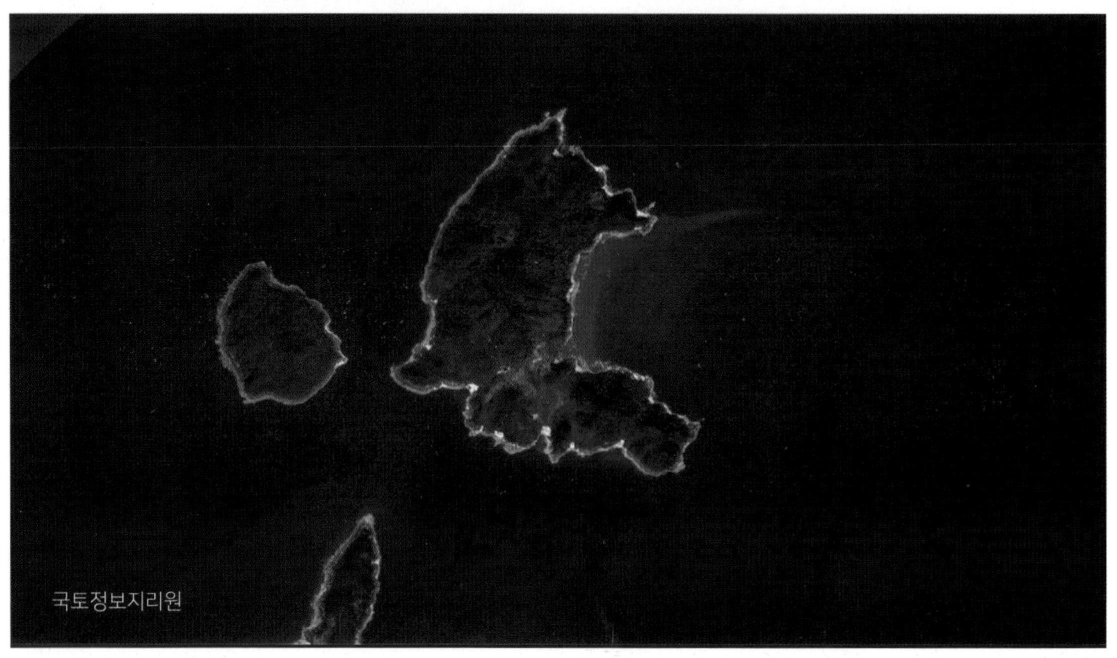

[개괄] 소화도(小和島)는 평안북도 철산군 대화도 북쪽에 있는 작은 섬이다. 철산 반도의 남쪽 끝에서 12.8km 떨어져 있다. 면적은 1.3km2, 섬 둘레 7.31km, 해발 125m, 길이 1.8km, 너비 1.6km이다. 섬에서 가장 높은 봉우리를 중심으로 하여 남북방향으로 산릉선이 뻗어 있으며 남쪽에는 3개의 낮은 봉우리를 연결하는 산릉선이 이루어져 있다. 섬에서는 약간의 나무들과 잡관목들이 자란다. 주변에는 박문도, 회도, 대화도와 그밖에 몇 개의 작은 섬이 있다. 밀물 때에는 주변의 물곬을 따라 조기, 갈치, 망둥이, 가자미, 멸치를 비롯한 어류들이 모여든다. 58)

58) 「조선향토대백과」, 평화문제연구소 2008

소화도 소어업기지와 조기 어장터

철산군을 비롯하여 북한의 서해안에는 국영 수산사업소, 수산협동조합, 수출 수산기지 등의 사업소가 무수히 많다. 철 따라 각종 고기를 잡고 수산물도 채취하여 수익을 챙긴다. 어민들은 그중에서 조개잡이와 꽃게잡이를 가장 선호한다. 평안북도 철산 반도와 정주시 운무열도, 곽산군 함성열도 주변과 평안남도 온천 근해, 초도 근해, 황해남도 장산곶 인근이 주요 어장이다. 이 중에서 최고의 어장은 철산 반도의 대화도, 소화도 근해이다. 소화도는 배들의 대피소가 있고 소 어업기지로 이용되고 있다.

지금은 어업 기술의 발달로 원양어업이 가능하고, 지구온난화에 의한 수온 상승으로 동해는 오징어 주산지라는 말이 무색할 정도로 서해에서도 잘 잡힌다. 물고기가 잡히는 지역은 서해와 남해와 동해가 분명하게 갈린다. 동해에 명태가 잘 잡히지만, 서해에는 당연히 명태가 없다. 서해에 조기가 잘 잡히지만, 동해에는 당연히 조기가 잡히지 않는다.

그런데 같은 조기라 하더라도, 지역에 따라서 잡히는 시기가 몇 달씩 차이가 난다. 흑산도 3월, 칠산도 4월, 연평도 5월, 대화도 6월 정도로 조기는 아랫지방에서부터 회유하면서 평안도 철산군의 대화도·소화도 근해로 올라간다. 연평도에서 잡히는 조기는 대부분 알이 꽉 찬 산란기 조기라면, 대화도와 소화도 근해의 조기들은 산란을 마친 조기들이 많다.

칠산의 법성포와 위도 조기는 봄철이라 굴비를 만들 수 있지만, 철산군의 대화도, 소화도 근해 조기는 더위 때문에 굴비를 만들 수 없어 상품성이 떨어진다.

▲ 한국 전쟁 당시는 대부분 이런 풍성을 타고 다니며 고기를 잡고 이런 배로 군인들을 싣고 다니며 전쟁을 하였다.

피난민 아이들의 교실이 된 소화도의 유격전사 훈련소

소화도는 대화도 바로 옆에 있는 섬이다. 1951년 5월 2일 백마부대는 대화도를 상륙하여 부대를 재편성하고 신병 교육과정을 신설하였다. 평안북도의 정주군, 곽산군, 철산군, 박천군 등의 청년들은 메추리 섬과 운무도를 거쳐서 대화도 백마부대에 합류하였다. 이들은 소화도 신병교육대에서 1개월 동안 소정의 훈련과 교육을 마친 다음 정식 대원으로 합류하였다. 유격전의 교육 목표는 내륙에 있는 적 부대 기습, 교량과 철도 파괴 등을 통해 적의 역량을 약화시키는 것이었다. 물론 계급과 군번도 없는 비정규군이었다. 이 당시 수많은 피난민이 대화도로 몰려왔다. 곧 전쟁이 끝나면 고향으로 돌아가리라는 희망 때문이었다. 피난민 1만5천 명 정도, 백마부대 2,000명 정도, 주민 모두 합하여 작은 섬에 2만여 명이 살게 되었다.

취학 연령에 이른 수많은 아이가 방치되어 있을 때 이들을 위해 1951년 7월 1일 초등학교를 설립하였다. 이 소식을 전해들은 소화도와 탄도에도 초등학교 설립 요청이 쇄도했다. 탄도 초등학교 교장은 3연대장이 겸직하였고, 소화도 초등학교는 신병 교육대장이 교장을 맡았다. 3개의 학교 중 대화도는 피난민을 백령도로 후송하라는 당국의 지시에 따라서 1951년 10월 25일 폐쇄되었고, 탄도는 11월 15일 중공군이 상륙하자 자진 폐쇄하였다. 소화도는 같은 해 11월 30일 폐쇄되었다. 학교가 문을 닫는 것을 본 아이들과 선생님들의 슬픔은 어땠을까? 알퐁스 도데의 「마지막 수업」 이 생각난다. 그는 프랑스 국민에게 애국심을 고취하기 위해 「마지막 수업」을 발표했다. 프랑스의 지배를 받던 알자스 지방이 독일과의 전쟁에서 패배하면서 독일로 반환됐다. 그동안 공부를 소홀히 한 소년 프란츠와 아이들에게 프랑스어를 가르치던 아멜 선생은, 수업 시간에 공부를 미뤄서 하면 결국 기회를 놓치고 후회하게 된다고 말씀하셨다. 그가 마지막 수업을 마치고 "프랑스 만세!"라 쓰고 떠나면서 소설은 끝난다. 학교가 폐쇄되던 날, 소화도 초등학교 선생님 역시 '마지막 수업'을 끝내면서 칠판에 "대한민국 만세"'라고 쓰고 눈물 흘리며 떠나지 않았을까, 생각해 본다.

6) 수운도·水運島

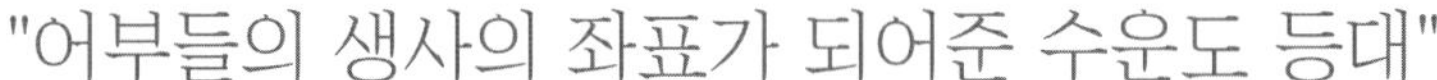
"어부들의 생사의 좌표가 되어준 수운도 등대"

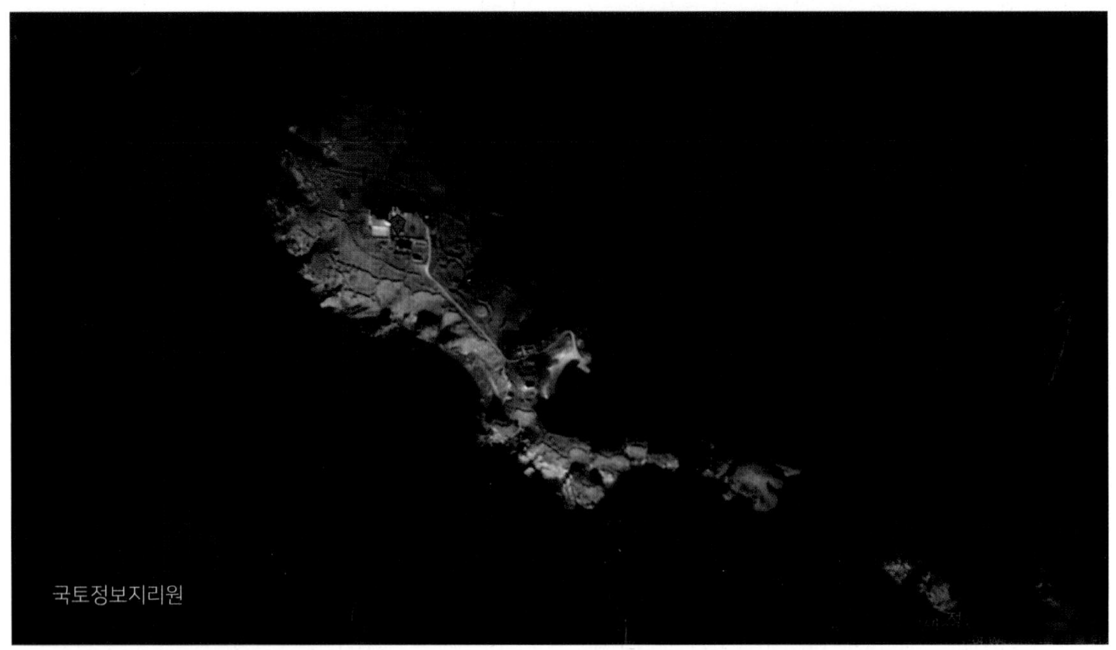
국토정보지리원

▲ 등대지기의 섬 수운도(水運島) 전경. 반성 열도(맨 왼쪽부터 수운도-장도-책도-·원도)

[개괄] 수운도(水運島)는 평안북도 철산군 이화리의 서남쪽 서해바다에 있는 아주 작은 섬으로 면적 0.6㎢, 섬 둘레 2.3km, 육지와의 거리는 약 11km 정도 떨어진 곳이다. 수운도는 동서 방향으로 길게 놓인 반성 열도 소속인데, 바다 위에 수운도(水運島)·장도(長島)·책도(冊島)·원도(圓島) 순으로 나란히 떠 있다(사진). 반성 열도의 섬 중에서 맨 우측에 있는 원도가 가장 크고, 그다음이 장도이다. 인공위성 사진을 자세히 보면 사람들이 살아가는 유인도로 나타난다.

반성 열도는 제3기 말~제4기 초에 있은 구조운동 시기에 서해안 지역이 침강하면서 육지의 높은 부분들로 형성되었다. 섬들은 화강암, 결정편암으로 구성돼 있으며, 섬 기슭은 대부분 침식

작용을 받아 바위가 드러나 있거나 절벽으로 되어있다. 특히 수운도 기슭은 비교적 높은 해안절벽을 이루었다.

섬들에는 소나무가 자라고 그밖에 관목들과 칡을 비롯한 식물들도 분포되어 있다. 반성 열도 부근 바다는 하루 두 번 규칙적인 물때의 영향을 받는다. 썰물 시기에는 주변의 간석지가 드러나고 밀물 시기에는 간석지가 물에 잠겨 배들이 열도로 접근할 수 있다. 이 섬은 워낙 작아서 우물이 없고, 물은 육지에서 배로 실어다 먹는다. 밀물 때에는 반성 열도 주변으로 숭어, 망둥어, 황어를 비롯한 물고기들과 새우들이 많이 모여든다. 주변에는 바지락도 많다. 59)

어부들에게 생사의 좌표가 되어준 수운도 등대

만선의 꿈을 안고 망망대해로 조업 나간 어부들은 날이 저물 무렵 그물을 걷어 올리고 집으로 돌아간다. 이들에게 등대는 해진 후의 칠흑 같은 바닷길을 안전하게 안내하는 생사의 좌표 역할을 한다. 등대에서 밝혀주는 불빛이 없으면 많은 배들이 어둠 속에 길을 잃고 표류하거나 난파당하기 쉽다. 짙은 안개로 한 치 앞을 분간하기 어려울 때는 등탑 불도 무용지물이 된다. 이때에는 음향 장치를 통해 울려주는 고동 소리를 통해 항로를 안내해준다. 이래저래 등대는 어부들에게는 삶의 가드레일 역할을 하는 소중한 벗이 아닐 수 없다.

수운도는 일제강점기부터 북방 항로의 중요 기점 역할을 해 왔다. 정상에는 하얀 등대가 있고, 등대지기들이 거주하는 민가가 두 채 있다. 북한의 섬에는 등대가 많지만, 그 가운데 반성 열도의 맨 서쪽 수운도 등대는 유명하다. 작지만 유인 등대이고, 언론에서도 많이 보도되기 때문이다. 등대지기 자녀들을 위하여 평생 교사로 헌신했던 전혜영 선생 이야기, 헬리콥터로 김정일 생일 선물을 싣고 가다가 추락하는 사건 등으로 북한 전역에 잘 알려진 섬이다.

---

59) 「조선향토대백과」, 평화문제연구소 2008

수운도 분교에서 40년을 근무한 여교사의 미담

2012년 4월 6일 조선중앙통신은 소식통을 인용, 섬마을 학교 이야기를 전했다. 통신에 의하면, 평안북도 앞바다의 수운도 분교는 학생 수가 한 명이고 인근의 랍도분교도 학생 수가 두 명뿐으로, "신의주로부터 뱃길로 멀리 가야 하는 이곳 두 섬에는 등대원과 그의 자녀가 살고 있다"며 "나라에서는 수운도에 있는 한 명의 학생과 랍도에 있는 두 명의 학생을 위해 독립적인 학교의 기능을 수행하는 분교들을 두고 있다"라고 소개했다. 아울러 이들 분교에도 육지와 똑같이 교구비품과 직관물, 동식물표본 등 교수 교양수단들이 잘 갖추어졌고 뭍에서와 똑같이 개학식과 졸업식이 있다고 전했다.

한편 북한 노동신문은 신의주 교원대학 부속소학교 수운도 분교의 전혜영 선생을 소개했다.

『물도 없는 작은 섬, 망망대해 가운데 있는 바위산 수운도 등대에는 등대원 2가족이 살고 있다. 이 섬에는 등대지기들의 자녀들을 위하여 분교가 있다. 전혜영 선생은 수은도 분교가 생긴 1977년부터 약 40년을 근무하며 지금까지 총 29명의 학생을 가르쳤다. 약 40년 전에 당시 꽃다운 나이 23살의 전혜영 선생은 다섯 명의 학생을 데리고 개교식을 진행했다. 실습을 위해 논과 밭을 만들고, 섬사람들과 힘을 합쳐 학교에 조그만 운동장도 만들었다. 전 선생은 방학 때가 되면 아이들을 데리고 평양과 백두산을 비롯한 여러 지역을 견학하기도 했다.

전 선생이 지난해 6월 수운도에서 환갑을 맞이했는데, 여러 군데에서 존경과 감사의 인사를 받았다. 전 선생 이후 교육대학을 마친 여교사가 수운도 분교에 자진해서 왔는데 지금은 학생 2명, 교사 2명으로 과외 선생님 같은 셈이다.』

「로동신문」, 2016.9.5.

수운도의 뱃길

등곶 동남쪽 끝으로부터 0.2마일 되

▲ 평양초등학교 수업장면, 수운도분교는 2명이 공부하고 있다

는 곳에는 소계도(높이 77m)가 있다. 이곳에 소계도항이 있다. 소계도항은 철산군을 배후지로 하고 있는데 연해운수의 주요 기항지일 뿐 아니라 평안북도의 주요 수산기지의 하나로서 철산수산사업소가 있다.소계도항으로부터 룡암포항으로 가는 뱃길은 수운도(높이 41m)를 거치게 된다. 수운도는 물깊이가 깊고 위험물도 없다. 간석지 건설이 끝나는 수운도는 주요 뱃길로 남게 된다. 수운도에는 등대가 있다. 등대의 높이는 물면으로부터 54m이고 등불은 흰색 섬광, 주기는 15초, 불비침 거리는 12마일이다. 안개가 낄 때는 고동으로 신호한다.

압록강 어구의 동수도 및 서수도 뱃길

압록강 어구에는 동수도와 서수도의 두 개의 뱃길이 있다. 동수도는 압록강어구의 동쪽 연안에 면하여 있으며 뱃길의 물깊이는 자주 달라진다. 동수도의 동쪽에는 다사도가 있다. 서수도는 압록강어구 서쪽 연안에 면하여 있으며 룡암포로 들어가는 배들은 이 수

["내 어릴 때 놀던 수운도"]

고향 까마귀만 봐도 반갑다던데, 지상에 '수운도' 소리 나니 반가움보다 설레임을 어찌하리! 수운도는 옛 행정구역으로 평북 철산군 부서면 선리동에 속하는 반성 열도의 4개 섬 중 가장 북에 있는 섬으로 작약도의 두 배쯤 되는 섬이다. 그곳에는 일본 강점기 때부터 북방 항로의 중요 기점으로 정상에 하얀 등대가 있고, 민가는 두 채로 등대지기들이 기거했으며, 섬 전체 산자락은 달래 풀로 덮여 파란 초원 위에 흰 갈매기 무리가 쪽빛 바다에 어울리면 그 자태가 가히 비경이다.

게다가 갈매기가 사방에 알을 낳으면 섬 전체가 희끄무레한 갈매기알 천지가 되고, 알을 두세 개만 삶으면 한 끼 요기가 된다. 주변에 장도. 책섬. 둥굴섬이 있어 물이 빠지면 소라와 바지락, 통어들이 지천으로 먹거리 걱정 없던 내 어릴 적 뛰어 놀던 고향! 떠나온 지 반세기가 흔적~ '수운도' 소리에 타임머신 타고 고향 구경 잘 합니다. "수운도" 잘 좀 봐주세요.

수운도 출신 어느 실향민의 글, 「철산군 군민회 카페」, 2012.3.5

도를 이용한다. 그리고 뱃길의 제일 좁은 구간의 너비는 약 1,000m 정도이다. 뱃길의 위치와 물깊이는 자주 달라진다.뱃길은 배길 표식물들인 부표와 부간들에 의하여 표시된다. 압록강어구로부터 상류를 향하여 뱃길의 오른쪽에는 붉은색 원추형의 부표들이 설치되어 있고 왼쪽에는 검은색 원추형 부표들이 설치되어 있다. 다사도의 북서쪽 약 9마일 되는 곳에서 동수도와 서수도는 합쳐진다. 뱃길 위치의 변화에 따라 수시로 뱃길 표식물의 위치를 이동시킨다.60)

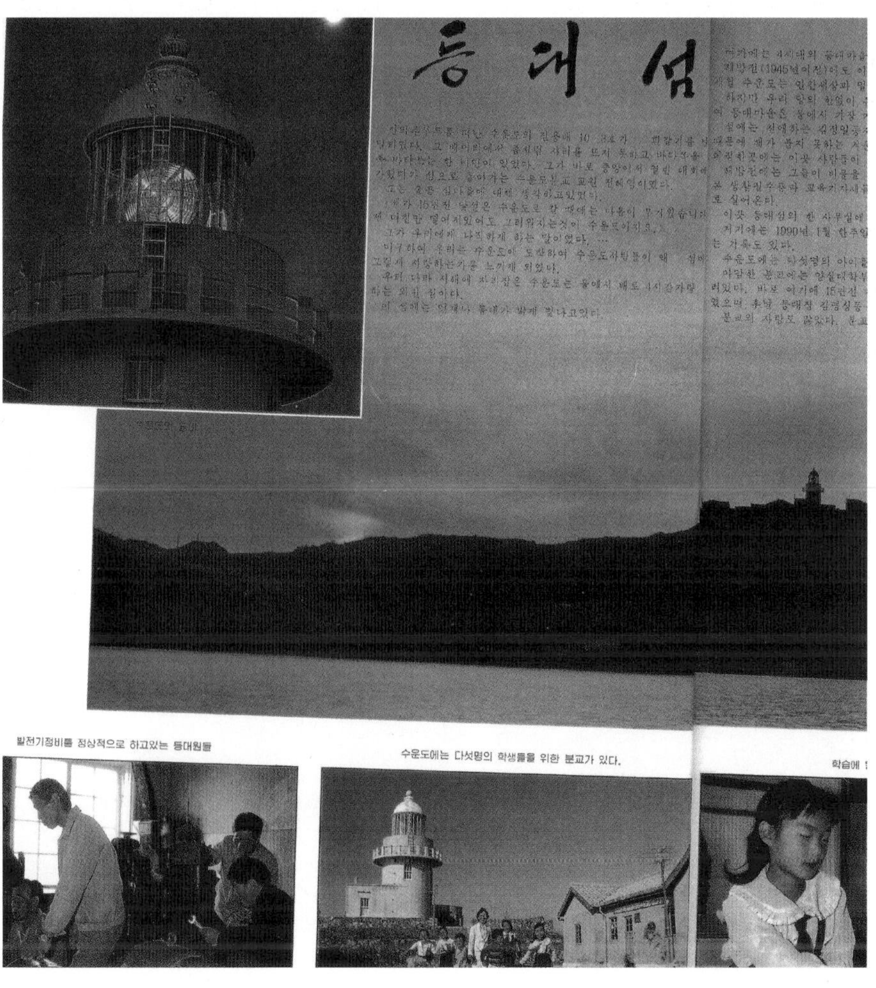

60) 「북한지리정보」 운수지리, 1988

기에는 4세대의 등대마을사람들이 살고있다.
방전(1945년이전)에도 이 섬에는 《등대지기》들이 살아왔다. 그
수운도는 인간세상과 멀리 떨어진 사람못살곳이였다.
지만 우리 당의 한없이 은혜로운 손길은 이 섬에도 뜨겁게 미치
등대마을은 뭍에서 가장 가까운 아늑한 보금자리로 되였다.
에는 친애하는 김정일동지께서 보내주신 전용배가 오가며 얼음장
에 배가 뜰지 못하는 겨울에는 직승기가 배를 대신한다. 섬의 평
한곳에는 이곳 사람들이 친근하게 부르는 《우리 비행장》이 있다.
방전에는 그들이 비물을 받아 먹었지만 지금은 이 섬에 물은 물
생활필수품과 교육기자재들, 출판물 등을 배와 직승기가 정상적으
실어온다.
곳 등대섬의 한 사무실에 들리면 보풀이 인 두툼한 일지가 있다.
기에는 1990년 1월 한주일동안에만도 직승기가 섬에 세번 내렸다
기록도 있다.
운도에는 다섯명의 아이들을 위한 분교가 있다.
담한 분교에는 양실대학부속인민학교 수운도분교라는 간판이 걸
다. 바로 여기에 15년전 처녀의 몸으로 자진하여 와서 교원이 되
며 후날 등대장 김명성동무와 한가정을 이룬 진혜영교원이 있다.
교의 자랑도 많았다. 분교의 학생들은 모두 최우등생이다. 3학년
의 김우림학생은 손풍금독주를 잘하여 경연에서 우수한 평가를 받았
다고 한다.
섬마을사람들은 한가정처럼 화목하게 지내며 지금까지 등대를 유사
고로 지켜왔다.
온 마을이래야 소구멍 안팎인 그들의 체육대회면 바다가에서의 놀
이는 보는 사람마다 부러움을 금치 못하게 한다.
그 누구를 만나도 섬마을이 제일 정든곳이라고 입버릇처럼 말한다.
그들의 그 진정은 어제날 바위뿐이던 곳에 우거진 갖가지 꽃과 소나
무, 잣나무, 아카시아 등의 무성한 나무숲에도 네모반듯한 운동장에
도 돌계단 하나에도 력력히 어려있다.
어느덧 저녁녘이 되여 등대가 밝게 빛나기 시작했다. 텔레비죤수상
기며 각종 가구들이 그쯘하게 갖추어진 집집마다에 웃음꽃이 활짝 피
였다.
우리는 밝은 등대를 바라보며 생각하였다.
뭍에서 멀리 떨어져있어도 우리 당중앙이 자리잡은 수도의 한복판
의 눈부신 빛발이 그대로 어린듯한 저 빛발은 세월이 무수히 흘러도
밝게 빛날것이다.
그 빛발처럼 섬마을사람들이 더없이 정들어하는 수운도에 행복은
밝게 피어날것이다.

사진 박지서, 글 윈 학

학습에 열중하는 어린이들

휴식일에

등대섬의 새 주인
평안북도 뱃길표식사업소 수운도에 진출한 리정근 대원

노동신문 1994, 12월 3일 리은실 기자

얼마 전 신의주시 백운고등중학교를 졸업한 리정근은 평안북도 뱃길표식사업소 수운도 등대에 자원 진출했다는 소식을 전하였다. 서해의 수운도는 크지 않는 등대섬이다. 섬둘레는 10리 남짓 밖에 안 된다. 등대, 분교 5세대의 살림집 이것이 섬의 전부이다. 꿈 많은 청춘인 17세의 청년이 외진 등대에 영원히 뿌리를 내리게 된 데는 그 무슨 사연이 잇지 않겠는가, 우리는 현지로 향했다.

이름 리정근
난날 1977년 10월 7일
경력 1988년 8월 30일 양실대학 부속 인민학교 수운도분교 졸업,
1994년 8월 30일 신의주시 백운고등중학교 졸업.

리정근은 고등학교를 졸업하면서 아버지가 섰던 초소인 수운도 등대의 등대원으로 되어 일생을 바칠 것을 제기하였다. 리정근의 아버지 리용은은 평안북도 안전국에 근무하다가 1980년 여름 수운도 등대에 자원 진출하였다. 그는 아내와 아들딸 오누이를 데리고 등대섬에 살면서 성실하게 일하였다. 그러던 1990년 10월 근무 수행 중에 뜻하지 않는 일로 사망하였다. 그는 아들에게 등대를 지켜 달라고 마지막 부탁을 남겼다고 한다. 리정근의 어머니 최숙영은 이 세상에 두 번 다시 태어났다. 1987년 초 급병으로 직승비행기를 타고 도의 인민 병원에 후송되어 80여 일 일에 걸치는 치료를 받고 다시 소생하였다. 다음에 그는 등대섬에 진출하려는 아들의 결심을 적극 지지하고 나섰고 아들만 보낼 것이 아니라 자기도 함께 따라가 일손을 돕겠다고 당에 건의하였다.

더 구체적으로 알고 싶었던 우리는 리정근 동무가 공부한 신의주시 백운고등중학교를 찾았다. 리정근이 졸업을 앞두고 열렸던 희망 발표 모임에 내놓았던 것입니다〉 리정근의 담임 교원이었던 홍인숙 선생은 우리에게 그가 쓴

수기를 주었다.

〈조국의 영원한 불빛이 되리!〉 제목을 단 수기에 이렇게 쓰여 있다.

〈나의 희망, 그것은 아버지가 섰던 초소인 수운도 등대섬에서 흘러간 소꿉시절부터 싹텄는지 모른다. 신의주시에서 살던 내가 아버지를 따라 어머니 누이동생과 함께 수운도에 건너 간 것은 3살 때였다. 하루 종일 모래에서 뛰놀던 나는 얼른 잠간 학생이 되었다. 등대섬에 있는 수운도 분교에 다녔다. 분교의 학생은 모두 4명이었다. 〈몇 안 되는 학생들 위해 세워준 나라는 세상에 우리나라 밖에 없단다. 그러니 장난치지 말고 공불 잘 해라〉 섬사람들은 늘 우리에게 하는 당부였다.

남학생은 나 혼자였다. 어른들은 날보고 섬의 외아들이라고, 등대를 대를 이어 지켜갈 수운도의 기둥감이라고 늘 말하곤 했다. 그때는 미처 그 뜻을 새기지 못했었다. 공부가 끝나면 헤엄치기, 갈매기 알 줍기, 소라와 고동잡기, 낚시하기 등 무척 즐거웠다. 그보다 좋은 것은 봉사선을 맞이할 때였다. 우리 섬에는 날마다 한 번씩 뭍에서 봉사선이 와닿고 했다. 당에서 섬 주민들을 위하여 보내 준 배다. 이름 그대로 우리들의 생활을 위해 봉사하는 배이다.

어느 날 봉사선은 부린 짐 가운데 많은 그림책들이 있었다. 우린 함성을 질렀다. 좋아라 기뻐하는 우리를 보고 어른들은 말했다. 이 애들은 뭍의 아이들과 다름없이 자라는군〉 경사스런 2월 4월 명절 때마다 당에서 우리 어린이들에게 사랑의 선물을 직승비행기가 날라다 주곤 했다. 그때마다 섬사람들은 감격의 눈물을 흘렸다. 어느 해 여름 우리는 평양 견학을 떠났다. 등대장 아저씨네와 기관장 아저씨네 우리, 이렇게 세 가족 모두가 함께 떠났다.

아버지는 나처럼 뭍을 모르고 자라는 섬아이들을 위해 당국은 등대섬 사람들이 일 년에 한 번씩 평양 견학을 하도록 배려해 주셨다고 하였다. 웅장 화려한 평양의 모습은 나의 마음을 사로잡았다. 평양 견학을 마치고 섬에 돌아온 나는 아버지에게 물었다. 〈우린 왜 평생 섬에만 살아야 하나요?〉 아버지는 빙그레 웃으며 이런 이야기를 들려주었다. 〈등대는 조국의 불빛이며 등대

원은 숨은 애국자이다. 그래서 남들이 알아주지 않지만 외로워도 이 직업을 선택하였다.〉

그때 나는 비로소 아버지가 하는 등대 일이 얼마나 중요하다는 것을 깨달았다. 나는 아버지의 일손을 도왔다. 그러던 1987년 1월 어느 날이었다. 갑자기 어머니가 몹시 앓았다. 어른들의 말이 지금 당장 치료를 받지 않으면 생명이 위험하다는 것이었다. 〈이젠 다로구나〉 아버지의 말에 나도 엉엉 울었다. 그때 누구의 왜침 소리가 들렸다. (비행기가 날아온다) 나는 밖으로 뛰어 나갔다. 정말 직승 비행기가 섬쪽으로 날아오고 있었다. 얼마 후 비행기에서 내린 아저씨가 우리 어머니를 구원하라고 보내 주신 비행기라고 하였다. 그 말에 섬사람들은 모두 만세를 불렀다. 아버지는 연방 팔소매로 눈물을 닦았다. 나의 얼굴도 눈물범벅이 되었다. 어머니를 실은 비행기가 하늘로 날아오르자 아버지는 나를 꼭 껴안고 말했다. (오늘을 잊지 말거라) 지금도 잊지 못할 그날이 기억에 생생한다. 사랑의 분교, 사랑의 봉사선, 사랑의 직승비행기, 참으로 섬사람들의 생활은 날이 갈수록 전진하여 갔다. 1999년 뜻하지 않는 일로 아버지가 세상을 떠난 후 우리는 신의주로 옮겨왔다. 나라에서는 어머니에게 사회보장 혜택을 돌려주었다. 아버지도 없고 일하는 사람도 없는 우리 가정이었다. 하지만 우리 오누이는 남들과 똑같이 근심 걱정 없이 배우며 자랐다. 거듭되는 사랑과 배려 속에 자라면서 나는 결심을 굳혔다. (보답의 길에 나섰던 아버지의 뒤를 꿋꿋이 이으리라) 나는 이 결심을 일기장에 또박또박 적어 넣었다.

수기를 읽고 난 우리의 생각은 깊어졌다. 위대한 사랑에는 충성이 따르는 법이다. 우리는 만난 리정근은 말하였다. 〈나는 마지막 날까지 등대원의 사명을 잘 감당하여 조국을 위하여 영원한 불빛으로 빛나게 살렵니다.

등대에 비낀 마음
평안북도 뱃길표식사업소 수운도 등대장 김명성 동무

천리마 2007년 3월호
저자 : 없음

설레는 파도 소리와 뱃고동 소리만이 울리는 깊은 밤이었으나 섬의 등대불만은 밝은 빛을 뿌리고 있었다. 섬의 기슭에는 오고가는 배들을 바라보며 깊은 생각에 잠겨있는 한사람이 있었다. 그가 바로 수운도 등대장 김명성이다. 사람이 작은 이 섬에서 등대불과 함께 저 뱃고동 소리와 파도 소리에 정들어 삶의 보금자리를 펴고 뿌리를 내린지도 어언 십 수 여년, 오늘 섬에는 또 새 사람이 배치되어왔다. 식구가 늘어나자 모두가 기쁨에 휩싸였다. 잠들 수 없는 이 밤 그의 눈앞에는 처음 여기로 자진하여 오던 그날이 안겨왔다. 당시 수운도 분교 교원을 하던 처녀 교원의 모습에서 깊은 감동을 받고 그가 여기에 도착하니 사방 바라보이는 것은 끝 간 데 없이 펼쳐진 바다였다. 몇 채 안 되는 집들의 굴뚝에서 피어오르는 연기를 보고서야 사람이 사는 곳이라고 느껴지는 한적한 섬, 그날 그의 생각은 깊었다.

다섯 명의 아이들을 가르치기 위해 스스로 교편을 잡고 이 섬에서 청춘 시절을 아낌없이 바쳐가는 처녀, 누가 보는 사람이 없다 해도 매일 수표를 해 놓은 출근부며 단층 건물인 분교에 정성껏 마련 해 놓은 교편 물들을 바라보며 김명성은 비록 육지와 멀리 떨어져 있는 이 섬이 조국의 귀중한 한부분이라는 생각이 깊이 들었다.

얼마 전에 사람들의 소개로 만났던 이 처녀가 절대로 이 섬을 뜰 수 없다고 말한 그 사연이 자못 이해가 되고 그의 높은 정신세계 앞에 저절로 머리가 숙여진다. 바다 바람에 살결이 타서 더 수수해 보이는 그 처녀의 가슴속에 자리 잡은 뜨거운 사랑과 정이 신의주시의 한 공장에서 소문난 제대군인 총각 김명성으로 하여금 여기 수운도로 새살림을 펴게 하였다. 체격이 좋고 성격이 활달한 김명성은 새살림을 펴면서 한 배낭 지고 온 것은 섬 생활에 필요한 생활필수품이 아니라 등대 불을 지켜가는데서 없어서는 안 될 부속품들과 수리 공구들이었다. 한 순간도 꺼져서는 안 될 등대 불을 지켜 그는 하나하나 개척해 나갔다. 그러나 〈고난의 행군〉 강행군 시기에는 제기되는 애로가 한두 가지가 아니었다. 이 난관을 뚫고 나가자면 과연 무엇부터 어떻게 할 것인가

무엇보다 중요한 것은 등대 불을 지키는 것이다. 뻔히 없는 줄 알면서도 어머니에게 손을 내미는 것은 자식의 도리가 아니다. 어떻게 하나 자체로 연유를 마련하여 등대 불을 지킬 방도는 없을까? 우리가 좀 힘들어도 자체로 살림을 꾸려 나라에 도움을 주자는 그의 말은 섬사람들의 가슴을 뜨겁게 울려 주었다.

김명성은 자기가 사는 고장과 일터를 위하여 피와 땀을 바치면서 그는 씻겨내리는 한줌의 흙도 아까워 돌담을 쌓고 과일나무와 수종이 좋은 나무들까지 심어 놓았다. 돌밖에 없는 섬이지만 자기가 사는 고장과 일터에 대한 애착심, 생에 대한 애착심을 안고 사람들은 이렇게 어려움 속에서도 제 손으로 보금자리를 꾸려나갔다.

김명성은 나라에 손을 내밀지 않고 연유를 적게 쓰면서 등대와 살림집 조명을 원만히 보장 할 수 있게 설비를 개조 하였을 뿐 아니라 자체로 많은 량의 연류를 마련하여 언제나 등대의 밝은 빛으로 배들의 안전한 운항을 보장하였다. 언제인가 그가 수리기지와 등대 건물을 비롯하여 살림집들을 새로 번듯하게 짓고자 제기하였을 때였다. 과연 우리의 힘으로 꽤 해낼 수 있겠는가고 머리를 기웃거리는 사람도 일부 있었다.

등대에 이상이 생길 때마다 뭍에 있는 사업소까지 가서 수리를 해 오자면 시간도 오래 걸리고 그 만큼 우에다 부담을 주게 된다. 이 문제들을 우리 자체로 해결 할 수 없겠는가, 수리 기일이 늦어지면 배들의 운항이 지장을 받을 수 있는 만큼 이것은 단순한 문제가 아니라 등대의 밝은 불빛을 지켜내는가 못 지켜내는가 하는 심각한 문제로 생각되었다. 〈마음이 뜨거 워야 등대불로 밝은 법입니다. 우리 어려울 때일수

록 더더욱 뜨거워지는 마음으로 저 등대 불을 지켜 나갑시다〉

그의 말은 나직이 울렸으나 사람들에게 깊은 감동을 주었다. 참으로 그에게 있어서 등대의 밝은 불빛은 조국을 받드는 그의 깨끗한 양심이었다. 다음에 그는 참고서적을 밤새워 파고 들었고 기술자, 전문가들을 만나 높은 수준에서 수리를 보장 할 수 있는 수리기지를 꾸리기 위해 정열을 바쳐 갔다. 이 과정에서 여러 가지 기계 설비들과 수십 종에 백수십개의 수리 공구, 많은 부속품들을 마련하여 수리기지를 꾸준히 꾸려 놓았다. 사람들은 얼마든지 우리 자체의 힘으로 이 섬을 꾸릴 수 있다는 신심을 얻었으며 용기를 가지고 더 높은 목표를 향해 일어섰다.

분교와 실림 집을 새로 건설 할 때도 결코 순조롭게 되지 않았다. 돌밖에 없는 이 섬에서 건설 자재를 자체로 마련하는 것은 중요했지만 바람 세찬 이 섬에 살림집을 건설하는 일도 힘든 일이었다. 그러나 그는 주저앉지 않았다. 뭍에서 블로크와 기와를 찍어서 배로 섬까지 운반하여 분교와 살림집을 지었다. 훌륭히 꾸려진 섬마을의 그 어디에나 김명성을 비롯한 이곳 섬사람들의 깨끗한 양심이 어려 있다. 무슨 힘으로 어려움 속에서도 등대 불을 지켜내고 이렇듯 훌륭하게 섬을 꾸릴 수 있었는가 하고 묻는 사람들에게 그는 이렇게 말하였다.

〈이 땅에 사는 사람이라면 누구나 자기 몫이 있어야 한다고 생각합니다. 수운도도 우리 조국의 한부분이 아닙니까〉 소박하게 울리는 그의 말을 들으며 사람들은 서해의 조그만 섬도 자기 손으로 애써 꾸려 놓은 정든 곳이기에 분교에서 자란 학생들이 아버지의 대를 이어 수운도 등대원으로 배치되어 오는 오늘과 같은 감동적인 화폭도 펼쳐진 것이 아닌가, 이런 기쁜 일이 있을 때마다 그는 잠들 수 없어 이렇게 파도 소리를 들으며 등대불과 함께 밤을 지세우곤 한다. 밤은 깊어가고 있으나 등대원들의 뜨거운 마음이 비낀 등대불은 유난히도 밝은 빛을 뿌리고 있었다.

기자 없음

7) 어영도·魚泳島

"어영도 칠산을 다 쳐다 먹고 연평바다로 돈 실러 갑시다"

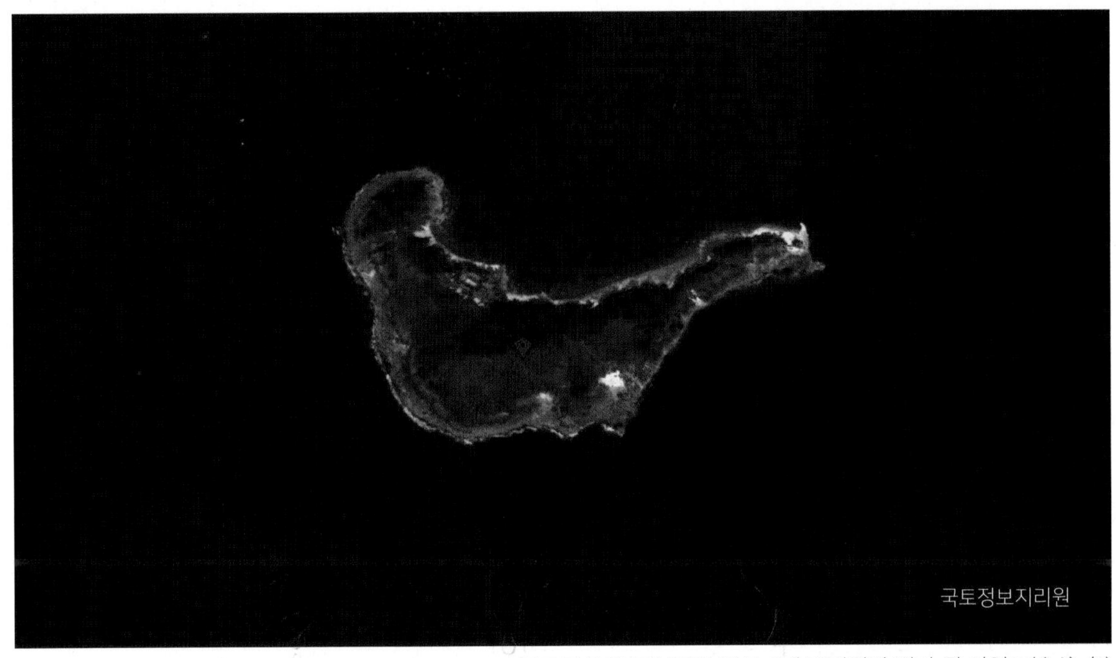

▲ 물고기들이 모여들어 전국 3대 조기어장 터가 된 어영도(魚泳島)

[개괄] 어영도(魚泳島)는 평안북도 철산군 보산리의 서북쪽 바닷가에 있는 섬으로, 이름 그대로 물고기(魚)들이 많이 헤엄치고 모여들어(泳) 어장이 발달해 있다. 어영도 연근해는 플랑크톤의 좋은 번식장으로, 어족의 회유와 산란에 적합하여 각종 어패류가 서식하고 있다. 조기·새우·광어·농어·갈치·조개 등이 많이 잡혀 연관 수산업이 활기를 띤다. 특히 우리나라 3대 조기어장의 하나로서, 어영도와 등곶포는 5~6월경 성어기에 조기 파시가 형성된다.

어영도의 해안지대는 리아스식 해안이며, 간석지가 넓게 발달하였다. 주위에는 정도·대계도·월도 등 10여 개의 섬이 있다. 주요 어장은 등곶포·이화포 등이며, 안신농장 연안에서는 천일 염업이 성행한다. 해상교통은 이화포~원도 간의 정기여객선과 등곶포에서 대계도 및 각 도서 지역에 정기·부정기 여객선이 운항한다.

'고난의 행군' 시절, 가치가 더해진 어영도

북한의 대표적인 서해지역 섬은 초도와 비단섬이며, 동해지역 섬은 마양도와 여도를 들 수 있다. 대부분의 북한 섬에는 인민군이 주둔하지만, 군인 가족과 민간인들도 함께 거주하고 있다. 육지와는 달리 섬 주민들은 고기잡이와 해조류, 어패류를 채취해 생활하면서 1990년대의 식량난을 이겨낼 수 있었고, 교육과 의료, 교통, 문화생활 등에서 상대적으로 편리한 생활을 보낼 수 있었다. 이로 인해 섬의 가치도 덩달아 올라갔다.

무엇보다 섬에서는 허기를 달랠 먹거리들을 구할 수 있고, 어느 정도 일상의 자유를 누릴 수 있기 때문이다. 날씨가 풀리는 새봄이 오면 육지 사람들이 일가족 단위로 한적한 해안가나 가까운 섬으로 모여드는 풍경을 종종 볼 수 있다. 한창 학교에 다니며 공부를 해야 할 나이에도 부모를 따라서 온다. 해안에 천막을 치고 고기를 잡아 손질해서 말리고, 어패류와 해조류를 채취해 말려서 장마당에 내다 팔고 돈을 벌어들인다. 날씨가 추워지면 천막들을 거둬 야외생활을 끝내고 집으로 돌아간다.

어영도는 주민 수가 많지 않고, 교통이 불편해 외지인들의 왕래가 드문 편이다. 그래서 주민들은 농사짓는 것보다 수산업을 통하여 더 많은 수입을 올린다. 한 가지 단점은 아프거나 병이 날 때, 기댈 곳 없다는 점이다. 그렇게 해서 목숨을 잃은 경우가 종종 있다.

점 하나에 달라지는 배치기 소리의 '칠산'과 '철산'

「배치기 소리」는 한반도 서해안 지역에서, 정초에 풍어를 기원하거나 만선 귀향을 축하하며 흥겹게 부르던 민요이다. '서도민요 배치기' 가사는 다음과 같다.

어영도 칠산을 다 쳐다 먹고
연평 바다로 돈 실러 갑시다
이물 돛대는 사리화 피고
고물 돛대는 만장기 띄었다
연평 장군님 귀히 보소
우리 배불러서 도장원 주시오
정월부터 치는 북은
오월 파송을 내 눌러 쳤단다
연평바다에 널린 조기
양주만 남기고 다 잡아드려라
암매 숫매 맞 마쳐놓고
여드레 바다에 두둥실 났단다

그런데 여기서 눈여겨보아야 할 대목이 바로 “어영도 칠산을 다 쳐다 먹고 연평 바다로 돈 실러 갑시다” 부분이다. 어영도는 조기 어장으로 유명한 평안북도의 섬이고, 칠산 역시 조기 어장으로 유명한 전라남도 영광 앞바다이다. 어영도와 칠산에서 고기를 다 잡고 연평바다로 고기를 잡으러 가자는 뜻이다. 고기는 곧 돈이기 때문에 돈 실러 가자고 했다.

과거 우리나라 3대 조기 어장은 전라남도 영광 칠산 앞바다, 황해도의 연평도 앞바다, 평안북도 철산군 앞바다 등이다. 그래서 거리상으로 볼 때 당연히 ‘철산’이어야 한다. 하지만 분단 이후 북한의 ‘철산’은 잘 모르는 곳이고 남한의 ‘칠산’은 잘 아는 곳이며, 특히 조기가 많이 나는 어장이니 ‘칠산’이 맞을거야, 하고 고쳐 불렀을 소지가 다분하다. 이런 것을 개악(改惡)이라 한다.[61]

61) 하응백 서도소리진흥회 이사장 대담 중

8) 장도·長島

"평안북도 철산군 이화리 장도 [長島]'"

[개괄] 장도는 평안북도 철산군 이화리의 서남쪽 원도 앞에 있는 섬. 길게 생긴 무인도이다. 면적은 0.224km2, 둘레는 2.27km, 해발은 53m이다. 장도는 수운도, 책도, 원도 그리고 기타 여러 섬과 함께 반성열도를 이룬다. 수운도와 책도 사이에 위치해 있는 장도는 주변의 섬들과 같이 원래 철산반도와 연결된 육지의 낮은 산줄기였으나 바다가 형성되면서 육지로부터 갈라져 이루어졌다. 기반암은 화강암이다. 서쪽과 동쪽에 이루어진 돌출부는 바닷물의 침식작용을 받아 험한 벼랑을 이루고 있으며 북동부의 작은 만입부는 포구로 되어 있다. 섬에는 떨기나무들과 초본식물들이 자라고 있다. 장도와 수운도는 썰물 때에 드러나는 바위들로 연결되며 동쪽 책도와의 사이에는 깊

[네이버 지식백과] (조선향토대백과, 2008., 평화문제연구소)

은 물곬이 있다. 주변에는 넓은 간석지가 펼쳐져 있으며 부근 바다에는 숭어, 농어, 전어, 까나리, 바지락, 새우 등 수산자원이 풍부하여 좋은 어장을 이룬다.

9) 탄도·炭島

"참나무 숯을 구워 땔감 공급하던 '연료 섬'"

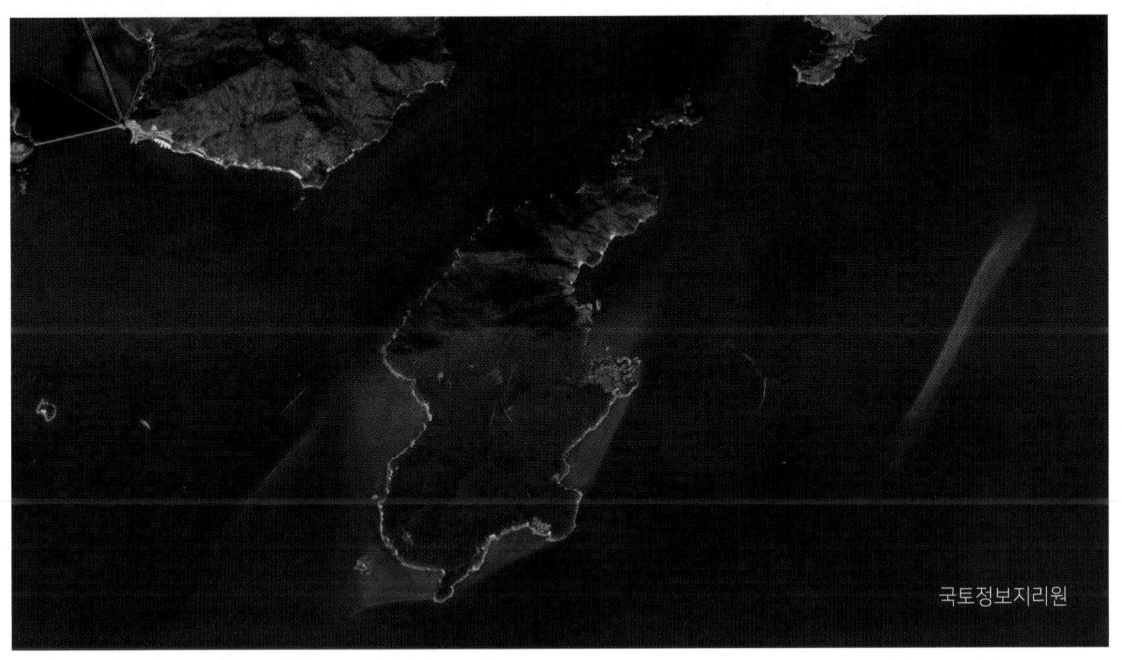

국토정보지리원

[개괄] 탄도(炭島)는 평안북도 철산군 가도리 동남쪽 해상에 있는 섬으로 면적은 6.566㎢, 섬 둘레 15.60km, 높이는 304m이다. 옛날 이 섬에서 참나무로 숯을 구워 지나가는 배들에 땔감으로 공급하였다는 데서 '탄도(炭島)'라 하였다. 구성 암석은 결정편암이다.

섬 기슭은 해안침식을 받아 절벽해안을 이룬 곳이 대부분이고 동쪽 기슭에 고화포, 낙성포를 비롯한 작은 포구들이 이루어져 있다. 섬의 가운데에는 토신봉(304m)이 솟아 있다. 섬에는 참나무, 물푸레나무, 소나무, 싸리나무들이 많이 자라고 있다. 주변에는 가도, 대화도, 소화도, 곰섬 등 크고 작은 섬들이 널려져 있다. 또한, 섬의 북쪽과 남쪽 해안에는 넓은 간석지가 전개되어 있으며 서쪽에는 북동~남서 방향으로 이루어진 물골이 있다. 이 물골을 따라 갈치, 가자미, 숭어, 망둥이 등 어류와 새우, 게, 소라 등이 모여든다. 62)

한국전쟁 때는 갈치 저장고 역할 톡톡히 해내

탄도는 한국전쟁 당시 유격 전사들이 점령한 12개 섬 중의 하나이다. 특수전 훈련을 받은 유격 백마부대는 백령도 표 사령부로부터 무기와 식량 등 군수품을 받은 다음 1951년 5월 2일 평안북도 철산군 탄도 근처인 대화도를 점령했다. 이후 대화도를 사령부로 이용하면서 인근에 있는 소화도, 탄도, 가도, 어영도, 수운도 등 주요 도서 등을 차례로 점령해 나갔다.

활동 반경을 넓혀 가면서 점령한 도서방어와 중공군의 보급품 차단에도 힘을 기울였다. 이들 섬은 모두 북위 40도선 부근의 섬들이었다. 이들은 피란지 학교 교육에도 힘을 기울였다. 당시 유격 백마부대가 점령한 주요 섬들에 거주하고 있던 주민과 피란민은 대략 약 1만5천 명에 달했다. 이 가운데는 취학 대상 아동들도 많았는데, 1951년 7월 1일부터 유격 백마부대의 사령부를 설치한 대화도를 중심으로 소화도, 탄도에 초등학교를 설립하고 교육을 시작했다.

학비는 없었고, 학용품도 물론 무상으로 지급했다. 주민들에게는 식량도 보급해 주었다. 겨울철 부식 조달을 위해 어영도 어장의 중심부를 형성하고 있는 대화도 앞바다에서 갈치잡이 배 6척을 동원하여 약 200t가량의 갈치를 잡아서 탄도의 저장 탱크에 저장함으로써 부식문제를 어느 정도 해결할 수 있

62) 「조선향토대백과」, 평화문제연구소 2008

었다.

섬마을 학생들에게 직승비행기로 선물을

노동신문 1988, 2,15 조선중앙 통신

온 나라가 드높은 혁명적 열정으로 들끓고 있는 뜻 깊은 때에 외진 섬마을 학생들과 어린이들이 뭍의 학생들, 어린이들과 똑같이 당의 배려를 받아 안았다.

조선인민군 공군 직승비행기들이 선물과 학용품, 교편물들을 13일에는 서해의 장도, 대화도, 가도, 탄도, 애도, 수운도에, 14일에는 자매도와 서도에 실어갔다. 본교에 나와 교수 강습에 참여했던 남포시 항구구역 대두인민학교 자매도분교와 서도분교의 2명의 교원도 사랑의 직승비행기를 타고 섬들에 도착하였다. 당은 한두 명의 어린이가 있는 섬마을에도 인민학교 분교를 위하여 필요한 물건을 돌려주며 육지와 섬을 연결하는 봉사선을 마련해 주시고 뱃길이 얼어붙으면 직승비행기도 서슴없이 띄우도록 배려해 준다. 해마다 직승비행기를 통해 들어오는 선물을 받으면 환호성이 오래도록 울려 퍼진다. 한 명의 학생이라도 소학교 과정을 마치면 한 명의 졸업생을 위하여 졸업식을 해 주었다. 사경에 헤매는 등대원을 위한 직승비행기와 함선을 동원하여 소생시켜 주시고 날씨 사정으로 인해 개학이 늦은 섬분교에 교원들을 배와 직승비행기로 실어다 주기도 한다. 서도의 2명의 학생들과 자매도 학생들은 선물을 받아 안고 이 나라를 위하여 일 할 것을 굳게 결의를 하곤 하였다.

10) 회도·灰島

"떡갈나무 회도산이 우뚝 솟아 있네'"

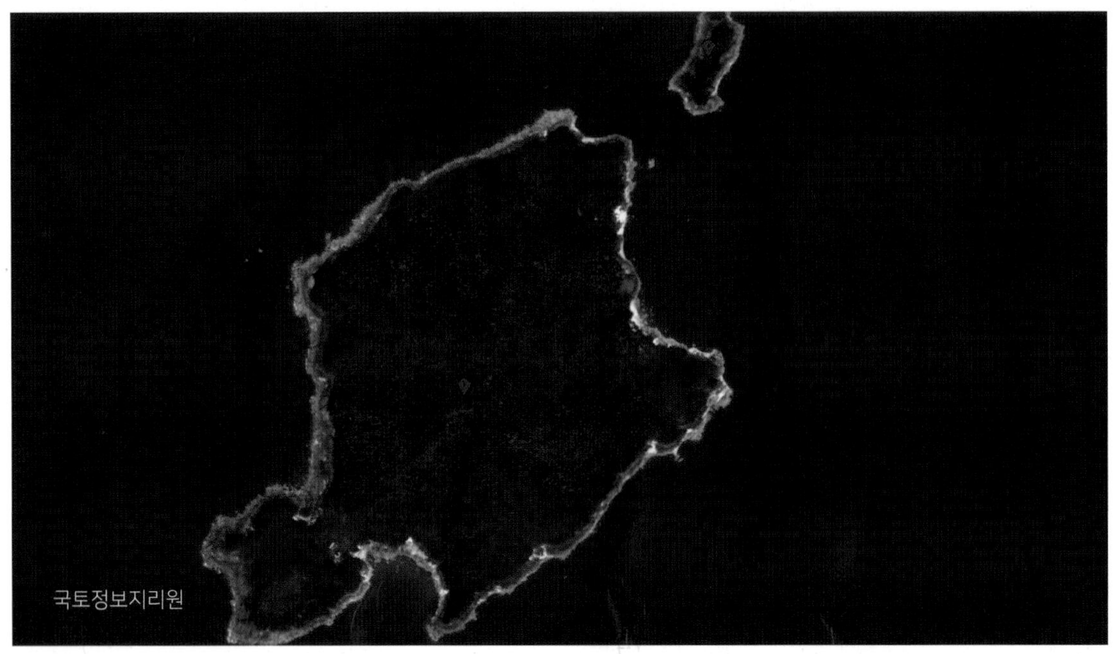

▲ 철산군 가도리 회도(灰島)

[개괄] 철산 반도는 평안북도 철산군 남부 해상에 있는 여러 섬으로 이루어져 있다. 회도(灰島)는 그 반도를 구성하는 섬 중의 하나이다. 그밖에 가도, 탄도, 곰섬, 대화도, 소화도 등이 철산 반도를 이루고 있다. 철산 반도는 우리나라 서해의 주요 어장으로서 조기, 삼치, 도미, 민어 같은 어류와 새우류 그리고 여러 가지 조개류가 어획 또는 채취된다.

회도(灰島)는 평안북도 철산군 가도리 남쪽 해상에 있는 섬이다. 서해가 이루어질 때 생긴 섬으로 면적 0.90㎢, 둘레는 5.29km, 해발 128m, 길이 1.6km, 너비는 1km이다. 기반암은 편마암으로 구성되어 있다. 섬 중부에 회도산이 솟아 있는데 이 섬에는 떡갈나무와 떨기나무들 그리고 칡과 같은 식물들이 자란다. 주위에는 작은 섬들과 바위들이 있으며 그 주변에는 넓은 간석지가 펼쳐져 있다.

섬의 남동쪽과 북서쪽 기슭 바다에는 물골이 형성되어 있다. 이 물골을 따라 밀물 때에는 갈치, 가자미, 민어, 숭어, 망둥이 등 여러 가지 어류들이 밀려든다. 섬 일대에서는 겨울에 북서풍 또는 서풍이 강하게 불며 바람이 지속해서 계속 불 때는 풍파가 생기지만 주위에 섬들이 서로 방파제 역할을 하여 배들이 안전하게 정박해 있다. 구글어스 위성사진을 자세히 들여다보면 몇 채의 집이 보인다. 그래서 회도는 유인도서로 분류된다. 63)

'북파공작' 한국인 켈로 부대원 중국에 생존 첫 확인

한국전쟁 당시 중국 영해에서 첩보활동을 벌이다 생포된 한국인 '켈로 부대원'이 중국에 생존해 있는 것으로 14일 최초로 확인됐다. 중국 랴오닝(遼寧)성 푸순(撫順)에 거주하는 장근주(77)씨는 이날 연합뉴스 기자와 만나 자신이 1951년 7월 미 극동군사령부 예하 13개 켈로(KLO)부대 중 하나였던 호염(湖鹽)부대에 입대해 활동하다 중국에 체포됐던 북파공작원 출신이라고 밝혔다.

장씨의 증언에 따르면 그는 국군이 원산에 상륙한 직후 흥남에서 아버지(사망) 및 남동생(현재 서울 거주)과 함께 남포를 거쳐 황해도 초도(椒島)에서 피난생활을 하던 중 1951년 7월 첩보부대에 입대한 뒤 바로 평안북도 회도(灰島)로 이동해 그곳을 거점으로 중국과 북한 등을 상대로 첩보활동을 벌였다.

하지만 장씨는 상부의 명령에 따라 1952년 9월13일 동료 공작원 5명과 함께 선박을 타고 중국 측 영해로 이동해 첩보수집 활동을 벌이다 이틀 뒤 중국 경비정과 어선 등에 발각돼 교전을 벌이던 중 생포돼 지금의 단둥(丹東)인 안둥(安東)으로 압송됐다.

---

63) 「조선향토대백과」, 평화문제연구소 2008

장씨는 1952년 9월10일 중국 영해를 2차례 침범해 중국과 북한어선 등 선박 11척에 총격을 가하고 선원 1명을 부상시킨 혐의로 랴오닝성고급인민법원에서 징역 15년형의 확정판결을 받고 14년을 복역한 뒤 1965년 10월9일 감형 석방됐지만 한국으로 돌아가지 못하고 1992년 10월까지 푸순감옥공장에서 목수로 근무했다. 장씨는 지난 1967년 조선족 교포인 곽달선(69)씨와 결혼해 슬하에 1남1녀를 두고 있다.

5년 전 신장암 판정을 받고 현재 자택에서 치료를 받으며 죽음을 기다리고 있는 장씨는 "내가 북한에서 태어났지만 가족들을 데리고 남쪽으로 피난을 가려고 했고 한국을 위해 입대했던 만큼 죽기 전에 꼭 한국 국적을 회복해 조국으로 돌아갈 수 있도록 해 달라"며 간절하게 호소했다.

「연합뉴스」

美서 확인된 '군번 없는 영웅들'의 자료… 6·25 기록 다시 써야

한국전쟁 당시 창설하여 운용됐던 비정규 한국군(8240부대)의 존재가 처음으로 밝혀졌다. '잊혀진 병사'로 방치됐던 비정규군의 활약상이 확인됨으로써, 6·25 전쟁사의 빈 공간 하나가 메워질 수 있게 됐다는 의미를 지닌다.

[미군, 6·25 전쟁사의 공백인 '비정규군' 공인 의미]

국방부 군사편찬연구소는 8240부대 자료 수집을 위해 지난해 6~7월 미 특수전사령부를 방문, 3차례 접촉을 가졌다. 이후 미 측의 소장품 공개와 사료실 및 수장고 개방으로 8240부대 참전자 증언록의 존재 사실을 확인하고는 협상을 통해 어렵사리 이를 확보했다.

또 8240부대의 훈련 및 작전과 관련된 사진 48매와 그밖에 유인물, 공문, 기록물, 휘장 등 사진 300여장도 함께 입수했다. 이 자료들은 미 특수전사령부가 6·25전쟁 당시 유격전사를 공식 발간하기 위한 작업의 일환으로 선별, 검증한 것들이다. 국내 처음으로 공개되는 이들 자료는 부대원들의 교육훈련 모습과 검열, 작전준비에 관한 사진들과 장교임명장 및 감사장을 비롯해 자체 발간한 '소식지'까지 포함됐다. 그간 베일에 가려졌던 8240부대의 존재와 활약상을 증언하는 것들이어서 향후 해당 부대원들의 보상 관련 입법 과정에서 주요한 근거 자료로 활용될 전망이다.

군사편찬연구소 관계자는 "이번에 입수한 자료를 보면 이들이 정식 부대 마크를 가지고 있었으며, 장교임명장까지 수여한 것으로 나와 있어 상당히 체계적인 군대의 모습을 갖추고 6·25전쟁에 참가했다는 사실을 알 수 있다"면서 "이들의 활동에 대한 재평가와 함께 6·25전쟁사와 한국 근현대사 연구에 귀중한 자료가 될 것으로 기대된다"고 말했다.

「세계일보」, 2014.2.27

▲ 생생한 참전 기록들(국방부 군사편찬연구소가 미국 노스캐롤라이나 페이엣빌에 위치한 미군 특수전사령부 역사실에서 발굴한 8240부대 관련 사진들. 위 왼쪽은 8240부대의 소년 유격대원이 사격훈련을 받고 있는 모습, 우측은 해안침투에 사용된 민간 어선에 올라탄 부대원의 모습. 아래는 부대원들이 노획한 중공군의 총기를 살펴보는 모습)「국방부 군사편찬연구소」

<표> 방조제 예정 선에 가까운 주요 섬들

번호	섬이름	둘레길이(㎞)	면적(정보)	높이(m)
1	장도	2.25	12.4	32
2	관도	1.82	12.7	37
3	염도	0.47	1.8	17
4	달양도	3.09	13.2	43
5	대염도	2.93	22.7	42
6	중도	0.69	4.2	27
7	대감도	1.35	6.2	40
8	소감도	1.94	11.6	31
9	운무도	3.99	39.1	44
10	내장도	8.52	187.4	109
11	외장도	10.41	190.6	131
12	윤소리도	1.72	5.1	27
13	애도	8.45	154.6	74
14	삼별도	0.65	1.8	31
15	갈도	2.15	12.5	54
16	외순도	1.34	5.5	31
17	지도	1.96	17.4	54
18	삼월도	0.63	1.9	31
19	왁섬	0.22	0.3	12

▲ 네이버 지식백과]곽산-정주지구의 자연지리적 특징(북한지리정보: 간석지, 1988., 북한지리정보: 간석지)

평안북도의 운수·공업지리

"수산기지·양어업·철도로 연계되는 간석지 건설'"

평안북도의 수산기지 배치

평안북도는 해안선이 길고 섬들이 많으며 만입부와 포구들이 발달하여 수산업 발전에 매우 유리한 조건을 가진다. 또한 넓은 간석지를 끼고 있어 조개류 양식에도 적합하다. 평안북도에는 신의주, 철산, 곽산, 운전, 염주, 정주, 룡암포(룡천군) 등 7개의 수산사업소와 관해(운전군) 세소어업사업소, 철산바다가양식사업소 등 9개의 국영수산기업소가 배치되여 있다. 그밖에 협동경리부문에는 24개의 수산협동조합과 120여 개의 협동농장수산반이 있다.평안북도는 전국 수산물 생산의 4%를 차지하나 물고기 아닌 수산물 생산에서는 7.7%의 비률을 차지한다. 특히 조개류 생산에서는 전국의 약 절반에 해당하는 48.3%의 큰 몫을 차지하며 대합, 바스레기(남한말: 바지락), 개량조개, 굴 등이 많이 생산되고 있다. 물고기 가운데서는 멸치, 맥개, 까나리 등이 많이 잡히며 그밖에 새우류가 주요 수산물로 되고 있다.평안북도의 주요 수산 기지는 신의주와 철산이며 철산, 곽산, 정주 앞바다에서는 조개류가 많이 잡히고 있다. 신의주에는 선박공장과 어구공장, 냉동 공장 등이 배치되어 있다. 그밖에 룡암포에는 선박공장이, 염주에는 그물공장이 배치되어 있으며 기타 수산기지들에는 배 수리소들이 꾸려져 있다. 64)

평안북도의 양어업

평안북도에는 염주청년 양어장(다사도)을 비롯하여 신의주, 피현, 동림, 선천, 곽산, 정주, 구성, 철산, 태천, 천마, 구장, 박천, 룡천, 삭주 등 15개의 양어사업소 및 양어장과 수풍어로사업소

64) 「북한지리정보」 공업지리, 1989

(벽동군)가 있다.

구장양어장은 해방 직후에 건설된 우리나라에서 역사가 오랜 양어 기업소의 하나로서 석회암 동굴에서 나오는 찬물을 이용하여 칠색 송어를 기르고 있다. 간석지를 개발하여 건설한 염주청년 양어장에서는 뱀장어, 숭어, 새우를 기르고 있으며 태천에서는 은어를 기르고 있다.

평안북도에는 수풍호, 운봉호, 만풍호 등 큰 호수들과 매봉(동림군), 구성, 운전, 봉명(경주군) 등 수많은 저수지들 그리고 압록강, 대령강 등 넓은 양어대상 수역이 있다. 대천발전소가 건설됨으로써 9,000정보의 양어대상 수역이 더 늘어나게 되었다. 65)

간석지 철도

간석지 개간사업은 대자연 개조사업인 것만큼 철길을 놓지 않고서는 성과적으로 할 수 없으므로 먼저 철길도 놓고 채석장도 마련하며 필요한 설비들도 넉넉히 만들어 놓아야 한다. 따라서 간석지 건설지대에 필요한 철길을 건설하게 된다. 간석지 철도망은 간석지가 있는 평안북도, 평안남도, 황해남도 해안에 건설되는 만큼 건설이 예견되는 철도선들을 도별로 보면 다음과 같다.

① 평안북도 간석지 철도

▶ 가도선(동림역-가도 사이)

가도선은 평의선의 동림역(평안북도 동림군 동림읍)에서 갈라져 철산읍과 풍천리를 지나 보산리까지 간 다음 기봉에 이른다. 기봉에서 차굴을 뚫고 간석지와 간석지제방을 타고 가도리에 닿는 철도선이다. 이 선의 연장길이는 42.2㎞이며 현재 철산읍까지 노반과 구조물 그리고 역사가 건설되어 있다. 이 철도선은 간석지 건설물동과 철산군 및 앞으로 개간될 가도일대의 물동을 담당하게 된다. 가도에서 평안북도 해안철도선과 연결하게 된다.

▶ 대계도선(다사도-풍천 사이)

대계도선은 다사도선의 다사도역(평안북도 염주군 다사로동자구)에서 시작하여 대계도간석지제방을 따라 대계도

65) 「북한지리정보」 공업지리, 1989

를 거쳐 철산군 장송로동자구를 지나 풍천역에 닿는 철길이다. 대계도선의 연장길이는 31.5㎞이다. 이 철길은 대계도의 수송을 담당하며 평안북도 해안철도선과 연결되어 서해안철도선의 일부로서 신의주지구에서 남쪽으로 나르는 화물 수송을 담당하게 된다. 대계도선은 풍천역에서 가도선과 연결되며 가차도에서 수운도항선이 갈라지게 된다.

▶ 신미도선(로하-어항 사이)

신미도선은 평의선의 로하역(평안북도 선천군 로하리)에서 갈라져 선천군 고부리, 삼성리를 지나 석화리를 거쳐 간석지 중간제방을 타고 홍건도를 지나 신미도에 닿는다 신미도에서 섬의 유리한 지형을 이용하면서 문사리, 운종리를 거쳐 신미도의 끝인 어항에서 평안북도 해안선에 닿는 철도선이다. 이 선의 연장길이는 33.2㎞이다. 이 철도선은 간석지 건설용 화물 수송을 보장하고 신미도일대와 석화리일대의 수송을 담당하게 된다.

▶ 장도선(정주-회도 사이)

장도선은 평의선의 정주역(평안북도 정주군 정주읍)에서 갈라져 남호리를 거쳐 천태리를 지난 다음 간석지 중간제방을 타고 내장도와 외장도, 융소리도를 거쳐 회도에 닿는 철도선이다. 이 철도선은 앞으로 개간될 천태리일대의 물동과 안주탄을 비롯한 통과화물을 수송하는 연결선으로서 평의선의 정주이북과 평북선을 간석지 철도와 연결시켜주는 역할을 하게 된다.

▶ 평안북도 해안철도선(외순도-가도 사이)

평안북도 해안철도선은 청천강어구(남한말: 강어귀)의 외순도에서 갈라져 청천강을 넘은 다음 평안북도 간석지 외곽제방을 따라 가도에 닿는 철도선이다. 선의 구간에는 외순도, 회도, 대감도, 왁섬, 어항, 싸리섬, 탄도, 가도 등을 지난다. 이 선의 연장길이는 61.6㎞이다. 이 철도선은 대계도선, 가도선의 일부와 함께 평의선의 부담을 덜어주기 위한 통과화물과 안주탄 수송을 보장하며 앞으로 간석지 개간에 유리하게 쓰이게 된다.

▶ 수운도항선(가차도-수운도 사이)

수운도항선은 대계도선의 가차도에서

갈라져 수운도간석지 외곽제방을 따라 수운도에 닿는 철도선이다. 이 선의 연장길이는 11㎞이다. 이 철도선은 수운도항에 복무하게 된다. 수운도항의 규모는 500만 톤에 이를 것이 예견된다.

② 평안남도 간석지 철도

▶ 남동선(남동-룡덕 사이)

남동선은 남동역(평안남도 숙천군 창동리)에서 갈라져 숙천군 창동리, 광천리, 해빛리, 남양로동자구와 평원군 운룡리, 청룡리, 신송리, 화진리를 지나 증산군 석다리를 거쳐 간석지 철도와 룡덕에서 연결되는 철도선이다. 이 선의 연장길이는 48.7㎞이다. 이 철도는 가마포지구의 간석지 건설화물을 청천강어구(남한말: 강어귀) 간석지로 실어 나르며 안주탄 1,000만 톤 단계에서 석탄 수송과 함께 통과화물을 나르게 된다. 간석지 건설이 끝나면 새로 개간된 간석지일대의 물동과 안주탄의 일부와 통과화물을 나르게 된다.

▶ 평안남도 해안철도선(태향갱-룡덕 사이)

평안남도 해안철도는 안주탄전지구에 있는 태향갱역(평안남도 문덕군 룡림리)에서 갈라져 간석지제방과 병행하여 운무도를 지나 상망어도까지 간 다음 간석지제방을 따라 하망어도, 해창강을 거쳐 룡덕(증산군)에 이르는 철도선이다. 이 철도선은 안주탄 수송과 통과 및 지방 화물을 나르는 철도로서 평의선, 평남선의 부담을 덜어주게 된다. 이 철도선의 룡덕에서 남동선이 갈라지며 외성도에서 평안북도 해안철도선이 갈라진다.

③ 황해남도 간석지 철도

▶ 화양선(갈산-염전 사이)

화양선은 배천선의 갈산역(황해남도 청단군 갈산리)에서 갈라져 청단군 구월리의 9.18저수지제방을 따라 연안군 화양리를 거쳐 연백염전에 닿는 철도선이다. 이 선의 길이는 39.4㎞이다. 이 철길은 갈산-저미도 사이에서 간석지 물동을 나르고 간석지 건설이 끝나면 새로 개간된 간석지일대의 물동과 연백염전의 소금수송을 담당하게 된다.

나가는 말

1991년, 우리나라에 섬을 연구하는 사람이 거의 없던 시절, 나는 알 수 없는 소명에 이끌려 2.5t 등대호를 타고 전국 총 446개 유인도 순회를 시작했다. 그리고 2016년 '한국의 섬' 13권이 완간되자 사람들은 나에게 '섬박사' '섬 탐험가'라고 불러주었다. 나를 처음 만나는 사람들은 '섬박사' '섬 탐험가'라는 타이틀을 들으면 금세 눈빛에 호기심이 어린다. 그들에게 섬은 미지의 세계이자 꿈과 낭만이 머무는 곳이다. 하지만 그들 대부분은 섬에 관한 관심만큼 섬의 실상에 대해 많은 것을 알고 있지는 않았다. 그것은 섬에 대해 알려진 정보가 제한적이고 편협한 탓도 있다. 그래서 나는 그런 이들을 만날 때면 더욱더 열심히 섬을 탐사하고 연구해서 섬에 대해 더 많이 알려야겠다는 생각을 했다.

남한의 섬에 대해서도 이럴진대 하물며 북한의 섬은 어떨까? 우리나라 국민에게 북한의 섬 이름을 대보라고 하면 하나도 대지 못할 사람들이 태반일 거로 생각한다. 북한의 섬이 뭐가 그렇게 중요하냐고 반문을 할 수도 있다. 하지만 북한에도 우리 민족에게 역사적으로 중요한 섬들이 많이 있다. 고려 시대 번성한 국제무역항이었던 벽란도, 한반도의 영외 영토라고 할 수 있는 압록강 하구의 비단섬, 황금평섬, 요동 정벌을 떠난 이성계가 회군해 조선 건국의 기점이 됐던 위화도, 지금은 러시아 땅이 되었지만 녹둔도 등이 그것이다. 언뜻 떠오르지 않지만 몇 가지 키워드만 던져주면 기억이 모락모락 피어날 그런 곳들이다.

북한은 다른 나라의 영토가 아니다. 대한민국 헌법 제3조는 '대한민국의 영토는 한반도와 그 부속 도서로 한다.'라고 규정하고 있다. 단순히 선언적인 문장으로 볼 수도 있겠지만 그러기에는 고향을 떠나와 그리워하고 다시 한번 돌아가 보고 싶어 하는 실향민들이 많다. 이북5도민회에서 실향민들을 만나 이야기를 나누며 그들에게는 북한의 섬이 정서적으로 그리 먼 곳에 있지 않음을 알게 됐다. 물론 지정학적 거리는 말할 수 없이 멀었다. 실제로 가볼 수 없어 수집한 자료와 인터뷰에 의존할 수밖에 없었다는 한계도 있다. 하지만 묻혀져 있는 사료를 발굴하고 사람들을 만나며 북한의 섬이 가지고 있는 역사적, 사회 문화적 가치를 알리고자 노력했다.

이 책은 훗날 남북의 화해 분위기가 조성되고 통일이 되면 비로소 빛을 발하게 될 것이다. 그날이 오면 북한의 섬을 방문하고 주민과 소통하는 데 이 책이 길잡이가 되길 바란다. 이 책의 출간을 계기로 북한의 섬에 관한 관심과 연구가 더욱 확대되길 바란다. 또 남과 북이 평화의 장이 조성되는 토대가 되기를 바란다.

2023년 7월 8일 광운대학교 해양섬정보연구소 공동 소장 이재언

북한의 섬 2권

강원도, 평안남도, 평안북도도

2023년 6월 30일 1쇄 발행

지은이 I 이제언
교정 I 김정희, 백완종
편집 I 주식회사굿맨
표지디자인 I 김영균
펴낸곳 I 이어도

주소 I 전라남도 목포시 고하대로30번길 3, 종원청해101-1406(산정동)
전화 I 061-243-9945
팩스 I 061-243-9945
e-mail I koeraisland3400@naver.com

인쇄, 제작 I 주) 삼보프로세스
전화 I 02,2669-8338
주소 I 서울 퇴계로 37길 26-6호

ISBN 979-11-91745-20-7
정 가 28,000원